全球油气资源评价丛书

澳大利亚西北大陆架石油地质特征

祝厚勤　赵文光　等著

石 油 工 业 出 版 社

内 容 提 要

本书在调研、分析国内外大量文献与科研成果的基础上，结合"十一五""十二五"全球油气资源评价项目成果，以板块构造理论为基础，以含油气系统评价为主线，以成藏组合评价为核心，以石油地质评价分析为重点，从各大盆地的构造沉积演化入手，深入剖析各盆地典型油气田的分布特征与主控因素，归纳总结盆地天然气富集规律，优选有利区带，对澳大利亚西北大陆架地区的勘探开发提供指导，为我国石油公司在该地区新项目开发提供地质依据，为谋划亚太地区天然气发展战略奠定资源基础。

本书主要适用于从事澳大利亚油气业务的地质研究人员、致力于澳大利亚新项目开发人员及相关院校师生参考阅读。

图书在版编目（CIP）数据

澳大利亚西北大陆架石油地质特征 / 祝厚勤等著 .—

北京：石油工业出版社，2018.1

（全球油气资源评价丛书）

ISBN 978-7-5183-2342-5

Ⅰ.① 澳… Ⅱ.① 祝… Ⅲ.①大陆架—石油天然气地质—地质特征—澳大利亚 Ⅳ.① P618.130.2

中国版本图书馆 CIP 数据核字（2017）第 303470 号

出版发行：石油工业出版社

（北京安定门外安华里 2 区 1 号 100011）

网 址：www.petropub.com

编辑部：（010）64523544 图书营销中心：（010）64523633

经 销：全国新华书店

印 刷：北京中石油彩色印刷有限责任公司

2018 年 1 月第 1 版 2018 年 1 月第 1 次印刷

787×1092 毫米 开本：1/16 印张：22.25

字数：540 千字

定价：180.00 元

《澳大利亚西北大陆架石油地质特征》

编写人员

祝厚勤　赵文光　白振华　洪国良

马玉霞　胡广成　孔祥文　杨　敏

李　铭　孔　炜　邢玉忠

前 言
Preface

澳大利亚西北大陆架位于澳大利亚西北缘，由一系列陆架、边缘台地和高地组成，向海域一直延伸至 2000 m 水深。西北大陆架自西南向东北共发育有 4 个主要含油气盆地，依次为北卡纳尔文盆地、罗巴克盆地—坎宁盆地、布劳斯盆地和波拿帕特盆地，各盆地具有相似的构造演化历史和构造特征，因此又称为澳大利亚西北大陆架超级盆地群。

澳大利亚西北大陆架总体上是在古生代克拉通盆地区域下坳基础上形成的中生代裂谷盆地，经历了一个完整的被动大陆边缘的形成与发展过程。西北大陆架的演化与冈瓦纳大陆的解体密切相关。根据澳大利亚板块与冈瓦纳古陆的其他板块及微板块的解体顺序，将澳大利亚西北大陆架的构造演化分为前二叠纪克拉通内坳陷阶段、二叠纪—早白垩世裂谷阶段、晚白垩世—新生代被动大陆边缘阶段和新生代构造反转阶段。

澳大利亚西北大陆架多期构造演化形成了多套成藏组合，中—下侏罗统富含 III 型干酪根的海相页岩是其最主要的烃源岩。澳大利亚西北大陆架是世界上经典的以天然气为主导资源的含油气地区。截至 2017 年 9 月，澳大利亚已发现油气 2P 储量约 800 亿桶油当量，其中，天然气占比高达 80%，西北大陆架四个盆地油气 2P 储量为 490 亿桶油当量，占总储量的 60%。澳大利亚待发现油气资源量约为 209 亿桶油当量，其中西北大陆架占 48%。虽然澳大利亚西北大陆架油气资源丰富，但勘探开发程度相对较低，其勘探程度低于国际平均水平，资源开采量仅占探明资源量的 15% 左右。尤其是陆架内侧的古生代盆地区和陆架外缘的深水区域尚未勘探或仅为勘探初期，因此澳大利亚西北大陆架的资源潜力非常大，勘探前景良好。

本书在系统地调研、分析国内外大量文献与科研成果的基础上，结合"十一五""十二五"国家重大科技专项和中国石油重大科技专项"全球油气资源评价研究"项目的优秀成果，以板块构造理论为基础，以含油气系统评价为主线，以成藏组合评价为核心，以石油地质评价分析为重点，从各大盆地的构造沉积演化入手，深入剖析各盆地典型油气田的分布特征与主控因素，归纳总结盆地天然气富集规律，优选有利区带，期望对澳大利亚西北大陆架地区的勘探开发提供指导，为我国石油公司在该地区新项目开发提供地质依据，为谋划亚太地区天然气发展战略奠定资源基础。

本书为"全球油气资源评价研究"项目组集体成果，是项目组共同智慧与精诚合作的结晶，凝聚了项目组成员的心血。本书充分吸收了联合研究单位的研究成果，尤其是中国地质大学（北京）于兴河教授研究团队、中国地质大学（北京）何登发教授研究团队以及浙江大学肖安成教授研究团队的研究成果，对他们的辛苦付出表示衷心感谢。本书在编写过程中参阅了大量的文献，并得到了中国石油勘探开发研究院、中国石油海外勘探开发公司和全球油气资源评价项目组相关领导及专家的大力支持，中油国投（澳大利亚）公司提供了大量值得借鉴的一手资料，对他们的热情、无私帮助与支持，在此表示衷心感谢。

本书具体编写分工如下：祝厚勤、赵文光编写前言及第一章，祝厚勤、白振华、洪国良和赵文光编写第二、三章，白振华、洪国良、孔祥文和杨敏编写第四章，赵文光、马玉霞、李铭、孔炜编写第五章，祝厚勤、赵文光、邢玉忠编写第六章。全书由祝厚勤、赵文光统编定稿。

由于笔者水平有限，书中疏漏与不足之处在所难免，望读者不吝批评与指正。

目 录
Contents

第一章　绪　论

第一节　澳大利亚地质特征与油气资源勘探概况

澳大利亚位于太平洋和印度洋之间的大洋洲，东南隔塔斯曼海与新西兰为邻，北部隔帝汶海和托雷斯海峡与东帝汶、印度尼西亚和巴布亚新几内亚相望，面积 $768.69 \times 10^4 km^2$。澳大利亚四周环海，海岸线长约 $3.67 \times 10^4 km$，有许多小岛屿以及世界上最大的珊瑚礁——大堡礁。澳大利亚内陆平坦、干燥，中部洼地及西部高原均为气候干燥的沙漠，主要畜牧及耕种的土地在沿海地带，特别是东南沿海。澳大利亚有地球上最老的岩石，矿产丰富。澳大利亚是世界主要的油气产区之一，其油气勘探开发最早始于 20 世纪初，在该国 30 个盆地有油气发现，主要分布在大陆架上。

一、澳大利亚构造分区

澳大利亚所在的大洋洲大陆是全球最古老的大陆之一，经过复杂的构造演化过程形成了相对稳定的古陆核。大洋洲大陆原是冈瓦纳大陆的一部分，除澳大利亚东部和巴布亚新几内亚处于活动边缘外，其他都与印度板块和南极板块连在一起。大约在晚白垩世，大洋洲大陆西部首先与冈瓦纳大陆分离，古近—新近纪其南部又脱离南极板块，形成了目前的地貌地质格局。整个大陆的沉积岩分布面积约占一半，但很大一部分很少有油气潜力。澳大利亚的陆海沉积岩面积共 $630 \times 10^4 km^2$，分布在 48 个盆地，根据区域构造和盆地的沉积时代及其类型分为六个区（图 1–1）。

（一）南部海岸区

从吉普斯兰盆地至尤克拉（Eucla）盆地和澳大利亚湾，但不包括塔斯马尼亚盆地。虽然从基底构造上讲，东部为地槽基底，西部为古老陆块，然而全部盆地的形成是由于冈瓦纳大陆解体。它开始于侏罗纪晚期，侏罗纪、白垩纪为陆相地堑和半地堑型沉积，上部有煤。古近纪与南极板块分离，开始海侵。张裂层活动在古近纪末期基本结束，新近纪整合超覆。巴斯盆地有中新世的火山活动。这一格局形成盆地的沉积向海方向增厚，区域构造线近东西走向。勘探结果表明在东部的盆地有油气显示，但发现工业性油气田的只有吉普斯兰盆地。

（二）西海岸区

西海岸区包括卡纳尔文（Carnarvon）和佩思（Perth）两个产油气盆地，是前寒武纪地盾边缘的断陷盆地。

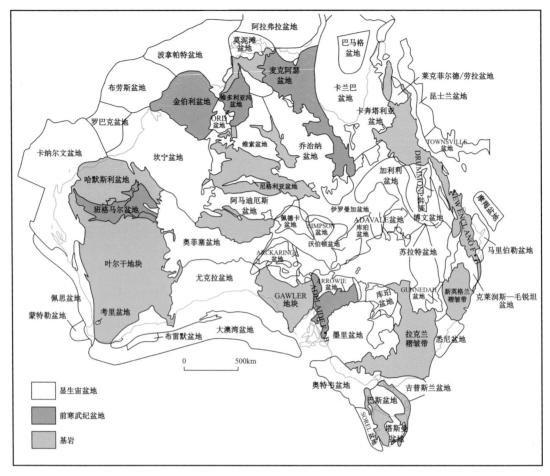

图 1-1　澳大利亚沉积盆地分布图(据 Geoscience Australia,2000)

（三）西北区

西北区包括坎宁（Canning）盆地至阿拉弗拉海，是大陆分离的边缘盆地，从寒武纪开始接受沉积。除坎宁盆地古生代具断陷性质外，多为边缘海特性，有寒武系蒸发岩及盐刺穿构造，白垩系和古近—新近系与下伏地层、二叠系与下伏地层均为不整合接触关系。侏罗系与下伏地层间也存在角度不整合接触，并有基性熔岩。该区海上在白垩系、古近—新近系覆盖下的侏罗系、三叠系和石炭系、二叠系中，如斯科特礁曾测试出气流，并见少量油流，但没有工业开采价值。

（四）中部稳定区

属前新元古代的结晶基底，位于库珀（Cooper）盆地及其周围地区以西，包括西澳大利亚地盾，从乔治纳（Georgina）盆地至奥菲塞（Officer）盆地有若干大小不等的两类古生代盆地。一类是下古生界的沉降盆地，盖层薄，如乔治纳、达里河盆地等；另一类是边缘盆地，新元古界较发育，有蒸发岩甚至刺穿构造，如阿马迪厄斯（Amadeus）和奥菲塞盆地，不少盆地见有油气显示，只有阿马迪厄斯盆地找到了具有工业价值的油气田。

（五）库珀盆地及其周围地区

北起卡奔塔利亚湾，南至墨里（Murray）盆地，包括苏拉特（Surat）盆地及其南延的冈尼达盆地，地处大平原，面积超过 $200 \times 10^4 km^2$。基底西部为前寒武系结晶岩，东部为塔斯曼地槽褶皱，属海西运动硬化的古生代变质岩。广泛分布的侏罗系、白垩系最厚不过 2500m，上覆很薄的古近—新近系，这是稳定区的沉降盆地，以陆相沉积为主。不整合在侏罗系、白垩系之下，有断裂型的或台地边缘型的下伏盆地，前者如阿卡林加（Arckaringa）和库珀盆地，后者如阿达温（Adavale）盆地。这里是陆上的主要产油气区，分布与下伏盆地的存在有关。

（六）东部区

北起托雷斯海峡，南至塔斯马尼亚岛，属古生代的塔斯曼地槽系，经加里东和海西期构造运动，局部有中生代的火成岩，古近—新近纪时则广泛出现基性岩浆喷发。全区约有十余个小盆地。有泥盆系、石炭系地槽边缘盆地，二叠系、三叠系断裂盆地，以及地槽硬化后的侏罗系、白垩系或古近—新近系地堑盆地。由于区域构造变形剧烈，只有悉尼盆地三叠系砂岩曾见非工业价值的气流。

二、澳大利亚油气资源勘探

澳大利亚大陆经历了漫长的地质演化，中生代之后形成了一系列稳定的含油气盆地（图 1-1）。盆地中发育稳定的生油层系，具有油气生成、运移、成藏的有利沉积环境和构造背景。澳大利亚西北大陆边缘主要为中生代沉积盆地，南部大陆边缘主要为中—新生代沉积盆地，东北部为新生代沉积盆地，中部和东南部为古生代或中古生代内陆沉积盆地（图 1-2）。澳大利亚最老的油气建造是阿马迪厄斯盆地新元古代的含气砂岩和碳酸盐岩（与震旦系灯影组石灰岩同时代）。

澳大利亚油气勘探始于 20 世纪初，该国第一个气田是于 1900 年在博文（Bowen）—苏拉特（Surat）盆地中发现的 Hospital Hill 气田。澳大利亚油气主要分布在吉普斯兰（Glippsland）、北卡纳尔文和波拿帕特（Bonaparte）等 19 个盆地内（图 1-3—图 1-8）。截至 2014 年底，吉普斯兰和北卡纳尔文等 14 个盆地原油、凝析油和 LPG 的剩余可采储量（2P+2C）分别为 $12.02 \times 10^8 bbl$、$28.00 \times 10^8 bbl$ 和 $14.15 \times 10^8 bbl$；吉普斯兰和北卡纳尔文等 19 个盆地常规天然气和煤层气剩余可采储量（2P+2C）为 $244.26 \times 10^{12} ft^3$（图 1-3—图 1-6）。煤层气剩余可采储量主要分布在博文和苏拉特等 8 个澳大利亚东部盆地。截至 2016 年底，澳大利亚 30 个含油气盆地的原油、凝析油和天然气的 2P 储量分别为 $79.51 \times 10^8 bbl$、$42.59 \times 10^8 bbl$ 和 $304 \times 10^{12} ft^3$（IHS，2016）。

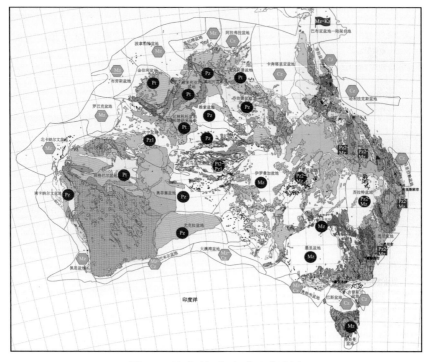

图 1-2　澳大利亚沉积盆地分类图

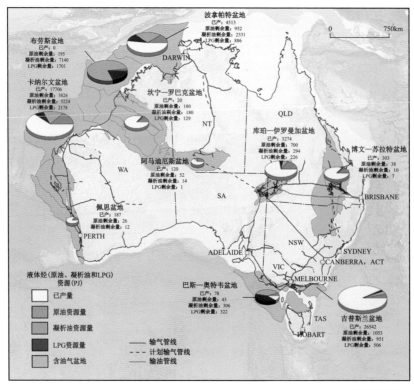

图 1-3　澳大利亚石油剩余储量分布图（据 Geoscience Australia，2016）

1PJ=10^{15}J；10^{9}ft^3 天然气发热量为 1.02～1.06PJ

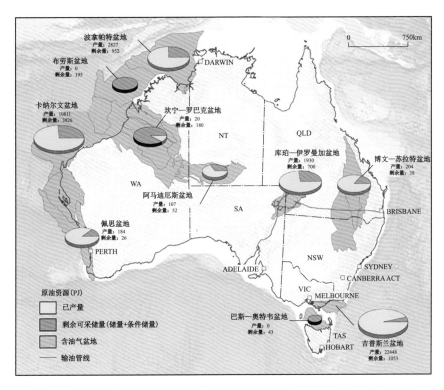

图 1-4 澳大利亚石油剩余储量和产量分布图(据 Geoscience Australia,2016)

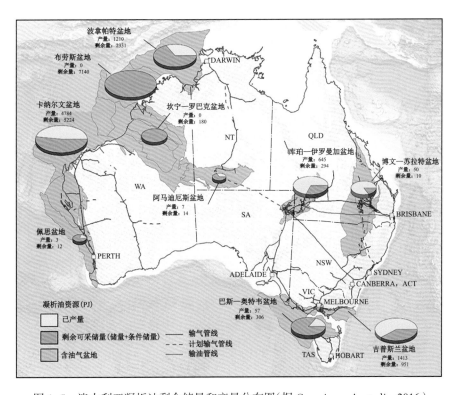

图 1-5 澳大利亚凝析油剩余储量和产量分布图(据 Geoscience Australia,2016)

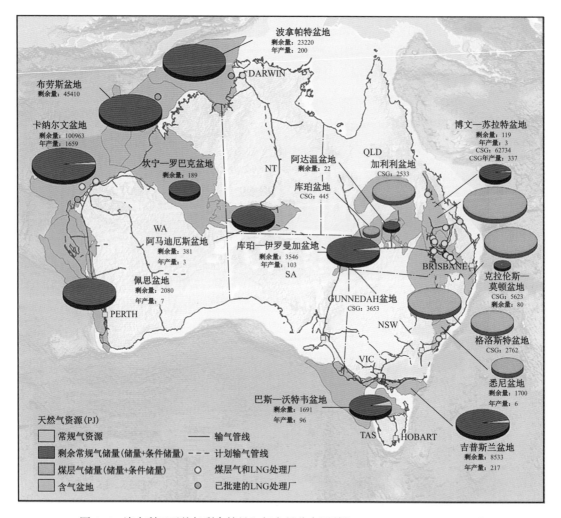

图 1-6　澳大利亚天然气剩余储量和年产量分布图（据 Geoscience Australia，2016）

截至 2014 年底，吉普斯兰和北卡纳尔文等 14 个盆地累计生产原油、凝析油、LPG 分别为 65.53×10^8bbl、13.89×10^8bbl 和 14.36×10^8bbl，合计 93.78×10^8bbl；吉普斯兰和北卡纳尔文等 19 个盆地累计生产常规天然气 41.33×10^{12}ft³、生产煤层气 1.98×10^{12}ft³，合计 43.31×10^{12}ft³（图 1-3—图 1-6）。煤层气主要产自博文和苏拉特盆地。

澳大利亚西北大陆架的北卡纳尔文、波拿帕特和布劳斯（Browse）盆地原油、凝析油、LPG 和天然气的剩余可采储量（2P+2C）分别为 8.46×10^8bbl、24.99×10^8bbl、11.31×10^8bbl 和 154.18×10^{12}ft³，分别占 19 个盆地的 70.38%、89.25%、79.93% 和 63.12%（图 1-6）。上述统计表明，澳大利亚的石油和天然气剩余可采储量主要分布在西北大陆架。西北大陆架的北卡纳尔文、波拿帕特和布劳斯盆地石油和天然气累计产量分别为 39.53×10^8bbl、22.51×10^{12}ft³，分别占 19 个统计盆地的 42.15% 和 51.97%。

澳大利亚待发现原油资源量 143.38×10^8bbl，主要位于西北大陆架的北卡纳尔文盆地，大澳湾（Great Australian Bight）和波拿帕特盆地次之；待发现 NGL 资源 69.98×10^8bbl，主要位于西北大陆架的北卡纳尔文、波拿帕特和布劳斯盆地（图 1-7）。页岩油和油页岩待发现资源主要分布在澳大利亚的中东部盆地。

澳大利亚待发现天然气资源量 878.3×10^{12}ft^3，其中常规天然气资源量为 214.5×10^{12}ft^3，主要分布在西北大陆架的北卡纳尔文、波拿帕特和布劳斯盆地；页岩气资源量为 619.3×10^{12}ft^3，主要分布在毕塔鲁（Beetaloo）等盆地；致密气资源量为 44.4×10^{12}ft^3，主要分布在阿马迪厄斯盆地（图 1-8）。

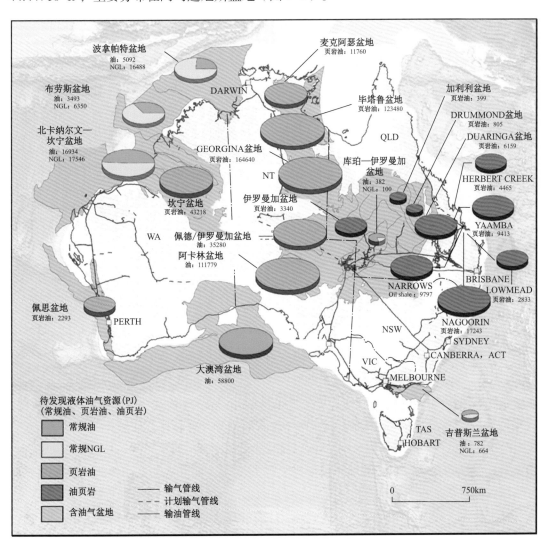

图 1-7　澳大利亚待发现石油资源量分布图（据 Geoscience Australia，2016）

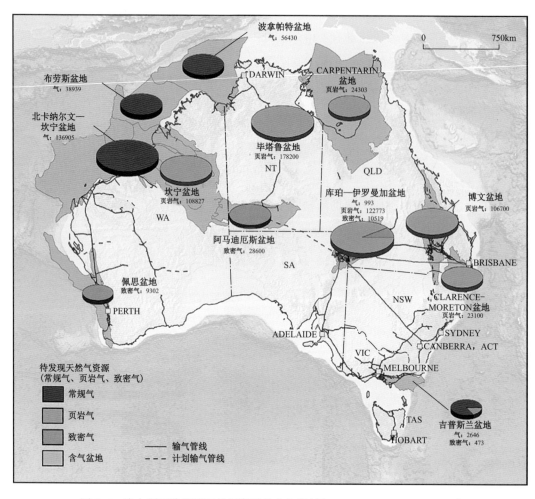

图1-8　澳大利亚待发现天然气资源量分布图(据 Geoscience Australia,2016)

第二节　西北大陆架石油地质特征与油气分布

西北大陆架(North West Shelf)位于澳大利亚大陆的西北,属边缘海型被动大陆边缘,由陆架以及边缘台地和高地组成,并向海域一直延伸至2000m水深(图1-9)。西北大陆架是一个地理分区,总面积110×10⁴km²,包含北卡纳尔文、波拿帕特、罗巴克(Robuck)和布劳斯盆地,是一个超大型沉积盆地群(图1-10)。西北大陆架主体属于澳大利亚西北海域,仅波拿帕特盆地部分区域由澳大利亚和东帝汶共管。

西北大陆架的油气勘探始于1953年,目前已成为世界级的富油气区(Longley 等,2002;张功成等,2011)。被动陆缘深水区是21世纪以来全球油气勘探重大发现的七大领域之一,已成为全球大油气田发现的最主要领域。澳大利亚西北大陆架被动陆缘深水区是目前全球油气勘探开发的热点地区之一,近年来备受关注(冯杨伟等,2011)。西北

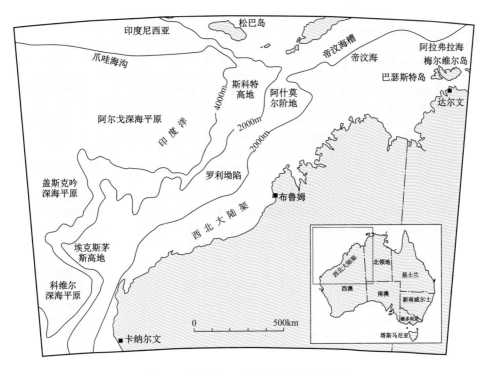

图 1-9　澳大利亚西北大陆架地理位置图

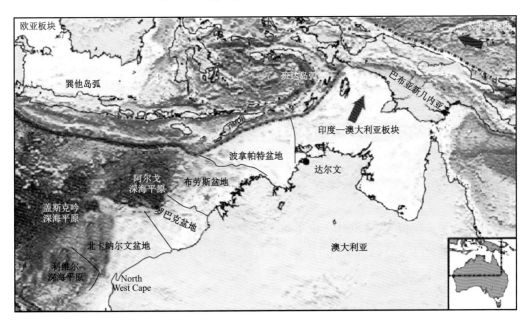

图 1-10　澳大利亚西北大陆架现代地貌及沉积盆地分布图（据 Cathro，2002）

大陆架采用 500m 等水深线作为浅水区和深水区界线的标准，深水区主要指北卡纳尔文盆地—罗巴克盆地—布劳斯盆地—波拿帕特盆地 500m 等水深线西北方的广大区域，总面积约 $60 \times 10^4 km^2$（冯杨伟等，2012）。

在西北大陆架发育了一个巨大的中生代克拉通内盆地,在晚侏罗世牛津期之后演化成被动大陆边缘盆地(Purcell & Purcell,1998)。这个盆地被称为西澳超盆地(Westralian Superbasin)(Yeates 等,1987;Bradshaw 等,1988)。西澳超盆地长约 2400km、宽约 400km。西北大陆架位于印度洋周缘,为"断陷型"被动大陆边缘盆地,沉积从最初的陆内裂谷沉积、滨前海沉积逐渐过渡为海相碎屑沉积(图 1-11、表 1-1)。温志新,徐洪等(2016)认为"断陷型"被动大陆边缘盆地呈"下断上坳"结构,盆地结构典型特征为下伏裂谷层系较厚、上覆坳陷层系较薄,是被动大陆边缘盆地 7 个亚类中全球分布最广的一类(图 1-11)。

表 1-1　全球被动大陆边缘盆地群形成演化与沉积特征(据温志新,徐洪等,2016)

盆地群	地质时代												典型盆地
	古生代	T_1	T_2	T_3	J_1	J_2	J_3	K_1^1	K_1^2	K_2	E	N	
中大西洋两岸			河流、冲积相	潟湖相蒸发盐岩和碳酸盐岩	以海相碳酸盐岩台地为主						海相碎屑岩沉积为主,中新世以来深水重力流明显增多		斯科舍、塞内加尔
墨西哥湾周缘				河流、冲积相	潟湖相盐岩和碳酸盐岩	以海相碳酸盐岩台地为主					海相碎屑岩沉积为主,中新世以来发育密西西比大型三角洲—深水重力流体系,南部发生反转改造		北墨西哥湾
地中海东南缘			滨浅海碎屑沉积为主	潟湖相盐岩和碳酸盐岩	以海相碳酸盐岩台地为主						海相碎屑岩沉积为主,晚期发育尼罗河大型三角洲—深水重力流体系,东缘发生轻度反转		黎凡特、尼罗河三角洲
印度洋周缘	从二叠纪开始以陆内裂谷、内陆湖泊及滨浅海碎屑岩沉积为主			以滨浅海碎屑岩沉积为主	以滨浅海碎屑岩为主,局部发育潟湖相沉积	以海相碎屑岩沉积为主					以海相碎屑岩沉积为主,中新世以来发育鲁伍马和赞比西大型三角洲,深水重力流增多		澳大利亚西北陆架、鲁伍马、坦桑尼亚海岸
南大西洋两岸						以湖相碎屑岩沉积为主	中部以潟湖相蒸发盐岩和碳酸盐为主	以海相碎屑岩沉积为主,中新世发育尼日尔和亚马逊大型三角洲,深水重力流砂体明显增多					桑托斯、尼日尔三角洲、下刚果
北大西洋两岸	从二叠纪开始,早期浅海碳酸盐台地,中晚期海相砂泥岩互层				早期滨浅海碎屑岩沉积,晚期以深海泥页岩为主,浊积体发育			海相碎屑充填,凝灰岩发育				深海重力流砂体增多	伏令、西巴伦支海
北冰洋周缘	晚古生代开始弧后阶段,以滨浅海碎屑岩沉积为主							湖相碎屑岩	浅海碎屑,玄武岩极其发育		浅海—深海碎屑沉积		拉普捷夫海、巴伦支海

■ 早期弧后系列盆地　　■ 早期陆内夭折裂谷　　■ 陆内裂谷　　□ 过渡期陆间裂谷　　■ 漂移期被动陆缘

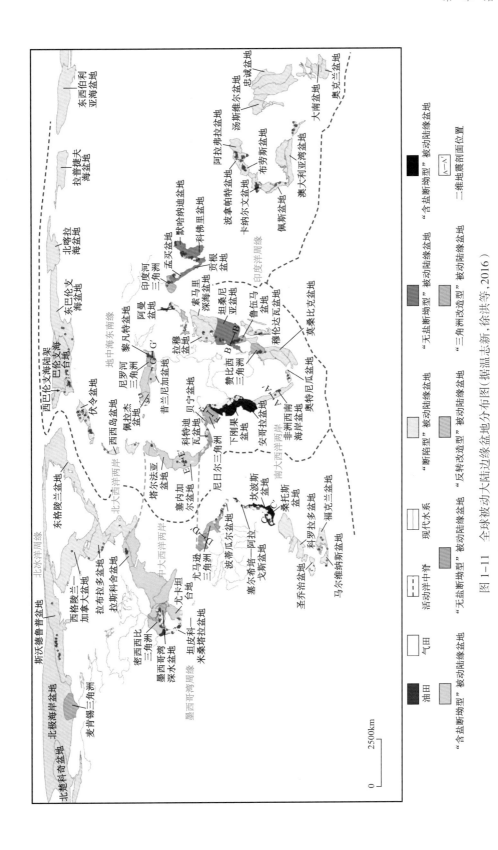

图 1-11 全球被动大陆边缘盆地分布布图 (据温志新,徐洪等,2016)

西北大陆架的大地构造环境为开阔大洋的被动边缘，发育若干盆地，含油气较多的盆地有北卡纳尔文盆地、坎宁盆地（海上）（又称罗巴克盆地）、布劳斯和波拿帕特盆地（Longley等，2001；周蒂等，2007；白国平等，2013）（图1-12、图1-13）。

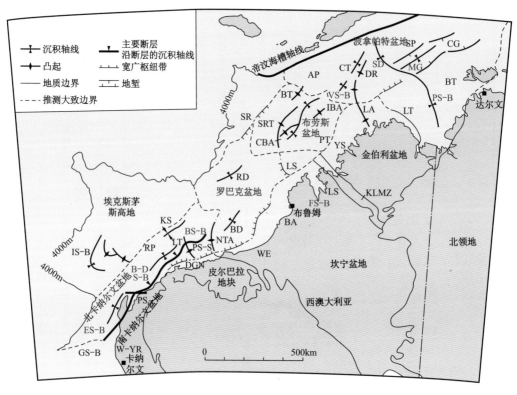

图1-12　澳大利亚西北大陆架沉积盆地分布图（据Bradshaw等，1988）

构造单元名称：SP—萨湖台地；VS-B—武尔坎坳陷；CBA—中央盆地凸起；LT—Lewis海槽；MG—莫里塔地堑；AP—阿什莫尔台地；KLMZ—King Leopold活动带；NTA—Turtle北凸起；CG—Calder地堑；BT—Buffon构造带；LS—Lennard陆架；B-D S-B—巴罗—丹皮尔坳陷；SD—萨湖坳陷；SR—Seringapatam高地；FS-B—菲茨罗伊坳陷；DGN—De Grey鼻状构造；BT—Bathurst阶地；SRT—Scott Reef构造带；BA—BA凸起；PS—皮尔巴拉陆架；PS-B—皮特尔坳陷；IBA—IBA盆地凸起；BD—百道塔坳陷；ES-B—埃克斯茅斯坳陷；CT—Cartier槽谷；PT—Prudhoe阶地；WE—Wallal湾；GS-B—Gascoyne坳陷；DR—Dillon隆起；YS—雅姆皮陆架；BS-B—比格尔坳陷；W-YR—Wandagee-Yanrey隆起；LT—Lacrosse阶地；LS—LS Leveque陆架；KS—Kangaroo向斜；PS-S—皮达拉姆陆架；LA—伦敦德瑞隆起；RD—罗利坳陷；RP—兰金台地；IS-B—因维斯提格坳陷

北卡纳尔文盆地形成于石炭—二叠纪，是世界级富气盆地，面积 $54.44 \times 10^4 \mathrm{km}^2$，深水区面积 $40 \times 10^4 \mathrm{km}^2$。北卡纳尔文盆地主要由巴罗（Barrow）坳陷、丹皮尔（Dampler）坳陷、比格尔（Beagle）坳陷、埃克斯茅斯（Exmouth）坳陷、兰金（Rankin）台地和埃克斯茅斯高地组成，其中巴罗坳陷、丹皮尔坳陷和兰金台地位于浅水区，埃克斯茅斯高地和因维斯提格（Investigator）及埃克斯茅斯坳陷与比格尔坳陷部分区域位于深水区。波拿帕特盆地形态上呈喇叭状向北帝汶海域张开，面积约 $27 \times 10^4 \mathrm{km}^2$，主要发育武尔坎（Vulcan）和皮

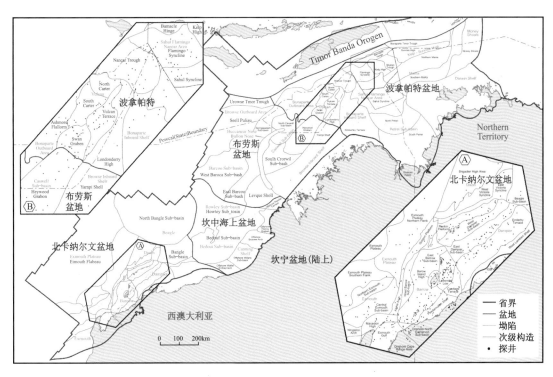

图 1-13　澳大利亚西北大陆架盆地构造及勘探井分布图（据 Longley 等，2001）

特尔（Petrel）坳陷。罗巴克盆地面积约 $9.3 \times 10^4 km^2$，主要由百道塔（Bedout）坳陷和罗利（Rowley）坳陷组成，主体位于浅水区（表 1-2）。布劳斯盆地为近圆形盆地，面积约 $21.4 \times 10^4 km^2$，深水区面积 $10 \times 10^4 km^2$，主要包括卡斯威尔（Caswell）坳陷、巴克（Barcoo）坳陷、布劳斯盆地内侧陆架和布劳斯盆地外侧区域。

表 1-2　澳大利亚西北大陆架主要盆地面积、类型及地层统计表

盆地名称	盆地面积（$10^4 km^2$）	盆地类型	地层发育特点
北卡纳尔文盆地	54.44	石炭纪—二叠纪克拉通盆地 三叠纪—侏罗纪裂谷盆地 白垩纪—新生代被动大陆边缘盆地	发育中生界—新生界
波拿帕特盆地	27	中寒武世—二叠纪克拉通盆地 三叠纪—侏罗纪裂谷盆地 白垩纪—新生代被动大陆边缘盆地	陆上发育古生界—新生界；海上发育中生界—新生界
罗巴克盆地	9.30	泥盆纪—二叠纪克拉通盆地 三叠纪—侏罗纪裂谷盆地 白垩纪—新生代被动大陆边缘盆地	发育中生界—新生界
布劳斯盆地	21.41	石炭纪—二叠纪克拉通盆地 三叠纪—侏罗纪裂谷盆地 白垩纪—新生代被动大陆边缘盆地	主要为海上，发育中生界—新生界

一、盆地类型

澳大利亚不同时代不同类型的沉积盆地规律分布：西部、北部沿海主要是中生代拉张裂谷盆地，大陆西部和中部为元古宙—古生代克拉通内部盆地，中东部为晚古生代与中—新生代叠合盆地，南部和东北部为晚中生代—新近纪拉张裂谷盆地。澳大利亚现今的油气主要产自北卡纳尔文和吉普斯兰盆地，其油气远景主要为北卡纳尔文盆地、布劳斯盆地和波拿帕特等盆地。

澳大利亚西北大陆架沉积盆地是典型叠合盆地群，多期演化阶段，具有一定的继承性（常吟善等，2015）。以时代来分类，位于西北大陆架西北部的盆地地质时代相对较新，以中生代为主，其中波拿帕特、布劳斯和北卡纳尔文盆地是典型的中生代裂谷盆地（表1-2）。波拿帕特和罗巴克盆地形成于早古生代，北卡纳尔文和布劳斯盆地形成于石炭—二叠纪，整个西北大陆架是克拉通盆地区域下坳上覆中—新生代沉积物的结果（Edwards & Santogrossi，2000；张建球等，2008；冯杨伟等，2011）。

从盆地结构分类看，澳大利亚西北大陆架主要为裂谷—被动大陆边缘叠合盆地（表1-2、图1-14）。由于裂谷盆地发育时期多为中生代或新生代早期，而后期新生代被动大

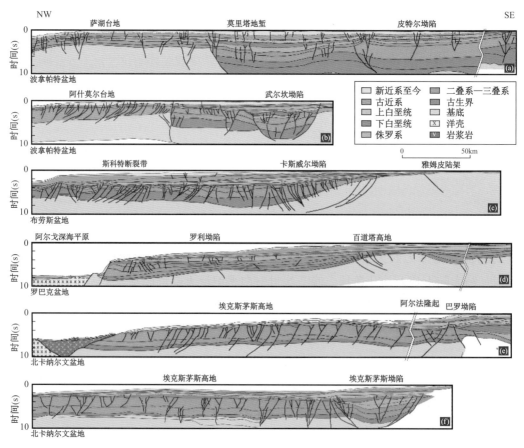

图1-14　澳大利亚西北大陆架各盆地构造图（据 Dore & Stewart，2002）

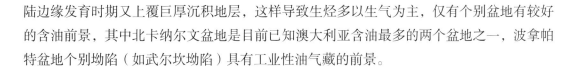

陆边缘发育时期又上覆巨厚沉积地层，这样导致生烃多以生气为主，仅有个别盆地有较好的含油前景，其中北卡纳尔文盆地是目前已知澳大利亚含油最多的两个盆地之一，波拿帕特盆地个别坳陷（如武尔坎坳陷）具有工业性油气藏的前景。

二、构造演化

（一）澳大利亚大陆构造演化

澳大利亚是位于印度—澳大利亚板块之上一个相对独立的大陆，也是世界上最小的一个大陆（朱梦蕾等，2015）。作为全球最古老的大陆之一，澳大利亚大陆有着世界上最漫长和最复杂的地质演化史，其基本构造格架形成于中—新生代。澳大利亚大陆陆核由三个古老的克拉通地盾组成。克拉通基底由太古宇和古元古界的变质岩及花岗岩侵入体组成，西部的太古宙—古元古代克拉通地盾包括西澳的叶尔干（Yilgarn）—皮尔巴拉（Pilbara）地盾，南澳的高乐（Gawler）地台和北澳的古元古代阿让塔（Arunta）地块（图1-15）。西澳的克拉通在古元古代固结，中部和北澳的克拉通在中元古代固结。

澳大利亚大陆主体由厚的岩石圈组成，岩石圈最厚达150km。大陆壳主体由太古宇、元古宇和若干显生宇花岗岩和片麻岩组成，显生宇的沉积岩盖层覆盖在其上。现今的澳大利亚大陆是印澳板块的一部分，东南亚地区属于欧亚板块（图1-16）。

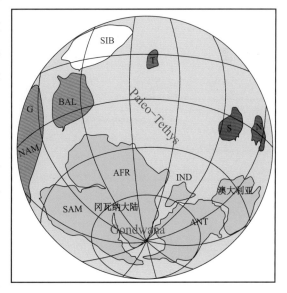

图1-15　冈瓦纳大陆拼接图

根据不同地质历史时期澳大利亚大陆及全球主要构造事件，大致可将澳大利亚的构造演化分为四大阶段，即罗迪尼亚（Rodinia）古陆裂解阶段、寒武—石炭纪早期冈瓦纳大陆形成及演化阶段、晚石炭世—白垩纪泛大陆形成及裂解阶段和新生代主要构造定型阶段（朱梦蕾等，2015）。在元古宙，随着罗迪尼亚古陆解体，澳大利亚大陆与劳亚古陆分离，逐渐演变成冈瓦纳大陆东部的主要组成部分。冈瓦纳大陆的形成是将大陆边缘微板块连续裂陷并向北漂移与东南亚、东亚板块拼接。冈瓦纳大陆包括现今的南美洲、非洲、澳大利亚、印度、马达加斯加和南极洲。在泛非运动后期，陆块碰撞，中澳超级盆地逐渐形成。在早寒武世，统一的冈瓦纳大陆逐步形成，澳大利亚作为冈瓦纳大陆的一部分，位于冈瓦纳大陆的东缘。澳大利亚大陆在这一阶段发生多期次造山运动和板内拉张，经历了局部裂谷、与古太平洋俯冲有关的挤压以及冈瓦纳大陆旋转

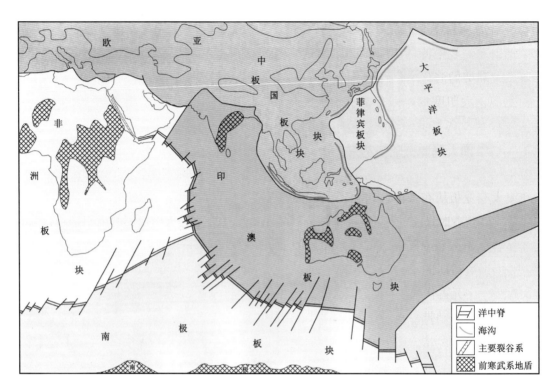

图 1-16　现今的亚太地区板块构造图(据童晓光和关增森,2001)

等构造作用。在前两个构造演化阶段,澳大利亚大陆形成元古宙—古生代内克拉通坳陷盆地,包括奥菲塞、乔治纳和阿马迪厄斯盆地。早古生代,澳大利亚大陆裂解结束,组成稳定的大陆和边缘,如塔斯曼裂解线(Tasman Line),其周围地区经历拉张、碰撞等事件。

晚古生代,经历了冈瓦纳大陆裂解,盘古大陆(Pangea)形成。此时,澳大利亚大陆和印度板块裂解,澳大利亚大陆的周围地区经历了拉张和碰撞等事件。晚石炭世,冈瓦纳大陆穿过南极与劳亚大陆发生碰撞,形成盘古大陆主体。碰撞影响区集中在澳大利亚东部,伴随构造挤压抬升、地壳剥蚀。此阶段澳大利亚主要以无沉积或少量沉积为主要特征。根据南半球各大陆同期普遍存在的冰碛物、舌羊齿植物群和冷水型动物群等资料,认为南半球的非洲、南美洲、澳大利亚、南极洲及印度半岛,二叠纪之前是一个联合在一起的大陆。该大陆在前寒武纪—古生代是一个稳定的古大陆。围绕古大陆周围分布一系列褶皱带,包括有澳大利亚东部的塔斯曼、新西兰的布勒(Buller)、从印度北部延伸到非洲北部的南特提斯、非洲南部的开普(Cape)和南极的横贯山脉(Transantarctic Mountains)。随着东西冈瓦纳古大陆在晚二叠世开始破裂解体,澳大利亚作为一个独立的大陆开始形成。三叠纪,澳大利亚北部和东部陆缘发生板块俯冲,褶皱抬升,盆地受到强烈挤压,东部盆地沉积了粗碎屑岩,以楔状为特征;塔斯曼裂解线以西陆缘地区发生冈瓦纳大陆裂后沉降,西北大陆架形成三叠纪最大沉积中心——西澳超盆地。

石炭纪—二叠纪，中特提斯洋开始形成，澳大利亚西部巨型盆地开始形成。二叠纪中期，大陆与中特提斯洋分离，澳大利亚西北部与中特提斯洋之间形成 NE 向裂陷，开西北大陆架的演化史。西北大陆架各盆地进入裂谷期，澳大利亚板块顺时针运动。到了白垩纪，大印度板块向西分离形成佩思深海平原，澳大利亚西南边缘进入裂陷期。晚侏罗世到早白垩世，澳大利亚南缘和南极洲大陆分离，吉普斯兰、巴斯、奥特韦盆地进入裂谷期。澳大利亚板块向欧亚板块碰撞，逆时针旋转，并受到太平洋板块挤压碰撞。

澳大利亚板块在板块运动中先后与特提斯洋、大印度板块和南极板块分离，经历了顺时针旋转到逆时针旋转的变化过程。澳大利亚大陆的基底是火山成因的沉积物和花岗岩侵入体。在西部和中部已证实存在有这类岩性组成的皮尔布拉和叶尔干两个地盾。在东部，为塔斯曼活动带。由于被上覆沉积物严重覆盖，仅在几个地方见到这一时代的岩性。在经过古—中元古代的一系列构造旋回后，澳大利亚中部和西部的克拉通逐步形成。在东部仍为塔斯曼活动带，其分布约占澳大利亚大陆面积的 1/3。新元古代在澳大利亚中部和西部形成了一系列内克拉通盆地。这些内克拉通盆地可能是中部盆地如奥菲塞、阿马迪厄斯、恩加利亚、乔治纳盆地的前身，沉积了由碎屑岩、碳酸盐岩和蒸发岩组成的混合岩相层序。

中三叠世，盘古大陆开始逐步解体，劳亚古陆西部与西冈瓦纳大陆之间裂开，由此开始产生的"冈瓦纳裂解—亚洲增生"演化过程对西澳大利亚大陆边缘盆地具有重要的影响和控制作用。晚三叠世—早侏罗世，拉萨和西缅甸微板块从冈瓦纳大陆分离，中特提斯洋俯冲消亡在欧亚大陆之下，新特提斯洋打开。晚三叠世，澳大利亚陆块与印度陆块作为冈瓦纳大陆的整体均向西北漂移，但印度板块向西漂移的速度快于澳大利亚板块，由于两陆块漂移速度的差异而产生陆块之间分离作用，从而影响西澳大利亚大陆伸展构造的发展进程。在伸展作用初始期，陆壳块体间受拉张应力作用，使得西北大陆壳边缘在原冈瓦纳大陆与印度大陆结合的薄弱部位拉张减薄，造成大陆壳边缘沿剪切带滑脱沉降。在这一演化过程中，北卡纳尔文盆地东南部兰伯特斜坡带控盆断裂开始形成，导致盆地沉降，坳陷型盆地形成，表现为坳陷的沉降幅度大，地层发育全，沉积厚度大，达 8000m 以上。

新生代，塔斯曼海和珊瑚海逐步扩张，新西兰及巴布亚新几内亚从澳大利亚大陆的东部和北部先后分离出去，澳大利亚大陆内部构造活动明显变少，澳大利亚大陆向北漂移。在漂移过程中，澳大利亚大陆西北部不断与东南亚大陆碎片发生碰撞，俯冲作用引起北部盆地内构造发生倒转。大陆边缘盆地受裂解后沉降作用的影响，沉积作用极为活跃，在西北大陆架地区和南部陆缘形成了一系列稳定的含油气盆地。盆地中发育稳定的生油沉积层系，具有油气生成、运移、成藏的有利沉积环境和构造背景（图 1-17、图 1-18）。

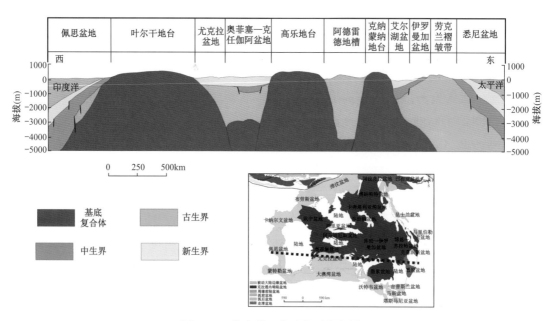

图 1-17　澳大利亚大陆东西向大剖面

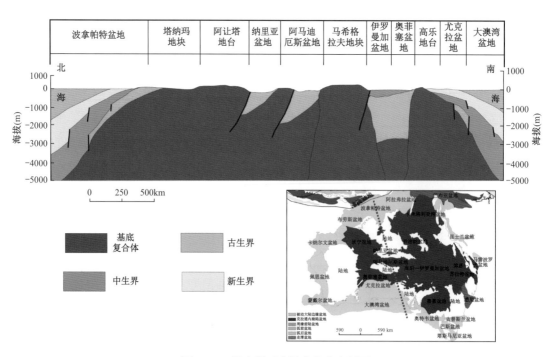

图 1-18　澳大利亚大陆南北向大剖面

　　澳大利亚大陆沉积建造与构造运动控制了盆地发展和油气形成。重要的内陆油气田分布于澳大利亚西部和中部阿马迪厄斯盆地和坎宁盆地，澳大利亚中东部的库珀等盆地。澳大利亚西部大陆架发育了中生代沉积盆地，而在其南部边缘和新西兰一带则发育了晚白垩世—新近纪沉积盆地，吉普斯兰盆地是这些盆地的典型代表（张建球等，2008）（图 1-19）。

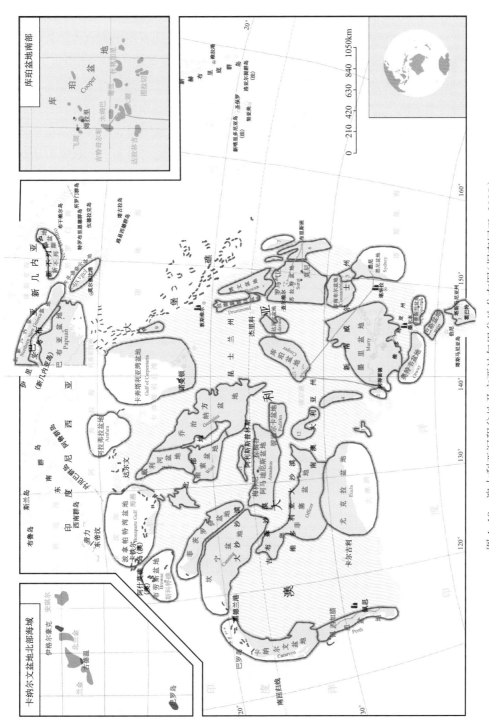

图 1-19　澳大利亚沉积盆地及主要油气田盆地分布图(据李国玉,2005)

盆地: 1—普尔达(Polda)盆地; 2—圣文森特(St.Vincent)盆地; 3—塔斯马尼亚(Tasmania)盆地; 4—皮里—托仑斯(Pirie Torrens)盆地;
5—奥克斯雷(Oxley)盆地; 6—克莱润斯(Clarence)盆地; 7—马里伯勒(Maryborough)盆地; 8—那罗尔(Vareol)盆地; 9—劳拉(Laura)盆地;
10—奥得(Ord)盆地; 11—尼格利亚(Ngalia)盆地; 12—阿卡林加(Arckaringa)盆地

（二）西北大陆架构造演化

盘古大陆（又称泛古陆）始于石炭纪早期的劳亚古陆（又称北方大陆）、冈瓦纳大陆（又称南方大陆）和其他小型板块碰撞拼接，在早三叠世盘古大陆随着西伯利亚大陆与劳亚古陆北部的拼接完成而最终成型。西北大陆架分布在西澳大利亚盆地（WB）以北，北邻新特提斯洋（图1-20）。澳大利亚西北大陆架的构造演化与冈瓦纳大陆的裂陷和解体有关，经历了克拉通内坳陷期—前裂谷期—同生裂谷期—被动大陆边缘期的演化过程，且从北向南有逐渐裂开的趋势。西北大陆架各盆地均是在前二叠纪克拉通基底之上发育的中生代盆地，三叠纪由北向南逐渐开始大陆裂解，侏罗纪—白垩纪形成裂谷盆地，在白垩纪末期最终发育为被动大陆边缘盆地（图1-21、图1-22）。

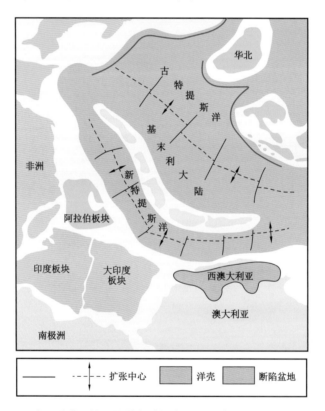

图1-20　晚二叠世—早三叠世全球板块重塑图（据 Dore & Stewart, 2002）

1. 前二叠纪克拉通内坳陷阶段

二叠纪前，澳大利亚大陆属于冈瓦纳大陆的一个组成部分，西北大陆架构造活动与澳大利亚大陆构造活动整体一致，以克拉通内坳陷为主。中、晚泥盆世—早石炭世，皮尔巴拉地块、金伯利（Kimberley）地块和达尔文地块之间的 NE—SW 向张力作用导致了克拉通内坎宁盆地菲茨罗伊（Fitzroy）坳陷、波拿帕特盆地皮特尔（Petrel）坳陷以及布劳斯原

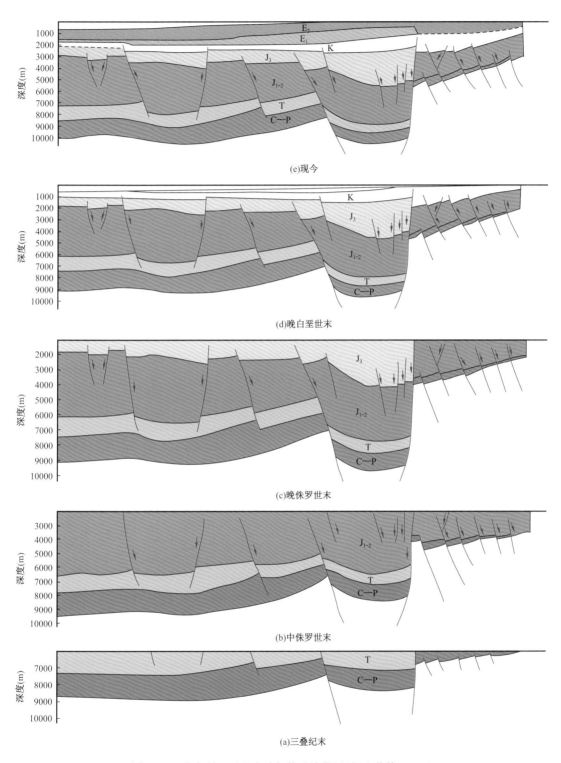

图 1-21　澳大利亚西北大陆架构造演化图（据金莉等，2015）

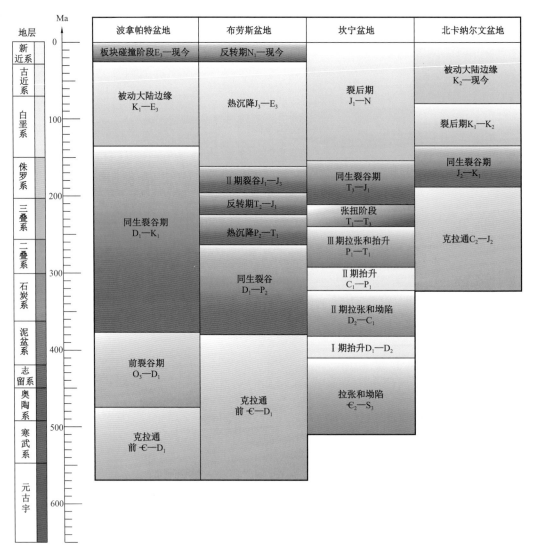

图 1-22　澳大利亚西北大陆架主要含油气盆地演化阶段图

型盆地的形成。在皮特尔坳陷，下部地壳的减薄导致玄武岩岩浆沿着盆地轴向侵入，而在上部地壳内则发生拉张。这些盆地以调整构造为边界，西南边界为拉斯特剪切带。东北边界为西北大陆架剪切带，在西北大陆架的演化过程中起了关键作用，导致了该西北大陆架地区多个构造样式的相似性。早石炭世，断裂进一步发育，并控制着巨型盆地的演化及整体构造格局，控盆断裂限制了沉积范围。晚石炭世—早二叠世中期，NE—SW 轴向裂陷形成西部巨型盆地及坳陷。

中石炭世—早二叠世发生了一次地壳减薄重大事件，NNW—SSE 向的拉张形成了西澳大利亚巨型盆地。下部地壳减薄最显著，而且减薄主要集中于西北大陆架剪切带的西北部。在此期间，滇缅泰马（Sibumasu）陆块从澳大利亚西北部分离。

2. 晚二叠世—早三叠世前裂谷阶段

晚二叠世—三叠纪初发生了地壳隆升、断裂和火山活动，这次重大构造事件影响到了从北卡纳尔文盆地到布劳斯盆地的西北大陆架地区。晚二叠世，基梅里（Cimmerian）大陆从冈瓦纳大陆裂离并向北漂移，新特提斯洋打开，在澳大利亚大陆西北与新特提斯洋之间形成 NE 向裂陷，开始了西北大陆架的构造演化（图 1-20）。

三叠纪，受拉张应力作用，西北大陆壳边缘在原冈瓦纳大陆与印度大陆结合的薄弱部位拉张减薄，三叠纪坳陷最先在西南部的北卡纳尔文盆地开始形成，随后东北部的波拿帕特盆地开始沉降，中部的布劳斯盆地沉降相对形成较晚，从而导致了盆地间地层厚度差异较大（图 1-23）（常吟善等，2015）。北卡纳尔文盆地地层发育最全，沉积地层厚度也最大，最大厚度可达 7000m，平均地层厚度 4500m。波拿帕特盆地地层厚度次之，厚度在 2000～3000m。布劳斯盆地沉积地层厚度仅 2000m 左右。

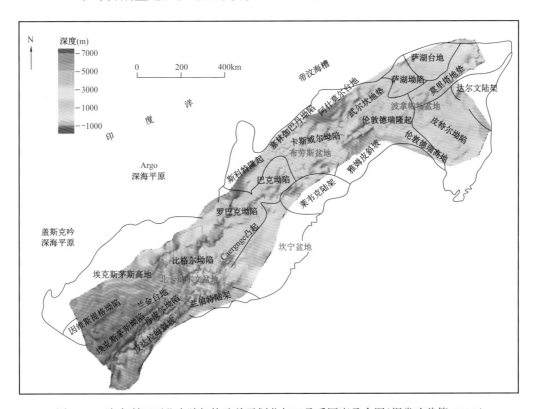

图 1-23　澳大利亚西北大陆架构造单元划分与三叠系厚度叠合图（据常吟善等，2015）

早三叠世，气候干燥，地表径流不发育，澳大利亚西北陆架广泛海侵，在盆地内主要沉积一套海相泥岩。中、晚三叠世，古特提斯洋关闭，泛大洋形成，海洋容积迅速增加，海平面快速下降。西北大陆架基底构造稳定、气候温暖潮湿、地形坡度平缓、物源供给充足，在广阔的浅水背景下发育了分布范围广的浅水辫状河三角洲沉积。由于物源充足，长期继承性发育，沉积地层厚度大。

3. 中生代裂谷阶段

晚三叠世，基梅里大陆及部分微板块增生至欧亚板块，中侏罗世盘古大陆开始解体。晚侏罗世，大西洋已经张裂成一狭窄的海洋，把北美与北美东部分开，同时东冈瓦纳大陆也与西冈瓦纳大陆开始分裂。受澳大利亚大陆与印度板块、南极洲板块之间分离产生的伸展应力作用控制，澳大利亚西北大陆边缘于早—中侏罗世进入裂陷活跃期（Falvey，1974；Veevers & Cotterill，1978；Frankowicz & McClay，2010）。侏罗纪—早白垩世，西澳大利亚边缘经历了两次解体，第一次发生于牛津期，第二次发生于瓦兰今期（当时澳大利亚与大印度板块分离开来），大陆解体的结果是自北而南逐渐形成了西澳大利亚大陆被动边缘。不过这两次大陆解体事件对西北大陆架的构造影响十分有限，仅形成了大规模的不整合面。这次构造事件形成的沉积坳陷内发育重要的烃源岩，西北大陆架的油气大部分都源自这些烃源岩。随着新特提斯洋的不断扩张，在澳大利亚西北边缘的一支残余洋壳不断向澳大利亚板块俯冲，沿着澳大利亚西北边缘形成了一系列陆缘裂谷盆地。牛津期，随着新特提斯洋中脊的扩张，Argoland Burma 地块向西北移动形成了阿尔戈（Argo）深海平原，布劳斯和北卡纳尔文盆地由一个统一的盆地分离成为两个独立的盆地（图1-24）。瓦兰今期，南卡纳尔文、北卡纳尔文和佩思盆地分离，大印度板块向西北分离形成盖斯克吟（Gascoyne）、科维尔（Cuvier）和佩思深海平原，此时波拿帕特盆地已进入裂后热沉降阶段（图1-25）。

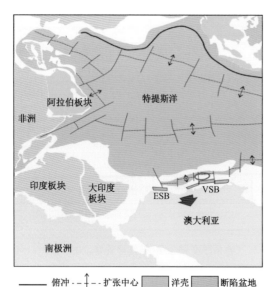

图 1-24 中—晚侏罗世全球板块重塑图
（据 Dore & Stewart，2002）
ESB—埃克斯茅斯坳陷；VSB—武尔坎坳陷

图 1-25 早白垩世全球板块重塑图
（据 Dore & Stewart，2002）

与西北大陆架油气聚集相关的主要构造事件——菲茨罗伊（Fiztroy）构造运动发生于三叠纪末或侏罗纪初，这次张扭运动还是集中于西北大陆架大剪切带附近，导致南至北卡纳尔文盆地比格尔坳陷，北至波拿帕特和布劳斯等盆地都经历了构造反转运动，形成了北卡纳尔文盆地兰金台地断裂系统及其相邻沉积坳陷以及波拿帕特盆地武尔坎坳陷等次级构造单元。受菲茨罗伊运动影响，在西北大陆架发生了一次重要的洪泛事件，形成广泛三角洲沉积，为整个西北大陆架各盆地提供区域重要的砂岩储层。

4. 新生代被动大陆边缘阶段

古新世，澳大利亚西北大陆架洋壳扩张、俯冲作用停止，形成稳定的被动大陆边缘，大印度板块与欧亚板块碰撞造成澳大利亚板块向北运动，并不断增厚（图1-26）。渐新世—早中新世，澳大利亚板块向欧亚板块碰撞，并发生逆时针旋转，盆地内伸展断层发生反转和再次活化（图1-27、图1-28）。不规则的澳大利亚边缘和帝汶—班达弧的碰撞影响了波拿帕特盆地，印度地区褶皱带的形成引发的区域应力的改变影响了北卡纳尔文和布劳斯盆地。

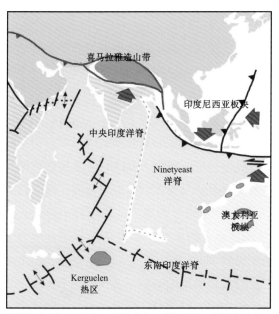

图 1-26 古新世全球板块重塑图
（据 Dore & Stewart，2002）

图 1-27 渐新世—中新世全球板块重塑图
（据 Dore & Stewart，2002）

三、地层特征

在区域构造演化的控制下，澳大利亚西北大陆架发育了厚度高达17km的显生宙地层，可划分为三大套沉积建造层系。西北大陆架由几套叠置在一起的不同类型的盆地层系组

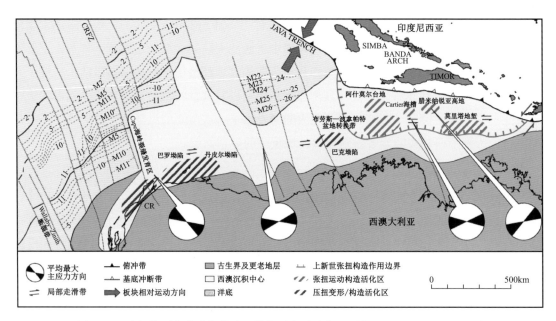

图 1-28　中新统西北大陆架构造反转与再次活动位置图(据 Dore & Stewart,2002)
图中构造单元符号与图 1-12 一致

成,下部为二叠系—三叠系前裂谷内克拉通沉积,上覆侏罗系至新生界裂谷层序和被动陆缘层系,是在牛津期、提塘期和瓦兰今期板块断裂与海底扩张时沉积的,以中生界为主(图 1-29—图 1-36)。

早古生代的内克拉通层系没有详细研究,主要因为埋藏太深或者缺失,同时对油气勘探没有实际贡献。晚古生代以来发育克拉通内坳陷层序,泥盆系—石炭系形成了两套裂谷—坳陷旋回,发育海洋、三角洲和冰期沉积。晚石炭世—早二叠世,受区域性冰川和冰河作用影响的近海沉积遍布整个盆地。瓦兰今期,大印度板块与澳大利亚板块分离,整个西澳大利亚巨型盆地演变为裂后坳陷。三叠纪,菲茨洛伊扭张性构造运动影响整个西北大陆架,三叠纪—侏罗纪西北大陆架发育三大三角洲体系(图 1-37):北卡纳尔文盆地的沉积建造受控于发育在前裂谷期晚三叠世—早侏罗世的 Mungaroo—Legendre 三角洲,布劳斯盆地和波拿帕特盆地的沉积建造,分别受控于发育在裂谷期的布劳斯三角洲和 Plover 三角洲。三大三角洲体系形成了西北大陆架重要的烃源岩和储层。早白垩世起西北大陆架进入被动陆缘的演化阶段,下部充填局限海的泥岩和泥灰岩,上覆广海的碳酸盐岩和浊积沉积序列。

与油气相关的沉积地层为二叠系—古新统,烃源岩主要分布在二叠系、三叠系及侏罗系,中—上白垩统为西北大陆架油气提供了良好的区域性盖层。储层主要分布在中生界,其次新生界,白垩系储层也比较发育,沉积环境以河流—三角洲为主,岩性以碎屑岩为主,局部发育碳酸盐岩储层。西北大陆架在侏罗纪进入裂谷期,海平面上升,暗色泥页岩广泛发育,北卡纳尔文盆地最早发育,为主要烃源岩发育期;进入白垩纪,西北大陆架被动大

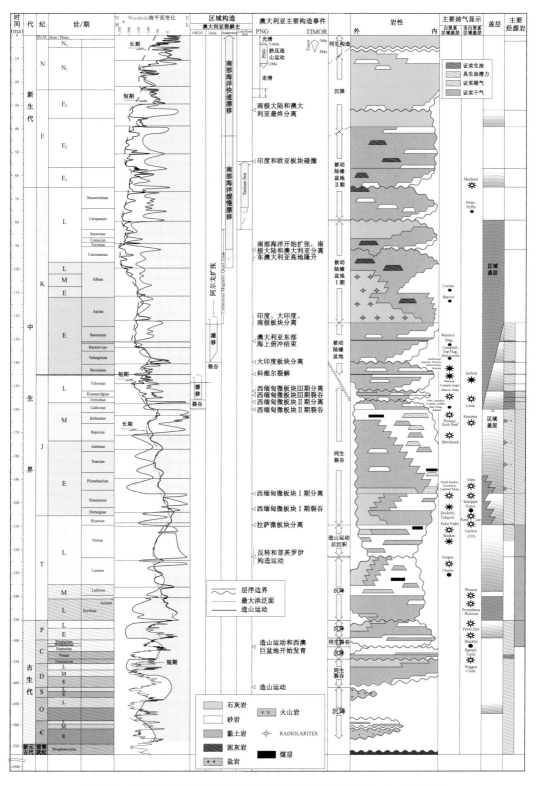

图1-29　澳大利亚西北大陆架沉积盆地年代地层图（据Longley等，2001）

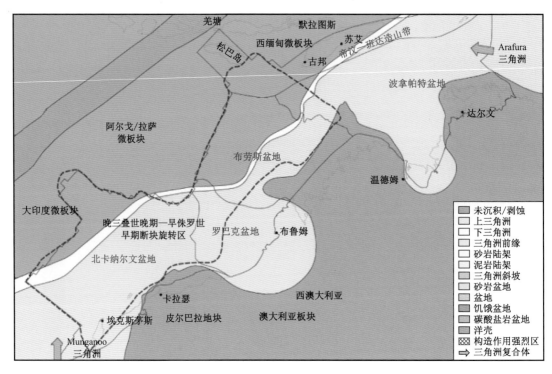

图 1-30　澳大利亚西北大陆架晚三叠世诺利期沉积相图（据 Longley 等，2001）

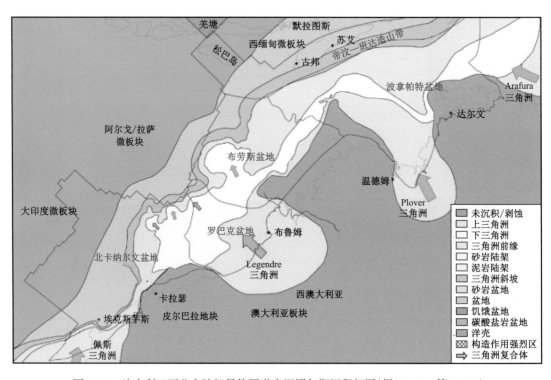

图 1-31　澳大利亚西北大陆架早侏罗世辛涅缪尔期沉积相图（据 Longley 等，2001）

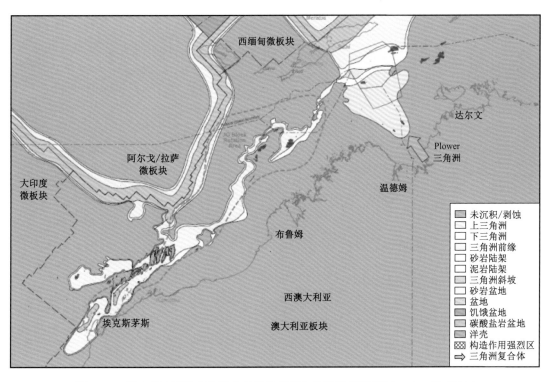

图 1-32　澳大利亚西北大陆架中侏罗世卡洛夫期沉积相图（据 Longley 等，2001）

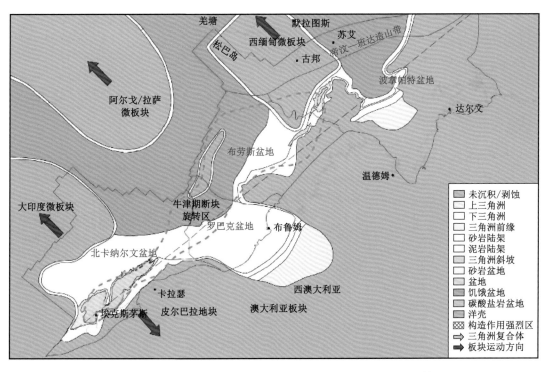

图 1-33　澳大利亚西北大陆架晚侏罗世牛津期沉积相图（据 Longley 等，2001）

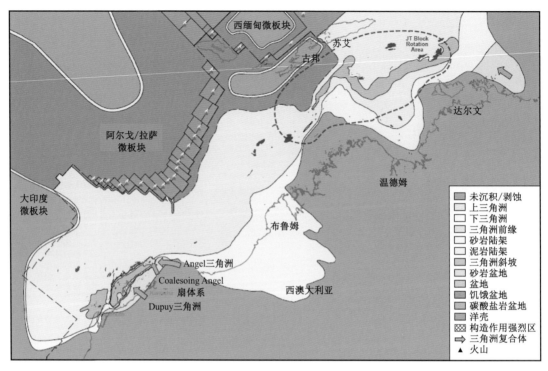

图1-34　澳大利亚西北大陆架晚侏罗世提塘期沉积相图（据 Longley 等，2001）

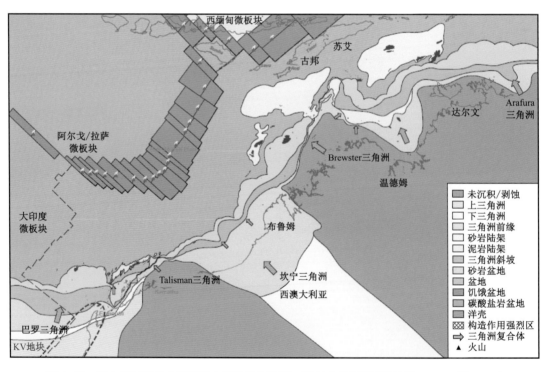

图1-35　澳大利亚西北大陆架早白垩世贝利阿斯—瓦兰今期沉积相图（据 Longley 等，2001）

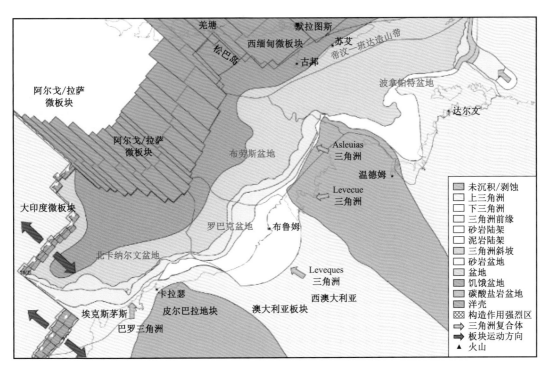

图 1-36　澳大利亚西北大陆架早白垩世瓦兰今期—巴雷姆期沉积相图（据 Longley 等,2001）

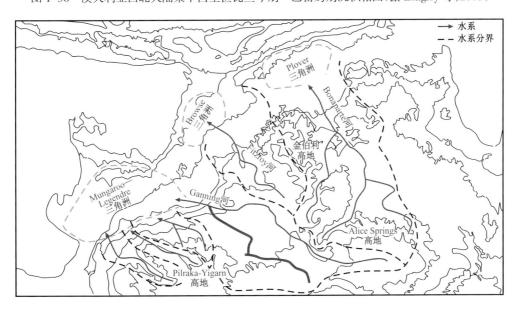

图 1-37　澳大利亚西北大陆架中三叠世—中侏罗世大型三角洲沉积示意图（据 Norviek,2002；金莉,2015）

陆边缘形成，主要为河流—三角洲沉积环境，岩性为泥岩、页岩，是烃源岩及区域性盖层普遍形成期（图 1-35、图 1-36 和图 1-38）。早白垩世—新生代为热沉降过程，陆架演化为一个被动大陆边缘，从陆架区到深海区沉积物先逐渐加厚然后逐渐减薄，呈楔形，在500m 水深等深线附近最厚。

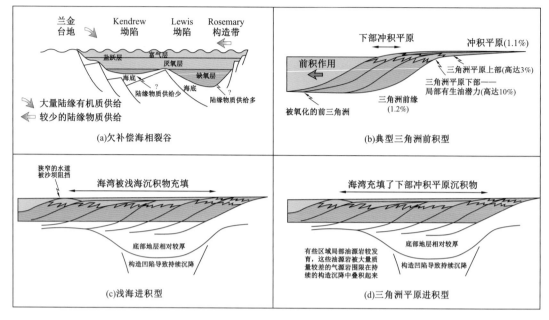

图 1-38　澳大利亚西北大陆架烃源岩沉积环境类型（据 Longley 等，2001）

四、烃源岩特征

西北大陆架含油气盆地中生界发育四套主要的烃源岩，多形成于三角洲—海湾沉积环境，最有利的烃源岩发育于侏罗纪裂谷期（表 1-3、图 1-39）（冯杨伟等，2010；金莉等，2015）。第一套烃源岩为三叠系湖相泥页岩，TOC 含量 0.5%～1.5%，干酪根以 II_2—III 型为主，以生气为主，生油次之。该套烃源岩发育于北卡纳尔文盆地到布劳斯盆地的广大区域，且从北卡纳尔文盆地到布劳斯盆地生油气潜力降低。在北卡纳尔文盆地为 Locker 组页岩—Mungaroo 组煤系烃源岩，干酪根类型以 II、III 型为主，主要生气；在布劳斯盆地三叠系页岩为次要烃源岩。

表 1-3　澳大利亚重点盆地烃源岩特征对比表

盆地	地质年代		烃源岩	岩性	干酪根	R_o（%）	TOC（%）	油/气	构造背景
波拿帕特	中生代	J	Vulcan 组	页岩	II/III	0.35～1.5	2.0	油	裂谷期
		J	Plover 组	页岩	III	0.44～0.7	2.2～13.9	气	
	古生代	P	Keyling 组	页岩	II/III	>0.8	2.8	气	
		C	Milligans 组	页岩	III	0.95	0.1～0.2	气	
布劳斯	中生代	K	Echuca Shoal 组	泥岩	III	0.5	1.9	气	热沉降期
		J	Vulcan 组	页岩	II/III	0.65～1.1	1.0～2.0	气	裂谷期

续表

盆地	地质年代		烃源岩	岩性	干酪根	R_o（%）	TOC（%）	油/气	构造背景
北卡纳尔文	中生代	K_1	Muderong组	含煤泥岩	II/III	0.4~1.7	1.0~3.0	气	裂谷期
		J_2	Dingo组	泥岩	II/III	0.26~6	2.0~3.0	气	裂谷期
		J_1	Athol组	页岩	II_2	0.3~2.0	1.74	气	裂谷期
		Tr	Mungaroo组	页岩	II/III	0.6~1.0	2.19	气	克拉通
		Tr	Locker组	页岩	II/III	0.45~0.6	1.0~5.0	气	克拉通

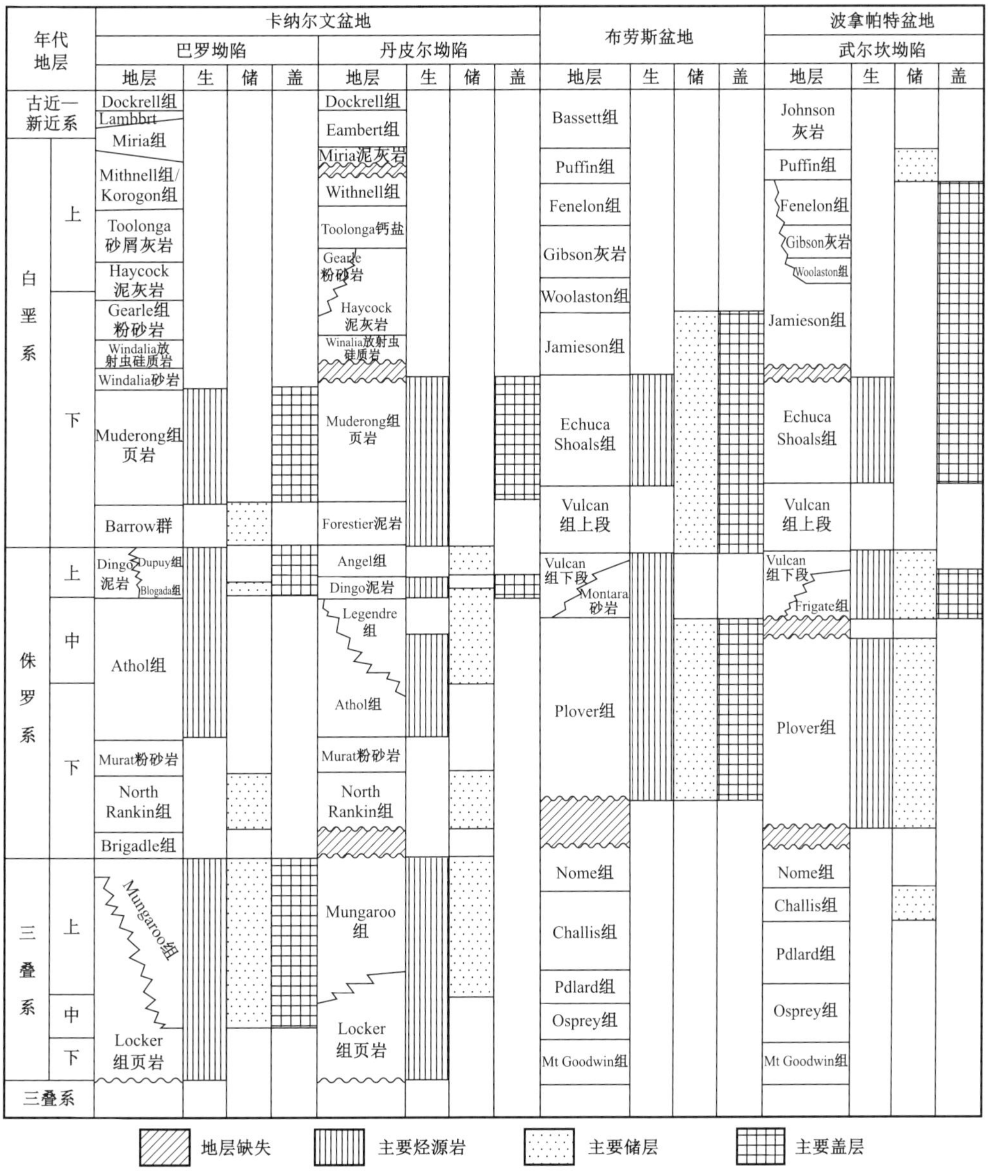

图例：地层缺失　主要烃源岩　主要储层　主要盖层

图1-39 澳大利亚西北大陆架中生界生储盖组合（据冯杨伟等，2010）

第二套烃源岩最重要，为中—下侏罗统海陆过渡相碳质泥岩和煤系，发育于整个西北大陆架。在北卡纳尔文盆地为 Athol 组页岩，干酪根为Ⅱ、Ⅲ型，生气为主；在布劳斯盆地和波拿帕特盆地为 Plover 组页岩，干酪根类型主要为Ⅲ型，在布劳斯盆地生气和凝析油为主；在波拿帕特盆地以生气为主。

第三套烃源岩为上侏罗统海相页岩，发育于整个西北大陆架。在北卡纳尔文盆地为 Dingo 组泥岩，干酪根为Ⅱ、Ⅲ型，生油为主；在布劳斯盆地和波拿帕特盆地均为裂谷期 Vulcan 组下段海相页岩，干酪根类型为Ⅱ、Ⅲ型。

第四套烃源岩为下白垩统海相泥页岩，在整个西北大陆架广泛发育。在北卡纳尔文盆地为 Forstier 组泥岩—Muderong 组页岩，干酪根为Ⅱ、Ⅲ型，生气为主；在布劳斯盆地和波拿帕特盆地均为裂谷盆地晚期的 Echuca Shoals 组海相泥岩，富含有机质，干酪根以Ⅲ型为主，生气为主。

古生代烃源岩只有在波拿帕特盆地发育，波拿帕特盆地二叠系 Keyling 组页岩，干酪根为Ⅱ、Ⅲ型，后期成熟生烃，产气为主。

中生代各盆地烃源岩普遍发育，西北大陆架在中生界进入裂陷期，三叠系普遍过成熟，只有北卡纳尔文盆地进入裂陷期较晚，发育气源岩。侏罗纪广泛发育的断陷裂谷控制了生油岩的展布，对石油的区域分布有着重要的控制作用，为广泛分布的良好烃源岩，早期生气，晚期生油。白垩系普遍未进入生烃门限。

五、生储盖组合

西北大陆架含油气盆地储层和盖层条件都比较好，有多套储盖组合，各盆地具体情况有所不同（图 1-39、表 1-4、表 1-5）。

表 1-4 澳大利亚西北大陆架主要含油气盆地储层特征对比表

盆地名称	地质年代		储层	岩性	沉积环境	孔隙度（%）	渗透率（mD）	构造背景
波拿帕特盆地	中生代	J₃	Vulcan 组	砂岩	浅海	12～23	30～2000	同生裂谷期
		J₁—J₂	Plover 组	砂岩	河流—三角洲	21～22	10	
		T₂—T₃	Challis 组	砂岩	河流—边缘海、浅海	23～30	平均2000	
	古生代	P	Hyland Bay 组	砂岩	三角洲平原	1～25	1～95	
布劳斯盆地	中生代	K	Bathurst Island 群	砂岩	浅海	24～27	平均250	热沉降期
		K₁	Heywood 组上段	砂岩	海洋	平均9	8～1000	
		K₁	Brewster 砂岩组	砂岩	深海海沟	7～12	平均50	

盆地名称	地质年代	储层	岩性	沉积环境	孔隙度（%）	渗透率（mD）	构造背景
北卡纳尔文盆地	中生代	K₁ Barrow 群	砂岩	三角洲、浅海陆架、深海相	15~35	平均50	裂后期
		J₃ Angel 组	砂岩	深海	11~25	平均1000	同生裂谷晚期
		J₃ Biggada 砂岩段	砂岩	深海	16~27	平均257	
		J₁—J₂ Legendre 组	砂岩	三角洲平原	15~35	5~2000	同生裂谷早期
		J₁—J₂ Athol 组	砂岩	海洋	14~23	890~2000	
		J₁ Noth Rankin 组	砂岩	滨岸	11~25	20~5000	裂谷前期
		T₂—T₃ Mungaroo 组	砂岩	河流—三角洲	19.5	1400	

表 1-5　澳大利亚西北大陆架主要含油气盆地盖层特征对比表

盆地名称	地质年代	盖层	岩性	沉积环境	盖层性质	构造背景
波拿帕特盆地	中生代	K₁—K₂ Bathurst 群	泥岩	浅海、深海陆架	层间盖层	被动大陆边缘
		Tr₁ Mount Goodwin 组	页岩	海相	区域盖层	同生裂谷期
	古生代	P₂—Tr₁ Fossil Head 组	页岩	海相	区域盖层	
		P₁ Treachery 组	页岩	湖相	区域盖层	
布劳斯盆地	中生代	K₁—K₂ Heywood 组上段	泥岩	海相	区域盖层	热沉降期
		J₂—J₃ Vulcan 组下段	页岩	海相	区域盖层	同时裂谷拉张期
北卡纳尔文盆地	中生代	K₁ Muderong 组页岩	泥岩	海相	区域盖层	裂后期
		J₂ Dingo 组	页岩	海相	半区域盖层	裂谷期
		Tr Locker 组	页岩	海相	层间盖层	裂前期

西北大陆架的北卡纳尔文、布劳斯和波拿帕特盆地在中生界发育四套主要储层（冯杨伟等，2010）。第一套储层为中—上三叠统三角洲—边缘海相砂岩，发育于北卡纳尔文和波拿帕特盆地。北卡纳尔文盆地为 Mungaroo 组粗砂岩，分布遍及全盆地，是该盆地最主要的储层；在波拿帕特盆地为 Challis 组砂岩。

第二套储层为中—下侏罗统砂岩，广泛发育在西北大陆架。在北卡纳尔文盆地为 North Rankin 组和 Legendre 组砂岩，储层砂体展布受早—中侏罗世的沉积环境控制；在布劳斯盆地为 Plover 组近海的三角洲砂岩沉积，是该盆地最主要的储层；在波拿帕特盆地为 Plover 组砂岩，是该盆地最主要的油气储层，占总储量的 75% 以上。

第三套储层为上侏罗统砂岩，局限于北卡纳尔文盆地和波拿帕特盆地的局部地区。在北卡纳尔文盆地为 Dingo 组的 Briggada 段深水浊积扇砂岩和 Angel 组砂岩；在波拿帕特盆地为 Vulcan 组下段砂岩。

第四套储层为白垩系砂岩。布劳斯盆地发育下白垩统砂岩，为 Vulcan 组上段—Echuca Shoals 组海侵期的临滨及大陆架砂体和 Jamieson 组低位斜坡扇、远端浊积体，是目前深水油气勘探目标。下白垩统 Barrow 群海相砂岩仅在北卡纳尔文盆地局部发育。上白垩统 Puffin 组砂岩储层只局限于波拿帕特盆地的武尔坎坳陷。

澳大利亚西北大陆架含油气盆地中生界发育的主要区域性盖层为下白垩统海相泥页岩盖层，在北卡纳尔文盆地为 Muderong 组页岩；在布劳斯盆地为下白垩统的 Jamieson 组、Vulcan 组上段和 Echuca Shoals 组泥页岩；在波拿帕特盆地为 Bathurst 群页岩。侏罗系盖层局部发育，在北卡纳尔文盆地的区域性盖层还有侏罗系 Dingo 泥岩组，在布劳斯盆地侏罗系的 Plover 组层间泥岩也是有利的盖层，在波拿帕特盆地 Frigate 组页岩是盆地中央区域 Plover 组储层的盖层。

波拿帕特盆地发育五套区域盖层，古生界盖层主要分布在石炭—二叠系，中生界盖层主要分布在上侏罗统和白垩系，岩性都以泥页岩为主；盆地发育古生界和中生界两套储集层系，海上主要储层为二叠系—白垩系，陆上主要储层为石炭系，古生界泥盆系—石炭系储层为河流—三角洲沉积环境，部分存在硅酸盐化，物性较差，中生界早期为河流—三角洲沉积环境，晚期为浅海沉积，物性较好，侏罗系 Plover 组是最主要的储层。

布劳斯盆地发育的区域盖层为上侏罗统—下白垩统 Vulcan 组下段和 Heywood 组海相泥岩。盆地主要的储层都发育在侏罗系和白垩系的河流—三角洲相砂岩，最重要的储层是下侏罗统同裂谷期的砂岩和下白垩统低水位扇。

北卡纳尔文盆地主要发育三套区域盖层，下三叠统河流—边缘海沉积的 Mungaroo 组页岩，侏罗系海侵期沉积的厚层 Dingo 组泥岩和下白垩统浅海沉积环境的 Muderong 组页岩。盆地发育的储层主要位于中生界，三叠系河流—三角洲—海相砂岩是分布范围最大的储层，主要分布在埃克斯茅斯高地、巴罗坳陷和兰金台地的中—上侏罗统深水浊积扇砂岩也是较好的海相砂岩储层。上侏罗—下白垩统深水重力流或水下扇也是重要的储层。

根据澳大利亚西北大陆架深水盆地区域形成储层和盖层的沉积环境，储盖组合主要可以划分为海相储盖组合、海陆过渡相储盖组合和陆相储盖组合三大类型（冯杨伟等，2010）。

海相储盖组合广泛分布于澳大利亚西北大陆架，其中北卡纳尔文盆地发育两套海相储盖组合。下部海相储盖组合的储层为 North Rankin 组、Legendre 组和 Dingo 组 Briggada 段的深水浊积扇砂岩，盖层为侏罗系 Dingo 组海相泥岩，产气；上部储层为上侏罗统 Angel 组和下白垩统 Barrow 群海相砂岩，盖层为下白垩统 Muderong 组海相页岩，产油。布劳斯盆地储层为下白垩统 Vulcan 组上段—Echuca Shoals 组海侵期的临滨及大陆架砂体和

Jamieson 组低位斜坡扇、远端浊积体，盖层为下白垩统的 Jamieson 组、Vulcan 组上段和 Echuca Shoals 组海相泥页岩，产油。波拿帕特盆地储层为上侏罗统 Vulcan 组下段海相砂岩，盖层为下白垩统 Echuca Shoals 组海相泥岩和 Jamieson 组海相页岩，产油。

海陆过渡相储盖组合主要发育在波拿帕特和布劳斯盆地。在波拿帕特盆地储层为上三叠统 Challis 组和中—下侏罗统 Plover 组近海的河流—三角洲沉积，盖层为上侏罗统 Frigate 组海相页岩，产油。在布劳斯盆地储层和盖层均为中—下侏罗统 Plover 组近海的河流—三角洲相沉积，产气和凝析油。

陆相储盖组合在西北大陆架局部发育，是北卡纳尔文盆地重要的储盖组合，主要发育在三叠系，以生气为主。储层主要为三叠系 Mungaroo 组粗砂岩，遍及全盆地，是最主要的储层，局部还有 Brigadier 组砂岩；盖层为三叠系 Mungaroo 组层间泥页岩，在局部地区是良好有效的盖层。

六、石油天然气资源

澳大利亚是世界重要的油气产区之一，其油气发现较早。1900 年，在昆士兰州 Roma 地区钻水井时巧遇天然气层，这一意外发现使澳大利亚出现第一个油气田。1927 年成立 Roma 石油公司，建立了澳大利亚第一个天然气处理厂。1924 年，在澳大利亚的湖口地区获得重要油气发现，该发现位于吉普斯兰盆地的陆上地区，这是澳大利亚有目的油气勘探的首次成果。

澳大利亚西北大陆架的油气勘探始于北卡纳尔文盆地。1953 年，在北卡纳尔文盆地的 Rough Range-1 井获得油气发现。1961 年，苏拉特盆地莫尼油田的发现初步树立了澳大利亚发展本国石油工业信心，此后钻探工作量逐年增加。1964 年，勘探开发重点转入东南部的吉普斯兰盆地。从此以后，澳大利亚石油工业得到迅速发展。自 1965 年陆续发现了 Barrow Island、Kingfish 和 Halibut-Cobia 等 5 个大型油气田，澳大利亚从几乎完全依赖石油进口的国家转变为大部分油气能够自给的国家。

自 20 世纪 90 年代初，澳大利亚的石油勘探开发重心由南部转向西北部，油气增产量主要来自西北大陆架的北卡纳尔文和波拿帕特盆地。西北大陆架油气资源丰富，以产气为主，是全球液化天然气的主要供应地之一。大部分盆地均有重大油气发现，其中北卡纳尔文盆地油气发现最多，是目前澳大利亚最主要的产油盆地之一。

西北大陆架是目前世界深水油气勘探的热点地区之一，北卡纳尔文盆地勘探开发程度最高，其次是波拿帕特盆地，布劳斯和罗巴克盆地仅有少量油气发现，尚未开发（表 1-6）（IHS，2009）。西北大陆架海上直到 20 世纪 60 年代早期才有重大的油气发现。截至 2015 年底，在西北大陆架发现了各类油气藏 428 个，开发 136 个，Jansz 气田、Wheatstone 气田、Eskdale 气田、Pluto 气田、Torato 气田、Ichthys 气田、Xena 气田、Halyard 气田和 Sumrise—Troubadour 油气田等先后投产（图 1-40）。

表1-6 澳大利亚西北大陆架盆地勘探开发现状对比表（截至2009年底）

盆地名称	勘探现状	已发现油/气田	开发油/气田
波拿帕特盆地	累计钻井237口 其中生产井38口	34个油田 40个气田	6个油田 1个气田
布劳斯盆地	累计钻井26口	4个油田 11个气田	—
北卡纳尔文盆地	累计钻井172口 其中生产井53口	123个油田 75个气田	41个油田 8个气田

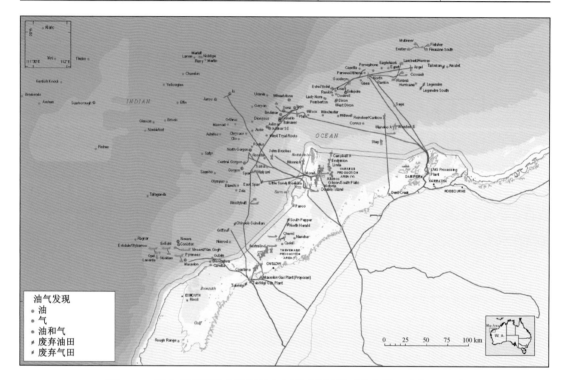

图1-40 澳大利亚西北大陆架油气田分布图（据西澳大利亚政府，2014）

西北大陆架大部分地区尤其是深水区勘探程度很低，但是油气储量较高，普遍为富气盆地，其中北卡纳尔文盆地油气储量占西北大陆架全部油气储量的63.13%，天然气储量占西北大陆架天然气储量的73%；波拿帕特盆地油气储量占西北大陆架全部油气储量的14.1%，天然气储量占西北大陆架天然气储量的14.73%；布劳斯盆地油气储量占西北大陆架全部油气储量的22.45%，天然气储量占西北大陆架天然气储量的26.75%；罗巴克和坎宁盆地油气储量仅占西北大陆架全部油气储量0.33%，天然气储量占西北大陆架天然气储量的0.11%（图1-41、表1-7）（IHS，2014）。

波拿帕特、布劳斯和北卡纳尔文盆地自二叠系各层位均含气，但主要产气层集中在中生界（三叠系、侏罗系和白垩系）；产油层位集中在古近—新近系，整体以产气为主。已累计产气 $22.51 \times 10^{12} ft^3$、原油（含凝析油和LPG）$35.96 \times 10^8 bbl$（表1-7）。

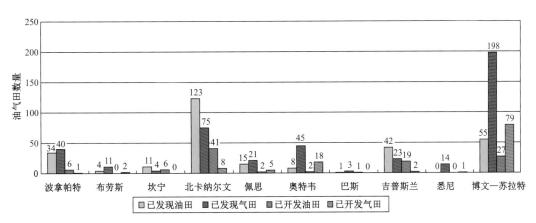

图 1-41 澳大利亚主要油气盆地勘探现状对比

表 1-7 澳大利亚西北大陆架油气资源状况一览表

盆地	液烃(原油、凝析油和LPG)		天然气		油气	天然气储量百分比(%)
	剩余储量(10^8bbl)	累计生产(10^8bbl)	剩余储量(10^{12}ft³)	累计开采(10^{12}ft³)	总储量(10^8bbl)	
北卡纳尔文	20.56	31.54	91.78	20.89	239.88	78.28
波拿帕特	7.69	7.99	21.11	1.62	53.56	70.72
布劳斯	16.52	0	41.28	0	85.32	80.63
坎宁(含罗巴克)	0.92	0.03	0.17	0	1.23	22.76
合计	45.69	39.56	154.34	22.51	379.99	

西北大陆架油气资源丰度、油气展布和赋存层位均有差异，油气主要富集于兰金台地、巴罗坳陷、丹皮尔坳陷、埃克斯茅斯高地、埃克斯茅斯坳陷、武尔坎坳陷、萨湖(Sahul)向斜、弗拉明戈(Flamingo)向斜、南卡(Nancar)海槽、莫里塔(Malita)地堑、斯科特礁—布冯(Scott Reef–Buffon)鼻状构造带和卡斯威尔(Caswell)坳陷等若干次级构造单元内部和边缘隆起区(Kopsen，2002)(图1-42)。西北大陆架圈闭类型以背斜、地垒和掀斜断块为主，石油主要储集在上侏罗统—下白垩统，天然气主要储集在三叠系—中侏罗统砂岩。

平面上，西北大陆架油气分布具有"内侧为油、外侧为气"或"近岸油、远岸气"的特征；纵向上，西北大陆架油气分布具有下部层位富气上部层位富油，呈"上油下气"的分布特征；层系上，西北大陆架已发现的油气储量多富集于下白垩统泥岩、页岩构成的区域性盖层之下的储层内；在已发现油气储量方面，西北大陆架具有"气多油少"的特点(图1-43、图1-44和图1-45)(白国平，殷进垠，2007；许晓明等，2010；冯杨伟等，2012；白国平等，2013；金莉等，2015；朱梦蕾等，2015)。西北大陆架远岸带深水区主要发育大型、超大型气田，且成群成带分布，如兰金台地气田群、莫里塔地堑—萨湖台地—弗拉明戈向斜气

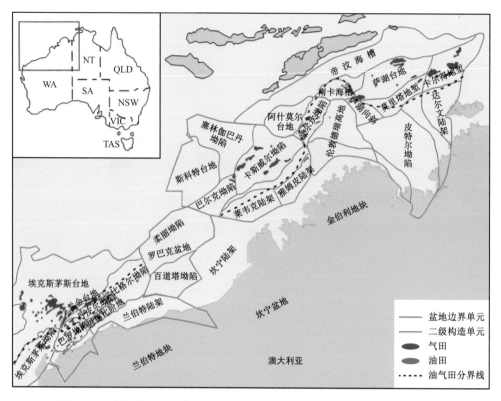

图1-42　澳大利亚西北大陆架含油气盆地及油气田分布图（据金莉等，2015）

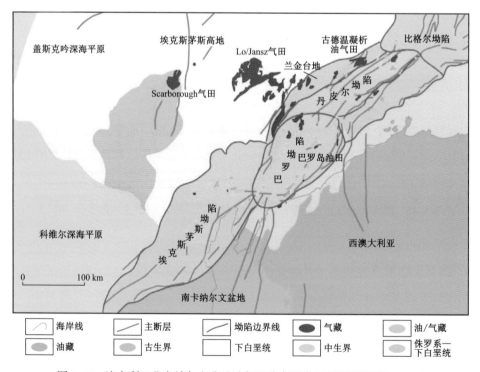

图1-43　澳大利亚北卡纳尔文盆地油气田分布示意图（据许晓明等，2010）

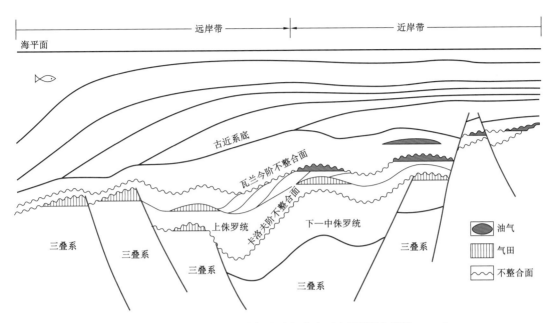

图 1-44 澳大利亚西北大陆架含油气分布示意图（据金莉等，2015）

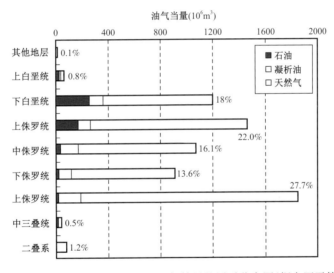

图 1-45 澳大利亚西北大陆架已发现油气储量的层系分布图（据白国平等，2013）

田群和斯科特礁—布冯鼻状构造带气田群等；近岸带浅水区以发育一些中小型油田为主，亦成群成带分布，如巴罗岛背斜油田群和武尔坎坳陷油田群等（冯杨伟等，2011）。北卡纳尔文盆地油田主要分布在巴罗和丹皮尔坳陷东侧及恩德比阶地，气田主要分布在巴罗和丹皮尔坳陷西侧、兰金台地以及因维斯提格坳陷（图 1-43）。波拿帕特盆地油田规模小，主要位于武尔坎坳陷—南卡槽谷—萨湖向斜—腊米纳锐亚台地—弗拉明戈高地；气田主要分布在卡德尔地堑（主要有 Evans Shoal 气田）、萨湖台地（主要有 Sunrise/Loxton Shoal 和 Troubadour 气田）、弗拉明戈高地（Bayu/Undan 气田）。布劳斯盆地油田数量少，分布在

东部雅姆皮陆架东北部；气田主要分布在卡斯威尔坳陷南部，包括 Toroso、Brecknock、Calliance 和 Ichthys 气田。

目前，在澳大利亚西北大陆架从事油气勘探开发的公司主要有 Woodside、壳牌、雪佛龙、BHP、BP Amoco、Hess、中国石化和中国海油等。

第二章 北卡纳尔文盆地地质特征及油气富集规律

北卡纳尔文盆地位于澳大利亚西北大陆架的最南端，是一个自晚古生代至新生代持续发育的巨型含油气盆地，盆地长约 1000km、宽约 300km，南起西北海角，北到 Arafura 海，其中一半以上的面积是在海上（白国平，殷进垠，2007）（图 2-1、图 2-2）。北卡纳尔文盆地自陆上一直延伸至水深 2000m 的海域，最大水深达 3500m，其走向与西北大陆架的展布方向大致平行，盆地面积约 $54.44 \times 10^4 \mathrm{km}^2$。

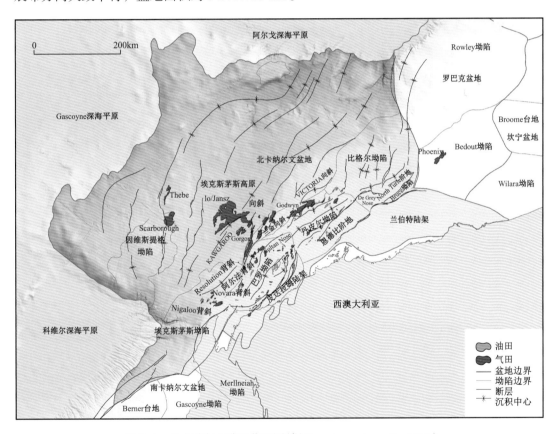

图 2-1 北卡纳尔文盆地位置图（据 Geoscience Australia，2015）

北卡纳尔文盆地的北部、西部和西南部紧邻深海平原，依次为阿尔戈深海平原、Gascoyne 和科维尔（Cuvier）深海平原。阿尔戈深海平原位于侏罗纪发育的陆海边缘的海洋地壳上。北卡纳尔文盆地东临罗巴克和坎宁盆地，东南为皮尔巴拉（Pilbara）地块，南与南卡纳尔文盆地毗邻，是澳大利亚油气最丰富的离散型被动大陆边缘盆地。自晚古生代——

新生代开始，北卡纳尔文盆地持续沉降形成了现今的巨型含油气盆地，已发现油气田大部分位于海上，具有"外气内油"的特点（图 2-1、图 2-2）。

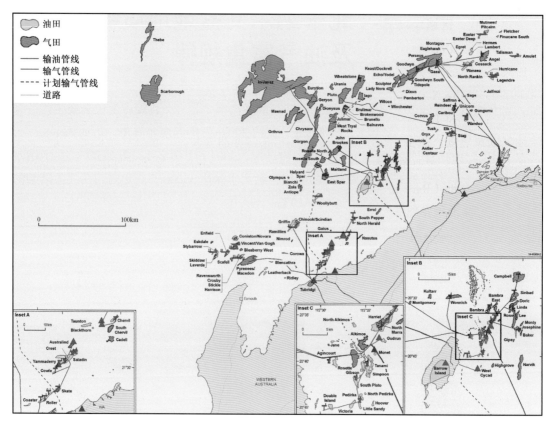

图 2-2　北卡纳尔文盆地油气田分布图（据 Geoscience Australia，2015）

第一节　北卡纳尔文盆地勘探开发历程与现状

　　1947 年，在北卡纳尔文盆地的埃克斯茅斯（Exmouth）坳陷开始油气勘探，1953 年部署在该坳陷的 Rough Range-1 井首获油气发现。该井油气的发现推动了北卡纳尔文盆地陆上石油勘探。1964 年在 Barrow-1 井发现了石油，从而发现了西北大陆架的第一个油田——Barrow Island 油田。该油田的发现掀起了澳大利亚西北大陆架油气勘探热潮。1968 年又发现了新的油气田，此后勘探活动不断加强，20 世纪 70 年代在兰金（Rankin）台地发现Rankin、Rankin North、Rankin Northwest 和 Goodwyn 等大气田，在因维斯提格（Investigator）坳陷发现了 Scarborough 大气田。20 世纪 80 年代，又在兰金台地发现了 Gorgon 等大气田。自 20 世纪 90 年代北卡纳尔文盆地钻探活动持续活跃，并于 2000 年在埃克斯茅斯高地发现了 Io/Jansz 超大型气田。

一、勘探历史

北卡纳尔文盆地是一个勘探程度高、油气发现多的含油气盆地，其油气勘探始于 20 世纪 40 年代，区域地质调查在巴罗坳陷发现了 Barrow 背斜构造（图 2-3）。1954 年在埃克斯茅斯坳陷发现 Rough Range 油田。20 世纪六七十年代，巴罗坳陷的 Barrow Island 油田（1964）、Pasco-1 井油气发现（1967）和 Flinders Shoal-1 井油气发现（1969）、恩德比阶地的 Legendre North 油气田（1968）以及兰金（Rankin）台地 Rankin North（1971）、Tryal Rocks West 1ST（1973）和 Tidepole（1975）等油气田的发现引发了北卡纳尔文盆地的油气勘探热潮。截至 2016 年底，北卡纳尔文盆地油气勘探已遍及整个盆地，油气重大发现超过 60 个，主要集中在埃克斯茅斯台地、巴罗（Barrow）坳陷、丹皮尔（Dampier）坳陷、兰金台地（Rankin）和埃克斯茅斯（Exmouth）坳陷，比格尔坳陷油气发现很少，兰伯特陆架无油气发现（图 2-3、图 2-4）。

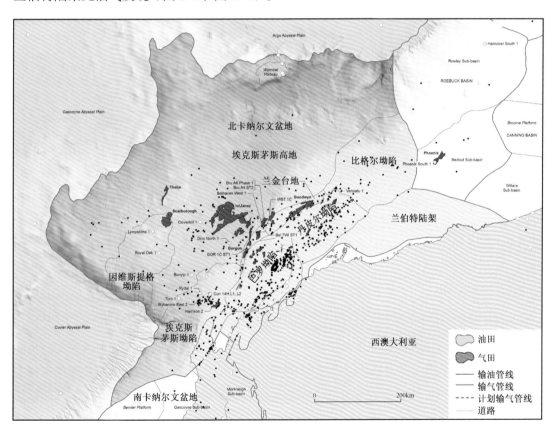

图 2-3　北卡纳尔文盆地钻井分布图（据 Geoscience Australia，2015）

北卡纳尔文盆地的重大油气发现包括：水深约 133m、天然气 2P 储量为 $1986.4 \times 10^8 \mathrm{m}^3$ 的 Goodwyn 气田（1971），水深约 123.4m、天然气 2P 储量为 $3477.3 \times 10^8 \mathrm{m}^3$ 的 Rankin North 气田（1971），水深约 155m、天然气 2P 储量为 $3003.0 \times 10^8 \mathrm{m}^3$ 的 Perseus 气田

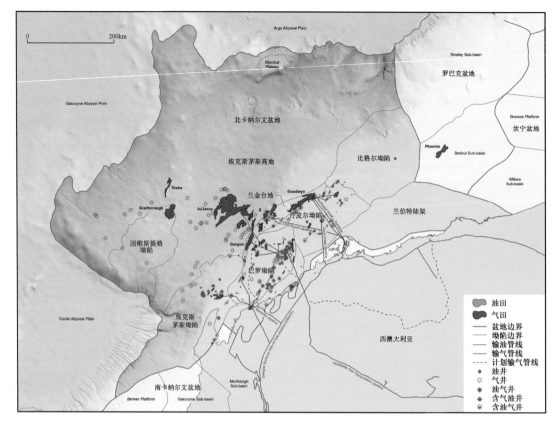

图 2-4　北卡纳尔文盆地油气发现及油气田分布图（据 Geoscience Australia，2015）

（1972），水深约 900m、天然气 2P 储量为 2265.4×10⁸m³ 的 Scarborough 气田（1979），水深约 259m、天然气 2P 储量为 4757.3×10⁸m³ 的 Gorgon 气田（1981），水深 1321m、天然气 2P 储量为 5738.7×10⁸m³ 的 Io/Jansz 气田（2000），水深 215.7m、天然气 2P 储量为 1415.9×10⁸m³ 的 Wheatstone 气田（2004），水深 976m、天然气 2P 储量为 1308.2×10⁸m³ 的 Pluto 气田（2005）以及石油 2P 储量为 3.6×10⁸bbl、天然气 2P 储量为 58.0×10⁸m³ 的 Barrow Island 油气田（1996）。按时间可将北卡纳尔文盆地的油气勘探划分为六个阶段。

（一）1953—1959 年

20 世纪 50 年代，北卡纳尔文盆地油气勘探范围小，只在埃克斯茅斯坳陷发现了一个小型油田。1953 年，WAPET（Western Australia Petroleum Pty Ltd）公司在北卡纳尔文盆地埃克斯茅斯坳陷成功钻探了 Rough Range-1 井，1954 年确认 Rough Range 油田的发现。在 Rough Range-1 井埋深 1100m 的 Birdrong 砂岩中发现了近 9.5m 的油柱，这是第二次世界大战结束后澳大利亚的第一个油气发现。

（二）1960—1969 年

20 世纪 60 年代，北卡纳尔文盆地油气勘探范围扩展至巴罗坳陷、丹皮尔坳陷、兰金台地和恩德比阶地，发现了四个油田。这一阶段的地震和重力勘测主要由 WAPET 公司在巴罗—丹皮尔坳陷进行。1966 年，Burmah 公司在兰金台地部署二维地震。

在巴罗坳陷先后发现了 Barrow Island 油田、Pasco-1 油气田和 Flinders Shoal-1 油气田。1968 年在恩德比阶地钻探 Legendre-1 井发现了 Legendre North 油气田，该油气田是北卡纳尔文盆地的第四个油气发现，也是该盆地第一个海上发现。Legendre-1 井由 Woodside、BP、Shell 和 Calasiatic 等公司联合钻探，现今作业者为 Woodside 公司。

（三）1970—1979 年

20 世纪 70 年代，北卡纳尔文盆地油气勘探范围扩展至丹皮尔坳陷、埃克斯茅斯高地，地震勘探持续进行，发现了 17 个油气田。1979 年，在埃克斯茅斯高地的深水中发现了 Scarborough 气田。由 Esso 和 Hematite 公司钻探的 Scarborough-1 井下白垩统 Flag 砂岩中钻遇了 59m 气柱。

1970—1979 年，在兰金台地发现了一系列重大气田：Rankin North、Goodwyn 和 Perseus；在丹皮尔坳陷发现了 Angel 气田、Egret 和 Lambert 油气田。这些油气田是由 Woodside、BP、Shell 和 Calasiatic 等公司联合发现，现今作业者为 Woodside 公司。1975 年 WAPET 在巴罗坳陷部署 Biggada-1 井，在侏罗系 Biggada 组砂岩钻遇油气，从而发现了 Biggada 高压气田。

（四）1980—1989 年

20 世纪 80 年代发现油气数量迅速增至 29 个，除了 1988 年在兰金台地发现的 Echo/Yode 气田和 1989 年丹皮尔坳陷发现的 Wanaea 油气田，最大油气发现是 1981 年兰金台地发现的 Gorgon 气田。Gorgon 气田的天然气储量 $16.8 \times 10^{12} \text{ft}^3$、凝析油储量 $1.2 \times 10^8 \text{bbl}$，其中上三叠统 Mungaroo 组天然气和凝析油储量分别为 $7.82 \times 10^{12} \text{ft}^3$ 和 $0.43 \times 10^8 \text{bbl}$，下白垩统 Malouet 组天然气和凝析油储量分别为 $8.98 \times 10^{12} \text{ft}^3$ 和 $0.77 \times 10^8 \text{bbl}$。

（五）1990—1999 年

20 世纪 90 年代，北卡纳尔文盆地勘探活动持续活跃，发现油气田 16 个，主要集中在埃克斯茅斯高地，数量呈下降趋势。1990 年发现的巴罗坳陷 Griffin 油田原油、天然气和凝析油的储量分别为 $1.36 \times 10^8 \text{bbl}$、$63.6 \times 10^9 \text{ft}^3$ 和 $150 \times 10^4 \text{bbl}$。1995 年埃克斯茅斯高地发现的 Chrysaor 气田天然气储量为 $1.88 \times 10^{12} \text{ft}^3$，1995 年发现的 Dionysus 气田储量为 $2.9 \times 10^{12} \text{ft}^3$，1999 年发现的 Orthrus 气田储量为 $1.2 \times 10^{12} \text{ft}^3$、凝析油储量为 $160 \times 10^4 \text{bbl}$。1998 年巴罗坳陷发现的 John Brookes 气田天然气储量为 $1.36 \times 10^{12} \text{ft}^3$、凝析油储量为 $1402 \times 10^4 \text{bbl}$。1999 年埃克斯茅斯高地发现的 Geryon 气田天然气储量为 $3.3 \times 10^{12} \text{ft}^3$、凝析油储量为 $881 \times 10^4 \text{bbl}$。Griffin 油田和 Geryon 气田分别是这一时期在北卡纳尔文盆地发现的最大油田和气田。

（六）2000 年至今

这一阶段是北卡纳尔文盆地勘探高峰期，也是油气发现最多的时期，主要集中在巴罗坳陷、埃克斯茅斯高地和兰金台地。2000 年在埃克斯茅斯高地发现的 Io/Jansz 巨大气田，天然气储量为 $20.27 \times 10^{12} \mathrm{ft}^3$、凝析油储量为 $0.89 \times 10^8 \mathrm{bbl}$。

二、开发历史

北卡纳尔文盆地第一个石油发现是 1953 年发现的 Rough Range-1 井，但是直到 20 世纪 60 年代 Barrow Island 油田的开发盆地内才有了正式的商业性油气生产。1953—2006 年，北卡纳尔文盆地已钻探 941 口井，其中 172 口有油气显示，累计产石油 $1730 \times 10^6 \mathrm{bbl}$、天然气 $12.87 \times 10^{12} \mathrm{ft}^3$。

（一）1967—1979 年

Rough Range-1 井发现后，又钻探了 14 口评价井，但是只有 2 口是油井。直到 2000 年 10 月，这些发现才被确认为具有商业价值，投入开发。

Barrow Island 油田 1967 年投入生产，是盆地内第一个商业性生产油田。1968 年需要通过注水和注气来提高采收率，此后的 25 年该油田也一直用这种方法生产，直到 1993 年引进聚合物注入提高采收率。通过注水开发技术，WAPET 希望把 Barrow Island 油田的生产寿命至少延长到 2019 年。目前 Barrow Island 油田依然是澳大利亚陆上最大的油田。

（二）1980—1989 年

1984 年 Rankin North 油田投入生产，该油田发现于 1971 年，1979 年批准开发。该油田是澳大利亚西北大陆架开发项目的一部分（该项目是澳大利亚承担的最大的自然资源开发项目），油气钻探分三个阶段：第一阶段由 7 口井组成，为西澳大利亚市场提供气体供给；第二阶段由 6 口井组成，为天然气再循环工程提供天然气；第三阶段始于 1988 年，为 LPG 出口钻探了 10 口井。

20 世纪 80 年代，Harriet、Herald North、Pepper South、Talisman、Chervil 和 Saladin 等油气田先后投入生产。

（三）1990—2000 年

20 世纪 90 年代，北卡纳尔文盆地内 24 个新油气田投入生产。1995 年 Goodwyn 气田成为澳大利亚西北大陆架开发项目的第二个目标。该气田发现于 1971 年，1989 年批准开发，1995 年 2 月 4 日在 Goodwyn A-1 井以 15000bbl/d 凝析油和 $100 \times 10^6 \mathrm{ft}^3$/d 的速率开始生产。据报道 Goodwyn A 平台是世界上最大的天然气平台之一（55000t），具 $25.5 \times 10^6 \mathrm{ft}^3$/d 气和 100000bbl/d 凝析油的生产能力。

（四）2000 年至今

Rough Range 油田早在 1954 年已被发现，但是投产较晚，在 2000 年 10 月投入开发。2001 年有 7 个油气田投入生产，包括 Gipsy、Gipsy North、Simpson、Legendre North、Legendre South、Athena 和 Echo/Yodel 油气田。Gipsy 和 Gipsy North 油气田分别发现于 1998 年和 1999 年，在 2001 年 2 月同时投产。Gipsy North 油气田在 2003 年 8 月停产，累计生产原油 660×10^4 bbl、累计生产天然气 2.78×10^9 ft^3。Legendre North 油田的第一个发现是 1968 年钻探的 Legendre-1 井，该井也是巴罗—丹皮尔坳陷中的第一个石油和湿气发现。在当时该发现认为是不经济的，1970 年钻探的 Legendre-2 井也没有成功，但随着 1997 年 Jaubert-1 井和 1998 年 Legendre South 油气田的发现，Legendre North 和 Legendre South 油气田联合开发具有经济性。这两个油气田在 2001 年 5 月投入开发，于 2010 年底停产，累计生产原油 0.43×10^8 bbl、累计生产天然气 61.75×10^9 ft^3。

2002 年有 6 个油气田投入生产，分别为 Gibson、Plato South、Endymion、Little Sandy、Pedirka 和 Victoria 油气田。2003 年有 4 个油气田投入生产，分别是 Double Island、Woollybutt、Hoover 和 Pedirka North 油气田。2004 年 Gudrun 油气田、Monet 油气田和 Linda 气田投产。

2005 年有 9 个油气田投入生产，分别是 Exeter 油田、Mutineer 油田、John Brookes 气田、Albert 油气田、Rose 油气田、Mohave 油气田、Alkimos North 油气田、Artreus 油气田和 Bambra 油气田。

2006 年 Zephyrus 和 Enfield 油气田投入开发。2007 年投产 6 个油气田，即 Doric 气田，Bambra East、Cycad West、Eskdale、Lee 和 Stybarrow 油气田。2008 年投产 Angel 气田、Vincent 油气田和 Woollybutt South 油气田。2010 年投产 Crosby、Ravensworth、Stickle 和 Van Gogh 油气田，2011 年 Halyard 和 Reindeer-Caribou 气田投产，这两个气田同时产少量凝析油。2012 年仅 Pluto 气田投产，2013 年 Finucane 油田、Fletcher 油田和 Macedon-Pyrenees 油气田。2014 年 Balnaves 油气田投产，2015 年 Coniston 油田和 Xena 气田投产，2016 年 Io/Jansz 特大型气田投产。

截至 2014 年底，北卡纳尔文盆地累计生产天然气、原油、凝析油和 LPG 分别为 1.62×10^{12} ft^3、4.81×10^8 bbl、2.06×10^8 bbl 和 1.13×10^8 bbl。

三、盆地油气储量和产量

截至 2014 年底，北卡纳尔文盆地天然气储量 112.67×10^{12} ft^3，约占澳大利亚西北大陆架天然气总储量的 63.71%，其中已采出 20.89×10^{12} ft^3，剩余储量 91.78×10^{12} ft^3；石油储量 52.1×10^8 bbl，已采出 31.54×10^8 bbl，剩余储量 20.56×10^8 bbl。截至 2015 年底，北卡纳尔文盆地天然气、石油和凝析油的 2P 储量分为 70.49×10^{12} ft^3、23.64×10^8 bbl 和 5.7×10^8 bbl

（HIS，2015）。截至 2016 年底，北卡纳尔文盆地天然气、石油和凝析油的 2P 储量分别为 $147.54 \times 10^{12} ft^3$、$24.25 \times 10^8 bbl$ 和 $19.15 \times 10^8 bbl$（HIS，2017）。截至 2016 年底，266 个油气发现中 88 个油气田投产，其中油田 60 个、气田 28 个。

兰金台地 32 个油气发现的天然气、石油和凝析油的储量分别为 $67.65 \times 10^{12} ft^3$、$0.48 \times 10^8 bbl$ 和 $13.31 \times 10^8 bbl$，气当量储量为 $75.92 \times 10^{12} ft^3$；埃克斯茅斯高地 56 个油气发现的天然气和凝析油储量分别为 $59.79 \times 10^{12} ft^3$ 和 $3.64 \times 10^8 bbl$，气当量储量为 $61.96 \times 10^{12} ft^3$；巴罗坳陷 97 个油气发现的天然气、石油和凝析油储量分别为 $4.86 \times 10^{12} ft^3$、$9.09 \times 10^8 bbl$ 和 $0.67 \times 10^8 bbl$，气当量储量为 $10.72 \times 10^{12} ft^3$；因维斯提格坳陷 4 个油气发现的天然气和凝析油储量分别为 $8.66 \times 10^{12} ft^3$ 和 $100 \times 10^4 bbl$，气当量储量为 $8.66 \times 10^{12} ft^3$；丹皮尔坳陷 17 个油气发现的天然气、石油和凝析油储量分别为 $3.85 \times 10^{12} ft^3$、$5.95 \times 10^8 bbl$ 和 $1.45 \times 10^8 bbl$，气当量储量为 $8.29 \times 10^{12} ft^3$；埃克斯茅斯坳陷 29 个油气发现的天然气、石油和凝析油储量分别为 $1.88 \times 10^{12} ft^3$、$5.21 \times 10^8 bbl$ 和 $410 \times 10^4 bbl$，气当量储量为 $5.03 \times 10^{12} ft^3$；恩德比阶地 20 个油气发现的天然气、石油和凝析油储量分别为 $0.76 \times 10^{12} ft^3$、$5.21 \times 10^8 bbl$ 和 $410 \times 10^4 bbl$，气当量储量为 $2.33 \times 10^{12} ft^3$；比格尔坳陷 6 个油气发现的天然气和石油储量分别为 $2.38 \times 10^9 ft^3$ 和 $0.94 \times 10^8 bbl$，气当量储量为 $0.56 \times 10^{12} ft^3$；皮达拉姆陆架 5 个油气发现的天然气、石油和凝析油储量分别为 $94.01 \times 10^9 ft^3$、$510 \times 10^4 bbl$ 和 $3 \times 10^4 bbl$，气当量储量为 $97.25 \times 10^9 ft^3$（表 2-1、图 2-5）。

表 2-1 北卡纳尔文盆地油气储量和产量统计表

次级构造单元	油气发现数量（个）	可采储量			产量		
		石油（$10^6 bbl$）	凝析油（$10^6 bbl$）	天然气（$10^9 ft^3$）	石油（$10^8 bbl$）	凝析油（$10^8 bbl$）	天然气（$10^9 ft^3$）
皮达拉姆陆架	5	5.1	0.03	94.01	0.00	0.01	69
巴罗坳陷	97	909.12	67.41	4858.85	794.37	36.55	217.28
恩德比阶地	20	258.18	2.61	764.24	210.93	0.38	259.19
丹皮尔坳陷	17	594.77	145.41	3846.46	455.94	78.77	1834.02
兰金台地	32	48.12	1330.84	67646.61	7.01	726.40	18814.99
比格尔坳陷	6	93.50	0.00	2.38	93.50	0.00	0.87
埃克斯茅斯高地	56	0.00	364.24	59789.63	0.00	8.24	718.85
埃克斯茅斯坳陷	29	520.71	4.10	1884.42	307.32	0.00	280.28
因维斯提格坳陷	4	0.00	1.00	8655.00	0.00	0.00	0.00
合计	266	2424.91	1914.64	147541.60	1869.07	850.35	22194.48

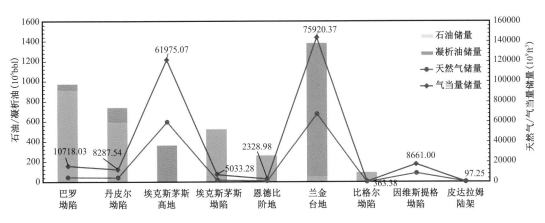

图2-5　北卡纳尔文盆地各构造单元油气可采储量统计

各构造单元油气可采储量占盆地油气可采储量的比例统计结果表明，北卡纳尔文盆地油气分布具有一定的不均匀性：绝大部分石油分布在巴罗坳陷、丹皮尔坳陷和埃克斯茅斯坳陷，比例为83.49%；凝析油主要分布于兰金台地和埃克斯茅斯高地，比例为88.48%；天然气与凝析油分布一致，主要分布在兰金台地和埃克斯茅斯高地，比例为86.37%；油气总的可采储量以兰金台地和埃克斯茅斯高地最高，比例为79.44%，巴罗坳陷和因维斯提格坳陷等构造单元的油气总储量比例均低于10%（图2-6）。

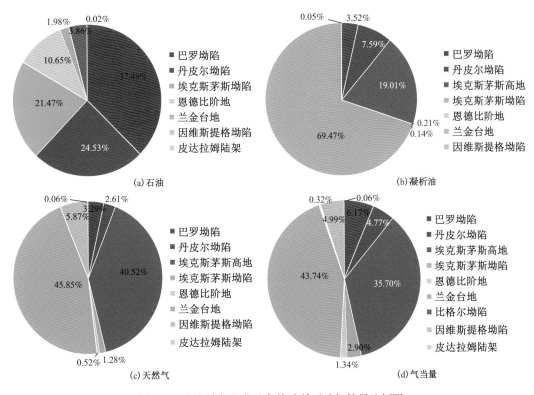

图2-6　北卡纳尔文盆地各构造单元油气储量比例图

兰金台地 7 个油气田累计产天然气、石油和凝析油分别为 $18.81 \times 10^{12} ft^3$、$701 \times 10^4 bbl$ 和 $7.26 \times 10^8 bbl$，气当量为 $23.22 \times 10^{12} ft^3$；巴罗坳陷 52 个油气田累计产天然气、石油和凝析油分别为 $0.22 \times 10^{12} ft^3$、$7.94 \times 10^8 bbl$ 和 $0.37 \times 10^8 bbl$，气当量为 $5.20 \times 10^{12} ft^3$；丹皮尔坳陷 5 油气田累计产天然气、石油和凝析油分别为 $1.83 \times 10^{12} ft^3$、$4.56 \times 10^8 bbl$ 和 $0.79 \times 10^8 bbl$，气当量为 $5.04 \times 10^{12} ft^3$；埃克斯茅斯坳陷 11 个油气田累计产天然气和石油分别为 $0.28 \times 10^{12} ft^3$ 和 $3.07 \times 10^8 bbl$，气当量为 $2.12 \times 10^{12} ft^3$；恩德比阶地 6 个油气田累计产天然气、石油和凝析油储量分别为 $0.26 \times 10^{12} ft^3$、$2.11 \times 10^8 bbl$ 和 $380 \times 10^4 bbl$，气当量为 $1.53 \times 10^{12} ft^3$；埃克斯茅斯高地 2 个油气田累计产天然气和凝析油储量分别为 $0.72 \times 10^9 ft^3$ 和 $824 \times 10^4 bbl$，气当量为 $0.77 \times 10^{12} ft^3$；比格尔坳陷 4 个油气田累计产天然气和石油分别为 $0.87 \times 10^9 ft^3$ 和 $0.94 \times 10^8 bbl$，气当量为 $0.56 \times 10^{12} ft^3$；皮达拉姆陆架 1 个气田累计产天然气和凝析油分别为 $69.00 \times 10^9 ft^3$ 和 $1 \times 10^4 bbl$，气当量为 $69.06 \times 10^9 ft^3$（表 2-1、图 2-7）。

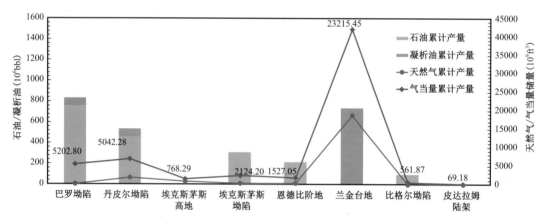

图 2-7　北卡纳尔文盆地各构造单元油气产量统计

北卡纳尔文盆地的天然气产量和石油产量分别于 1989 年和 1995 年超过维多利亚州的吉普斯兰盆地而成为澳大利亚最大的产气和产油盆地。尽管北卡纳尔文盆地已经历 50 余年的油气勘探，但是每年发现的油气储量并没有明显减少的趋势。据此认为，北卡纳尔文盆地依然具有良好的油气勘探潜力，特别是天然气的勘探潜力。

第二节　北卡纳尔文盆地构造分析

一、构造单元划分

北卡纳尔文盆地经历多次伸展构造活动，发育多个坳陷，呈隆坳相间的构造特征。北卡纳尔文盆地内次级构造单元受断裂控制总体呈北东向雁列式展布，自东南大陆向西北海洋分别为东南部的兰伯特（Lambert）和皮达拉姆（Peedamullah）陆架，中部的比格尔（Beagle）坳陷、恩德比（Enderby）阶地、丹皮尔（Dampier）坳陷、巴罗（Barrow）坳陷、兰金（Rankin）台地、阿尔法（Alpha）隆起和埃克斯茅斯（Exmouth）坳陷，西北部的埃克斯茅斯高地和因维斯提格（Investigator）坳陷，构成自陆地向海洋依次为陆架、坳陷和隆起的构造格局（图2-8）。北卡纳尔文盆地的构造单元划分主要基于侏罗纪和白垩纪发育的舍尔（Scholl）岛、Giralia断层和Rough Range断层等控坳边界断层。巴罗坳陷与丹皮尔坳陷的分界线比较模糊，有时合称巴罗—丹皮尔坳陷。

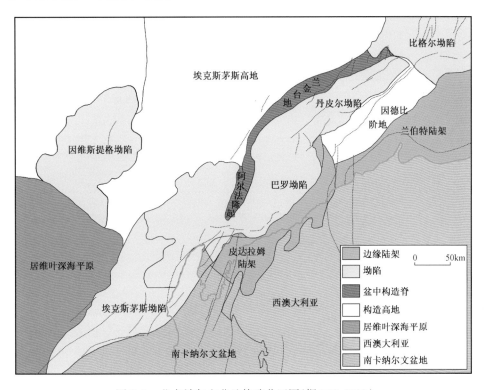

图 2-8　北卡纳尔文盆地构造分区图（据 IHS，2009）

　　北卡纳尔文盆地总体上为经历多次伸展构造活动、长期叠加沉降形成的大型被动大陆边缘盆地（Mann等，2003；许晓明等，2014）。北卡纳尔文盆地中生界及新生界向南东减薄，并直接超覆在前寒武系皮尔巴拉地盾上。北卡纳尔文盆地发育古生代、中生代和新生代三期大的正断裂活动，具有继承性断裂活动的特征（黄众，2013）（图2-9）。

　　北卡纳尔文盆地主要裂陷阶段分为石炭—二叠纪宽缓裂陷和中生代典型窄裂陷阶段（Gartrell，2000）。石炭—二叠纪，北卡纳尔文盆地基底岩石圈热流值高，塑性岩石流动导致地壳变薄，拉张形成以低角度正断层边界及面积广阔为特征的裂陷盆地，为三叠纪广泛的沉积提供了可容纳空间；晚三叠世，由于热衰退，低热流值的岩石圈岩石呈脆性，再次拉张产生典型的窄裂陷，并触发了岩浆的后期侵入（图2-10）。

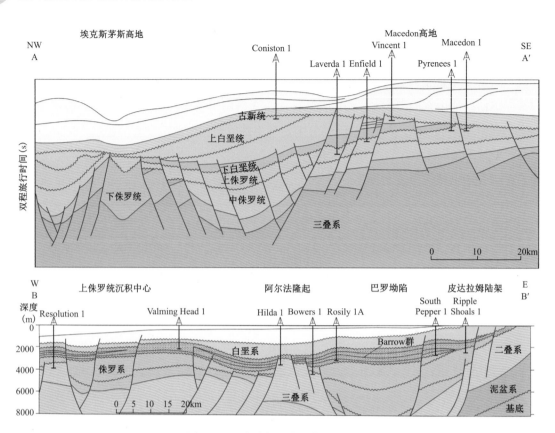

图 2-9　北卡纳尔文盆地构造剖面图

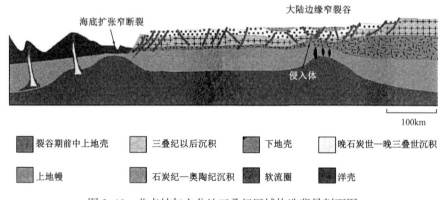

图 2-10　北卡纳尔文盆地三叠纪区域构造背景剖面图

二、构造样式分析

北卡纳尔文盆地主要发育北东东向和北北西向两大断裂体系，其中北东东向断裂控制着盆地的基本构造样式。北北东向断裂主要分布在北卡纳尔文盆地北部，北北西向断裂位于盆地南部。巴罗—丹皮尔坳陷西与兰金台地相邻，东与皮达拉姆陆架和兰伯特陆架相邻，

Flinders 断裂系统和 Rosemary 断裂系统构成了其东部边界。Lewis 海槽是巴罗—丹皮尔坳陷侏罗纪的沉积中心，巴罗沉积中心是该巴罗坳陷早白垩世沉积中心。巴罗坳陷的次级构造单元的走向为北北东向，而丹皮尔坳陷的次级构造单元的走向为北东向。

恩德比阶地由东倾和东南倾的生长犁式断层组成，这些断裂形成于早三叠世，一直持续到中—晚侏罗世，断裂的主要活动期为早三叠世。兰金台地的东南边缘被断层分割并形成构造隆升。这些隆升常常被大陆解体不整合所切割，其上覆侏罗系—下白垩统地层很薄，而相邻的坳陷内侏罗系—下白垩统厚度可达 7km。盆地内的巨型气田（如 Rankin North、Goodwyn 和 Gorgon 气田）通常与大陆解体构造不整合面切割和构造的隆升有关，在构造不整合面附近、地垒断块，油气聚集成藏。

北卡纳尔文盆地剖面形态主体表现为对向双断继承型，伴有强烈的拉伸作用，同时沉积巨厚的侏罗纪沉积（表 2-2）。

表 2-2　双断型盆地剖面构造特征

结构要素	盆地对称性	基本对称
	断面形态	平直为主，铲状为辅
	断层组合	多米诺状，少量的"Y"形
	半地堑—半地垒组合	同向翘倾为主，对向翘倾为辅
成因机制	断块运动	非旋转，继承性强
	应力方向	垂向拉伸为主，有走滑分量（花状构造）
	大陆伸展方式	不明
	裂谷作用	不明

三、构造演化特征

北卡纳尔文盆地属于澳大利亚克拉通板块，该盆地的演化与冈瓦纳大陆的裂陷及特提斯洋演化密切相关，是在古生代—中生代冈瓦纳大陆解体基础上形成的，经历了克拉通阶段、裂谷阶段、裂后沉降阶段和被动大陆边缘盆地四大构造发展阶段，从而经历了一个完整的被动大陆边缘盆地的发育全过程：早古生代—三叠世克拉通、侏罗纪—早白垩世早期裂谷、早白垩世晚期—晚白垩世裂后沉降以及晚白垩世—新生代被动大陆边缘盆地（图 2-10）。

（一）克拉通阶段（C_1—J_1）

澳大利亚西部于古—中元古代形成了叶尔干（Yilgarn）克拉通和皮尔巴拉（Pilbara）地块，从形成开始就一直处于稳定的克拉通内部，构造活动不强烈（黄众，2013）。中、晚泥盆世—早石炭世，皮尔巴拉地块、金伯利（Kimberley）地块和达尔文（Darwin）地块之间产生北东—南西向构造张力，导致了克拉通内坎宁盆地的菲茨罗伊（Fitzroy）坳陷、波拿帕特盆地的皮特尔（Petrel）坳陷以及布劳斯盆地的形成（图2-11、图2-12）。中石炭世—早二叠世，西北大陆架大剪切带发生了一次地壳减薄事件，在NNE—SSW向的拉张应力作用下，形成了西澳大利亚巨型盆地。晚石炭世，整个澳大利亚处于高纬度区，同时南极点位于西澳大利亚的南部，冰层将整个南冈瓦纳大陆和澳大利亚大陆覆盖，至早二叠世才完全消融。随着石炭纪中期挤压应力释放，区域上重新回到拉张沉降状态，沿着叶尔干克拉通西侧边缘的达令（Darling）和尤瑞拉（Urella）断裂带重新活化，出现新的裂谷盆地，如南卡纳尔文盆地。此时西澳大利亚巨型盆地发育到鼎盛期，形成一个克拉通海陆交互相的大型沉积盆地群，范围涵盖了南卡纳尔文、北卡纳尔文和布劳斯盆地等广大西部沿海区域的盆地。晚石炭世—早二叠世，北卡纳尔文盆地构造活动较弱、断裂少，沉积充填过程相对缓慢，导致沉积地层厚度较小，横向变化稳定（图2-11、图2-12）。

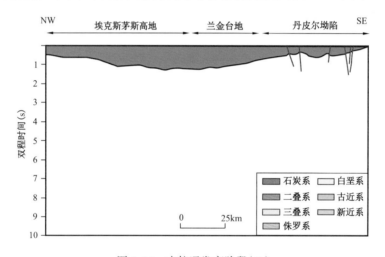

图2-11　克拉通发育阶段(C)

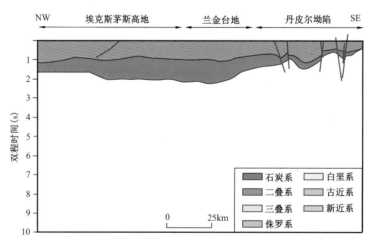

图2-12　克拉通发育阶段(P)

晚二叠世—早三叠世初，西澳大利亚巨型盆地发生地壳隆升、断裂和火山活动，这次重大构造事件影响着北卡纳尔文盆地到布劳斯盆地的西北大陆架。该构造活动在罗巴克盆地和布劳斯盆地靠陆一侧最为明显。澳大利亚西北边缘古生代之后的构造演化，以印度洋形成和大陆解体过程为特征。西北大陆架各盆地逐渐接受海相沉积（图 2-12、图 2-13）。三叠纪克拉通盆地内坳陷最先在北卡纳尔文盆地发育，具有沉降幅度大、沉积厚度大的特点（图 2-13）。

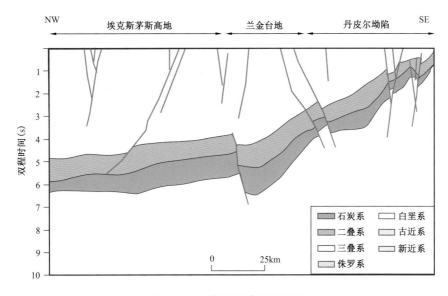

图 2-13　克拉通发育阶段（T）

三叠纪—早侏罗世，西北大陆架处于裂谷前的活动大陆边缘，受菲茨罗伊张性构造运动影响，形成了北卡纳尔文盆地兰金台地以及波拿帕特盆地武尔坎坳陷等次级构造单元。受板块拉伸陆壳减薄影响，晚三叠世，冈瓦纳大陆开始解体，澳大利亚与印度板块均向西北漂移。由于板块漂移速度差，两大板块因伸展作用分离。随着大陆的解体，陆壳之间需一定时间作应力调节，受构造作用的变化与应力调整的影响，西北大陆架盆地发生构造反转，主要体现为大范围的抬升与剥蚀作用。盆地隆起部位多发育平行不整合，这说明此时期西北大陆边缘以张性应力构造环境为主，板块之间受到应力调节的制约，以差异沉降作用为主。以河流—三角洲相为主的 Mungaroo 组几乎覆盖北卡纳尔文盆地全部海域范围。

（二）裂谷阶段（J_1—K_1）

早—中侏罗世为同生裂谷早期，在北卡纳尔文盆地发育海相和三角洲沉积（图 2-14）。早侏罗世赫唐期为海相陆棚硅质碎屑岩和泥岩沉积。早侏罗世末期，兰金台地和丹皮尔坳陷全部被海水淹没，在坳陷的大部分地区沉积了海相黏土岩，海侵一直持续到中侏罗世。中侏罗世晚期，北卡纳尔文盆地为同生裂谷期，主要发育海相泥岩沉积。早白垩世早期，北卡纳尔文盆地为同生裂谷晚期，形成海相沉积和三角洲沉积。早白垩世中晚期—中白垩世中期为裂谷后的活动大陆边缘发育时期，盆地中出现泥质海相沉积和被动边缘海相碳酸盐的广海沉积。

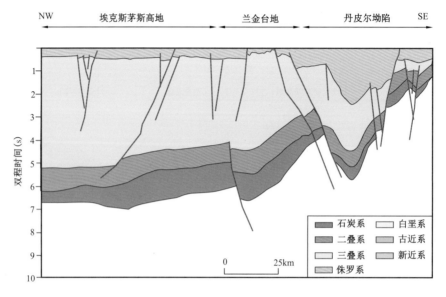

图 2-14　裂谷阶段（J）

从中侏罗世开始，在澳大利亚大陆与印度板块、南极洲板块的分离过程中，板块在伸展应力作用背景下，西北大陆架边缘整体进入裂谷发育活跃阶段。西北大陆架边缘各盆地裂陷活动强烈，洋壳增生，多发育陆内裂陷，同时也形成小型的拱张断陷。例如在帝汶岛、印度板块与西澳大利亚大陆之间形成的裂陷规模较大，增生洋壳逐渐形成；与之对应的西澳大利亚大陆边缘刚性岩石圈由于区域拉张而产生断裂，地壳逐渐减薄，重力均衡作用使得地幔上隆，导致火山活动并产生裂陷。北卡纳尔文盆地丹皮尔坳陷、波拿帕特盆地玛丽塔地堑都是这种动力机制的产物。丹皮尔坳陷最为典型，同时有大规模火山活动伴随其裂陷。随着裂陷的产生和形成，北卡纳尔文盆地构造沉降速率远大于沉积速率，沉积为海相泥岩为主，巴罗、丹皮尔和埃克斯茅斯坳陷的沉积中心沉积了厚层深水 Dingo 泥岩。

晚—中侏罗世，盆地边缘发生隆起，侵蚀作用切割了兰金台地的断崖，形成低角度侵蚀断崖。卡洛夫阶—上侏罗统碎屑岩和泥岩的沉积只局限于巴罗—丹皮尔坳陷。东部物源的持续注入，在兰金台地形成砂岩沉积。

中—晚侏罗世—早白垩世早期，西澳大陆边缘经历两次裂解，分别发生于牛津期（晚侏罗世早期）和瓦兰今期（早白垩世早期），自北向南逐渐形成了西澳大利亚被动大陆边缘（图 2-15）。瓦兰今期，印度板块脱离澳大利亚大陆边缘，盖斯克吟（Gascoyne）和科维尔（Cuvier）深海平原开始形成。卡洛夫期，主要的张性构造影响着北卡纳尔文盆地，

— 58 —

形成了兰金台地断块，标志着大陆裂谷作用的结束，澳大利亚大陆西缘的构造轮廓在这次构造作用下定型。

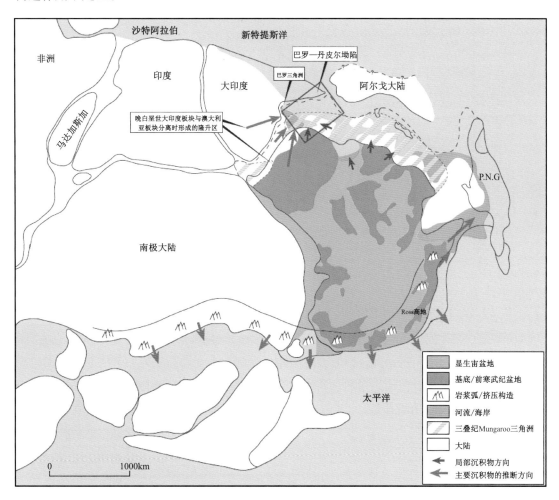

图 2-15　晚侏罗世—早白垩世冈瓦纳古陆重塑图（据 Jablonski，1997，修改）

（三）裂后沉降阶段（K_1—K_2）

早白垩世瓦兰今期，随着澳大利亚板块与印度板块的分离，板块间的伸展作用逐渐弱化，西北大陆架裂陷活动也趋于减弱至逐渐停止，整体进入了热沉降阶段。构造隆升后的北卡纳尔文盆地处于裂后沉降阶段，以被动大陆边缘沉降控制的沉积为特征。早白垩世豪特里维—巴列姆期，在埃克斯茅斯高地和埃克斯茅斯坳陷的南部及巴罗—丹皮尔坳陷东南部出露地表的部分发生了明显的北向倾斜（图 2-16）。

在裂后沉降阶段，北卡纳尔文盆地早先的裂陷基本被坳陷沉降继承，隆起沉降幅度和沉积厚度明显比坳陷小。丹皮尔坳陷上白垩统厚度比埃克斯茅斯高地和兰伯特陆架厚 2～3 倍，达 3000m。埃克斯茅斯高地和比格尔坳陷等构造以稳定沉降和广覆式沉积为主，厚度较薄，横向变化不大。

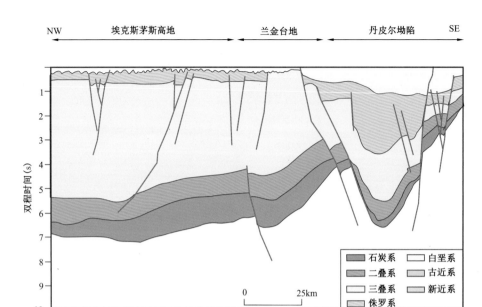

图 2-16　裂后沉降阶段（K）

（四）被动大陆边缘盆地阶段（K₂至今）

白垩纪—新生代，西北大陆架经历了热沉降过程，大陆架演化为一个被动大陆边缘（图2-17）。晚白垩世末—古新世，西北大陆架盆地受到构造变动和应力调节的制约，发生构造反转，断块差异性隆升较为强烈，断块构造规模大小不等，斜坡与断块构造高部位普遍遭受剥蚀，抬升明显。在此阶段，北卡纳尔文盆地以碳酸盐岩沉积为主，碎屑岩沉积不发育。

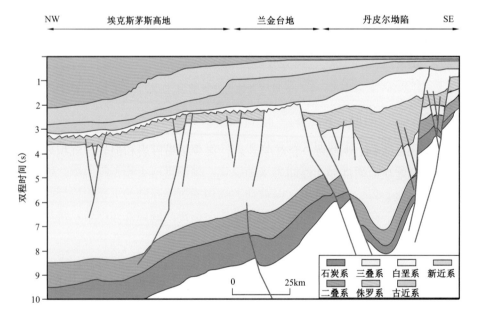

图 2-17　被动大陆边缘盆地形成阶段（K₂至今）

自始新世澳大利亚岩石圈处于右旋应力场中，这对澳大利亚西部盆地断裂系统的形成与演化起到了重要的影响并一直延续至今。右旋应力场是由于向北飘移的澳大利亚板块在始新世之后与南极洲分离并逐渐向太平洋板块靠近造成的。西北大陆架向洋壳扩展，陆架边缘在拖曳和重力的双重作用下使得西北大陆架逐渐进入被动大陆边缘构造演化阶段。北卡纳尔文等盆地构造稳定，一系列正断裂系统将遍发育，深断裂不发育，断层仅切割浅部地层。此时，西北大陆架地形起伏变化小，物源供给减少，于是整个大陆边缘沉积以厚层海相碳酸盐岩为主。

第三节 北卡纳尔文盆地层序及沉积特征

北卡纳尔文盆地分为克拉通、裂谷、裂后和被动大陆边缘四套沉积层序，又可分为六个沉积旋回。第一个沉积旋回是奥陶纪—晚志留世的红层和蒸发岩，总厚度达 4000m；第二个沉积旋回是泥盆纪—早石炭世的冲积扇和近滨的硅质碎屑到浅海的碳酸盐岩沉积，总厚度约 2000m；第三个沉积旋回为中石炭世—晚二叠世的冰川沉积；第四个沉积旋回为三叠系海相页岩到河流—三角洲沉积；第五个沉积旋回为侏罗系海相泥页岩、河流—三角洲沉积旋回；第六个沉积旋回为早白垩世—第四纪的硅质碎屑沉积。

一、克拉通层序

该层序对应的构造阶段为克拉通阶段，以冈瓦纳大陆的演化为特征。克拉通构造在随后的构造运动和油气聚集成藏中具有重要作用。

（一）奥陶纪—晚志留世的红层和蒸发岩沉积旋回

北卡纳尔文盆地奥陶纪—晚志留世红层和蒸发岩沉积于克拉通构造演化阶段。Ede-l 井奥陶系 Tumblagooda 砂岩之下钻遇厚约 2000m 的寒武系。寒武系与下伏前寒武系为不整合接触。在地震上，这套寒武系具有振幅强、连续性好的地震反射结构特征以及同相轴平行的反射构型特征。

奥陶系 Tumblagooda 砂岩为一套红层砂岩，夹少量粉砂岩和泥岩，沉积环境为河流—滨海相，砂岩厚度从西南部的 2000m 向东至 Ajana 断隆带增至 3500m。

Kalbarri-1 井以北地区志留系整合或不整合地覆盖在奥陶系 Tumblagooda 砂岩上，沉积环境以局限海为主，根据岩性分成 Ajana 组、Yaringa 组和 Coburn 组。在 Coburn-l 井 Ajana 组中发现了早志留世 Telychian 牙形石，推测 Ajana 组形成时间不应晚于早志留世。志留系 Ajana 组和 Coburn 组为整合接触。

下志留统 Ajana 组位于 Dirk Hartog 群下部，包括底部氧化环境下的粉砂岩、灰色砂质泥岩、层状白云质泥岩和粒泥状灰岩沉积。Yaringa 组为志留纪早期沉积，主要由白云岩和蒸发岩（以盐岩为主）组成（图2-18）。

中志留统Coburn组主要为一套白云质碳酸盐岩沉积。在北卡纳尔文盆地东部Coburn组与上覆Marron段呈不整合接触，与下伏Yaringa组假整合接触。Coburn组在盆地西部厚达740m。根据地震资料推测在Shark湾北部Coburn组厚约1100m。向东和向南地层厚度变薄，至Edel-1井和Livet-1井该组剥蚀殆尽（图2-19）。

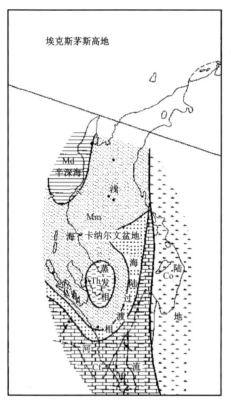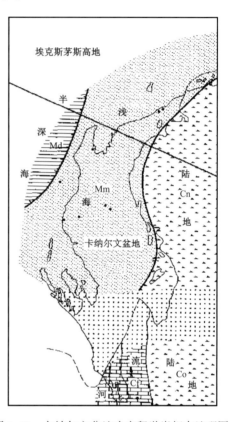

图2-18　卡纳尔文盆地早志留世岩相古地理图　　图2-19　卡纳尔文盆地晚志留世岩相古地理图

（二）泥盆纪—早石炭世冲积扇和近滨硅质碎屑到浅海碳酸盐岩沉积旋回

北卡纳尔文盆地下泥盆统划分为Faure砂岩、Kopke砂岩和Sweeney Mia组。早泥盆世Faure期，北卡纳尔文盆地气候干旱，发育水动力条件较弱以及盐度高的浅水环境，岩性以泥岩、白云岩和石膏为主。Coburn-1、Hamelin-1、Hamelin-2、Tamala-1和Yaringa-1等5口井均钻遇Faure组，地层厚度72～149m。Kopke砂岩组与Faure组整合接触，底部有少量的白云岩和粉砂岩，向上为颗粒变粗的红层，沉积环境为三角洲—河流。Kopke砂岩在Gascoyne台地的北部和中部发育，向西北变厚，最大厚度496m。Sweeney Mia组整合覆盖在Kopke砂岩之上，沉积环境为潟湖—潮间带，岩性以氧化、混杂的碳酸盐岩和硅质碎屑岩为主，见少量蒸发岩。Faure砂岩和Kopke砂岩在北卡纳尔文盆地分布广泛，Sweeney Mia组分布较为局限，仅在Gascoyne台地发现该套地层。位于台地北部的Edaggee-1、

Hamelin-1、Hamelin-2、Yaringa-1 和 Yaringa East-1 井揭示 Sweeney Mia 组，最大厚度 192m。

中泥盆统出现沉积间断，下泥盆统与下石炭统直接接触。中泥盆统—下石炭统延伸到 Merlinleigh 断陷北部，Gascoyne 台地局部发育。在 Merlinleigh 断陷，中泥盆统—下石炭统连续沉积。Nannyarra 砂岩不整合覆盖在下泥盆统之上，为一套始于早泥盆世晚期的海侵沉积，部分地区与志留系呈角度不整合接触。Nannyarra 砂岩属于水动力条件差的潮间带砂岩，在 Gascoyne 台地广泛分布，最大厚度 190m，向南变薄。在 Merlinleigh 断陷东部，Nannyarra 砂岩与花岗岩基底不整合接触。

Gneudna 组与 Nannyarra 砂岩整合接触，沉积环境为近滨海到局限浅海，岩性以粉砂岩为主，最大厚度为 1092m。Gneudna-1 井揭示 Gneudna 组出现石膏脉，反映在特定时期局部为蒸发环境。Munabia 组整合覆盖 Gneudna 组之上，主要为障壁岛沉积环境，岩性以砂岩为主，夹少量泥岩、砾岩和白云岩。在 Merlinleigh 断陷东部，出露下石炭统，环境沉积为浅海，岩性主要是石灰岩（Moogooree 灰岩），其上发育冲积扇相砾岩、砂岩和粉砂岩（Williambury 组）和浅海相砂岩和石灰岩（Yindagindy 组）。

（三）中石炭世—晚二叠世冰川沉积旋回

在卡纳尔文盆地 Ialaya 坳陷和 Gascoyne 台地北部，中石炭统—二叠系包括 Lyons 群（Harra 组）、Wooramel 群（Baigendzhinian 砂岩和少量页岩和煤）和下二叠统 Byro 群及 Kennedy 群（砂岩和页岩互层）。上二叠统在卡纳尔文盆地大部分地区缺失，仅在皮达拉姆陆架有少量分布。

Lyons 群为冰川沉积，岩性主要为混杂的硅质碎屑岩。在 Merlinleigh 断陷，该群底部为 Harra 砂岩，Lyons 群最大厚度为 300m。由于断裂作用控制地层厚度，在 Wandagee 断隆东部 Lyons 群变厚。

Llytharra 组覆盖在 Lyons 群之上，岩性主要为页岩和石灰岩，最大厚度 265m，向盆地的东南方向变薄。在 Byro 断陷和 Merlinleigh 断陷南部，Llytharra 组过渡为砂岩，为河流—三角洲沉积。

Wooramel 群主要为河流—海相三角洲砂岩，该群的 Cordalia 和 Moogooloo 组三角洲砂岩是三角洲进积的产物。Billidee 组主要为细粒沉积，岩性主要为碳质页岩，少量为细—粗粒砂岩和少量砾岩。Wooramel 群在断陷的西北部地层最厚，厚达 380m。

二叠纪初期，一个巨大的冰盖覆盖了北卡纳尔文盆地的东南缘，波拿帕特盆地以及坎宁盆地北部地区出现冰川。Bradshaw 等（1988，1998）则认为早二叠世冰川沉积在西北大陆架广泛分布。二叠纪初期，除冰川沉积外，西北大陆架沉积区大部分接受浅海、陆相和三角洲沉积。随着海侵、海退的发生，海岸线会发生迁移，但是整个早二叠世，西北大陆架总体上是一个浅海区。

二叠纪，北卡纳尔文盆地自下而上依次沉积了 Byro 群、Kennedy 群和 Chinty 组。Byro 群与 Wooramel 群整合接触，岩性为碳质粉砂岩、泥岩和细粒生物扰动砂岩，为斜坡快速堆积产物。在露头区 Byro 群厚度达 1500m。

Kennedy 群与 Byro 群整合接触，仅分布在 Merlinleigh 断陷，厚约 400m，沉积环境为陆架，岩性为一套向上颗粒变细的海相碎屑岩。Kennedy 群中下部以砂岩为主，为滨浅海沉积；上部由砂岩、粉砂岩、泥岩和页岩组成。

Chinty 组与 Kennedy 群整合接触，时代为晚二叠世，岩性为浅海相砂岩，局部夹海相泥岩（张建球等，2008）。

在西北大陆架的大部分地区，二叠系埋深超过 5km，由于埋深已超过生油窗，同时储层品质普遍偏差，因此二叠系油气勘探潜力有限。

（四）三叠系海相泥页岩、河流—三角洲沉积旋回

三叠纪，北卡纳尔文盆地总体处于克拉通边缘坳陷演化阶段，盆地地形宽缓、构造稳定，三叠系沉积遍及整个西北大陆架，并延伸至坎宁盆地的菲茨罗伊坳陷和沃勒尔（Wallal）海湾。北卡纳尔文盆地三叠系发育一个完整的沉积旋回，沉积中心受断裂控制，沉积中心呈 NE—SW 向展布（图 2-20）。巴罗—丹皮尔坳陷二叠系与三叠系在一些地区为角度不整合接触（Westphal & Aigner，1997）。

北卡纳尔文盆地三叠系沉积序列上表现出一个完整的沉积旋回，下三叠统为一套海侵层系，主要沉积的是 Locker 页岩组；中—上三叠统主要沉积环境为河流—三角洲，发育 Mungaroo 组（图 2-21）。煤系地层的出现表明三叠纪气候温暖潮湿，红层的存在表明中—晚三叠世气候可能呈现出季节性的干燥。

早三叠世—中三叠世早期，整个澳大利亚西北陆架为干旱炎热气候，并为浅海所覆盖，在北卡纳尔文盆地主要沉积 Locker 浅海相页岩。该套页岩是在赛特期发生区域性海侵环境下沉积的海相页岩，不整合于二叠系之上，其底部海侵层系由粗粒海陆交互相砂岩和薄层陆棚灰岩组成，其上为砂质页岩，砂质页岩通常岩屑含量高。该层序之上为一套完整的泥岩和少量粉砂岩互层及薄层的海退层序，Locker 海相页岩沉积持续到拉丁期，巴罗坳陷 Flinders shoal-1 井证实 Locker 页岩最厚可达 1056m。Locker 页岩分布范围广，受断层影响比较小，发育正常浅海珊瑚、有孔虫和腕足类等动物化石和微植物化石，厚度 20~1056m。在地震剖面上，这套页岩层系表现为一套弱地震反射相位波组。Locker 页岩以页岩和灰泥岩为主，夹有少量薄层的石灰岩和低能砂岩，砂岩主要为长石石英砂岩。

早三叠世晚期发生了海退，海退在中三叠世后期达到了最大，当时西北大陆架北部的萨湖（Sahul）台地、阿什莫尔台地和瑟芮格帕塔姆（Siringapatam）隆起等构造单元正暴露出水面，靠近陆地一侧，发育三角洲和河流沉积。海退之后，早三叠世末—中三叠世发生了海相沉积的逐渐上超，这次海侵规模较早三叠世海侵规模小、海侵速度较慢，在西北大陆架的南部发育河流—三角洲沉积。

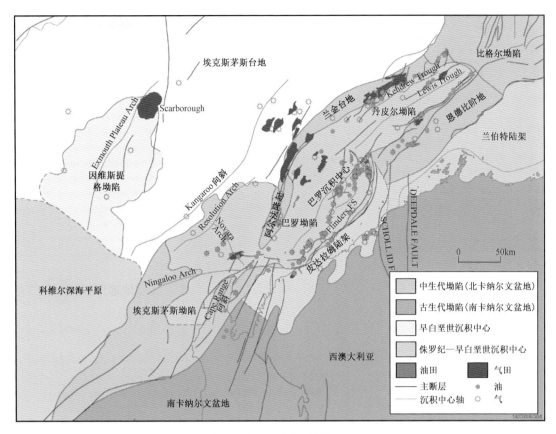

图 2-20　北卡纳尔文盆地沉降中心分布图（据 Geoscience Australia，2016）

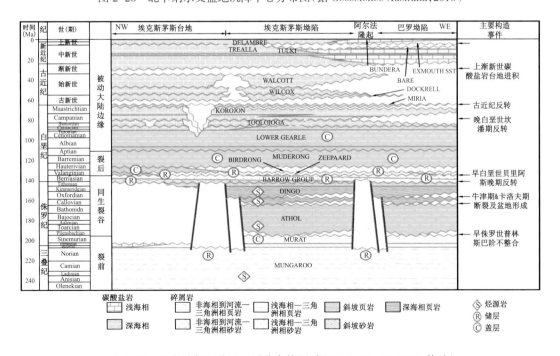

图 2-21　北卡纳尔文盆地地层分布简图（据 J.P.Sclblorskl，2000，修改）

中—晚三叠世，经历二叠纪—三叠纪生物大灭绝后，古植被已经开始复苏，此时澳大利亚西北陆架正处于环特提斯洋南缘温暖潮湿气候带，气候温暖潮湿，植被茂盛，主要为蕨类和种子蕨类，高海拔地区还生长松杉类植物，这为沉积区提供了丰富的陆源有机质；加之降雨量充沛，地表径流发育，因此具备了巨型三角洲发育的有利地质条件（牛杏等，2014）。中三叠世晚期—晚三叠世，在 Locker 海相页岩沉积之上发育以河流—三角洲沉积为主的 Mungaroo 组（图 2-22）。北卡纳尔文盆地 Mungaroo 组岩性以砂岩和泥岩为主，三角洲平原支流间湾泥岩与分流河道砂岩频繁互层，并夹有薄煤层（牛杏等，2012）。

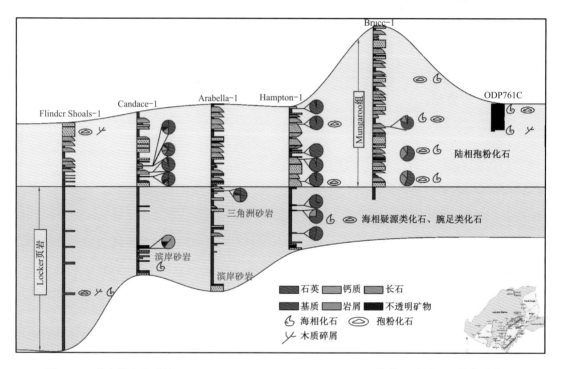

图 2-22　北卡纳尔文盆地 Flinder Shoals-1、Candace-1、Arabella-1 等井三叠系地层综合连井图
（据牛杏等，2014）

Mungaroo 组三角洲向西北方向进积，在北卡纳尔文盆地分布广泛，沉积厚度大（厚达3500m），是贯穿北卡纳尔文盆地最主要的储层之一。Mungaroo 组的上部为一套滨岸砂岩和泥岩，在 North Rankin 气田附近缺失该套地层，但在盆地的西部，该套地层保存完好，而且是 Gorgon、Geryon、Maenad 和 Orthrus 气田的主要储层。兰金台地的 North Rankin-3 井、Goodwyn-6 井和 Rankin-1 井证实 Mungaroo 组厚度超过 2500m。在兰金台地，Mungaroo 组砂岩是天然气和凝析油主要的储层（Campbell & Smith，1982）。

根据钻井的区域对比，表明 Mungaroo 组沉积期间发生过一次缓慢的海退。虽然钻井中发现一些薄层海相层段，但沉积主要为河流、三角洲前缘沉积，地震反射相上为低角度叠瓦状前积。

　　牛杏等（2014）总结了 Locker Shale 与 Mungaroo 组沉积特征的差异：（1）岩性差异巨大，下部主要为泥岩，上部为砂泥岩互层；（2）沉积环境发生巨变，由滨浅海相突变为海陆过渡相；（3）砂岩岩矿组分差异明显，下部以长石石英砂岩为主，上部以石英砂岩为主；（4）孢粉组合差异性明显，早三叠世处于生物绝灭事件之后的生态过渡期，古陆缺乏植被保护，主要发育疑源类、腕足类等海相化石，而到中—晚三叠世陆地生态系统迅速恢复，古植被繁盛，主要发育陆相孢粉化石。中三叠世，古特提斯洋闭合，多岛洋消失，形成统一的泛大洋，海洋容积明显增大，导致海平面迅速下降，形成了中三叠世晚期澳大利亚西北陆架的强制性海退，从而发生早—中三叠世与中—晚三叠世之间的大规模沉积相迁移，由此造成了北卡纳尔文盆地三叠纪沉积格局的转换。

　　晚三叠世—早侏罗世，沿菲茨罗伊的边界断层发生了走滑断裂活动，海水从西北大陆架的北部退出，包括红层在内的细粒沉积出现在低能河流冲积平原环境。

　　在整个三叠纪，卡纳尔文盆地及皮尔巴拉（Pilbara）地块陆上部分为 Locker 组及 Mungaroo 组沉积提供了丰富的物源，直到三叠纪末。巨厚的三叠系在全盆地均有分布，最厚处位于埃克斯茅斯高地，此处的三叠系厚度平均超过 4000m，最厚可达 7000m，东南斜坡带地层厚度小于 1500m（图 2-23）（许晓明等，2014）。Locker 页岩和 Mungaroo 组是北卡纳尔文盆地重要的烃源岩，三叠系具有巨大的生烃潜力（Hocking 等，1987）。

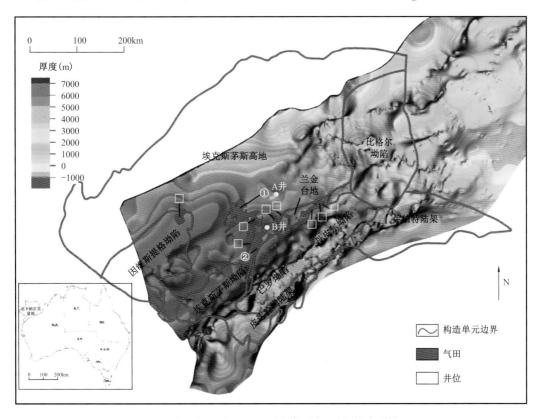

图 2-23　北卡纳尔文盆地三叠系残余厚度图（据徐小明等，2014）

二、裂谷—被动大陆边缘层序

（一）侏罗系海相泥页岩、河流—三角洲沉积旋回

1. 沉积环境

始于早侏罗世晚赫塘期—早辛涅缪尔期的裂谷作用结束了三叠纪克拉通坳陷沉积背景，西北大陆架北部的古生代盆地抬升并褶皱，同时形成一系列北东走向的活动裂谷和夭折裂谷（Labutis，1994）。北卡纳尔文盆地内呈雁列式排列的埃克斯茅斯、巴罗、丹皮尔和比格尔等坳陷代表着一系列裂谷盆地，侏罗纪早期的裂谷与离散走滑断裂运动是一致的，该走滑断裂形成了北东走向的裂谷，走滑断层在埃克斯茅斯高地、兰金台地和比格尔坳陷形成了一系列坳陷和隆起。

早期裂谷作用形成了三叠纪断块构造，早侏罗世普林斯巴期—中侏罗世卡洛夫期初期裂谷层系沉积了 North Rankin 组、Murrat 组、Alhol 组和 Legendre 组粉砂岩。

早期裂谷层系局限于埃克斯茅斯、巴罗、丹皮尔和比格尔坳陷以及埃克斯茅斯高地和兰金台地，走滑断层附近形成坳陷，走滑断层控制着坳陷分布。早—中侏罗世，裂谷和走滑断层控制了坳陷内沉积，形成了北卡纳尔文盆地的储层和烃源岩层系。

与其他的中生界层系相比，侏罗系的分布范围要小。除了西北大陆架最南部的 Cape Range 地区和坎宁盆地的部分地区之外，侏罗系仅分布海域范围，而上覆的白垩系分布范围要比侏罗系大得多，在广大的陆上地区都有分布。

侏罗系厚度不均一，这与二叠系—新生界其他层系成了鲜明的对比。侏罗系在巴罗—丹皮尔坳陷、武尔坎坳陷等沉积中心地层厚度超过 6km，而在构造较高的部位地层缺失（如兰金台地和阿什莫尔台地）。

侏罗纪，西北大陆架位于特提斯洋南岸的中纬度地区。下侏罗统的红层沉积表明水体比较浅，气候为季节性的干旱。快速沉降开始于侏罗纪，在大陆架沉积环境下，沉积了一套海侵 Brigadier 组和 Murat 粉砂岩，包括薄层海相粉砂岩、泥岩和泥灰岩。Brigadier 组顶部是早侏罗世海侵的最大洪泛面，埃克斯茅斯高地南部 Kangaroo 向斜内保存的 Brigadier 组比兰金台地厚。沿兰金台地的一些地垒断块中薄层的、储集性能好的砂岩被认为是 North Rankin 组。下侏罗统红层表明沉积水体比较浅，气候为季节性的干旱。

晚卡洛夫期，阿尔戈深海平原发生海底扩张，加速了断裂活动，形成了卡洛夫期不整合面。该不整合面又称为"漂移不整合面"或"大陆解体不整合面"（Veenstra，1985；Falvey，1995）。在此期间的大陆解体为第一期大陆解体，它影响到了埃克斯茅斯高地北部地区和比格尔坳陷沉积（Labutis，1994；Barber，1994）。

构造背景的转变对侏罗系沉积有重大影响，侏罗纪大地构造背景从裂陷转换为大陆解体及海底扩张。在整个侏罗纪，巴罗—丹皮尔坳陷和莫利塔地垒是沉积坳陷，构成了沉积中心；晚侏罗世，沉积坳陷水体加深。阿尔戈深海平原的海底扩张始于中侏罗世卡洛夫期，海底扩张加速了断裂活动，侏罗系层系内发育于不整合面。该不整合面被命名为大陆解体

不整合面（Falvey，1974）或漂移不整合面（Veenstra，1985）。巴罗坳陷的 Biggada 组是一套浊积砂岩层，沉积物源自剥蚀不整合面发育陆地。

兰金台地和丹皮尔坳陷间发育的断层将巴通阶垂向上错断了 2400m，断裂作用发生于卡洛夫期（Veenstra，1985）。在武尔坎坳陷，上侏罗统厚度超过 1km，而在相邻的阿什莫尔台地和伦敦德瑞隆起则无晚侏罗世沉积。

西北大陆架早侏罗世的沉积环境继承了三叠纪的沉积环境，南部为浅海台地，其他地区为海陆过渡滨海—滨岸地带，坎宁盆地和皮特尔坳陷则为河流环境。随着海侵和海退的发生，沉积环境有所迁移，最大海侵发生于普林斯巴期，当时海岸线位于兰金台地向陆地方向一侧。

中侏罗世继承了早侏罗世的沉积环境，沉积样式在卡洛夫期大陆裂解发生之后发生较大变化。晚侏罗世牛津期—基末里期，古地形起伏比较大，兰金台地的大部分暴露出水面，并与 De Grey 鼻隆相连，巴罗—丹皮尔坳陷是一个封闭的深海槽，武尔坎坳陷、萨湖坳陷、莫里塔地堑和皮特尔坳陷构成了一个深海槽沉积体系。基末里期海平面比较高，海侵范围大，早期的海陆过渡环境后期变为了浅海环境，海水侵入了坎宁盆地，沉积了 Alexander 组和 Jarlemai 粉砂岩以及河流相 Barbwire 和 Meda 砂岩（图 2-24、图 2-25）。

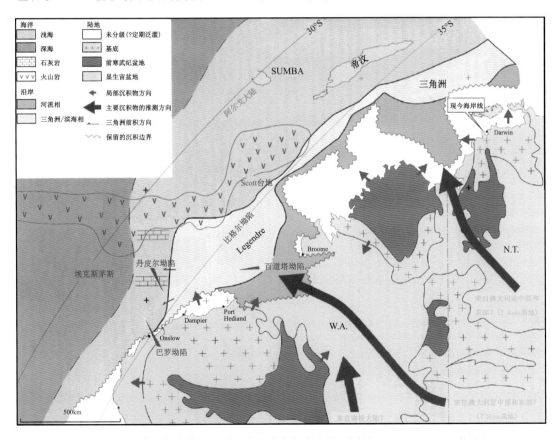

图 2-24　北卡纳尔文盆地巴通—卡洛夫期沉积古地理图（据 Jablonski，1997，修改）

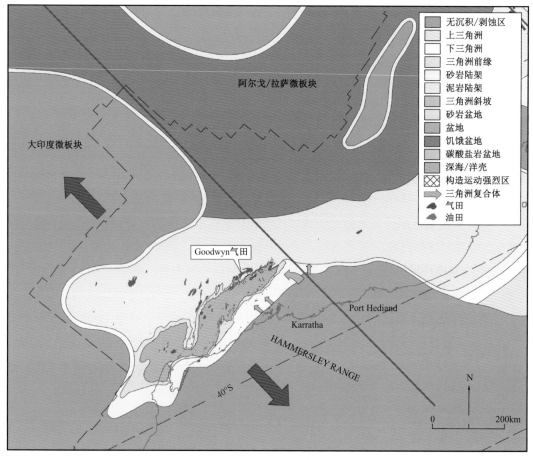

图 2-25　北卡纳尔文盆地牛津期沉积古地理图（据 Longley 等，2001，修改）

2. 地层沉积特征

卡纳尔文盆地下侏罗统 Woodleigh 组为湖泊沉积的页岩与砂岩，该组在 Woodleigh 地区厚为 50km。

中—下侏罗统 Rankin 组上覆在中—上三叠统 Mungaroo 组之上，为赫唐期—辛涅纽尔期砂岩沉积，在坳陷广泛分布。Rankin 组为一套边缘海和河流相砂岩与边缘海和海湾泥岩的互层组成，代表着近滨相或滨面相沉积环境。

继赫唐期海退之后，辛涅纽尔期经历了一次广泛的海侵，并沉积了巨厚的中侏罗统 Dingo 泥岩。Dingo 泥岩底部为浅陆表海沉积的石灰岩和泥灰岩薄层，局部出现鲕状灰岩，并含有海百合、小骨板和腹足类。岩性上从碎屑岩突变为碳酸盐岩，在地震剖面上出现了一个稳定的强反射层。随着盆地加深，碳酸盐岩被内陆棚钙质泥岩所替代，大部分地区的辛堤纽尔阶和普林斯巴阶—下巴柔阶沉积层序由黑色含钙质泥岩组成。在丹皮尔坳陷和兰金台地，虽然微浮游生物繁盛，但中侏罗世海退使微体动物近乎灭绝，出现大量含钙质泥岩。碳质泥岩向上渐变为砂岩、粉砂岩。中侏罗世末，伴随大陆裂解分离，海退达到了高潮，裂谷作用进一步加大，将兰金台地与皮达拉姆和兰伯特陆架分离开来。这时，盆地大部分地区露出水面。

卡洛夫期大陆分离前，盆地内部地形地貌变化较小，盆地的沉积作用、构造环境基本保持一致性。由于兰金构造带和巴罗—丹皮尔坳陷塌陷引起的差异沉积作用，在中侏罗世末，广泛发育由裂谷和断层控制的沉积中心，形成了多个分割的地堑式断陷。在三叠纪坳陷的基础上，分布4个侏罗纪断陷。断陷内上侏罗统—下白垩统较薄。这改变了前期统一的沉积、构造背景，出现细粒碎屑物在槽谷中充填沉积，这种沉积作用一直延伸到提通期或早纽康姆世。由于不同坳陷沉降强度不一样，在巴罗和丹皮尔断陷沉降最为强烈，沉积了巨厚的早侏罗世—早白垩世海相页岩—三角洲碎屑岩，三叠纪—早白垩世发育4套厚层生油岩、7套储集性能很好的储层。埃克斯茅斯断陷不如前者沉降强烈，中—下侏罗统沉积厚度不大，发育2套三叠系生油岩、4套三叠系—下白垩统储层。卡格夫期后的沉积物主要为陆缘盆地环境下沉积的碎屑岩和泥岩，隆起区接受侵蚀，盆地区形成了许多深水海底扇为主的浊积岩沉积。在Dingo泥岩的最上部发育另一海相砂岩沉积层，即Dupuy砂岩（启莫里支期—提通期）。该砂岩段由一系列砂层组组成，每个砂层组厚约数十米，岩性剖面上通常呈下粗上细的正旋回序列特征。单个砂组具有浊流沉积。海相沉积的上侏罗统沿马德莱娜构造带分布，莱真德尔构造带和丹皮尔坳陷的其他地区分布浅海相砂岩。在巴罗坳陷，侏罗系和白垩系之间通常发育不整合面。

侏罗系层系是西北大陆架油气成藏及决定油气勘探远景的关键，在巴罗—丹皮尔坳陷的深海环境，沉积了富含有机质的烃源岩。侏罗纪沉积中心受构造的控制，晚侏罗世的海平面上升，侏罗系烃源岩是兰金台地上的气田、Barrow Island油田以及其他油田的主要烃源岩。在武尔坎坳陷，发育了类似的沉积环境，Jabiru、Challis、Skua和Puffin油田的油也被认为源自侏罗系烃源岩（MacDaniel，1988），其他坳陷也发育侏罗系烃源岩。

在三叠系Mungaroo组（兰金台地上的气田）、白垩系Barrow群（Barrow Island油田）和上白垩统砂岩（Puffin）储层内，发现了来源于侏罗系烃源岩的油气田（藏）。在新生界层系内，也发现来源于侏罗系烃源岩的油气显示。

在巴罗—丹皮尔坳陷的Biggada组，发现了石油、天然气和凝析油。Biggada组是一套砂质浊积岩地层。在西北大陆架北部受断层控制的坳陷（如武尔坎坳陷、莫里塔地堑和萨湖坳陷）内，也发育与巴罗—丹皮尔坳陷浊积岩相类似的沉积，从而成为主要的储层。

总之，侏罗系是西北大陆架的一套重要烃源岩层，而且层内发育几套重要的储层。侏罗纪的构造活动对西北大陆架上众多断块圈闭的形成起了关键作用。侏罗纪期间，兰金台地上的三叠系砂岩暴露于地表，遭受了剥蚀，形成了次生孔隙，成为优质储集岩。

早侏罗世裂谷作用结束了三叠纪时期的坳陷沉积背景，西北大陆架的古生代盆地被抬升和褶皱，形成一系列北东走向的活动裂谷。在北卡纳尔文盆地，呈雁列式排列的埃克斯茅斯坳陷、巴罗坳陷、丹皮尔坳陷、比格尔坳陷等代表着一系列裂谷盆地，侏罗纪早期的裂谷活动与离散走滑断裂运动是一致的，该走滑断裂形成了北东走向的裂谷，沉积巨厚的侏罗系裂谷充填体系（图2-26）。主要沉积层系如下：

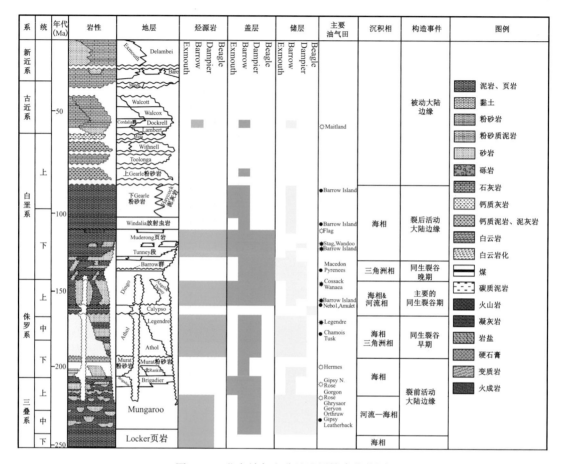

图2-26　北卡纳尔文盆地地层综合柱状图

North Rankin 组是一套相对较薄、砂质为主的层系，厚度28～112m，代表着滨岸沉积环境，主要分布在丹皮尔、比格尔和因维斯提格坳陷。

Murrat 粉砂组沉积于浅海环境，厚度32～622m，在埃克斯茅斯坳陷北部和巴罗坳陷南部发育。

Athol 组沉积于开阔海、深海和浅海陆架的低能环境，在盆地内分布较广，孔隙度和渗透率发育，可作为 Oryx、Tusk 等油田的储油层。

Legendre 组沉积于三角洲平原环境，岩性为页岩和砂岩，并含有薄的煤层，是一套良好的生气岩和储集岩。

Dingo 泥岩组沉积于牛津期的海相环境，厚度18～1500m，可分为上中下三段。在盆地内分布广泛，仅在兰金台地和阿尔法隆起附近的坳陷边缘缺失。

侏罗系是西北大陆架的一套重要烃源岩层，层内发育几套重要的储层。侏罗纪的构造活动对西北大陆架上众多断块圈闭的形成起关键作用。侏罗纪兰金台地的三叠系砂岩暴露于地表，遭受风化剥蚀，形成次生孔隙，成为优质储集岩。

（二）早白垩世—第四纪硅质碎屑沉积

继侏罗纪裂陷和海底扩张之后，西北大陆架地区的大地构造活动在白垩纪期间变得比较平静，仅随着大陆边缘的下降发生了较小的构造调整。白垩系在大部分的地区，特别是前期存在的断块隆起之上，呈现为一套相对较薄的层系，厚度一般不超过 2km。白垩系分布广泛，超覆于侏罗纪的构造高地（如兰金台地）并向大陆方向延伸。白垩系层系下部主要由三角洲相砂岩和细粒海相沉积物组成，顶部碳酸盐岩占主导地位，岩性变化与沉积环境和气候条件有关。主要的沉积单元有 Barrow 群、Muderong 页岩组等。

晚卡洛夫期（中侏罗世晚期）—阿普特期（早白垩世晚期）的沉积物构成了晚期裂谷层系，沉积单元包括 Dingo 泥岩组、Biggada 砂岩、Angel 组、Dupuy 组、Barrow 群、Forestier 黏土岩、Flag 砂岩层、Birdrong 砂岩层、Mardie Greensand 段、Muderong 页岩、M.Australis 砂岩层、Windalia 砂岩段和 Windalia 放射虫岩组，其中 Dingo 泥岩组是重要的烃源岩层系。

牛津阶—中提塘阶主要分布于开阔裂谷、科维尔裂谷和走滑断层控制的坳陷内，牛津阶—中提塘阶缺失钙质微体化石，而以孢粉为主，沉积背景为封闭或半封闭的斜坡盆地，而非开阔陆架—陆架斜坡相。此外，地球化学分析表明该套层系的有机质既包括海相有机质，也包括陆相有机物质。

中提塘期发生了一次重要的构造活动，期间有广泛砂体沉积（Angel 组和 Dupuy 组），该构造事件标志着印度板块和澳大利亚板块解体的开始。中提塘期构造活动与澳大利亚—印度洋扩张有关，海底扩张早期表现为北北西—南南东方向构造带的产生，随后转变为近南北方向构造带。该构造活动在帝汶海—布劳斯地区导致断裂的再次活动，断层向东倾斜，而与早期海底扩张有关的断层则多倾向于东北。

提塘阶—巴列姆阶主要分布于埃克斯茅斯坳陷和巴罗—丹皮尔坳陷的西南部，在埃克斯茅斯高地和兰金台地上的北东走向的凹陷内也有分布，而在一些构造高部位仅有薄层沉积。然而，在埃克斯茅斯高地的南部，贝利阿斯阶的底部地层在整个高地都有展布。在丹皮尔地区，广泛分布砂岩建造（Angel 组和与其相当的地层），这套地层并非仅局限于裂谷带或其他坳陷区，而是分布较为广泛的沉积，但在裂谷带和坳陷内该沉积建造沉积厚度比较大。晚贝利阿斯期—瓦兰今期（早白垩世早期），兰金台地上的构造高地首次被海水覆盖，沉积了一套区域盖层。

瓦兰今期发生了第二期大陆解体，埃克斯茅斯坳陷的下瓦兰今阶遭受了剥蚀，走滑断裂活动引起地层褶皱，沿着科维尔（Cuvier）和盖斯克吟（Gascoyne）深海平原边界的活动裂谷带，大陆分离特征非常明显。在大陆分离之后的瓦兰今期—巴列姆期，断裂活动对沉积方式的影响减弱。沉积物沿着断层控制的坳陷和裂谷的供给逐渐降低，到晚瓦兰今期，仅沿 Lowendal 向斜（位于巴罗岛的东侧）有沉积物供给。在埃克斯茅斯高地的南部和埃克斯茅斯坳陷被浅海所覆盖，并接受了一套薄层沉积（Mardie Greensand 层）。这套地层是一套区域盖层（Muderong 页岩），但在东南边缘一带，却演变为砂岩。

北东—南西向裂谷带和北西—南东向褶皱带控制了晚侏罗世和早白垩世的大陆解体方式。在西北大陆架的北部最先发生了大陆解体，之后，大陆解体沿埃克斯茅斯高地和其南部地区延伸。

1. 白垩系

继侏罗纪裂陷和海底扩张之后，西北大陆架地区的大地构造活动在白垩纪期间变得比较平静，仅随着大陆边缘的下降发生了较小的构造调整。与巨厚的侏罗系裂谷充填层系相比，白垩系在大部分地区，特别是前期存在的断块隆起之上，呈现为一套相对比较薄的层系，厚度一般不超过 2km。白垩系分布广泛，超覆于侏罗纪的构造高地（如兰金台地）之上，并向大陆方向延伸。白垩系的下部地层主要由三角洲相砂岩和细粒海相沉积物组成，顶部碳酸盐岩占主导地位，岩性变化与沉积环境和气候条件有关。

白垩纪初期（尼欧克姆亚期），细粒局限海相碎屑岩（Muderong 页岩）沉积发育于构造低部位；朝陆地一侧则沉积了三角洲和海陆过渡相沉积（Barrow 群及其对应地层）。随着 Cape Range 断裂带的抬升，在其北部的巴罗坳陷和南埃克斯茅斯高地发育了三角洲沉积。

早白垩世晚期（阿尔布期），地壳沉降速率超过大陆边缘的沉积速率，结果白垩系之上沉积了一套稳定的黑色广海页岩和粉砂岩（Gearle 粉砂岩）。在北卡纳尔文盆地，发育了碳酸盐岩沉积（Haycock 泥灰岩）。碳酸盐岩的发育与洋流畅通有关，受气候变化的影响，随着气候的干燥，陆缘碎屑的供给明显降低。

晚白垩世中期，西北大陆架以碳酸盐沉积为主，碎屑岩沉积仅局限于波拿帕特盆地，这表明阿什莫尔台地在晚白垩世中期是暴露出水面的，沉积环境为河流环境，在其他盆地，前积的碳酸盐岩发育于陆架之上，这样的沉积格局一直延续至新生代。

随着被动陆缘的形成，晚白垩世形成钙质远洋沉积。新生代主要是碳酸盐沉积。白垩纪早期（纽康姆期），Barrow 群是海退期间形成的一套海相—三角洲碎屑岩，Barrow 群不整合在 Dupuy 砂岩层或 Dingo 泥岩之上。在坳陷南部，该套地层发育最为完整（图 2-27）。Barrow 群可分成 4 个沉积岩相带，即（1）滨岸平原—浪控三角洲相带；（2）陆坡相，泥岩、近源海底扇砂岩相带；（3）外围浊积岩相带；（4）深水页岩相带（图 2-27）。

Barrow 群层序出东向西北进积，在 HarRieti-1 和 CamPbell-1 井发现海底扇砂岩，再向北，在 Talisman 和 Legendre 井地区为陆棚深水浊积碎屑岩，深水浊积岩沿着兰伯特陆架分布，呈北东向的狭窄条带状分布。

Muderong 组为海侵层序，形成于开阔海环境下，区域上广泛发育一套海相泥岩沉积，即 Muderong 页岩。该套页岩的底部是 Birdrong 砂岩，一般为海绿石、石英砂岩和少量粉砂岩夹层。Mardie Greesand 是 Barrow Island 的一海侵层序，该层序为陆棚—外陆棚相的含海绿石砂岩层，与 Birdrong 砂岩为同期的深水沉积。Mardie Grcesand 砂岩向上碎屑成分逐渐变细，最后过渡为 Muderong 泥岩。

阿普特期末，印度洋继续扩张开启，海平面持续上升，盆地逐渐变为放射虫泥岩、粉砂岩和燧石，在兰金台地发育含丰富的放射虫和有孔虫的重结晶泥屑灰岩。

晚白垩世，海侵规模进一步扩大，引起盆地水深加大，并延续到土伦期。在这次海侵期间，沉积了中—晚白垩世 Gearle 粉砂岩及暗绿灰色和黑色泥岩。

在丹皮尔地区，开阔海环境下沉积了泥灰岩，直到土伦期海洋才逐渐变深，盆地的大部分地区沉积了细粒碳酸盐岩。科尼亚克—早桑托期，Haycock 泥灰岩及 Gearle 粉砂岩不整合于 Windalia 放射虫灰岩和 Toolonga 泥屑灰岩之上，以其较高的泥质含量与后者区别。

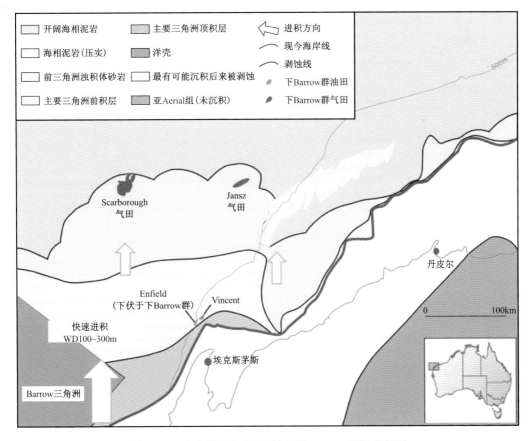

图 2-27　北卡纳尔文盆地下白垩统 Barrow 群沉积相图

随着陆源碎屑注入的减少，塞诺曼早期碳酸盐岩沉积加大，并沉积了 Toolonga 白—浅绿灰色泥屑灰岩。

坎佩尼期，盆地总体趋于变浅，细粒碳酸盐岩逐渐被泥质岩所覆盖。由暗色泥岩到钙质泥岩组成的 Withnell 层在 Goodwyn 地区以北逐渐变为软泥灰岩，整合于 Toolonga 泥屑灰岩之上，并被 Miria 泥灰岩覆盖。Withnell 组向南变薄，局部被 Korojon 泥屑灰岩所替代。

白垩系 Winning 群（底）、Haycock 泥灰岩、Toolonga 泥屑灰岩、Korojon 砂屑灰岩在 Gascoyne 断陷和台地广泛分布，并延伸到 Merlinleigh 断陷的西部，白垩系在卡纳尔文盆地的平均厚度为 300m。

白垩系底部的砂岩构成了西北大陆架的主要储集岩，西北大陆架最大的油田——巴罗岛油田和其附近的中小油田（South Peper、Herald、Chervil、Bambra 和 Harriet 等）都以下白垩统砂岩为储集岩。在波拿帕特盆地的 Skua 油田，也发现了白垩系油藏，Bathurst 组上部的不连续砂岩也是有利的石油储集岩。

2. 新生代

阿尔布阶—全新统是北卡纳尔文盆地的裂后被动大陆边缘层系，包括 Haycock 泥灰岩组及其上覆地层。阿尔布期，埃克斯茅斯高地和兰金台地开始沉降，但在晚白垩世至古近纪沉降缓慢，沉降导致了坎加鲁（Kangaroo）向斜构造的形成。地壳沉降引起埃克斯茅斯高地向东南倾斜，并引起埃克斯茅斯和巴罗—丹皮尔坳陷边缘出现褶皱，这种褶皱作用形成了两个北东走向的沉积体系，一个沿埃克斯茅斯高地的东南边缘（坎加鲁向斜）分布，另一个分布于巴罗—丹皮尔坳陷的西南部。晚白垩世和古近纪—新近纪期间，在比格尔地区和兰金台地的北边沉积了巨厚的古近系和新近系。

整个晚白垩世期间，巴罗—丹皮尔坳陷的北部地区依然有断裂活动，在裂谷内，发育碎屑岩。然而，兰金台地的构造高地被浅海所覆盖，浅海环境导致了碳酸盐岩沉积。

晚白垩世构造运动与印度洋扩张相关（Baillie 等，1994），在北卡纳尔文盆地裂谷带的东南边缘一带，该构造活动引起了间歇性的走滑断裂活动。

古新世，印度洋盆地继续扩展，细粒碎屑物和碳酸盐岩楔状体在西澳大利亚陆棚区分布广泛。在兰金台地，发育了下古新统泥岩和少量 Lambert 组砂岩。古新世末—早、中始新世发育 Wilcox 组为一套分布广泛的粉砂质泥岩。在盆地内部，同时期的地层层序横向上可以对比，厚度变薄，由于 Wilcox 组沉积时水深较浅，砂质含量所占比例更多。

始新世中期—晚更新世，盆地以近滨碳酸盐岩沉积为主。始新世中晚期发育 Giralia 泥屑灰岩，在兰金构造带，Giralia 泥屑灰岩是 Walcott 组的深水相沉积，为一套泥质泥屑灰岩和燧石泥屑灰岩。

中新世末—早更新世 Delambre 组为泥屑灰岩、粉砂屑灰岩和少量细砂岩。在卡纳尔文 Gascoyne 断陷，新生界主要为浅海碳酸盐岩（卡纳尔文 Rdabia 和 Giralia 砂屑灰岩，Range 群的 Trealla 灰岩）、少量的硅质碎屑岩，在 Merlinleigh 断陷（始新世 Merlinleigh 砂岩和中新世 Pindilya 组），古新统—下始新统 Rdabia 砂屑灰岩假整合在白垩系之上，厚度为 77m。中—上始新统 Giralia 砂屑灰岩假整合在 Rdabia 砂屑灰岩上，最大厚度为78m。

在西北大陆架的新生界，仅发现有少量的油气显示。原因在于白垩系页岩是一套有效的区域盖层，下部油气难以向上运移，新生界层系内本身缺乏有效的盖层，因此沿断层运移而至的油气很难保存在储层内聚集成藏。新生代构造活动产生了一系列构造圈闭，厚层的新生界碳酸盐岩沉积促进了下伏烃源岩的成熟。

第四节　北卡纳尔文盆地含油气系统分析

一、含油气系统地质要素

（一）烃源岩特征

卡纳尔文盆地的烃源岩主要包括中生代裂谷构造期发育的海相沉积页岩和古生代克拉通期发育的海相碳酸盐岩、薄层页岩状碳酸盐岩。中生界烃源岩主要分布于北卡纳尔文盆地，古生界烃源岩分布在南卡纳文盆地。

1. 中生界烃源岩

北卡纳尔文盆地烃源岩大都为具有生油和生气潜力、中等品质的烃源岩，也包括一些优质的生油岩。北卡纳尔文盆地内主要发育四套中生界烃源岩，分别为三叠系 Locker 页岩组—Mungaroo 组、中—下侏罗统 Athol 组、上侏罗统 Dingo 组和下白垩统的 Forestier 组—Muderong 组（表 2-3）。烃源岩的发育分布及其成熟度在各断裂构造单元和断裂期内都有差异，且与断裂系统、断裂期密切相关。裂谷层系中的侏罗系海相至边缘海相页岩构成了盆地的主要烃源岩，这些烃源岩主要分布于各个坳陷的裂陷带内。

表 2-3　北卡纳尔文盆地烃源岩地球化学特征一览表

烃源岩	TOC（%）	S_2（%）	HI（mg HC/g TOC）	R_o（%）	干酪根类型
下三叠统 Locker 组	1～5	2～15	150～300	0.45～0.6	II/III 型
中—上三叠统 Mungaroo 组	1～30，平均2.19	2～30	100～300	0.6～1	II/III 型
中—下侏罗统 Athol 组	平均1.74	—	—	0.3～2.0	II$_2$ 型
上侏罗统 Dingo 组	2～3	2～5	100～250	0.26～6	II/III 型
下白垩统 Muderong 组	1～3	2～5	150～350	0.4～1.7	II/III 型

1）烃源岩分布及特征

北卡纳尔文盆地三叠纪坳陷期主要有 4 套烃源岩，自下而上分别为下三叠统 Locker 组、中—上三叠统 Mungaroo 组、下侏罗统 Brigadier 组和 North Rankin 组页岩。Locker 组和 Mungaroo 组页岩干酪根类型为 Ⅱ/Ⅲ 型，其中 Locker 组页岩 TOC 为 1%～5%，氢指数 150～300mgHC/gTOC，R_o 介于 0.45%～0.6% 之间（图 2-28）。Mungaroo 组 TOC 为 1%～30%，平均 2.19%，氢指数 100～300mgHC/gTOC（图 2-29）。Mungaroo 组烃源岩 TOC 含量以 Scarborough 和 Jasz 气田为中心，向四周递减（图 2-30）（徐晓明等，2014）。

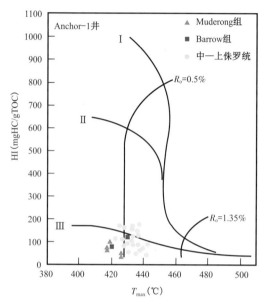

图 2-28　Locker—Mungaroo 组烃源岩干酪根类型
（据 Sheng He 等，2002，修改）

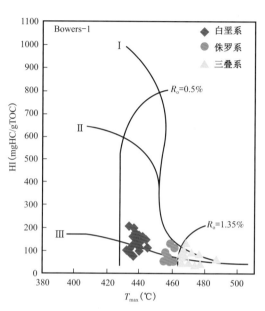

图 2-29　Athol 组烃源岩干酪根类型
（据 Sheng He 等，2002，修改）

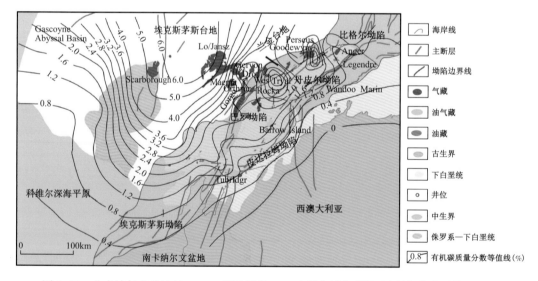

图 2-30　北卡纳尔文盆地 Mungaroo 组烃源岩 TOC 含量与油气藏叠合图（据徐晓明等，2014）

Locker 组、Mungaroo 组、Brigadier 组和 North Rankin 组烃源岩是以生气为主的烃源岩，生油潜力较小，为海相沉积，Mungaroo 组属于河流—三角洲沉积。这些有潜力的烃源岩沿兰金台地分布，部分烃源岩分布于埃克斯茅斯台地南部边缘及兰金台地外侧，已发现多个大型气田，如 Scarborough、Jansz、Geryon、Orthrus、Maenad、Uranin 和 Callirhoe 等气田，其天然气储量有上万亿立方英尺，伴生的凝析油储量也达几千万桶。这些气田的烃源岩主要为有机质丰度较高的下三叠统 Locker 组海相页岩，中—上三叠统 Mungaroo 组三角洲相含煤泥岩。Mungaroo 组三角洲具有三角洲平原相带发育广阔、三角洲平原相带薄煤层发育广泛、陆源有机质丰度高的沉积特征，烃源岩中有机质主要来源于陆生植物蕨类和种子蕨类。Brigadier 组和 North Rankin 组的页岩为海相至边缘海相沉积，以生气为主，构成了次要气源岩。但是，埃克斯茅斯台地北部出现海相碳酸盐岩，以生油为主。

北卡纳尔文盆地中—下三叠统烃源岩在晚三叠世开始生油，并向上覆的 Muderong 组三角洲相储集岩中运移。上三叠统烃源岩受到阿尔戈深海平原形成所产生的高热流影响，在中晚侏罗世开始生油，目前烃源岩都进入了成熟期。

（1）中—下侏罗统（早裂谷层系）烃源岩（裂谷 I 期）。

该时期盆地烃源岩的分布与次一级盆地发育相关，中—下侏罗统页岩在比格尔（Beagle）坳陷显示出良好的生烃潜力，同样，巴罗—丹皮尔和埃克斯茅斯坳陷的 Dingo 泥岩组、Legendre 组和 Athol 组等地层中的三角洲相泥岩、页岩也具有生油潜力。沉积于坳陷中央的盆地相泥岩、页岩的生油潜力要更大一些。Athol 组干酪根类型为 II$_2$ 型，TOC 含量平均 1.74%（图 2-31）。

（2）上侏罗统—下白垩统（晚裂谷层系）烃源岩（裂谷 II 期）。

盆地在该期的烃源岩主要有 3 套，分别是牛津阶—基末里阶 Dingo 组泥岩、巴列姆阶和提塘阶 Forestier 泥岩和瓦兰今阶—阿普特阶 Muderong 泥岩。这 3 套烃源岩均为盆地次要烃源岩。

上侏罗统 Dingo 组干酪根类型为 II/III 型，TOC 含量为 2%～3%，氢指数为 100～250mgHC/gTOC（图 2-31）。下白垩统 Forestier 组—Muderong 组干酪根类型为 II/III 型，其中 Muderong 组页岩 R_o 介于 0.4%～1.75% 之间，TOC 含量 1%～3%；Forestier 组泥岩 TOC 含量为 0.26%～3.37%（图 2-32）。

（3）上白垩统—古近系和新近系烃源岩（裂后期）。

阿普特期及其以后的烃源岩局部具有一定的生烃潜力，但总体上由于埋藏浅，未成熟，因此，对北卡纳尔文盆地的生烃基本上没有贡献。

总之，北卡纳尔文盆地主要发育 4 套烃源岩：主要发育于断裂 I 期，三叠系 Locker 组页岩—Mungaroo 组烃源岩层系，受沉积环境影响，通常以生气为主，生油次之。中—下侏罗统 Athol 组为生气岩，中—上侏罗统 Dingo 组泥岩和下白垩统 Forestier 组—Muderong 组泥岩为生油岩（图 2-33—图 2-35）。

三叠系及其之前的烃源岩，其成熟度在台地区为成熟，在断裂区为过成熟，侏罗—白垩系烃源岩则从盆地边缘区到断裂沉陷中心自不成熟向成熟过渡。

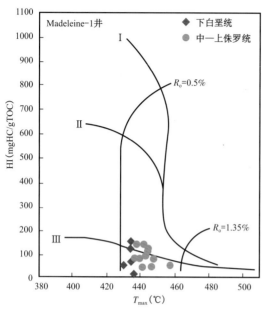

图 2-31 Dingo 组烃源岩干酪根类型
（据 Sheng He□, 2002, 修改）

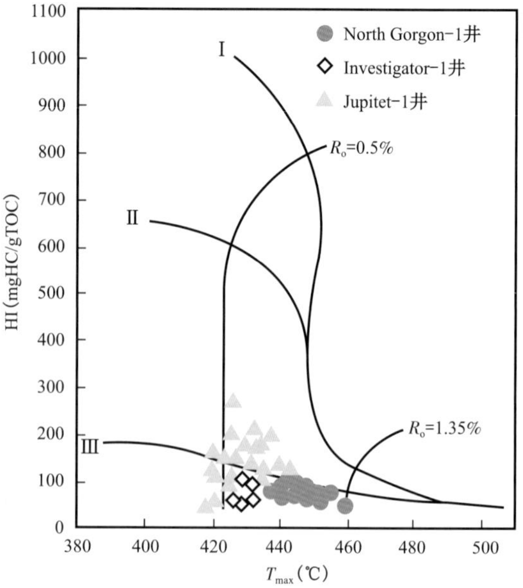

图 2-32 Forestier 组—Muderong 组烃源岩干酪根
类型（据 Sheng He et.al., 2002, 修改）

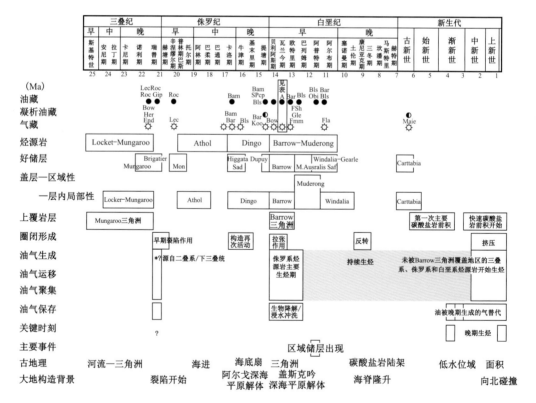

图 2-33 北卡纳尔文盆地巴罗坳陷油气系统事件图

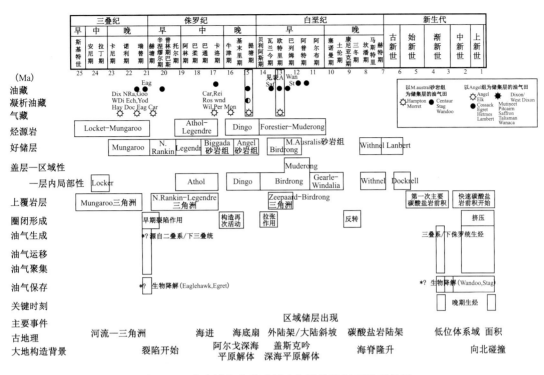

图 2-34　北卡纳尔文盆地丹皮尔坳陷油气系统事件图

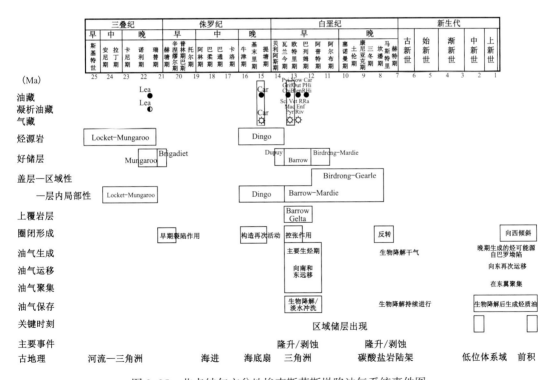

图 2-35　北卡纳尔文盆地埃克斯茅斯坳陷油气系统事件图

2）烃源岩成熟度

Cook & Kants1er（1980）根据巴罗—丹皮尔地区大量的钻井资料，分析了西南皮达拉姆陆架经 Lewis 海槽到北部的兰金台地钻井中的镜质组反射率。研究表明，盆地构造作用、沉积环境引发的热事件与成熟度的关系十分密切：（1）皮达拉姆陆架叠置在地温场较高的元古宇基底之上，较高地温梯度条件下，较老的沉积地层和较高的热流双重作用，产生了较高热演化程度，中生界沉积中心生油岩的镜质组反射率值高；（2）在巴罗—丹皮尔坳陷，R_o 降至 0.5%，以较低的地温梯度为特征，但比周边诸如南面的佩思盆地等地温梯度相对偏高；（3）兰金台地上的镜质组反射率相对坳陷内偏低，这可能与晚白垩世沉降以及向海方向地温梯度降低有关。

根据埃克斯茅斯高原地热和镜质组反射率资料分析，埃克斯茅斯高地是一个低地热流区，高原的中部和西部地温梯度较低，仅为 2.3℃/100m。镜质组反射率资料分析表明，埃克斯茅斯高地的生油门限（0.7%）在 3800～4000m 之间。裂陷带内充填厚层沉积，地温梯度为 3.54℃/100m。

埃克斯茅斯高地的中部和兰金台地的中三叠统埋深超过 4000m，目前处于生油窗内，走滑断层控制的槽谷内的中—下侏罗统烃源岩尚未成熟。在埃克斯茅斯高地的南部、埃克斯茅斯坳陷和巴罗—丹皮尔坳陷，中—下侏罗统烃源岩处于成熟—过成熟状态，而三叠系烃源岩过成熟（图 2-36—图 2-39）。

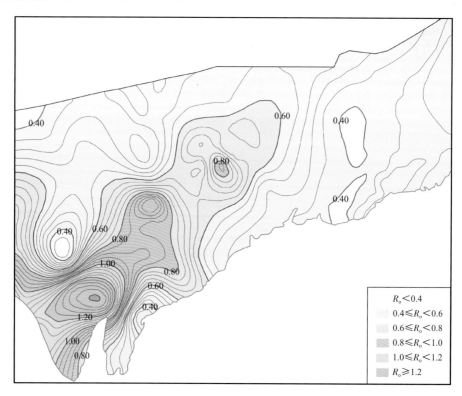

图 2-36　Locker—Mungaroo 组烃源岩 R_o 等值线（%）分布图（据 Thomas，2004，修改）

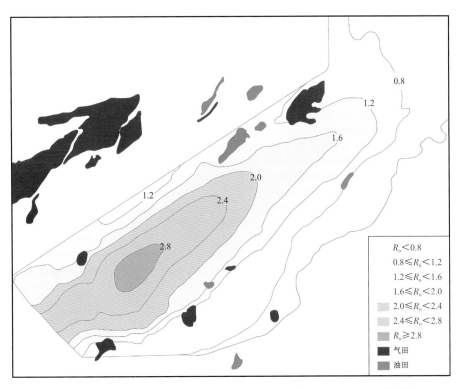

图 2-37　Athol 组烃源岩 R_o 等值线（%）分布图（据 Thomas，2004，修改）

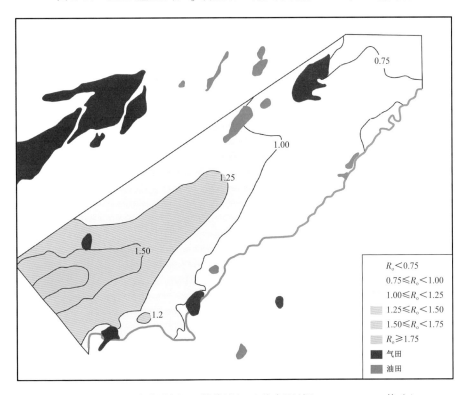

图 2-38　Dingo 组烃源岩 R_o 等值线（%）分布图（据 Thomas，2004，修改）

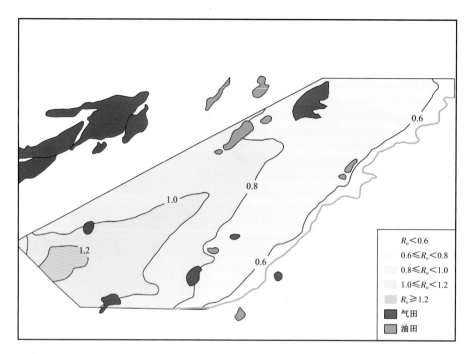

图 2-39　Forestier—Muderong 组烃源岩 R_o 等值线(%)分布图(据 Thomas,2004,修改)

在比格尔坳陷,上侏罗统一般较薄,其烃源岩尚未成熟(R_o=0.33%~0.51%),而中—下侏罗统的页岩处于生油的早期至中期(R_o=0.31%~0.77%)。

对于巴罗—丹皮尔坳陷内的隆起而言,下白垩统至贝利阿斯阶烃源岩刚刚成熟(R_o=0.42%~0.9%),上侏罗统烃源岩在坳陷的大部分地区已经成熟(R_o=0.58%~1.00%),但在东北边缘一带因沉积减薄而未成熟(R_o=0.37%~0.48%),裂谷地区因为发育厚层沉积已经过成熟。与上侏罗统相似,中—下侏罗统烃源岩在坳陷内处于成熟—过成熟状态(R_o=1.00%~2.17%),而在东北边缘一带,则为初成熟—成熟阶段(R_o=0.48%~0.81%)。

三叠系镜质组反射率与其相对的地层深度有一定的偏差,三叠系沉积建造的成熟度比上覆的侏罗系或白垩系沉积建造的成熟度要高得多。有人把这种镜质组反射率的变化解释为受不同的地热体系作用的影响,在构造剥蚀前,三叠系被很厚的沉积物所覆盖,由于这些沉积物随后被剥蚀掉了,剥蚀掉的地层厚度估计在 500~2500m 以上。

Wilkins 等(1994)在讨论热成熟度模式时强调了有机质类型对镜质组反射率的影响,海相至边缘海相的沉积物中含有壳质组或介于壳质组与镜质组之间的高氢镜质组,结果抑制了镜质组反射率。而在非海相烃源岩中,镜质组占优势,镜质组反射率剖面中的偏差更多是由于含有海相富壳质组的海相沉积物不整合于富含镜质组的非海相沉积物之上。如果不整合面上、下都是海相沉积(如裂陷带内的卡洛夫期不整合面),那么镜质组反射率剖面在不整合面上下的镜质组反射率值的偏差就不明显。但当海相侏罗系—白垩系不整合于非海相的三叠系之上时,镜质组反射率偏差就很显著。因此,成熟度上显著的差异不是地

层剥蚀的标志，而是存在于海相和非海相沉积物中不同有机质类型的反映。

Barber（1988）认为，埃克斯茅斯坳陷中的镜质组反射率的偏差是由岩浆侵入而产生的接触变质以及裂前抬升和剥蚀所造成的，在埃克斯茅斯坳陷的南部地区和活动裂谷的其他边缘地区，发现丰富的岩浆岩（AGSO，1994；Stagg & Colwell，1994），而在北卡纳尔文盆地的其他地方却很少有岩浆岩。

2. 古生界烃源岩

1）主要烃源岩及分布

古生界中好—极好品质的烃源岩有上志留统的 Coburn 组、上泥盆统的 Gneudna 组和二叠系的 Wooramel 群、Byro 群，这些烃源岩在南卡纳尔文盆地均被揭示。

志留系 Coburn 组烃源岩，为还原环境下沉积的一套白云质碳酸盐岩烃源岩，其中薄层页岩状碳酸盐岩具较大生油潜力，约占整套地层的 30%。该套地层分布于盖斯克吟坳陷的盖斯克吟断陷和盖斯克吟台地的北部，在南部地区遭受剥蚀，下古生界普遍缺失。Coburn 组一般厚度为 200～300m（Yaringa East-1 井 230m、Quobba-l 井 190m、Pendock-l 井 310m、Mooka-l 井 281m、Tamala-1 井 300m），在 Dirk Hartog l7B 井，厚度最大约为 350m，在 Tamala-1 井、Coburn-1 井一线以南的地区缺失。

一般情况下，还原厌氧环境下沉积的碳酸盐岩烃源岩具有较高有机质丰度和生烃母质，Gascoyne 坳陷中南部的 Yaringa East-1 井有机碳（TOC）为 7%，潜力排烃量（S_1+S_2）达 38mg/g，氢指数达 505mgHC/g TOC。Woodleigh-2A 井 TOC 为 2.24%，潜力排烃量达 8.45mg/g。高温热解气相色谱分析和萃取分析表明，该有机质含有很好的易于生油和生气的干酪根。

泥盆系 Gneudna 组是一套烃源岩层，为一套海相碳酸盐岩和粉砂岩的互层沉积，其中的薄层页岩状碳酸盐岩是区域重要的烃源岩，具良好的生烃潜力，烃源岩约占该组段整套地层的 20%，主要分布于 MerinIeigh 坳陷北部和盖斯克吟坳陷。其中，在盖斯克吟坳陷的 1 井钻遇该套地层，最大厚度达 1092m。在 Merlinleigh 坳陷东部边缘的露头区实施的 Gneudna-l 井和 Uranerz-CDH8 井也揭示了该烃源岩层。

钻井分析资料显示，该套烃源岩具有良好的生烃潜力，盖斯克吟坳陷上的 Barrabiddy-1A 井 TOC 为 13.5%，潜力排烃量达 40mg/g，氢指数达 267mgHC/g TOC。

上二叠统 Billidee 组、Byro 群是较好的烃源岩层，该套烃源岩层是南卡纳尔文盆地生烃潜力最大、分布范围最广的一套优质烃源岩，在 Merlinleigh，Byro 和 Coolcalalaya 坳陷广泛分布，在盖斯克吟断陷的东北部靠近 Wandagee—Yanrey 断隆一侧也有分布。

亚丁斯克阶 Wooramel 群上部的 Billidee 组烃源岩为一套富含有机物质的页岩、碳质页岩及煤系互层沉积。该地层在坳陷的西北部最厚，达 380m（Quail-l 井），其他地区为 100～200m（Remarkable Hill-1 井 186m、Giraia-1 井 209m、Burna-l 井 172m、Kennedy Range-l 井 132m）。

烃源岩实验数据分析表明,Billidee组烃源岩TOC高达16%,平均值为7%,以生气为主,潜力排烃量(S_1+S_2)高达12mg/g,平均为6mg/g。

Byro群是一套烃源岩层系,岩性为含碳质泥岩和碳质粉砂岩互层沉积。在露头区该套地层总厚度达1500m。覆盖区Kennedy Range-l井揭示了该套完整的地层岩性剖面,其中烃源岩厚达700m,一般为200～300m(Giralia-1井364m、Burna-l井200m),该套烃源岩属于以生气为主的气源岩层。

2)烃源岩成熟度

志留系Coburn组烃源岩发育在盖斯克吟坳陷,Coburn组烃源岩成熟度随埋深加而逐渐增大。烃源岩热史模拟结果表明,坳陷周边地区(Cobum-l、Woodleigh-2A和Yaringa East-1井区)的志留系烃源岩处于未成熟—低成熟生油阶段。在坳陷西北深坳地区(Quobba-l井和Pendock-1井区),烃源岩热演化程度最高,进入生油高峰期,坳陷北端为主要的生气阶段(图2-40、图2-41)。模拟结果与实际钻井取样的分析资料相吻合,Quail-l井泥盆系中牙形石变色指数是4,相当于R_o为2%。地震和重力资料表明,该地区曾经历过比其他地区更为强烈的构造变形,导致该地区高异常的地热梯度。

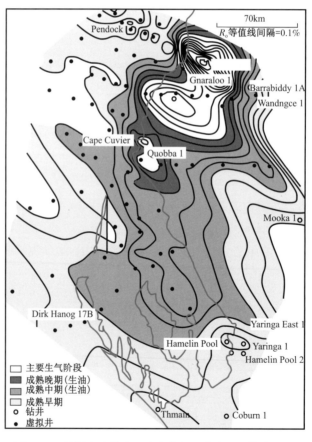

图2-40 盖斯克吟坳陷上志留统烃源岩成熟度等值线图

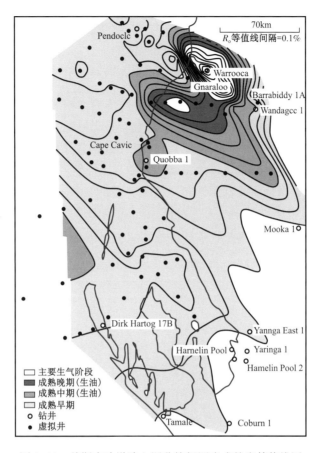

图 2-41 盖斯克吟坳陷上泥盆统烃源岩成熟度等值线图

据钻井揭示，二叠系 Wooramel 群生油岩埋深为 273～2014m，Byro 群生油岩的埋深为 0～1406m。受当时沉积埋深影响，整个区域烃源岩成熟度表现有所不同，盖斯克吟坳陷西北 Giralia-1 井的 Wooramel 群和 Byro 群烃源岩处于成熟的边缘，Remarkable Hill-1 井 Wooramel 群烃源岩镜质组反射率 R_o 为 0.5%，属于未成熟。在 Merlinleigh 坳陷深坳的沉积中心，烃源岩为成熟—过成熟，如在 Kennedy Range-1 井镜质组反射率和 T_{max} 都反映烃源岩具有异常高的热成熟度。该井在 1400m 以下见到 Byro 群成熟度突然增加，从这个深度向下，烃源岩成熟度为中成熟—过成熟，这种过高的成熟度除了受埋深影响外，推测还可能是附近小范围岩浆侵入造成了周围局部地层成熟度增高所致。在南部由于埋藏过浅，烃源岩基本为未成熟。Kennedy 群的生油岩样品镜质组反射率 R_o 为 0.43%，为未成熟。Merlinleigh 坳陷北部二叠系烃源岩已成熟，该地层的底部成熟度为成熟早期—过成熟。盆地中的烃源岩在二叠纪—三叠纪基本上进入生烃高峰期。Wittecarra-1 井成熟度模拟资料显示，珀斯盆地中 Abrolhos 坳陷下三叠统的 Kockatea 页岩在侏罗纪末期进入生烃高峰。

志留系和泥盆系烃源岩受二叠纪侵蚀的影响，最大生烃高峰出现在二叠纪末期，如果主要侵蚀作用发生在早白垩世，这些地层的生烃高峰从二叠纪持续到中侏罗世。因此，只要是在晚二叠世之前形成的构造，就能成为有效的油气圈闭，而以后的运动事件形成的构造被志留纪和泥盆纪生成的油气所充填的可能性较小。

（二）储层特征

北卡纳尔文盆地的储集岩分布于三叠系至古新统的多套层系，岩性以碎屑岩占绝对优势，主要由河流相至海相的石英砂岩和次长石砂岩组成。一般而言，储集岩的孔隙度为15%～30%（表2-4），并随着深度的增加，由于压实作用和石英次生加大，孔隙度降低。海绿石是许多储集砂岩的重要组分，海绿石砂岩比纯砂岩容易压实，因此孔隙度随埋深更易降低。盆地内发育的主力储层包括中—上三叠统 Mungaroo 组，中—下侏罗统 North Rankin 组和 Legendre 组，上侏罗统 Angel 组、Dingo 泥岩组及 Brigadier 砂岩段和下白垩统 Barrow 群等，其中河流—三角洲三叠系砂岩是盆地中分布范围最大的储层。

表 2-4　北卡纳尔文盆地储层特征一览表

储层	岩性	时代	沉积环境和孔渗特性
Barrow 群	砂岩	K_1	深水重力流或水下扇
Angel 组	砂岩	J_3	
Eliassen 组	砂岩	J_3	
Biggada 砂岩组	砂岩	J_3	
Calypso 组	砂岩	J_2	深水浊积扇、河流—海相 孔隙度：最大 28% 渗透率：740mD
Legendre 组	砂岩	J_2—J_1	
Athol 组	砂岩	J_2—J_1	
Noth Rankin 组	砂岩	J_1	
Mungaroo 组	砂岩	T_3—T_2	河流—三角洲相 孔隙度：最大 36%，平均 19.5% 渗透率：最大 9D，平均 1400mD

中—下三叠统 Mungaroo 组含有大量的河流相—边缘海相纯净的粗砂岩，遍及全盆地，形成了盆地主要的储集层系。在兰金台地和埃克斯茅斯高地钻井钻遇的该套储层的深度一般为3～4km。这套地层为砂岩、泥岩和粉砂岩互层，总厚度约为4000m，孔隙度为4%～36%，平均孔隙度为19.5%；最大渗透率为9000mD，平均渗透率为1400mD。随着深度的增加，由于压实作用和石英次生加大，孔隙度降低。海绿石是许多储集砂岩的重要组分，海绿石砂岩比净砂岩容易压实，因此孔隙度随埋深更易降低。在4000m以下砂岩，其孔隙度和渗透率分别减小到15%和30mD。在一些油气田，某些海绿石砂岩层，如 Mardie 海绿石砂岩层，既可做储层又可做盖层，这些砂岩的孔隙度比较大，渗透率比较低，变化也比较大。成岩作用的改造和次生矿物的生长也降低了孔隙度。胶结物主要由方解石、黄铁矿、菱铁矿、高岭石和白云石组成，黄铁矿和菱铁矿可交代由长石分解而形成的海绿石和高岭

石。孔隙度的降低除受压实作用和埋藏深度或成岩作用的影响外，还明显受到沉积环境的影响。比如，Wanaea 油田的西南部地区，因离物源区较远，远端砂岩通常为细颗粒砂岩且泥质含量比较高，因此其孔隙度和渗透率都比较小。在巴罗—丹皮尔坳陷的中部地区和埃克斯茅斯坳陷的北部，Barrow 群的远端砂岩也因颗粒细和泥质含量高而具有较低的孔隙度。Windalia 砂岩是 Barrow Island 油田的主要储层，主要由巨细砂岩组成，平均渗透率仅为 23mD。

中—下侏罗统包括下侏罗统 North Rankin 层、Legendre 组以及 Dingo 泥岩层 Briggada 段的深水浊积扇砂岩。储集层砂岩的分布受早—中侏罗世沉积环境控制，巴罗—丹皮尔坳陷、外比格尔坳陷、兰金构造带上的断块内及埃克斯茅斯高原上，分布中—下侏罗统河流—海相砂储层，砂岩储层质量好，孔隙度高达 28%，渗透率为 740mD。上侏罗统—下白垩统的砂岩层是东部和中部巴罗—丹皮尔坳陷油气的主要储层，上侏罗统提塘阶 Angel 组是巴罗—丹皮尔坳陷北部的主要储层，尼欧克姆亚统 Barrow 群则构成了埃克斯茅斯坳陷和巴罗—丹皮尔坳陷南部的主要储层。其他的中侏罗统—下白垩统的储层是少数几个油气田的储层。Biggada 组、Angel 组、Barrow 群砂岩储层一般为深水重力流或水下扇沉积。

在西北陆棚区，在经历多期的不同沉积体系背景下，发育多套以砂岩为主的储集层系，储集岩类型以碎屑岩为主，从三叠系到古新统都有分布。自下而上分别是 Lambert 海绿石砂岩、Flacout 砂岩、Angel 砂岩、Biggada 砂岩、Calypso 砂岩、Legendre 砂岩、North Rankin 砂岩、Briggada 砂岩和 Mungarcoo 砂岩。其中，河流—三角洲成因的三叠系砂岩是盆地中分布范围最大的储层。

（三）盖层特征

北卡纳尔文盆地盖层从侏罗系 Dingo 组泥岩到下白垩统 Muderong 组页岩都有分布，岩性以页岩和泥岩为主，兼有碳酸盐岩（表 2-5）。Muderong 组页岩为盆地内最有效的区域性盖层（图 2-42、图 2-43），断裂构造活动的趋缓，使得早侏罗世暴露于地表的构造高地被这些区域性盖层所覆盖。

表 2-5　北卡纳尔文盆地盖层特征统计表

盖层	岩性	时代	性质
Dockrell 组	钙质页岩、泥灰岩	古新世	局部盖层
Gearle 粉砂岩组	碳酸盐岩	K_1—K_2	局部盖层
Windalia 放射虫岩	放射虫硅质岩	K_1	局部盖层
Muderong 组页岩	页岩	K_1	区域盖层
Forestier 组黏土岩	页岩	K_1—J_3	局部盖层
Dingo 组泥岩	页岩	J_3—J_1	局部盖层
Brigadier 组	泥岩	J_1—T_3	局部盖层
Mungaroo 组	页岩	T_3—T_2	局部盖层

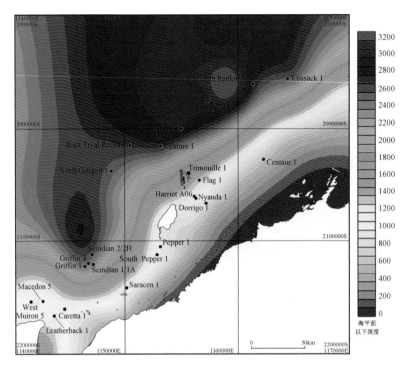

图 2-42　北卡纳尔文盆地 Muderong 组页岩顶部深度图（据 Kovack 等，2004）

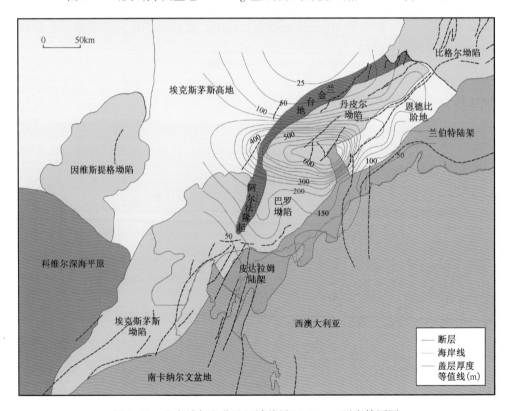

图 2-43　北卡纳尔文盆地区域盖层 Muderong 页岩等厚图

在欧特里—巴列姆期之前，盖层沉积局限于埃克斯茅斯高地和兰金台地上的裂谷和以扭转断层为边界的槽谷内。裂谷内沉积了一些储集岩建造。贝利阿斯阶的页岩构成了兰金台地的第一套局部盖层，在埃克斯茅斯坳陷和巴罗—丹皮尔坳陷的西南部，同期的沉积物则为一套良好的储集岩。

除了区域盖层，三叠系—白垩系内还发育了多套局部盖层，但相对区域性盖层来说，其封盖性要差得多。

（四）油气生成与运移

北卡纳尔文盆地已发现的大油气田资料表明，同一油气田不同储层中的油气和不同油气田的地球化学特征显示出很大的差异，该差异表明这些油气田是多期油气生成和多期运移成藏的结果。

自早侏罗世，埃克斯茅斯高地和兰金台地的大部分地区未接受沉积，因此有机质成熟度并不高，下三叠统 Locker 页岩在晚三叠世—早侏罗世进入生油窗，但是由于缺乏有效的盖层，在早侏罗世断裂发育时期，之前生成的油气难以保存。

侏罗纪和白垩纪的沉积中心位于裂陷带和埃克斯茅斯高地的南部，随埋藏深度的增加，沉积物逐渐进入生油窗。侏罗纪—白垩纪的裂陷和大陆解体有关。大陆解体后在很短的时间内沉积了巨厚的沉积物，加速了油气的生产。晚侏罗世—早白垩世沉积物的逐渐增厚使得中—下侏罗统烃源岩进入成熟阶段。然而此时三叠系圈闭构造还未完全成型，因此这个时期的油气很难聚集成藏。瓦兰今期大陆解体和随后澳大利亚—印度板块的分离，导致构造圈闭形成，此时对油气聚集非常有利。

在盆地北部，巨厚的中新统—上新统沉积使上侏罗统—下白垩统的烃源岩成熟并生成油气，此外，更老的烃源岩继续生烃。

兰金台地和埃克斯茅斯高地上的走滑断层由于倾角大，可作为下三叠统和更老的烃源岩的垂向运移通道，三叠系储层被多条断层错断，为油气的侧向运移提供了条件。在埃克斯茅斯和巴罗—丹皮尔坳陷，砂岩和断层不发育，使油气垂向运移受到阻碍。

（五）建立盆地结构化参数

从盆地的构造特征、盆地的沉积特征和盆地的生储盖组合三个方面，建立盆地的结构化参数表（表 2-6）。

表 2-6　北卡纳尔文盆地结构化参数表

盆地结构参数			主要内容与特征
盆地构造特征	大地构造背景		由陆架、边缘台地和高地组成,盆地构造演化与冈瓦纳大陆的裂陷构造发展密切关联
	盆地性质	盆地类型	经历了一个完整的被动大陆边缘盆地的形成、发展的全过程
		盆地演化	①克拉通内盆地发育阶段（$\in$—D_1）；②克拉通内坳陷发育阶段（C_1—P_1）；③三叠纪—侏罗纪为裂谷阶段（T—J）；④被动大陆边缘盆地形成阶段（K_1—Q）

盆地结构参数		主要内容与特征
盆地构造特征	基底特征	古老克拉通基底为前寒武系
	面积(10^4)	陆上面积 1.15km²，海上面积 53.5km²，主体位于海上
	不整合面	发育八个区域不整合面
	构造分区	盆地构造走向主要为北东向，从东南到西北划分为边缘陆架(皮达姆拉陆架和兰伯特陆架)；坳陷(埃克斯茅斯、巴罗、丹皮尔和比格尔坳陷)；盆中构造中脊(兰金台地)；构造高地(埃克斯茅斯高地)。边缘陆架、坳陷、盆中构造中脊和构造高地
	控盆断层	北东东向、北西西向两组断裂控制盆地的基本构造样式，西北大陆架剪切带(北西西向)
盆地沉积特征	地层变化	主要发育三叠系—古新统，其中三叠系的河流—三角洲相储层广泛分布于整个盆地。侏罗系在沉积中心(巴罗—丹皮尔坳陷)厚度超过6km，在构造较高部位缺失(兰金台地)
	沉积类型	5个沉积旋回：① O—S₃ 红层和蒸发岩，仅见于南卡纳尔文盆地；② D—C₁ 冲积扇，近滨硅质碎屑岩到浅海碳酸盐岩沉积，主要见于南卡纳尔文盆地，总厚度约2000m。③ C₂—P₂ 冰川沉积序列，覆盖皮尔巴拉地块，北卡纳尔文盆地东南边缘。P₁ 在南卡纳尔文盆地大部分地区缺失。④ T—J 海相泥岩、页岩到河流—三角洲沉积，Mungaroo 组河流相—边缘海相纯净粗砂岩遍及整个北卡纳尔文盆地。⑤ K₁—Q 硅质碎屑沉积，Dingo 组泥岩是北卡纳尔文盆地最重要的烃源岩
盆地生储盖组合	烃源岩特征	主要发育中生代4套烃源岩：三叠系 Locker 组、Mungaroo 组，中—下侏罗统 Athol 组、上侏罗统 Dingo 组，白垩统 Forestier 组、Muderong 组
	储层类型	盆地发育多套以砂岩为主的储层，从三叠系—古新统均有分布，其中河流—三角洲成因的三叠系砂岩是分布范围最大的储层层序
	盖层特征	自侏罗系 Dingo 组泥岩到下白垩统 Muderong 组页岩都有分布
	成藏组合	发育三套成藏组合，分别为中—上三叠统成藏组合、中—下侏罗统成藏组合和上侏罗统—下白垩统成藏组合。24 个次级成藏组合
	主要勘探层位	盆地天然气和凝析油主要储集于 Mungaroo 组，次要储层为牛津阶和下尼欧克姆亚统。石油主要储集于上侏罗统—下白垩统的 4 套储层内，储量分布相对较均一，储量最多的是下尼欧克姆亚统(Barrow)，原油储量占盆地原油总储量的 29.95%

二、含油气系统评价

(一)含油气系统划分

含油气系统根据其烃源岩的落实程度可分为已知的含油气系统(!)，潜在的含油气系统(.)和推测的含油气系统(?)。北卡纳尔文盆地含油气系统发育，三叠系及前三叠系烃源岩以生气为主，烃源岩自三叠纪开始生烃，侏罗系烃源岩兼生油气。盆地主要发育：Dingo 泥岩—Mungaroo 组(!)、Locker 页岩—Mungaroo 组(!)和 Athol—Mungaroo 组(?)等三套含油气系统。

Dingo 泥岩—Mungaroo 组（！）和 Locker 页岩—Mungaroo 组（！）含油气系统是盆地内两套已知的含油气系统，且 Dingo 泥岩—Mungaroo 组（！）含油气系统是盆地内最主要的含油气系统。与 Dingo 泥岩—Mungaroo 组（！）系统相关的油气藏主要分布在巴罗—丹皮尔、埃克斯茅斯和比格尔坳陷（Bishop，1999）。

盆地内另一个重要的含油气系统是 Locker 页岩—Mungaroo 组（！）含油气系统，与该系统相关的油气藏主要分布在巴罗、丹皮尔、埃克斯茅斯和比格尔坳陷及相关的沉积中心（Bishop，1999）。这些油气藏与埃克斯茅斯高地的断块，沿巴罗、丹皮尔、埃克斯茅斯和比格尔坳陷南部和东部边缘的构造带及临近大陆边缘的构造阶地相关。

Athol—Mungaroo 组（？）是一个推测的含油气系统，与之相关的油气藏分布在巴罗—丹皮尔坳陷。

（二）含油气系统地质要素

1. Dingo 泥岩—Mungaroo 组（！）含油气系统

1）烃源岩

牛津阶和卡洛夫阶泥岩是最有利的生油岩（主要是 Dingo 泥岩），其他潜在的成熟烃源岩还有 Legendre 组上段。热成熟度随埋深不同而变化，从埋藏较深的沉积中心的过成熟过渡到沉积边缘的早成熟。

2）储层

白垩纪至全新世沉积物为该含油气系统提供良好的储层、盖层和上覆岩层。主要的储层为 Mungaroo 组和 Dupuy 组。

3）盖层

区域性盖层为 Muderong 组页岩，此外 Barrow 群下部、Brigadier 组页岩和 Dingo 泥岩也是很好的密封层（Lorn 等，2003）。

2. Locker 页岩—Mungaroo 组（！）含油气系统

1）烃源岩

主要烃源岩是 Locker 页岩—Mungaroo 组，且在大部分地区都是成熟—过成熟的。

2）储层

白垩纪至全新世沉积物为该含油气系统提供良好的储层、区域盖层和上覆岩层。其中侏罗系—白垩系储层在沉积后就被封盖了，早侏罗世的断裂导致在断裂带形成厚厚的沉积，使得深处的三叠纪—侏罗纪沉积物逐渐进入生油窗。主要的储层为 Mungaroo 组、Barrow 群。

3）盖层

区域性盖层为 Muderong 页岩，此外 Barrow 群下部、Brigadier 组页岩和 Dingo 泥岩也是很好的密封层（Lorn 等，2003）。

3. Athol—Mungaroo 组（?）含油气系统

该系统仅在巴罗—丹皮尔坳陷中的少数几个油气藏中可见，由限制海泥岩组成的中—下侏罗统 Athol 组在早白垩世对生油来说是成熟的，储层、盖层及运移都与 Dingo 泥岩—Mungaroo 组含油气系统（!）和 Locker 页岩—Mungaroo 组含油气系统（!）相似。

（三）含油气系统地质作用过程

1. Dingo 泥岩—Mungaroo 组（!）含油气系统

该含油气系统地层展布范围从 215Ma（烃源岩沉积初）—1.64Ma。此含油气系统的各关键要素相互关系见图 2-44—图 2-46：

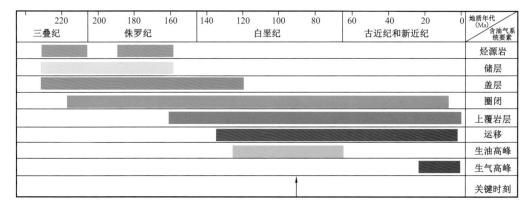

图 2-44　Dingo 泥岩—Mungaroo 组(!)含油气系统事件图

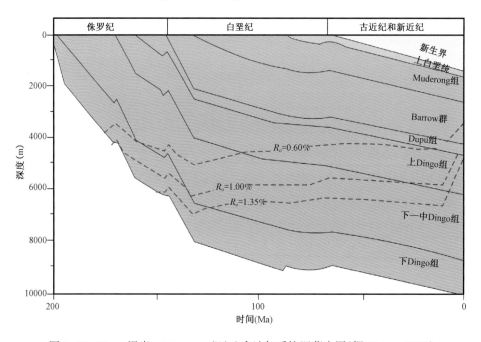

图 2-45　Dingo 泥岩—Mungaroo 组(!)含油气系统埋藏史图(据 Bishop,1999)

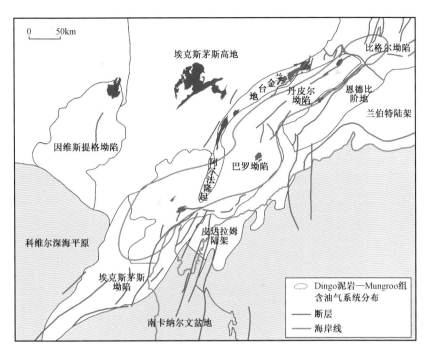

图 2-46　Dingo 泥岩—Mungaroo 组(!)含油气系统平面分布图

1）油气生成

早白垩世（124.5Ma）至今（1.64Ma）。生油高峰期为早白垩世至古近纪初期，生气高峰期为中新世（23Ma）至今。

2）圈闭形成

侏罗纪早期（208Ma）至白垩纪（65Ma）。侏罗纪裂谷运动使得三叠纪和侏罗纪沉积地层快速沉积并被盖层封闭，有利于捕获油气。

3）油气运移保存

北卡纳尔文盆地因为不同的构造条件使得圈闭运移路径具有相当的复杂性，可能存在垂向运移，也可能存在侧向运移。晚侏罗世、白垩纪和新近纪晚期的间歇性断裂构造运动形成一系列圈闭，也使得已有圈闭略有加强或遭到破坏而再次运移。所以很多圈闭都存在不同时代烃源岩产生的油气。因为埋深和烃源岩主要为生气岩，Dingo 泥岩—Mungaroo 组含油气系统主要产气。

2. Locker 页岩—Mungaroo 组（!）含油气系统

该含油气系统地层展布范围从 235Ma（烃源岩沉积初）—1.64Ma。此含油气系统的各关键要素相互关系见图 2-47—图 2-49）：

1）油气生成

早侏罗世（208Ma）—中新世（1.64Ma）。生油高峰期为晚侏罗世（145.6Ma）—晚白垩世（88.5Ma），生气高峰期为中新世（23Ma）至今。

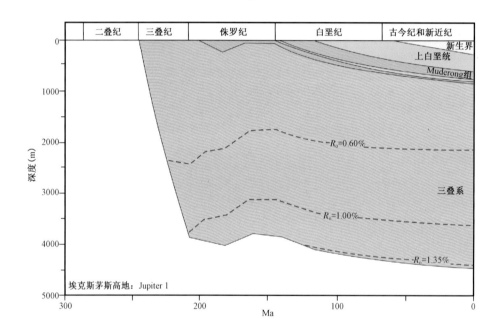

图 2-47　Locker 页岩—Mungaroo 组（!）含油气系统事件图

图 2-48　Locker 页岩—Mungaroo 组（!）含油气系统埋藏史图（据 Bishop，1999）

2）圈闭形成

侏罗纪晚期（145.6Ma）至今（5.2Ma）。此圈闭形成于生油、生气高峰期之前，有利于捕获油气。

3）油气运移保存

Locker 页岩—Mungaroo 组（!）含油气系统的运移与保存条件与 Dingo 泥岩—Mungaroo 组（!）含油气系统相似，但两个含油气系统具有不同的平面分布范围（图 2-45、图 2-49）。

3. Athol—Mungaroo 组（?）含油气系统

该含油气系统地层展布范围从 235Ma（烃源岩沉积初）—1.64Ma。此含油气系统的各关键要素相互关系见图 2-50—图 2-52）：

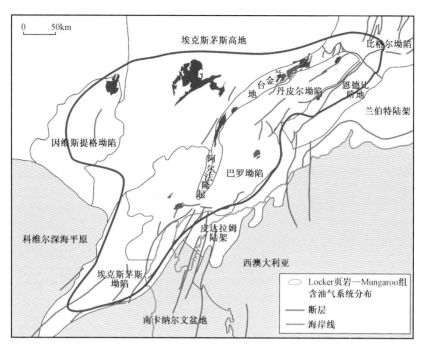

图 2-49 Locker 页岩—Mungaroo 组（!）含油气系统分布图

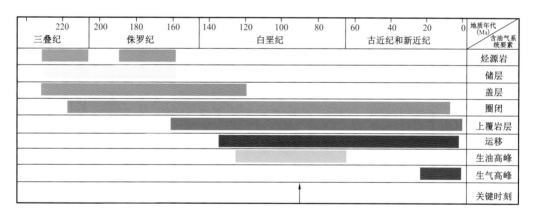

图 2-50 Athol—Mungaroo 组（?）含油气系统事件图

1）油气生成

晚侏罗世（145.6Ma）至今（1.64Ma）。生油高峰期为晚侏罗世至晚白垩世（88.5Ma），生气高峰期为新近纪初期（65Ma）至今。

2）圈闭形成

侏罗纪早期（208Ma）至今（5.2Ma）。

3）油气运移保存

Athol—Mungaroo 组含油气系统的运移与保存条件与 Locker 页岩—Mungaroo 组含油气系统和 Dingo 泥岩—Mungaroo 组含油气系统的运移和保存条件相似。

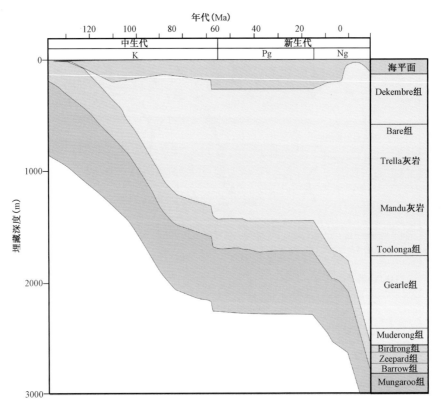

图 2-51　Athol—Mungaroo 组(?)含油气系统埋藏史图(据 Bishop, 1999)

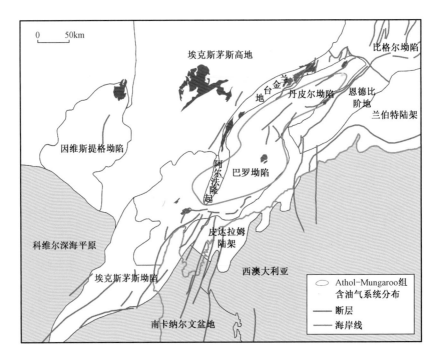

图 2-52　Athol—Mungaroo 组(?)含油气系统分布图

（四）含油气系统评价

从烃源岩、储层、盖层、输导体系、配置关系和确定程度五个方面，对北卡纳尔文盆地的含油气系统评价，发现 Dingo 泥岩—Mungaroo 组含油气系统和 Locker 页岩—Mungaroo 组含油气系统是盆地内最重要的含油气系统，其次为 Athol—Mungaroo 组含油气系统（表 2-7）。

表 2-7　北卡纳尔文盆地含油气系统评价表

名称		权系数	含油气系统		
			Dingo 泥岩—Mungaroo 组	Locker 页岩—Mungaroo 组	Athol—Mungaroo 组
烃源岩	干酪根类型	0.3	22.26	24.9	22.5
	TOC 含量（%）				—
	R_o 值（%）				—
储层	储层孔隙度（%）	0.2	13.84	15.28	14.8
	储层渗透率（mD）				—
	储层埋深（m）				—
盖层	区域盖层岩性	0.15	11.445	12.405	9.555
	区域盖层厚度（m）				—
	区域不整合数				—
输导体系	运移距离	0.15	12.975	10.875	12.375
	输导层				
配置关系	生储盖配置	0.1	9	9.34	9.4
	圈闭形成期与主要油气运移期配置关系				
确定程度		0.1	10	10	7
合计			79.52	82.8	75.63

（五）建立含油气系统结构化参数

从烃源岩、盖层、储层、圈闭和油气运移与成藏条件五个方面，建立北卡纳尔文盆地的含油气系统结构化参数表（表 2-8）。

表 2-8　北卡纳尔文盆地含油气系统结构化参数表

含油气系统	参数	主要特征
Athol—Mungaroo 组（？）	烃源条件	Athol 组、Mungaroo 组，其中 Athol 组平均 TOC 为 1.74%，R_o 为 0.3%～2.0%
	盖层条件	局部盖层 Mungaroo 组、区域盖层 Muderong 组页岩
	储层条件	Mungaroo 组、Athol 组，其中 Athol 组平均孔隙度为 21%，平均渗透率为 890～2000mD
	圈闭条件	地层和构造圈闭
	油气运移与成藏条件	生烃期早白垩世至新近纪（1.64Ma），圈闭形成时间为早侏罗世早期至晚中新世（65Ma）
	分布位置	巴罗—丹皮尔坳陷
Dingo 泥岩—Mungaroo 组（！）	烃源条件	主要为 Dingo 组泥岩，TOC 为 2%～3%，氢指数 100～250mgHC/gTOC，R_o 为 0.26%～6%
	盖层条件	区域性盖层为 Muderong 页岩组，下 Barrow 群、Brigadier 组页岩和 Dingo 泥岩组也是很好的密封层
	储层条件	Mungaroo 组、Dupuy 组，其中 Mungaroo 组平均孔隙度为 19.5%，平均渗透率为 1400mD
	圈闭条件	地层和构造圈闭
	油气运移与成藏条件	生烃期早白垩世至今，圈闭形成时间为侏罗纪早期至白垩纪（65Ma），初次/二次运移时间为早白垩世至新近纪末
	分布位置	巴罗—丹皮尔坳陷、埃克斯茅斯坳陷、比格尔坳陷
Locker 页岩—Mungaroo 组（！）	烃源条件	Locker 页岩—Mungaroo 组，其中 Locker 页岩 TOC 为 1%～5%，氢指数为 150～300mgHC/gTOC，R_o 为 0.45%～0.6%；Mungaroo 组平均 TOC 为 2.19%，氢指数为 100～300mgHC/gTOC，R_o 为 0.6%～1%
	盖层条件	区域性盖层为 Muderong 页岩
	储层条件	Mungaroo 组、Barrow 群，其中 Barrow 群平均孔隙度为 15%，平均渗透率为 50mD
	圈闭条件	地层圈闭、构造圈闭、不整合圈闭
	油气运移与成藏条件	生烃期侏罗纪（208Ma）至新近纪（1.64Ma），圈闭形成时间侏罗纪晚期（145.6Ma）至中新世（5.2Ma）
	分布位置	巴罗—丹皮尔坳陷、埃克斯茅斯坳陷、比格尔坳陷、埃克斯茅斯高地、兰金台地

第五节　北卡纳尔文盆地成藏组合划分与评价

20 世纪 90 年代以来，通过对中国一些长期发育的多旋回盆地（包括叠合盆地）进行勘探，认识到地层层系对油气藏空间分布起着更重要的作用。油气藏的分布除油源以外，主要有三个控制要素：区域储层、区域盖层和圈闭。区域储层和区域盖层主要受沉积相带和成岩作用控制，其分层性十分明显。构造圈闭的形成受相应地层年代的应力场控制，也具有分层性的特点，至于地层岩性圈闭，其受层系控制作用更加明显。因此，将具有共同成藏条件的一套层系称为成藏组合，并作为商业性勘探评价的基本单元。当然在一个层系中储层的油气聚集并非是均一的，受构造和相带控制形成的油气聚集，在此将其定义为成藏带。区带与成藏带的区别在于：成藏带是成藏组合之下的进一步划分，所以只含有一套成藏组合，各套成藏组合的成藏带的位置在多数情况下是不重合的，而区带包含了所有成藏组合，这是两者的基本区别（童晓光，2009）。

成藏组合分析是国外油气勘探中的重要阶段，对成藏组合的定义也有很多，本书采用以下定义：成藏组合是相似地质背景下的一组远景圈闭或油气藏，它们在油气充注、储盖组合、圈闭类型、结构等方面具有一致性，共同的烃源岩不是划分成藏组合的必需条件（童晓光等，2009）。其基本意义是同一套储盖组合内的相同圈闭类型的组合，其命名方法是储层层位和圈闭类型。

在构造演化的背景下，以储盖组合、油气富集规律和已有油气藏的特征为依据，将构造演化期与储盖组合特征相结合在纵向上进行成藏组合划分。成藏组合在平面上划分的主要依据是储层沉积相、分布范围、区域盖层展布范围、生烃灶、输导体系等。

依据成藏组合划分的标准，北卡纳尔文盆地可以划分为 3 个成藏组合，依次为中—上三叠统成藏组合、中—下侏罗统成藏组合和上侏罗统—下白垩统成藏组合，每个成藏组合在盆地内分布不同（图 2-53、图 2-54）。这 3 个成藏组合又包含 22 个次级成藏组合（表2-9、表 2-10）。

表 2-9　北卡纳尔文盆地成藏组合划分表

成藏组合	次级成藏组合	盖层	盖层性质
上侏罗统—下白垩统成藏组合	Winning 地层—构造次级成藏组合	Muderong 页岩	区域性盖层
	Barrow 地层—构造次级成藏组合		
	Barrow 构造—不整合次级成藏组合		
	Winning 构造次级成藏组合	Muderong 页岩 Barrow 群	区域性盖层 潜在盖层
	Barrow 地层次级成藏组合		
	Barrow 构造次级成藏组合		
	Angel 地层—构造次级成藏组合	Barrow 群	潜在盖层
	Angel 构造次级成藏组合		
	Dupuy 地层次级成藏组合	Dingo 组泥岩	半区域性盖层
	Dupuy 构造次级成藏组合		
	Biggada 地层次级成藏组合		
	Biggada 构造次级成藏组合		

续表

成藏组合	次级成藏组合	盖层	盖层性质
中一下侏罗统成藏组合	Legendre 构造次级成藏组合	Muderong 页岩	区域性盖层
	Calypso 构造次级成藏组合		
	Legendre 构造—不整合次级成藏组合		
	Athol 地层—构造次级成藏组合	Athol 组	—
	Athol 构造次级成藏组合	Dingo 泥岩	半区域性盖层
	North Rankin 构造次级成藏组合		
中一上三叠统成藏组合	Brigadier 构造次级成藏组合	Muderong 页岩	区域性盖层
	Mungaroo 地层次级成藏组合		
	Mungaroo 构造次级成藏组合	Mungaroo 组 Muderong 页岩	层间盖层
	Mungaroo 构造—不整合次级成藏组合		区域性盖层

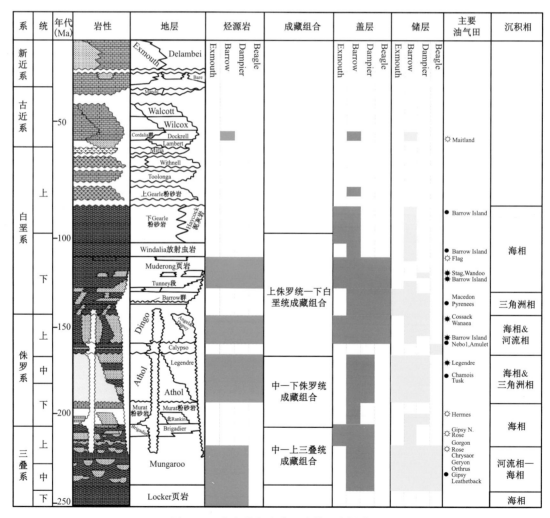

图 2-53　北卡纳尔文盆地成藏组合划分图

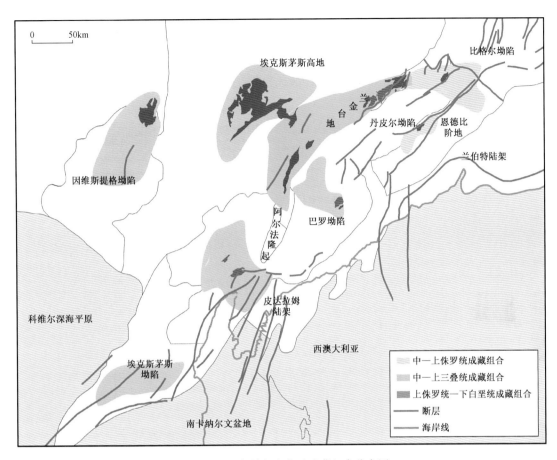

图 2-54　北卡纳尔文盆地成藏组合分布图

表 2-10　北卡纳尔文盆地次级成藏组合特征表

次级成藏组合	储层	盖层	圈闭类型	已有油气田
Angel 地层—构造	Angel 组	Barrow 群	断块圈闭、岩性尖灭	兰金台地
Angel 构造	Angel 组	Angel 组、Dingo 泥岩、Forestier 泥岩、Barrow 群、Muderong 页岩	掀斜断块、背斜圈闭、牵引构造	14 个油气发现,分布在兰金台地南部
Athol 地层—构造	Athol 组	Athol 组	地层圈闭、倾斜断块	仅在 Oryx-1 井有发现
Athol 构造	Athol 组	Dingo 组泥岩	掀斜断块、断块圈闭	4 个油气发现
Barrow 地层	Barrow 群	Barrow 群、Muderong 组页岩	岩性尖灭	3 个油气发现

续表

次级成藏组合	储层	盖层	圈闭类型	已有油气田
Barrow 地层—构造	Flag 砂岩 Barrow 群	Muderong 页岩	相变圈闭、岩性尖灭、滚动背斜	巴罗与因维斯提格坳陷有 5 个油气发现
Barrow 构造	Flag 砂岩、Barrow 群、Tunney 段	Dingo 泥岩、Barrow 群、Muderong 页岩、Winning 群	滚动背斜、断块圈闭、掀斜断块、牵引构造、背斜圈闭	盆地的主要成藏组合,有 68 个油气发现
Barrow 构造—不整合	Pyrenees 段 Barrow 群	Muderong 组页岩、下 Gearle 组粉砂岩	倾斜断块、不整合、背斜圈闭	已有 5 个油气发现,分布在埃克斯茅斯坳陷南部
Biggada 地层	Biggada 组	Dingo 组泥岩	地层圈闭	3 个油气发现,分布在巴罗—丹皮尔坳陷
Biggada 构造	Biggada 组	Dingo 组泥岩	背斜圈闭、断块圈闭	3 个油气发现,分布在巴罗坳陷
Brigadier 构造	Brigadier 组	North Rankin 地层、Muderong 页岩	倾斜断块、断块圈闭、牵引构造	7 个油气发现,分布在巴罗坳陷和兰金台地南部
Dupuy 地层	Dupuy 组	Dupuy 组、Dingo 组	沉积尖灭圈闭	1 个油气发现,在巴罗坳陷
Calypso 构造	Calypso 组	Forestier 组泥岩、Muderong 组页岩	掀斜断块、背斜圈闭	2 个油气发现,主要分布在比格尔坳陷,恩德比阶地
Dupuy 构造	Dupuy 组	Dupuy 组、Dingo 组泥岩	背斜圈闭、断块圈闭	5 个油气发现,分布于巴罗坳陷以及恩德比阶地
Legendre 构造	Legendre 组	Dingo 泥岩、Mungaroo 组页岩	背斜圈闭、断块圈闭	4 个油气发现,分布于 Legendre 走向带和 Lewis 海槽
Legendre 构造—不整合	Legendre 组	Muderong 页岩	断块圈闭、不整合	2 个油气发现,分布于兰金台地
Mungaroo 地层	Mungaroo 组	Mungaroo 组	地层	2 个油气发现
Mungaroo 构造	Mungaroo 组	Mungaroo 组、Brigadier 组、Murat 粉砂岩组、Athol 组、Muderong 页岩	掀斜断块、滚动背斜、牵引构造	33 个油气发现
Mungaroo 构造—不整合	Mungaroo 组	Mungaroo 组、Dingo 泥岩、Forestier 泥岩、Muderong 页岩	区域地垒、断块圈闭、滚动背斜、不整合	12 个油气发现,分布遍布整个盆地

次级成藏组合	储层	盖层	圈闭类型	已有油气田
North Rankin 构造	North Rankin 组	Locker 页岩、Murat 组粉砂岩、Athol 组、Dingo 组泥岩	掀斜断块、牵引构造、褶皱	11 个油气发现，分布在巴罗坳陷
Winning 地层—构造	M.Australis 砂岩段	Muderong 组页岩	地层、背斜、牵引构造、断裂	1 个油气发现，位于 Cape Preston 陆架
Winning 构造	Barrow 群、Tunney 段、Winning 群	Barrow 群、Muderong 页岩、Mardie Greensand 段、上 Gearle 粉砂岩组	穹隆、牵引构造、滚动背斜、断裂	29 个油气发现

一、中一上三叠统成藏组合

中一上三叠统成藏组合的区域性盖层主要为 Muderong 页岩、Mungaroo 组，对应的含油气系统为 Dingo 泥岩—Mungaroo 组（!）、Locker 页岩—Mungaroo 组（!）、Athol—Mungaroo 组（?），主要分布在兰金台地和巴罗坳陷（表2-9），包括 4 个次级成藏组合。

（一）Mungaroo 构造—不整合次级成藏组合

该组合产于 33 个油气田或发现中，凝析油、天然气储量分别 515.39×10⁶bbl、21606.25×10⁹ft³，分别占北卡纳尔文盆地储量的 32% 和 18%，石油储量则不足盆地油气储量的 1%。储层为 Mungaroo 组，盖层为 Mungaroo 组、Muderong 页岩，圈闭类型为构造—不整合复合圈闭，主要分布在兰金台地，已发现了 Rankin North、Gorgon 和 Orthrus 等大气田。

（二）Mungaroo 构造次级成藏组合

该组合产于 12 个油气田或发现中，凝析油、天然气储量分别 374.89×10⁶bbl、25831.81×10⁹ft³，分别占北卡纳尔文盆地储量的 23% 和 22%，石油储量不足盆地的 1%。储层为 Mungaroo 组，盖层为 Mungaroo 组、Muderong 页岩、Athol 组，圈闭类型为掀斜断块、滚动背斜和披覆构造圈闭，主要分布在兰金台地，已发现了 Goodwyn、Geryon、West Tryal Rock 和 Maenad 等大油气田。

（三）Mungaroo 地层次级成藏组合

该组合产于 2 个油气田或发现中，天然气储量 1.43×10¹²ft³，占北卡纳尔文盆地天然气储量的 1%，凝析油储量不足盆地的 1%。储层为 Mungaroo 组，盖层为 Mungaroo 组，圈闭类型为地层圈闭。

（四）Brigadier 构造次级成藏组合

该组合产于 7 个油气田或发现中，石油、凝析油和天然气储量均不足盆地储量的 1%。

储层为 Brigadier 组，盖层为 North Rankin 组、Muderong 页岩组，圈闭类型为掀斜断块、披覆构造和断裂圈闭，分布在巴罗坳陷和兰金台地。

二、中—下侏罗统成藏组合

中—下侏罗统成藏组合的区域性盖层主要为 Muderong 页岩、Athol 组和 Dingo 组，对应的含油气系统为 Dingo 泥岩—Mungaroo 组（!）、Locker 页岩—Mungaroo 组（!）、Athol—Mungaroo 组（?），主要分布在兰金台地、巴罗坳陷、恩德比阶地和比格尔坳陷，包括 6 个次级成藏组合。

（一）North Rankin 构造次级成藏组合

该组合产于 11 个油气田或发现中，天然气储量为 $635.28 \times 10^9 ft^3$，不足盆地储量的 1%，石油和凝析油储量很低，不足盆地的 1%。储层为 North Rankin 组，盖层为 Athol 组、Dingo 组、Murat 组和 Locker 页岩，构造圈闭类型为掀斜断块、披覆构造和褶皱，主要分布在巴罗坳陷。

（二）Athol 构造次级成藏组合

该组合产于 4 个油气田或发现中，石油和天然气储量很低，均不足盆地的 1%。储层为 Athol 组，盖层为 Dingo 组泥岩，构造圈闭类型为掀斜断块和断层，分布在 Cape Preston 陆架，2000 年钻探的 Chamois–1 和 Tusk–1 井均在侏罗系 Athol 组中钻遇到了石油。

（三）Athol 地层—构造次级成藏组合

该组合的石油和天然气储量很低，均不足盆地的 1%。储层为 Athol 组，盖层为 Athol 组，圈闭类型为地层—构造复合圈闭，仅产出在 Oryx–1 井中。

（四）Legendre 构造次级成藏组合

该组合产于 4 个油气田或发现中，石油、凝析油和天然气储量分别 $52.59 \times 10^6 bbl$、$0.79 \times 10^6 bbl$、$364.32 \times 10^9 ft^3$，其中石油占盆地储量的 2%，凝析油和天然气储量均不足盆地的 1%，石油储量不足盆地的 1%。储层为 Legendre 组，盖层为 Muderong 组页岩和 Dingo 泥岩，构造圈闭类型为断层、背斜和断块。该组合由 Legendre North、Legendre South 和 Reindeer-Caribou 油田构成，分布在 Legendre 走向带和 Lewis 海槽，其中 Muderong 页岩是其主要的区域性盖层。

（五）Legendre 构造—不整合次级成藏组合

该组合产于 Cape-1 井和 Perseus 油田，凝析油和天然气储量分别 $297.21 \times 10^6 bbl$、$11130.89 \times 10^9 ft^3$，各占盆地储量的 18% 和 9%。储层为 Legendre 组，盖层为 Muderong 页岩，圈闭类型为构造—不整合复合圈闭。

（六）Calypso 构造次级成藏组合

该组合产于 2 个油气田或发现中，石油和天然气储量很低，均不足盆地的 1%。储层为 Calypso 组，盖层为 Forestier 组泥岩和 Muderong 组页岩，构造圈闭类型为掀斜断块和背斜，仅分布在比格尔坳陷和恩德比阶地。

三、上侏罗统—下白垩统成藏组合

上侏罗统—下白垩统成藏组合的区域性盖层主要为 Muderong 页岩、Barrow 群和 Dingo 组，对应的含油气系统为 Dingo 泥岩—Mungaroo 组（！）和 Locker 页岩—Mungaroo 组（！），主要分布在兰金台地、巴罗—丹皮尔坳陷、埃克斯茅斯坳陷、恩德比阶地和皮达拉姆陆架，包括 12 个次级成藏组合。

（一）Biggada 构造次级成藏组合

该组合产于 3 个油气田或发现中，天然气储量 $122.34 \times 10^9 \text{ft}^3$，不足盆地储量的 1%，石油和凝析油储量更低，也不足盆地的 1%。储层为 Biggada 组，盖层为 Dingo 组泥岩，构造圈闭类型为背斜和断块，主要分布在巴罗坳陷。

（二）Biggada 地层次级成藏组合

该组合产于 3 个油气田或发现中，凝析油和天然气储量不足盆地储量的 1%。储层为 Biggada 组，盖层为 Dingo 组泥岩，圈闭类型为地层圈闭，主要分布在巴罗—丹皮尔坳陷。

（三）Dupuy 地层次级成藏组合

该组合仅在巴罗坳陷的井 Pasco-1 井中可见，储层为 Dupuy 组，盖层为 Dupuy 组和 Dingo 泥岩，圈闭类型为沉积尖灭。

（四）Dupuy 构造次级成藏组合

该组合产于 5 个油气田或发现中，天然气储量 $68.47 \times 10^9 \text{ft}^3$，不足盆地储量的 1%，石油和凝析油储量更低，也不足盆地的 1%。储层为 Dupuy 组，盖层为 Dupuy 组和 Dingo 组泥岩，构造圈闭类型为背斜、断块，主要分布在巴罗坳陷和恩德比阶地。

（五）Angel 构造次级成藏组合

该组合产于 14 个油气田或发现中，石油、凝析油和天然气储量分别 $616.06 \times 10^6 \text{bbl}$、$91.84 \times 10^6 \text{bbl}$、$2354.32 \times 10^9 \text{ft}^3$，各占盆地储量的 26%、6% 和 2%。储层为 Angel 组，盖层为 Angel 组、Muderong 页岩组、Barrow 群和 Dingo 组泥岩，构造圈闭类型为掀斜断块、背斜和披覆构造。主要分布在兰金台地的南部边缘，已投入生产的油田有 Lambert、Wanaea、Talisman、Hermes 和 Exeter 等。

（六）Angel 地层—构造次级成藏组合

该组合仅在兰金台地的 Mutineer 油田中可见，石油储量 $50.00 \times 10^6 \text{bbl}$，占盆地储量的 2%，凝析油储量不足盆地的 1%。储层为 Angel 组，盖层为 Barrow 群，圈闭类型为地层—构造复合圈闭。

（七）Barrow 构造次级成藏组合

该组合产于 68 个油气田或发现中，石油、凝析油和天然气储量分别 423.60×10^6bbl、101.49×10^6bbl、10356.59×10^9ft^3，各占盆地储量的 18%、6% 和 9%。储层为 Barrow 群和 Flag 组砂岩，盖层为 Dingo 组泥岩、Barrow 群和 Muderong 页岩组，圈闭类型为滚动背斜、背斜、掀斜断块、披覆构造、断层和断裂等。该组合是盆地内一个重要的次级成藏组合，主要分布在巴罗坳陷。

（八）Barrow 地层次级成藏组合

该组合产于 3 个油气田或发现中，石油、凝析油和天然气含量均较低，不足盆地的 1%。储层为 Barrow 群，盖层为 Barrow 群和 Muderong 组页岩，圈闭类型为沉积尖灭圈闭。

（九）Barrow 构造—不整合次级成藏组合

该组合产于 5 个油气田或发现中，石油和天然气储量分别 133.09×10^6bbl、741.38×10^9ft^3，其中石油占盆地储量的 6%，天然气不足盆地的 1%。储层为 Barrow 群，盖层为 Muderong 组页岩、下 Grearle 组粉砂岩，圈闭类型为构造—不整合复合圈闭。该组合是盆地内一个重要的次级成藏组合，主要分布在埃克斯茅斯坳陷的南部。

（十）Barrow 地层—构造次级成藏组合

该组合产于 5 个油气田或发现中，石油、凝析油和天然气储量分别 53.22×10^6bbl、14.40×10^6bbl、6641.26×10^9ft^3，其中石油和天然气各占盆地储量的 2%、6%，凝析油储量不足盆地的 1%。储层为 Barrow 群和 Flag 组砂岩，盖层为 Muderong 组页岩，圈闭类型为地层—构造复合圈闭。该组合分布在巴罗—丹皮尔坳陷和因维斯提格坳陷，Harriet 油田和 John Brooks 油田的发现，使巴罗—丹皮尔坳陷成为盆地重要的石油生产区。

（十一）Winning 构造次级成藏组合

该组合产于 29 个油气田或发现中，石油、凝析油和天然气储量分别 636.82×10^6bbl、24.13×10^6bbl、907.43×10^9ft^3，其中石油和凝析油各占盆地储量的 27% 和 1%，天然气不足盆地的 1%。储层为 Barrow 群、Winning 群和 Tunney 段，盖层为 Barrow 群、Muderong 组页岩、上 Grearle 组粉砂岩，圈闭类型为披覆构造、滚动背斜和断裂。该组合是盆地内一个重要的次级成藏组合，主要分布在埃克斯茅斯坳陷的东南边缘、兰伯特陆架、Preston 陆架和皮达拉姆陆架。

（十二）Winning 地层—构造次级成藏组合

该组合仅产于 Cape Preston 陆架的 Stag 油田中，石油储量 62.00×10^6bbl，占盆地储量的 3%，天然气储量很低，不足盆地的 1%。盖层为 Muderong 组页岩，圈闭类型为地层—构造复合圈闭。

主要的石油次级成藏组合有 Winning 构造次级成藏组合、Barrow 构造次级成藏组合和

Angel 构造次级成藏组合（图 2-55），这三个组合内的石油储量分别占北卡纳尔文盆地石油总储量的 28%、27% 和 21%，由此可见盆地内的石油主要聚集于构造圈闭中。

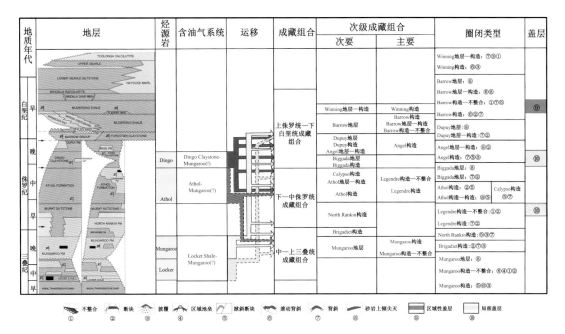

图 2-55 北卡纳尔文盆地成藏组合特征图

盆地内主要的天然气次级成藏组合有 Mungaroo 构造—不整合次级成藏组合、Mungaroo 构造次级成藏组合和 Barrow 构造次级成藏组合，它们的天然气储量分别占盆地天然气总储量的 28%、18% 和 13%。与油田（藏）的圈闭类型不同，天然气既可在构造圈闭、构造—地层圈闭和构造—不整合复合圈闭内聚集成藏，也可在地层圈闭内聚集成藏。构造气藏、复合气藏和地层气藏中的天然气储量分别占盆地天然气总储量的 37%、43% 和 20%。

四、成藏组合评价

通过对北卡纳尔文盆地三个成藏组合的烃源岩、储层、圈闭、运移条件和生储盖配置关系评价打分（表 2-11），发现中—上三叠统成藏组合、中—下侏罗统成藏组合和上侏罗—下白垩统成藏组合都是有利的成藏组合（表 2-12）。各组合发育的有利因素如下：（1）烃源岩发育；（2）储层孔隙度和渗透率好；（3）断裂活动发育；（4）提供有效的油气运移通道；（5）圈闭近油源分布，且形成于大量生排烃之前。

对表 2-12 中次级成藏组合的烃源岩、储层、盖层、运移、圈闭以及成藏组合类型评价打分，得到盆地主要次级成藏组合按照勘探有利程度从高到低依次为 Mungaroo 构造、Mungaroo 构造—不整合、Barrow 构造、Barrow 构造—不整合、Legendre 构造、Legendre 构造—不整合、Barrow 地层—构造、Angel 构造以及 Biggada 地层次级成藏组合（表 2-13）。

表 2-11　北卡纳尔文盆地成藏组合评价表

名称		权系数	中—上三叠统成藏组合	中—下侏罗统成藏组合	上侏罗统—下白垩统成藏组合
圈闭条件	主要圈闭类型	0.4	15	15	15
	圈闭面积系数(%)		14	14.4	14.2
	圈闭可靠程度		57	54	54
烃源岩条件	干酪根类型	0.1	15	14	15
	含油气系统数		28	28	20
	含油气系统落实情况		39.2	37.2	38.8
储集条件	储层孔隙度(%)	0.2	28	28	30
	储层渗透率(mD)		40	36	30
	储层埋深(m)		5	4	10
保存条件	区域盖层岩性	0.1	22.5	22.5	21
	区域盖层厚度(m)		29.7	28.5	28.2
	区域盖层面积/盆地面积(%)		15	15	15
	区域不整合数		14	12	10
配套条件	生储盖配置	0.2	16	16	16
	圈闭形成期与主要油气运移期的配置关系		80	76	77.6
合计			84.54	81.08	80.80

表 2-12　北卡纳尔文盆地主要次级成藏组合特征表

次级成藏组合		圈闭类型	含油气系统	已有油气田/发现
Legendre	构造	背斜、断块	Locker 组页岩—Mungaroo 组	4 个油气发现
	构造—不整合	断块、不整合	Dingo 组泥岩—Mungaroo 组；Locker 组页岩—Mungaroo 组	2 个油气发现
Mungaroo	构造	掀斜断块、滚动背斜、披覆	Dingo—组泥岩—Mungaroo 组；Locker 组页岩—Mungaroo 组；Athol—Mungaroo 组	33 个油气发现
	构造—不整合	区域地垒、断块、滚动背斜、不整合		12 个油气发现
Angel 构造		掀斜断块、背斜、披覆		14 个油气发现
Barrow	构造—不整合	掀斜断块、不整合、背斜		5 个油气发现
	构造	滚动背斜、断块、掀斜断块、背斜	Dingo 组泥岩—Mungaroo 组	68 个油气发现
	地层—构造	岩性尖灭、滚动背斜		5 个油气发现
Biggada 地层		地层		3 个油气发现

表 2-13　北卡纳尔文盆地主要次级成藏组合评价

次级成藏组合	烃源岩×0.3	储层×0.2	盖层×0.15	运移×0.15	圈闭×0.1	类型×0.1	总分
Mungaroo 构造	27	15.6	12	12	7	8.5	82.1
Mungaroo 构造—不整合	27	16	12	12	6	8.5	81.5
Barrow 构造	21	16	12	12	7	8	76
Barrow 构造—不整合	21	16	10.5	12	8	8	75.5
Legendre 构造—不整合	22.5	14	9.75	12	8	8	74.25
Legendre 构造	22.5	14	10.5	12	7	8	74
Barrow 地层—构造	19.5	16	9.75	12	7	8	72.25
Angel 构造	19.5	13	12	12	7	8	71.5
Biggada 地层	18	14	9	12	6.5	8	67.5

天然气和凝析油主要储集于中—上三叠统 Mungaroo 组，其他次要储层为上侏罗统牛津阶和下尼欧克姆亚统储层，与天然气不同的是，石油主要储集于上侏罗统—下白垩统的四套储层内。油气纵向分布显现出"上油下气"的特征。

按烃源岩、储层、生储盖匹配关系、油气成藏圈闭模式、对应的含油气系统和分布位置建立盆地成藏组合结构化参数表（表 2-14）。

表 2-14　北卡纳尔文盆地成藏组合结构化参数表

成藏组合	参数	主要特征	分布位置
中—上三叠统成藏组合	烃源岩条件	Locker 组页岩、Dingo 组泥岩	埃克斯茅斯高地和兰金台地
	储层条件	Muderong 组页岩、Brigadier 组	
	生储盖匹配关系	自生自储、古生新储	
	油气成藏圈闭模式	滚动背斜、掀斜断块、披覆构造圈闭	
	油气运移与聚集模式	垂向和侧向运移	
	对应的含油气系统	Dingo 组泥岩—Mungaroo 组 Locker 组页岩—Mungaroo 组 Athol—Mungaroo 组	

成藏组合	参数	主要特征	分布位置
中—下侏罗统成藏组合	烃源岩条件	Locker 组页岩、Dingo 组泥岩	巴罗坳陷、兰金台地、比格尔坳陷和恩德比阶地
	储层条件	Athol 组、Legendre 组、Muderong 组页岩、Calypso 组	
	生储盖匹配关系	自生自储、古生新储	
	油气成藏圈闭模式	掀斜断块、披覆构造、背斜圈闭	
	油气运移与聚集模式	垂向和侧向运移	
	对应的含油气系统	Dingo 组泥岩—Mungaroo 组 Locker 组页岩—Mungaroo 组 Athol—Mungaroo 组	
上侏罗—下白垩统成藏组合	烃源岩条件	Dingo 组泥岩	埃克斯茅斯坳陷、丹皮尔坳陷埃克斯茅斯高地、巴罗坳陷和兰金台地
	储层条件	Barrow 群、Angel 组、Dupuy 组、Biggada 组	
	生储盖匹配关系	自生自储	
	油气成藏圈闭模式	掀斜断块、背斜圈闭、不整合圈闭	
	油气运移与聚集模式	垂向和侧向运移	
	对应的含油气系统	Dingo 组泥岩—Mungaroo 组	

第六节　盆地勘探潜力评价与典型油气藏解剖

一、盆地资源潜力评价

（一）已知油气田储量增长量预测

北卡纳尔文盆地石油和凝析油已累计开采 1993.2×10^6 bbl，天然气已累计开采 14928.3×10^9 ft^3，剩余储量中液体为 2008.8×10^6 bbl，天然气为 102271.9×10^9 ft^3，盆地以产气为主（IHS，2009）。20 世纪 80 年代和 90 年代，盆地海上天然气资源储量逐年增加的幅度不大，进入 2000 年后，储量有一个显著增加的趋势。由于盆地主体位于海上，陆上天然气的储量自发现后一直变化不大，对天然气整体储量影响不大（图 2-56）。

北卡纳尔文盆地海上液体资源量一直呈增加趋势，2008 后增长幅度减慢（图 2-57）。陆上液体资源量自发现后储量变化不大，基本保持不变。

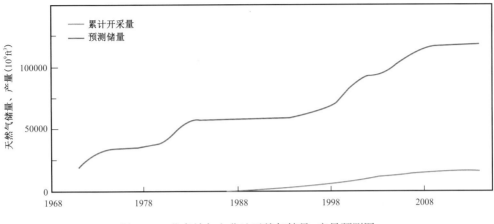

图 2-56　北卡纳尔文盆地天然气储量、产量预测图

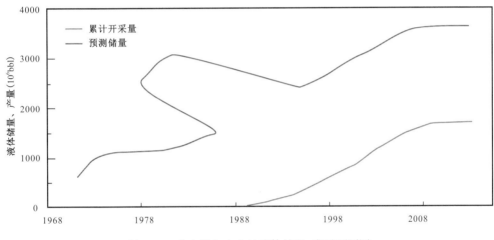

图 2-57　北卡纳尔文盆地液体储量、产量预测图

（二）盆地资源潜力评价

巴罗—丹皮尔坳陷是北卡纳尔文盆地唯一的勘探成熟区，该区有大量大的气/凝析气发现及许多小的石油发现，盆地的其他部分仍然没有显著性的勘探，近年来的发现表明地层和构造圈闭的可行性。

北卡纳尔文盆地主要坳陷中存在两种截然不同的油气聚集场所（Geoscience Australia，2005），以兰金台地为代表的坳陷外侧，主要的油气藏发现在与外来掀斜断块结合处，并与前卡洛夫期主要不整合有关。坳陷中部和内侧的油藏形成在背斜和断层走向的构造闭合带，与后主要不整合层序有关。运用这些建立的圈闭概念存在进一步勘探的大量可能性。

前卡洛夫期和后卡洛夫期主要不整合圈闭适用于北卡纳尔文盆地 Dingo 组泥岩—

Mungaroo 组和 Locker 组页岩—Mungaroo 组含油气系统，盆地中潜在与盖层形成早于区域白垩系盖层 Muderong 组页岩形成相关的未来发现，这些相对较新的油藏一般是生气的，尤其在埃克斯茅斯坳陷常见（Kopsen，2002）。

构造高地后主要不整合圈闭可能包含不同的沉积压实，油气圈闭可能包含与断裂和披覆构造有关的挤压或分散扭压。披覆闭合可能与铲状断裂及与之相关的滚动背斜褶皱有关，常为 Barrow 群或 Muderong 组细粒层段，可作为盖层或此类圈闭。

兰金台地已有的成功圈闭包含侏罗纪和白垩纪深水扇，这些层位都是未来进一步勘探的目标。例如 Leatherback 发现就清楚的证实了陆架边缘生长断层圈闭是潜在的目标（Bishop，1999）。侏罗系其他的潜在勘探圈闭包括与构造高地或隆起有关的碳酸盐岩储集层段及与相对海平面变化相关的下切河谷序列。

巴罗—丹皮尔坳陷是澳大利亚产出石油最多的坳陷，尽管认为该区是成熟的，但近期发现证实该区依然存在大量的油气。剩余圈闭包含与下白垩统地层圈闭相关的圈闭，如 Birdrong 砂岩、Mardie Greensand 和 M.australis 砂岩（Baillie & Jacobson，1997）。在丹皮尔坳陷东部依然存在无数的勘探圈闭，这些圈闭含 Calypso 组和 Maustralis 砂岩内的储集砂岩（Thomas 等，2004）。

沉积厚度在比格尔坳陷内向北东边缘变厚，其中沉积厚度最大的坳陷中部在古近纪已进入生油窗，构造配置允许比格尔坳陷和丹皮尔坳陷至 De Gray 鼻状构造存在相对长距离运移通道。埃克斯茅斯高地大部分地区已证实的断块圈闭是次级商业性或干的，这为临近坳陷中侏罗统油气运移提供理论支持。

尽管盆地大部分水深小于 1000m，但比格尔坳陷相对较少的钻井主要钻探在边缘的高位，坳陷的槽部晚侏罗世沉积物较少或缺失，而早—中侏罗世沉积物却相当厚。埃克斯茅斯坳陷已有的钻井主要局限在浅水区，陆上南东边缘区有少数几口深水井。

与 Locker 页岩—Mungaroo 含油气系统有关的附加的勘探可能性分布在埃克斯茅斯高地北部和东部边缘，这些圈闭由 Mungaroo 组储层组成，形成的掀斜断块由主要不整合和上覆的 Muderong 页岩封盖，此类圈闭的可产出储量与 North Rankin West 油田相似（Bishop，1999）。埃克斯茅斯高地其他相对未勘探的圈闭包括与三叠纪断层活化相关的反转构造。

兰金台地和 Kendrew 阶地依然有大量的构造圈闭值得钻探，存在发现重大石油和天然气发现的潜力。在埃克斯茅斯坳陷和埃克斯茅斯高地边界有重大的勘探潜力，该地区相对复杂的构造包含中生代伸展断层和生长断层，形成的圈闭与 Birdrong 砂岩和其他侏罗系层段组成的储层有关（Partington 等，2003）。

之前的勘探以构造圈闭为主，未来的勘探会包含更多的地层圈闭，盆地中存在与海底扇环境沉积相关的重大潜力，尤其是与中侏罗世后期沉积相关的潜力。沉积物搬运方向和沉积环境尚未解决预测储集层位的问题。

近期在裂谷前三叠纪至早侏罗世沉积物中的油气发现表明了进一步勘探的潜力，盆地南部与潜在圈闭有关的北西向沉积走向带包含同期的储层和贝利亚斯阶层段。侏罗系和后贝利亚斯阶沉积走向带在盆地南东边缘已证实被剥蚀掉了。其他地区，地震剖面形态观察表明沉积走向与海岸线和砂体分布有关。

兰金台地、埃克斯茅斯高地和比格尔坳陷额外的勘探目标一定程度上依赖于观察到的镜质组反射率剖面如何解释而定，现今缺失的侏罗纪沉积物可能覆盖了整个地区，厚度可达 2000～3000m，结果侏罗纪沉积物仅在兰金台地高断块之间而不是槽部沉积。古地理条件和储层位置预测取决于不同解释的相对影响。

与假设的古生代含油气系统有关的潜在圈闭可能分布在皮达拉姆陆架，目前该区最具生产性的圈闭与裂解不整合断层或晚侏罗世及更早的背斜圈闭有关，临近 Onslow 阶地的潜在圈闭可能形成于中中新世的背斜构造中。

二、重点次级构造单元评价

北卡纳尔文盆地油气资源虽然丰富，但是分布具有一定的不均衡性。从目前的油气发现而言，北卡纳尔文盆地的油气主要集中分布在巴罗坳陷、丹皮尔坳陷、埃克斯茅斯坳陷和埃克斯茅斯高地，因维斯提格坳陷和比格尔坳陷分别发现少量的天然气和石油，兰伯特陆架则无油气发现（图 2-1）。

（一）巴罗坳陷

1. 地质特征

巴罗坳陷主要位于海上，东、东南面为皮达拉姆陆架，西临埃克斯茅斯高地和兰金台地，南部边界为东西走向的 Long Island 断裂带，该断裂带是巴罗坳陷和埃克斯茅斯坳陷的分界线，巴罗坳陷和丹皮尔坳陷分界不明显。

巴罗坳陷油气丰富，既产油也产气，产油气层位也很多，有三叠系、中生界及新生界（图 2-58）。巴罗坳陷二叠系—中生界厚度超过 7000m，大致经历了 3 个主要沉积旋回：三叠系、侏罗系—下白垩统和上白垩统—第四系（图 2-59、图 2-60）。沉积旋回基本代

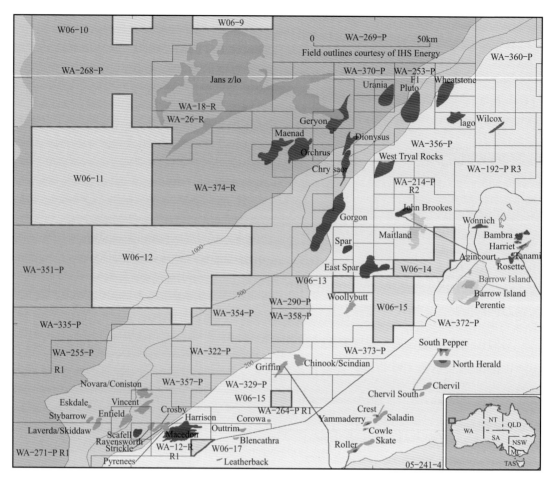

地层	油聚集	气聚集
古新统		
贝里亚斯阶(Windalia 砂岩)		
瓦兰今阶和贝里亚斯阶(Barrow群)		
提塘阶、牛津阶和中侏罗统		
上三叠统(Brigadier和Mungaroo组)		

图 2-58 巴罗坳陷西部、埃克斯茅斯坳陷的海上部分及埃克斯茅斯高地南部主要油气藏分布示意图

表了盆地的 3 个演化阶段，即前裂谷阶段、裂谷阶段和后裂谷阶段。

巴罗坳陷的形成最早开始于澳大利亚西北边缘的断裂，古生界在二叠纪沉积末抬升遭受剥蚀；三叠纪开始接受海相沉积，Mungaroo 组河成三角洲自东向西进积，随后沉积了一套中侏罗世—晚侏罗世厚层的海相泥岩（Dingo 泥岩）。

Barrow 群不整合在 Dupuy 组之上，在盆地的南面发育良好，在 Barrow 岛东北面主要为海相陆棚深水浊积岩，在西面同期地层主要由深水海相泥岩组成，Muderong 页岩呈席状覆盖在 Barrow 群及其同时期地层之上。

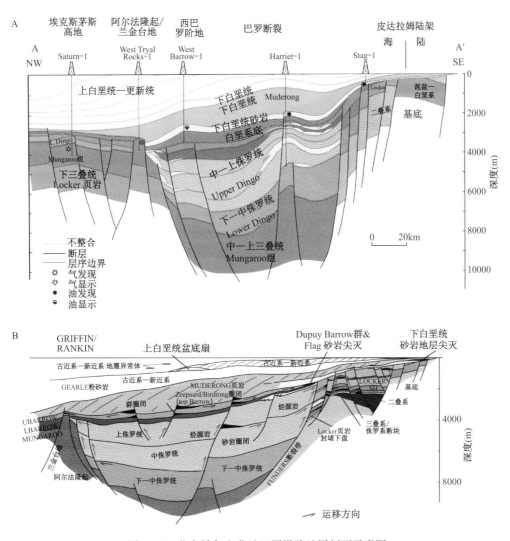

图 2-59 北卡纳尔文盆地巴罗坳陷地层剖面示意图

Birdrong 砂岩位于 Muderong 页岩底部，为陆棚—滨面沉积环境，在皮达拉姆陆架发育良好，再向西与 Birdrong 砂岩同期地层 Mardie Greensand 段主要为深水沉积。

Muderong 页岩中的 Windalia 砂岩为海相陆棚沉积，同时也暗示了海退的开始。到阿普特期晚期，开阔海相沉积环境开始形成（图 2-61、图 2-62）。

2. 储层

巴罗坳陷发育多套储层，主要有 Barrow 群、Muderong 页岩及 Birdrong 砂岩等。Barrow群三角洲由顶积层 Flacourt 组砂岩、前积层泥岩和底积层 Malouet 组砂岩组成，在巴罗坳陷沉积中心的中部和东部底积层海底扇超覆在 Dingo 泥岩之上，顶积层为浅海—河流沉积

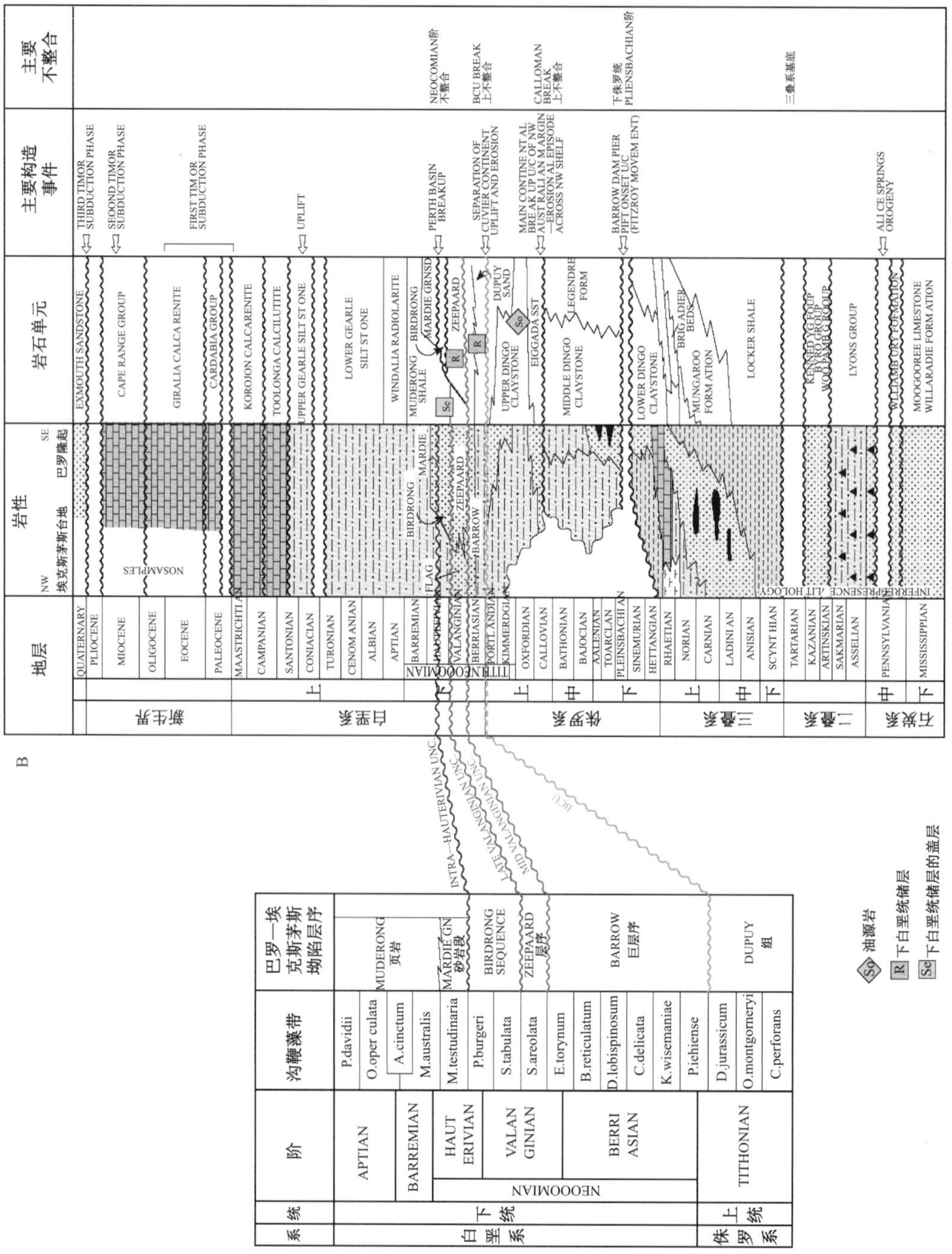

图 2-60 北卡纳尔文盆地巴罗坳陷地层纲要图

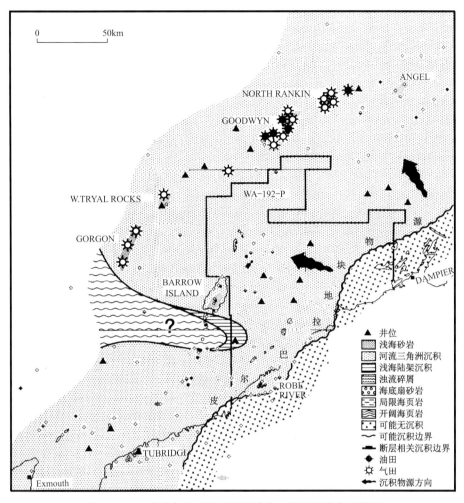

图 2-61　北卡纳尔文盆地巴罗坳陷中—晚三叠世古环境图

环境。顶积层和底积层的砂岩是 Harriet、South Pepper、North Herald、Saladin 和 Chervil 等地区的优质储层。

　　Flag 砂岩在 Barrow 群的末端为海底扇沉积体系（在深水区与 Flacourt 组同期异相），东部的 Lowendal 断裂区是该砂岩沉积的物源区，Lowendal 断裂区是该砂岩沉积时的沉积脊线（枢纽区）。Flag 砂岩在 Harriet 和 Bambra 附近最厚达 265m，在南部与 Flacourt 组指状交错沉积，在 Harriet 以北 50km 处尖灭。由于构造作用及海平面整体下降，Flag 砂岩向上变粗，随后大面积海侵，沉积了 Muderong 页岩，在巴罗坳陷大部分地区 Muderong页岩覆盖在 Barrow 群之上。Flag 砂岩岩石成分以石英为主，岩屑较少，是一套优质储集层。

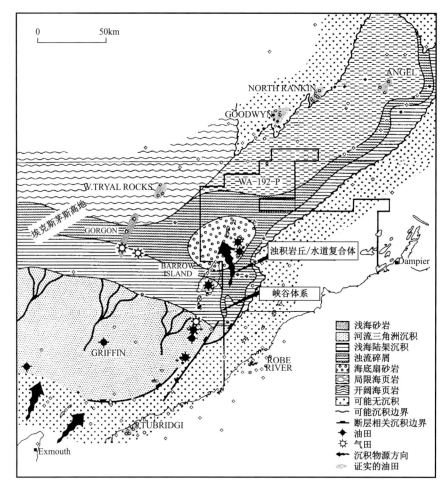

图 2-62　北卡纳尔文盆地巴罗坳陷 Zeepaard 层序（Flag 砂岩）古环境图

Muderong 页岩 Mardie Greensand 段是 Griffin 和 Barrow 背斜气田的主要储层之一，在纽康姆期缓慢的海侵，在 Barrow 群之上沉积了一套薄层席状海绿石砂岩。在早成岩阶段生物扰动构造发育，被菱铁矿零星胶结。Mardie Greensand 段整体储集性能比较差，但在该段的下部透镜状砂岩粒度相对较粗及富含石英，在 Barrow 岛 Mardie Greensand 段孔隙度约为 28%，渗透率为 4mD。

Muderong 页岩 Windalia 砂岩段是 Barrow Island 油气田的主要储层。Windalia 砂岩段为细粒含高岭石的石英长石砂岩，沉积于低能浅水陆架，广泛发育生物扰动构造，也代表了最后一次进入巴罗坳陷的砂岩沉积物。Windalia 砂岩段厚度在 30~35m，随颗粒大小、黏土及自生矿物的不同，其储集性能变化较大，孔隙度为 20%~32%，渗透率最大可达 70mD。其上为 Windalia Radiolarite 和 Gearle 粉砂岩封盖。

Birdrong 砂岩分布在卡纳尔文盆地南部，从盆地的南部边界一直延伸到皮达拉姆/

Onslow 陆架及巴罗坳陷的西部均有广泛的分布。目前在巴罗坳陷仅 Finders Shoal-1 井钻遇到该储层。

3. 烃源岩

巴罗坳陷主要发育两套烃源岩，三叠系 Locker 组页岩和 Mungaroo 组泥岩；下侏罗统 Athol 组泥岩；上—中侏罗统 Dingo 泥岩层（图 2-63）。

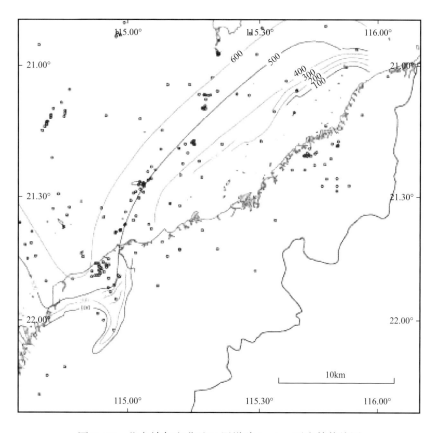

图 2-63　北卡纳尔文盆地巴罗坳陷 Locker 页岩等值线图

巴罗坳陷 Dingo 泥岩的油气生成认为一般在晚纽康姆期（图 2-64、图 2-65），白垩系储层中的油气由于地表水的浸滤容易遭受生物降解，但随着页岩和碳酸盐岩的沉积，生物降解作用结束，油气保存较好。晚期生成的油很少经历生物降解作用。

经油气源对比研究，环烷烃—芳烃及石蜡油均来自侏罗系 Dingo 泥岩，Dingo 泥岩既有陆源成因也有海相成因，既能生油也能生气。原油成分的差别主要取决于水洗作用、生物降解作用和原油成熟度。经对现有油气藏研究，油气藏充注时间主要在古近纪，个别油气藏有两次充注，但主要充注时间均在古近纪。受构造运动及运移通道的影响，油气运移方向是变化的（图 2-66、图 2-67）。

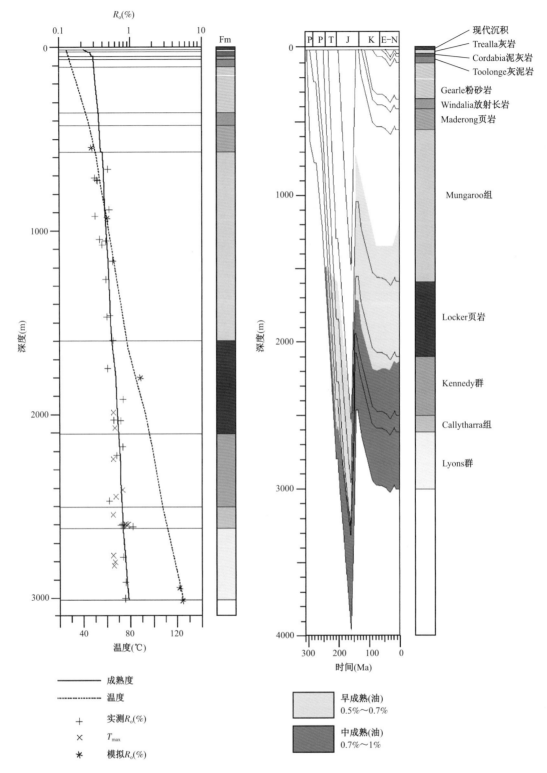

图 2-64 Onslow-1 井埋藏史和热演化史

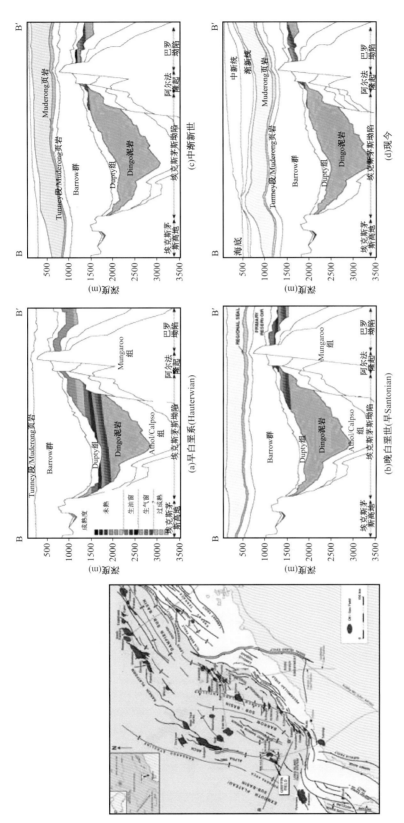

图 2-65　巴罗坳陷和埃克斯茅斯坳陷热成熟度模型

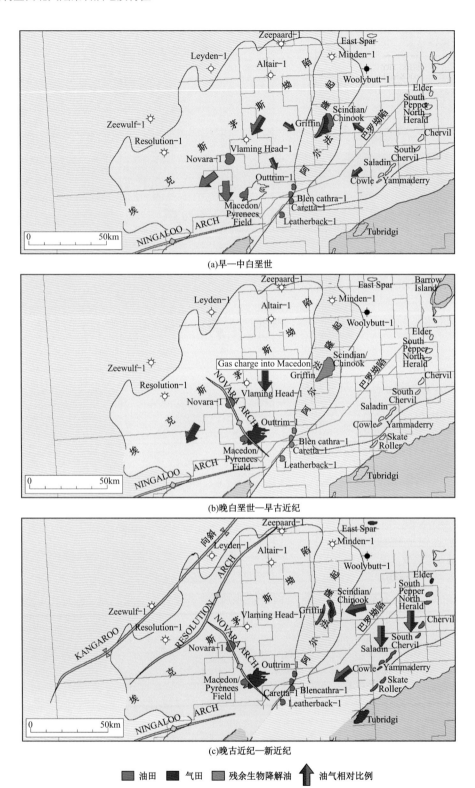

(a)早—中白垩世

(b)晚白垩世—早古近纪

(c)晚古近纪—新近纪

油田　气田　残余生物降解油　油气相对比例

图2-66　巴罗坳陷和埃克斯茅斯坳陷油气充注概要图

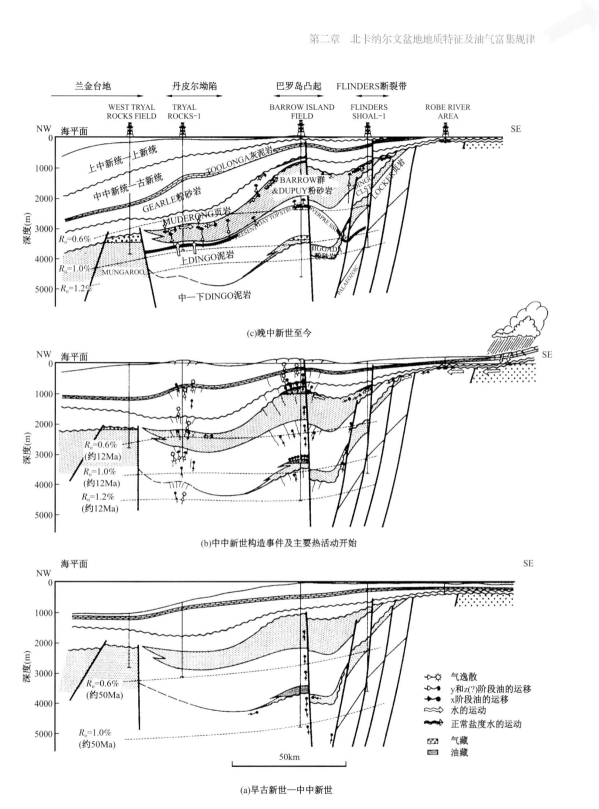

图 2-67　巴罗坳陷和丹皮尔坳陷油气生成—运移模式图
（a）早期 x 阶段油的生成和运移；（b）晚期 x 阶段油的生成和运移；（c）y 和 z 阶段油的运移，
上 Dingo 泥岩为主要油源（y 阶段）及白垩系油源（z 阶段）

4. 盖层与圈闭

主要盖层是下白垩统 Muderong 页岩、中侏罗统 Dingo 泥岩和中—下侏罗统 Athol 泥岩（图 2-68）。巴罗坳陷发现的油气均位于白垩系 Muderong 页岩之下的顶部高渗透砂岩，这套有效区域盖层的存在是巴罗坳陷油气勘探成功的主要因素。目前只有两个例外，一个是 Barrow Island 油田，储油层段是 Muderong 页岩中的 Windalia 砂岩，盖层为上部的阿普特阶的 Windalia 放射虫岩；另一个是 Maitland 气田，储层为古新统砂岩。对区域不整合面之下的油气藏而言，层内盖层也是很重要的一个因素。同时断层封挡及断层侧向封挡也是一个重要条件。

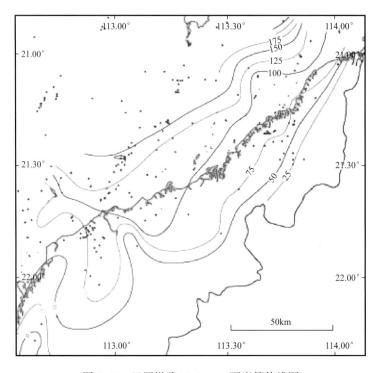

图 2-68　巴罗坳陷 Muderong 页岩等值线图

巴罗坳陷圈闭类型多样，既有构造圈闭（断背斜、断块、断垒及滚动背斜等），也有地层—岩性圈闭（地层尖灭、盆底扇等）（图 2-69）。

巴罗坳陷油气资源丰富，石油（含凝析油）和天然气的最终可采储量分别为 $1001.0 \times 10^6 \text{bbl}$、$3886.62 \times 10^9 \text{ft}^3$。石油（含凝析油）和天然气的剩余可采储量为 $2147 \times 10^6 \text{bbl}$、$2605.7 \times 10^9 \text{ft}^3$。主要发育 Barrow 构造、Barrow 地层—构造、Winning 构造等次级成藏组合。坳陷内已累计钻探 829 口井，其中生产井 543 口；89 个油气发现中有 36 个投入生产。典型的大油气田有 Barrow Island 油气田、Maitland 气田、John Brookes 气田等，坳陷总体勘探比较成熟。

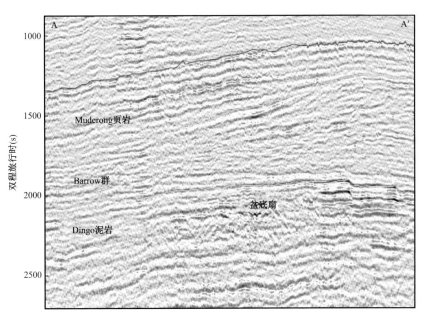

图 2-69　巴罗坳陷 Dingo 泥岩盆底扇示意图

（二）丹皮尔坳陷

1. 地质特征

丹皮尔坳陷位于北卡纳尔文盆地北部，是一个中生代多沉积中心的长条形坳陷。丹皮尔坳陷的西南边界与巴罗坳陷接壤，其边界受限于南西部的 Madeleine 断层和 Lewis 海槽，东北部边界局限在 Montebello 断裂带（Hocking，1990）。断层将丹皮尔坳陷与兰伯特陆架和兰金台地分开（Hocking 等，1984）。

丹皮尔坳陷最初形成于二叠纪—三叠纪，并演化为具有碳酸盐岩沉积的陆缘海盆地。中生代演化开始于广泛的海侵，在坳陷大部分地区沉积了一套早—中三叠世 Locker 页岩，在晚三叠世，坳陷主要以河成三角洲沉积为主（Mungaroo 组），直到中侏罗世，沉积一直未出现大的间断（图 2-70、图 2-71）。

兰金隆起由于大陆分离，在中侏罗世抬升遭受剥蚀、准平原化，但丹皮尔坳陷在晚侏罗世仍然是海相沉积物的沉积中心。兰金隆起在早白垩世开始缓慢沉降，坳陷主要以河成三角洲沉积（Barrow 群）和海侵 Muderong 页岩沉积为主。Muderong 页岩的泥岩为该区提供了有效盖层。自白垩纪—古近纪早期，一直沉积泥岩、泥灰岩和灰泥岩。渐新世和中新世由于构造作用，地层整体向西北倾斜，但由于大陆架仍然稳定，因此坳陷一直以厚层碎屑碳酸盐岩沉积为主。

2. 储层

Mungaroo 组砂岩是兰金隆起的主要储层。Mungaroo 组主要由砂岩、泥岩和薄煤岩夹层组成，主要为河流沉积环境——滨外沙坝和潟湖平原沉积。河流沉积体系主要由曲流河和

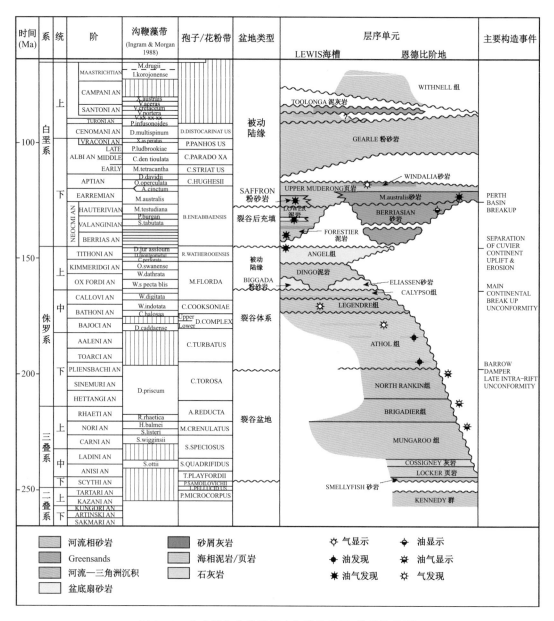

图 2-70 北卡纳尔文盆地丹皮尔坳陷地层、构造演化图

辫状河沉积旋回控制，物源来自盆地的东部。侏罗系缺失，下白垩统 Muderong 页岩的泥岩直接覆盖在 Mungaroo 组之上。储层中的砂岩石英含量比较高，原生杂基较少，碳酸盐岩胶结物后期被溶解，因此，储层的孔隙度比较高。但石英的次生加大对储集性能有一些影响。

在兰金隆起上 Gorgon 附近以及 West Tryal Rocks 地区，Mungaroo 组主要由粉砂岩、泥岩互层、砂岩和少量煤岩夹层组成。与兰金隆起其他地区不同，Gorgon—West Tryal 地区，侏罗系 Dingo 泥岩和白垩系 Barrow 群保存完好，而且，Barrow 群是 Gorgon 地区的含油层段。

在 Kendrew Trough 地区，主要储层是侏罗系的砂岩或是三叠系的 Mungaroo 组，油气

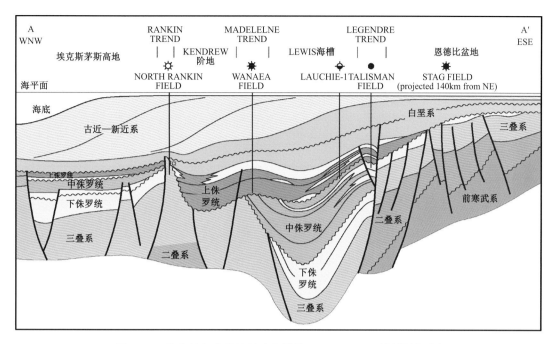

图 2-71　北卡纳尔文盆地丹皮尔坳陷 WNW—ESE 地层横剖面图

主要沿兰金隆起陡坡带聚集或在从兰金隆起分离出来的残留断块区分布。

在 Madeleine 隆起上的 Wanaea、Cossack 和 Angel 等地区，主要储层是上侏罗统的 Angel 组砂岩，其与 Dupuy 组和巴罗坳陷的 Dingo 页岩为同时期沉积。Angel 组砂岩为前三角洲的块体流沉积环境。

Legendre 隆起区，上侏罗统的块状砂岩，其与 Angel 组和 Dupuy 组为同时期沉积，下白垩统砂岩呈片状、富含绿泥石，受成岩作用和胶结作用控制。

在丹皮尔坳陷近海岸一侧的恩德比阶地，Hampton-1 井和 Wandoo-1 井分别在下白垩统 Muderong 组 Windalia 砂岩中发现油气聚集。这套富含海绿石的砂岩形成于海退时期的风暴沉积环境，被下白垩统 Windalia Radiolarite 和 Gearle 粉砂岩覆盖（图 2-72）。

3. 烃源岩

三叠系 Locker 页岩是由一套厚的几乎纯海相地层夹泥岩和粉砂岩组成，这套富含有机质的页岩是该坳陷的主要烃源岩之一。通过油气源对比研究，North Rankin 和 Goodwyn 地区的油气与 Locker 页岩具有亲缘关系。其在晚三叠世—早侏罗世达到生油门限，目前处于高成熟生气阶段。

侏罗系 Dingo 泥岩主要有厚层深灰色泥岩和粉砂岩组成，也是该坳陷的主要烃源岩。其为局限海相沉积，接受了大量的陆源物质，石蜡原油与该烃源岩具有亲缘关系，该套烃源岩也可能生气。

Lewis 海槽（地堑）下白垩统 Muderong 页岩厚度超过 1000m，North Rankin-1 井和 Eaglehawk-1 井原油可能来自该套烃源岩。

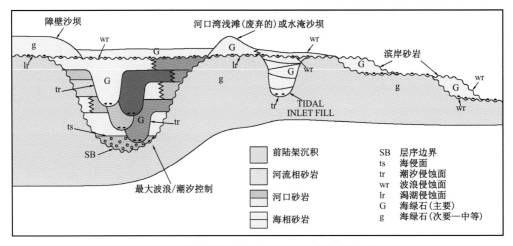

图 2-72　北卡纳尔文盆地 Windalia 砂岩形成环境

该坳陷油气有过多次运移聚集，但最重要的一次应该是中新世，由于构造作用，断层重新活动，为油气运移提供了运移通道。

4. 盖层及圈闭

Muderong 页岩和 Dingo 组泥岩是北卡纳尔文盆地两套重要的区域性盖层。

该区圈闭类型多样，既有与构造有关的圈闭，也有地层岩性圈闭（深水浊积岩、盆地浊积岩和低位楔状体等），同时也具有构造—地层复合圈闭（图 2-73）。

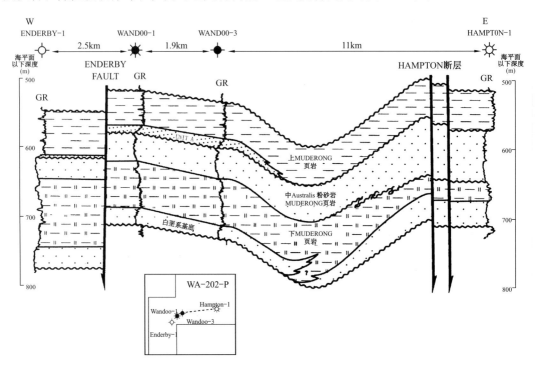

图 2-73　北卡纳尔文盆地 Wandoo Field 地层尖灭圈闭

（三）埃克斯茅斯坳陷

1. 地质特征

埃克斯茅斯坳陷位于北卡纳尔文盆地的西南部，与巴罗坳陷以 Long Island 断裂带（阿尔法隆起）为界，其南部为 Cape Range 破碎带，东部边界为 Rough Range 断层，西部边界不太明显。该坳陷既是一个裂谷盆地，也是一个受滑脱断层控制的半地堑，埃克斯茅斯坳陷大部分位于陆上。过 Indian-1 井的东西向地层剖面显示埃克斯茅斯坳陷经历了多期裂谷构造演化，至少两期火山活动，发育两类断裂体系（图 2-74）。

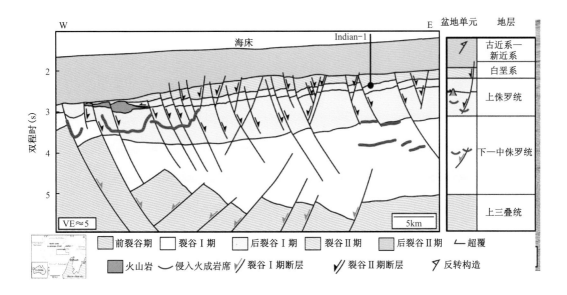

图 2-74　北卡纳尔文盆地过 Indian-1 井东西向地层剖面(据 Christopher A. Jackson 等,2013)

埃克斯茅斯坳陷的地层在很多方面与相邻的巴罗坳陷相似，三叠系 Locker 页岩和 Mungaroo 组被削蚀，同裂谷期和海槽充填海相沉积，盆地底部为厚层的海相沉积层序（主要为页岩），盆地的东部边缘为河流—沿岸平原沉积（图 2-75、图 2-76）。一系列不整合标志着裂谷的不同阶段。下白垩统 Barrow 群河成三角洲主要发育于坳陷的北部和西北部，Long Island 断裂系统是 Barrow 群三角洲沉积、发育的枢纽，在断裂系的南部三角洲不发育。与三角洲同期沉积的地层在盆地东部主要为近滨—边缘海沉积。Barrow 群及其同时期地层的砂岩被局限海—开阔海的粉砂岩和页岩（Gearle 粉砂岩）覆盖。晚白垩世—古近纪远洋海相碳酸盐沉积呈系状覆盖整个坳陷。

瓦兰今期埃克斯茅斯坳陷构造反转，导致 Barrow 群上部大部分被剥蚀，仅保留了该群的底部，至东南 Leatherback 构造 Barrow 群缺失。

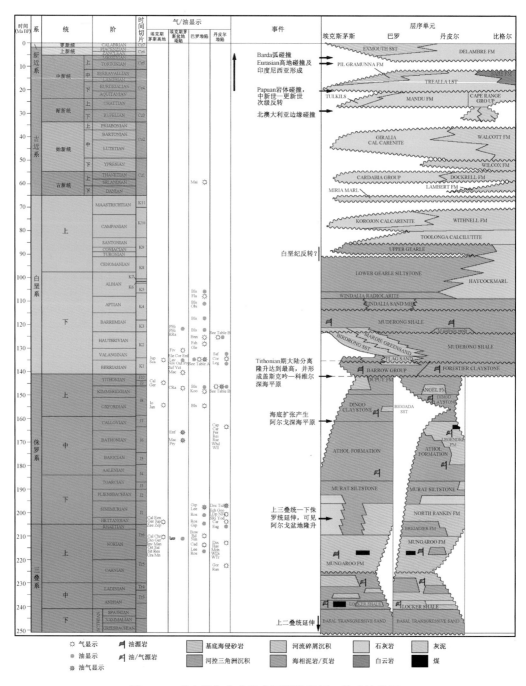

图 2-75　北卡纳尔文盆地主要坳陷地层—构造演化图

BDp—Barrow Deep; Bls—Barrow Island; Ble—Blencathra; Bow—Bowen; Cad—Cadell; Cal—Callirhoe; Cap—Capella; Car—Caribou; Chr—Chrysaor; Cor—Corowa; CRa—Cape Range; Dio—Dionysus; Dix—Dixon; Doc—Dockrell; Eag—Eaglehawk; Ech—Echo; Een—Eendracht; Enf—Enfield; Eld—Elder; Emm—Emma; Fla—Flag; FSh—Flinder Shoal; Ger—Geryon; Gip—Gipsy; Gle—Glennie; Goo—Goodwyn; Gor—Gorgon; Hay—Haycock; Inv—Investigator; Jan—Jansz; Jup—Jupiter; Koo—Koolinda; Lav—Laverda; Lea—Leatherback; LDp—Lambert Deep; Leg—Legendre; Lin—Linda; Mac—Macedon; Mae—Maenad; Mai—Maitland; Mon—Montague; Nov—Novara; Nim—Nimrod; NRa—North Rankin; Ort—Orthrus; Out—Outtrim; Pet—Perseus; PHi—Parrot Hill; Pyt—Pyrenees; Ran—Rankin; Rei—Reindeer; Res—Resolution; RHl—Roberta Hill; Riv—Rivoli; Ros—Rose; RRa—Rough Range; Rse—Rosemary; Saf—Saffron; Sal—Saladin; Sat—Saturn; Sca—Scarborough; Scf—Sxafel; Sir—Sirius; SRi—Sea Ripple; Tid—Tidepole; Ura—Urania; Vin—Vinck; Vct—Vincent; WDi—West Dixon; Wil—Wilcox; Wnd—Wandoo; WTr—West Tryal Rocks; Yod—Yodel; Zep—Zeepard; Zee—Zeewulf

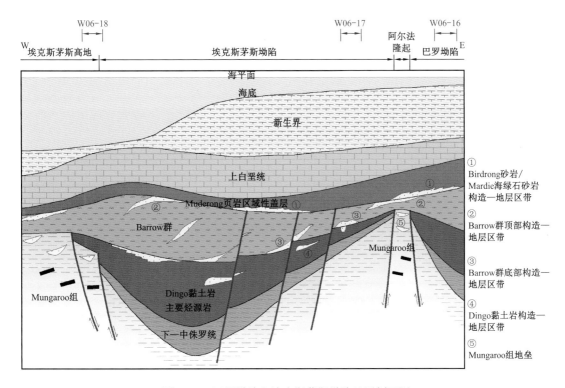

图 2-76　巴罗坳陷和埃克斯茅斯坳陷地层剖面图

2. 储层

埃克斯茅斯坳陷的主要勘探目的层是三叠系 Nungaroo 组、侏罗系 Dingo 泥岩中的砂岩、白垩系 Barrow 群以及其同时期沉积砂岩。

Barrow 群是巴罗坳陷及其以北地区的主要油气聚集地，但在埃克斯茅斯坳陷仅在其北部及西北部发育，是 Novara 及 Outtrim 等地区油气聚集的主要储集地；盆地的东南部，海侵时期的 Birdrong 砂岩是主要的储层。

Birdrong 砂岩主要包括两种岩相类型，一为粗粒河道砂岩，在陆上出露地表；二为 Rough Range 地区的含海绿石砂岩，海绿石砂岩为低位期沉积，直接覆盖在海侵的纽康姆阶之上。该套中细粒砂岩粒度具有较高的孔隙度。

Cape Range-1 井在侏罗系 Dingo 泥岩中的砂岩中见到油气，而 Leatherback-1 井是埃克斯茅斯坳陷至今唯一在三叠系见到油气聚集的井。

3. 烃源岩

三叠系及侏罗系页岩（Locker 页岩和 Dingo 泥岩）在埃克斯茅斯坳陷广泛分布，厚度大。这两套烃源岩既有腐殖型也有腐泥型母质，既能生油也能生气。然而相邻的巴罗坳陷油气大部分来自侏罗系 Dingo 泥岩。Rough Range-1 井油气可能来源于中二叠统 Byro 群页岩。埃克斯茅斯坳陷西部 Novara-1 井原油遭受生物降解作用，其机理与巴罗坳陷原油降解类似（Dingo 泥岩在纽康姆阶开始生油，降解可能是在油气运移过程中或是在储层中由于地表水的淋滤作用）。

（四）埃克斯茅斯高地

1. 地质特征

埃克斯茅斯高地位于北卡纳尔文盆地西南部，是一个中侏罗世由于大陆分离从澳大利亚大陆分离出去位于水下的陆块，距离澳大利亚西部海岸线 150～500km，海水深度 900～3500m。尽管与埃克斯茅斯坳陷的边界不是很清楚，但一般将 Kangroo 向斜作为二者的分界线，Kangroo 向斜是埃克斯茅斯高地的重要组成部分（图 2-77）。

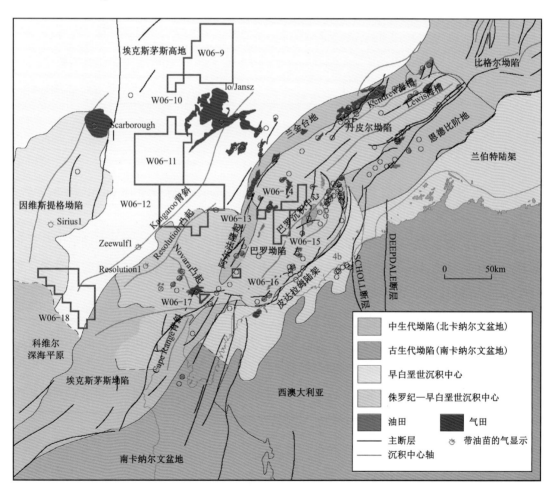

图 2-77　北卡纳尔文盆地构造与油气田分布图

　　埃克斯茅斯高地是从一个陆相沉积坳陷演化而来的,经历了裂谷和断裂三个主要阶段,高地的北部边缘在卡洛夫期裂陷,大陆分离开始于纽康姆期;从印度板块西部分离开始于晚纽康姆期。

　　在大陆分离以前,埃克斯茅斯高地沉积了约5000m古生代地层,中生代地层达到5500m,主要由三叠系河成三角洲—海洋沉积的Mungaroo组和晚侏罗世薄层海相沉积(Dingo泥岩同期地层)组成,在早—中侏罗世及早白垩世由于构造抬升出现沉积间断,但是在高地的南部沉积了1000～2000m的Barrow群河成三角洲,推测高地的北部在中白垩世沉积了一套薄层的细粒的海相地层,晚白垩世—新生代沉积以海相碳酸盐岩为主。在大陆分离的最后阶段,沉积了厚达2000m晚中生代—新生代地层。埃克斯茅斯高地的中心和南部受晚三叠世发育的北、北东方向的断层控制及影响(图2-78、图2-79)。

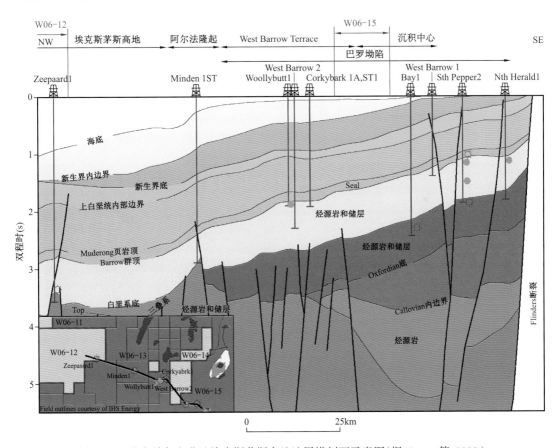

图2-78　北卡纳尔文盆地埃克斯茅斯高地地层横剖面示意图(据Hearty等,2002)

　　Kangroo向斜整体上呈北东走向,是白垩纪的沉积中心,是在一个宽缓穹隆的基础上发展起来的,由早侏罗世裂谷断层产生的一系列北东走向的掀斜断块、地垒和地堑组成。

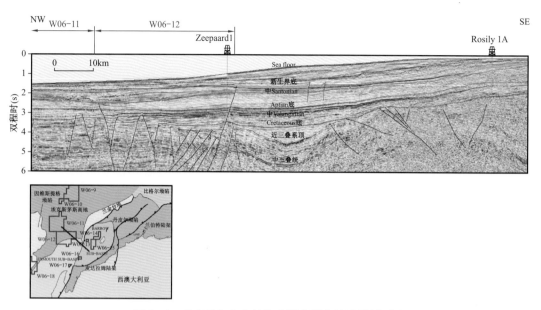

图 2-79 北卡纳尔文盆地埃克斯茅斯高地地震剖面图

2. 储层

埃克斯茅斯高地含油层段由三叠系河成三角洲—海相 Mungaroo 组砂岩、上三叠统 Brigadier 组海相砂岩和纽康姆阶 Barrow 群河成三角洲砂岩及块状砂岩组成（图 2-80）。

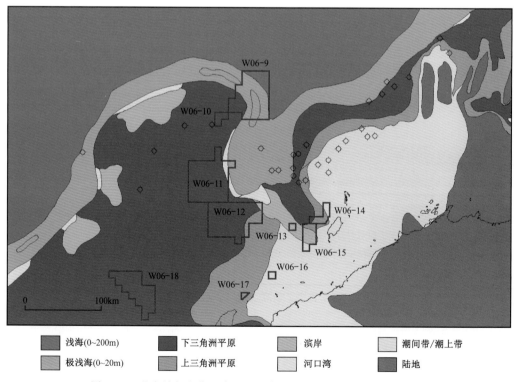

图 2-80 北卡纳尔文盆地晚三叠世古地理图（据 Bradshaw 等，1998）

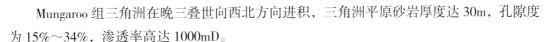

Mungaroo 组三角洲在晚三叠世向西北方向进积，三角洲平原砂岩厚度达 30m，孔隙度为 15%～34%，渗透率高达 1000mD。

海相 Mungaroo 组同沉积地层在高地的西部边缘 Eendracht-1 井钻遇到，天然气储集在洁净再建造的边缘海砂岩中，碳酸盐胶结降低了孔隙度，该套砂岩厚度为 6～17m。

3. 烃源岩

埃克斯茅斯高地的主要烃源岩为三叠系和二叠系，在高地的中部和南部，二叠系和三叠系厚度大，有机质丰度可能比较高。Barber（1988）认为，这些烃源岩在早—中三叠世开始生油气。USGS（1999）在研究北卡纳尔文盆地含油气系统时认为该地处于活跃生烃早，在晚三叠世开始生油气，且目前仍处于生油窗。

侏罗系较薄，并且在高地的南部局部地区缺失，但沉积了一套较厚的下白垩统—Barrow 群三角洲，厚度达 1600m，可以造成二叠系、三叠系烃源岩二次生烃。

4. 圈闭及保存条件

地垒和掀斜断块是高地南部的主要勘探目标，影响该区勘探成功率的主要因素有两种，一是断层的封闭性，如果断层的封闭性很好，油气就不能运移到这些圈闭中，如 Leyden 地垒；另一个因素是油气运移的输导层（砂岩）。盖层主要是 Dingo 泥岩、Barrow 群和 Muderong 泥岩。

Barrow 群的主要圈闭是披覆背斜、浊积扇中的尖灭和前三角洲砂岩，盖层主要为层间泥岩及区域盖层——Muderong 泥岩（图 2-81—图 2-83）。

埃克斯茅斯高地发育三叠系，侏罗系不发育，三叠系 Mungaroo 组还是主要的烃源岩，储层主要为 Mungaroo 组和 Angel 砂岩段。区域性盖层为下白垩统 Barrow 群（图 2-84）。

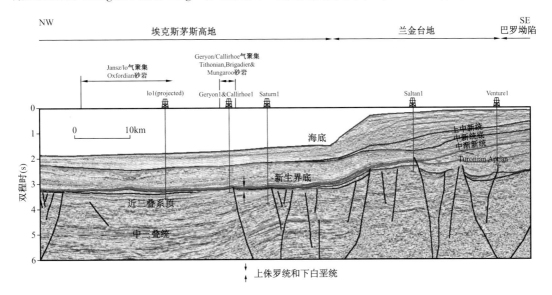

图 2-81　北卡纳尔文盆地埃克斯茅斯高地 Kangaroo 向斜勘探目标图

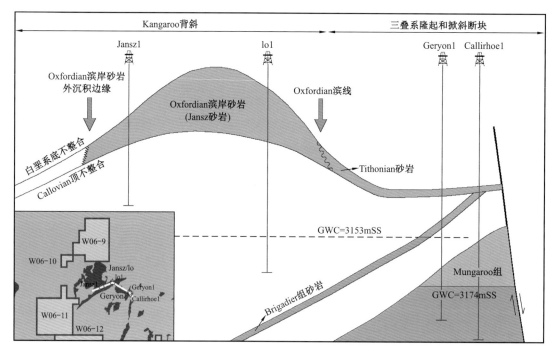

图 2-82 北卡纳尔文盆地埃克斯茅斯高地 Jansz-1 井—Callirhoe-1 井圈闭示意图（据 Korn 等，2003）

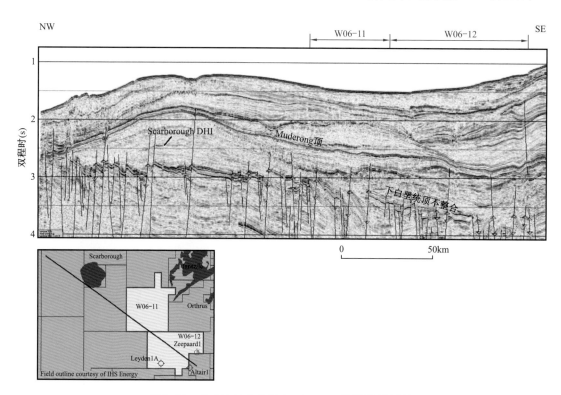

图 2-83 北卡纳尔文盆地 Scarborough 构造地震剖面

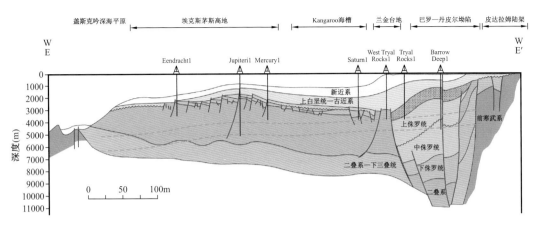

图 2-84 北卡纳尔文盆地埃克斯茅斯高地剖面图（据 IHS,2009）

埃克斯茅斯高地天然气资源丰富，最终液体可采储量 218.99×10^6bbl（主要为凝析油），天然气储量 42322.63×10^9ft^3。主要发育 Mungaroo 构造、Mungaroo 构造—不整合等次级成藏组合。现已钻探 61 口井，其中生产井 24 口；17 个油气发现中有 2 个投入生产。典型的大气田是 Jansz 气田。埃克斯茅斯高地的勘探目前还处在不成熟阶段，具有极好的勘探前景。

（五）兰金台地

兰金台地位于北卡纳尔文盆地中部，呈北东—南西向狭长带状分布，面积 4539km^2，位于海上。台地南部紧邻巴罗—丹皮尔坳陷，北部与埃克斯茅斯高地相连，向西延伸到阿尔法隆起。台地发育北东—南西向断层，断层附近发育一系列正向构造，兰金台地向北西和南东方向下倾。中、上侏罗统和下白垩统在台地普遍缺失，下侏罗统与白垩系之间有一个区域不整合面，断层一般终止于该不整合面，白垩系上覆较厚古近纪—新近纪沉积（图2-85）。烃源岩为三叠系 Mungaroo 组海相页岩，储层主要为 Mungaroo 组三角洲砂岩和局部发育的浊积体。

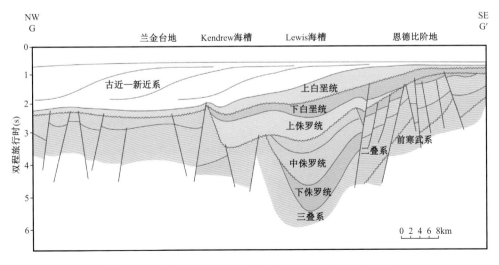

图 2-85 北卡纳尔文盆地兰金台地剖面图（据 IHS,2009）

在兰金台地，盆地的区域性盖层——下白垩统Muderong页岩较薄（约10m），甚至缺失，因此上白垩统—新近系的石灰岩、泥灰岩、粉砂质泥岩，可以作为良好的盖层。

台地油气资源丰富，最终可采储量液体1230.8×10^6bbl（含凝析油），天然气储量60340.9×10^9ft³，剩余可采储量液体685.5×10^6bbl（含凝析油）、天然气47147.9×10^9ft³。主要发育Mungaroo构造、Mungaroo构造—不整合、Barrow构造和Legendre构造—不整合等次级成藏组合。现已钻探113口井，其中生产井98口。25个油气发现中有3个投入生产，典型的大气田有Rankin North气田、Gorgon气田、Goodwyn气田等。兰金台地勘探非常成熟，具有良好的勘探前景。

三、北卡纳尔文盆地油气富集规律

北卡纳尔文盆地的石油主要集中在上侏罗统和下白垩统储层中，天然气则由上至下均有分布，主要含气层系为上侏罗统和上三叠统，除Scarborough和Callirhoe气田储层分布在白垩系之外，其余大气田储层则都分布在侏罗系与三叠系，尤其是三叠系的诺利阶以及中侏罗统中的储层所分布的大气田更多，澳大利亚西北大陆架大气田的储层全部分布在白垩系的区域盖层之下。

大气田分布也跟三个方面关系很大，首先是大气田大多分布在北卡纳尔文盆地内断层或者背斜发育区，所以大气田的圈闭类型多为构造圈闭或者构造不整合圈闭（6个大气田为构造不整合圈闭，12个大气田为构造圈闭）；其次，大气田大都分布在盆地内沉积地层厚度大的区域；第三，大气田的位置都分布在各坳陷内烃源岩成熟度高的区域（图2-86、图2-87）。

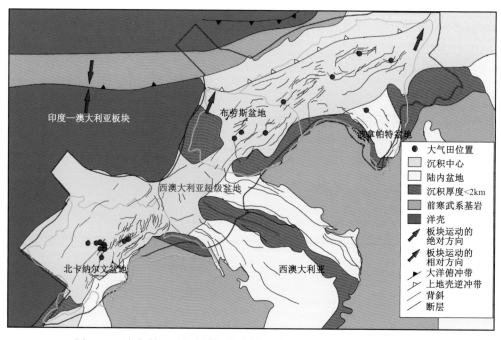

图2-86　澳大利亚西北大陆架构造简图（据Longley，Buessenschuett等）

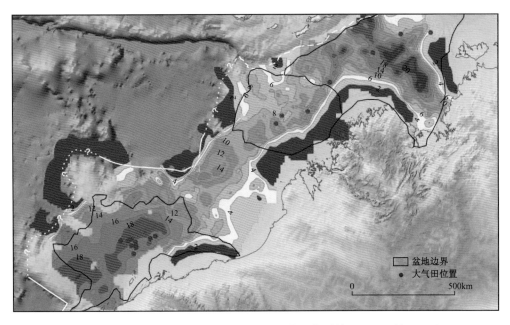

图 2-87 澳大利亚西北大陆架沉积地层厚度示意图（据 Longley 等，2001）

澳大利亚西北大陆架大气田的埋藏深度大都比较大，除台地区域部分大气田埋藏深度较浅，不到 3km 外，其余大气田埋藏深度均在 3～4km，甚至可达 4.6km。

大气田的储层与盖层的分布较为集中，北卡纳尔文盆地内大气田储层大都为上三叠统 Mungaroo 组砂岩。出现这一现象的主要原因就是大气田的形成与分布受澳大利亚西北大陆架构造沉积演化的影响。三叠纪诺利期，整个北卡纳尔文盆地于造山后充填了厚的河流至海相沉积的 Mungaroo 组，其厚度最厚可达 3500m，其净砂岩厚度最厚也可达 320m，空间分布上，Mungaroo 组砂岩距离北卡纳尔文盆地的主力烃源岩 Mungaroo 组页岩与其下伏的 Locker 组页岩都非常近，能够立即储存烃源岩排出的烃类。

主力烃源岩主要分布在北卡纳尔文盆地的埃克斯茅斯台地以及巴罗—丹皮尔坳陷，主要为三叠系与侏罗系的烃源岩。北卡纳尔文盆地烃源岩的主要特征就是烃源岩的产烃潜量低，并且干酪根的类型主要为 II / III 型干酪根。还有就是北卡纳尔文盆地的主力烃源岩埋藏深度大，成熟度很高，大部分烃源岩都已到达生气窗或者为过成熟状态。

北卡纳尔文盆地的埃克斯茅斯高地的三叠系烃源岩早在侏罗纪就已经成熟并开始生烃，而埋藏深度在 4500m 以下的烃源岩则都已到达生气窗或者过成熟状态，而巴罗—丹皮尔坳陷的侏罗系烃源岩则处于断陷区域，埋藏深度更大，成熟度更高。整个北卡纳尔文盆地中，侏罗系牛津阶的烃源岩大部分都已到达生气窗或者过成熟状态，所以整个北卡纳尔文盆地中三叠统与中—下侏罗统的烃源岩则应基本已达到生气窗或者过成熟状态，都是以生气为主。

储层均为中生代的三角洲砂岩体。其中分布于整个北卡纳尔文盆地的三叠系诺利阶的

Mangaroo 组储层是整个北卡纳尔文盆地最重要的储层，在其中分布的资源储量占整个西澳大利亚超级盆地总资源储量的一半以上。三叠纪诺利期菲茨罗伊（Fitzory）造山后的充填沉积了非常厚的遍布整个北卡纳尔文盆地的 Mungaroo 组。Mungaroo 组是在海相至三角洲相的过渡相沉积环境下沉积下来的，既有页岩也有砂岩，所以主力的烃源岩与储层处于同一套层系中，这也是这两套储集层系分布巨大储量的主要原因。

白垩纪瓦兰今期当澳大利亚板块与大印度板块完全解体分离后，整个澳大利亚西北大陆架成为开放海沉积环境，此后整个白垩纪，在澳大利亚西北大陆架沉积了一套厚的页岩层系，成为整个澳大利亚西北大陆架的区域盖层，这套白垩系的盖层封盖了整个西澳大利亚超级盆地 97% 以上的烃类。也就是说，如果没有白垩系这套开放海相的页岩层系，那么整个西北大陆架将仅有极少的油气资源能够储存下来。

由此可见北卡纳尔文盆地大气田形成的主要特点就是烃源岩与储层属同一个地层单元，自生自储，并且上覆区域盖层，此生储盖的高效组合是北卡纳尔文盆地大气田形成的主要条件。

四、有利区带预测

油气勘探评价可分为区域勘探评价和商业勘探阶段，含油气系统是区域勘探评价的第三个阶段，成藏组合是进入商业勘探阶段的第一个阶段，对一定认识程度上的含油气盆地评价，结合含油气系统和成藏组合共同评价盆地的有利区带可以进一步认识油气藏的分布规律（童晓光等，2009）。

含油气系统包括一套成熟烃源岩及与此相关的油气，同时又包括油气聚集所必需的所有地质要素和成藏作用，是以成熟烃源岩为中心。一个含油气盆地可以在纵向上发育一套或多套成熟烃源岩，在平面上一套烃源岩可以发育多个生烃中心，因此，一个含油气系统可以向一套或多套储层供给油气，一套储层也可以接受一个或多个含油气系统生成的油气（童晓光等，2009）。

成藏组合是相似地质背景下的一组远景圈闭或油气藏，它们在油气充注、储盖组合、圈闭类型、结构等方面具有一致性，共同的烃源岩不是划分成藏组合的必需条件（童晓光等，2009）。其基本意义是同一套储盖组合内的相同圈闭类型的组合，其命名方法是以储层层位命名。结合含油气系统和成藏组合，综合考虑烃源岩和储层这两个油气成藏的关键因素，可以对研究盆地的油气藏分布规律有个初步的认识。在含油气系统和成藏组合综合分析的基础上，根据环带分布概念，对北卡纳尔文盆地含油气有利区带进行评价。

北卡纳尔文盆地已有 50 多年的勘探历史，盆地烃源岩和储层丰富、圈闭类型多样，在三叠系、侏罗系、白垩系和古新统储层中都有油气发现。从油气储量上看，盆地中的石油（含凝析油）绝大部分分布于巴罗—丹皮尔坳陷和兰金台地，天然气主要分布于兰金台地和埃克斯茅斯高地。油气的地理分布显示出"内侧为油，外侧为气"的特征，这种分布特征主要受烃源岩和构造圈闭展布的控制。

综合考虑盆地内含油气系统及成藏组合的分布特征，结合盆地的构造特征，得出巴罗坳陷北部、丹皮尔坳陷、兰金台地及埃克斯茅斯高地东北部是盆地内主要的勘探区带；巴罗坳陷南部、因维斯提格坳陷北部是盆地内次要的勘探区带（图2-88）。

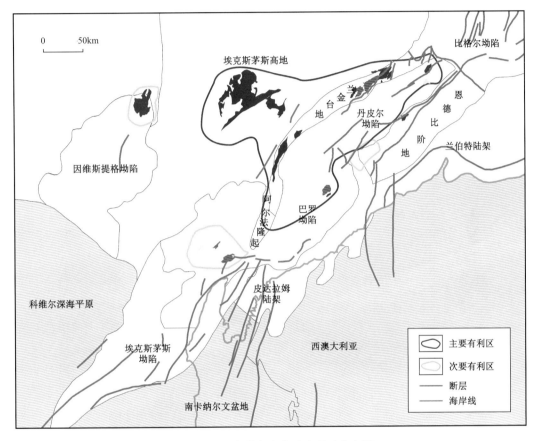

图 2-88 北卡纳尔文盆地有利区分布图

北卡纳尔文盆地巴罗坳陷和丹皮尔坳陷为勘探成熟坳陷，虽然已经找到了大量气田和油田，但仍有很多已发现类型的勘探目标和未勘探类型目标，勘探前景好。埃克斯茅斯高地在美国地质调查局评价时还没有重大发现，目前仍为勘探未成熟盆地，但近年已有巨型气田发现，因此是最具勘探潜力的地区。比格尔坳陷至今没有油气发现。目前巴罗坳陷、丹皮尔坳陷及周边有利构造带被三维地震覆盖，探井密度 1 口 /1000km^2；埃克斯茅斯高地仅为二维地震覆盖，且大部分面积二维地震也很稀疏，只有十几口井。

五、典型油气藏解剖

北卡纳尔文盆地油气资源丰富，已在兰金台地发现了 Rankin North 气田、Goodwyn 油气田、Gorgon 气田等，在埃克斯茅斯高地发现了 Geryon 和 Io/Jasnz 大气田，在因维斯提格坳陷发现了 Scarborough 大气田。此外在巴罗—丹皮尔坳陷也有一些重大油气发现。

（一）Goodwyn 油气田

Goodwyn 油气田位于丹皮尔坳陷西部的兰金构造带上，水深 131m，油气类型为天然气和凝析油，发现于 1971 年，1995 年投入开发。截至 2008 年底，Goodwyn 油气田的天然气地质储量为 $7.6 \times 10^{12} ft^3$，凝析油地质储量为 $525 \times 10^6 bbl$，原油地质储量为 $30 \times 10^6 bbl$。可采天然气储量 $6.4 \times 10^{12} ft^3$，可采凝析油储量 $357 \times 10^6 bbl$（数据截至 2002 年）。截至 2006 年底已累计生产天然气 $3.5 \times 10^{12} ft^3$，凝析油 $241.3 \times 10^6 bbl$。

油气田的烃源岩为侏罗系上 Dingo 组泥岩，沉积于海相陆架环境，TOC 含量 1%～6%，平均 2.7%，干酪根类型为 Ⅱ 型和 Ⅲ 型。储层为上三叠统 Mungaroo 组，沉积于河流环境，孔隙度为 14%～26%，平均为 22%；渗透率为 3～121mD，平均为 45mD。盖层为下白垩统 Muderong 组页岩，沉积于海洋陆架环境。综上可知，Goodwyn 油气田的含油气系统为 Dingo 泥岩—Mungaroo 组含油气系统（!），成藏组合为中—上三叠统成藏组合。

Goodwyn 油气田的圈闭类型为断块—不整合复合圈闭，圈闭形成时间为晚三叠世—中侏罗世，白垩系排凝析油，古近系排天然气，生储盖匹配关系为新生古储（图 2-89、图 2-90）。

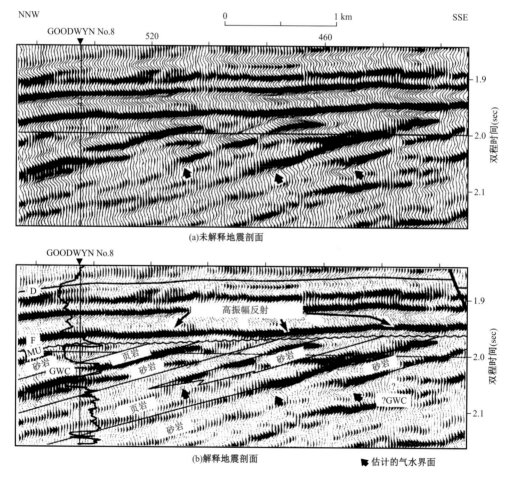

图 2-89　北卡纳尔文盆地丹皮尔坳陷 Goodwyn 油气田地震剖面图

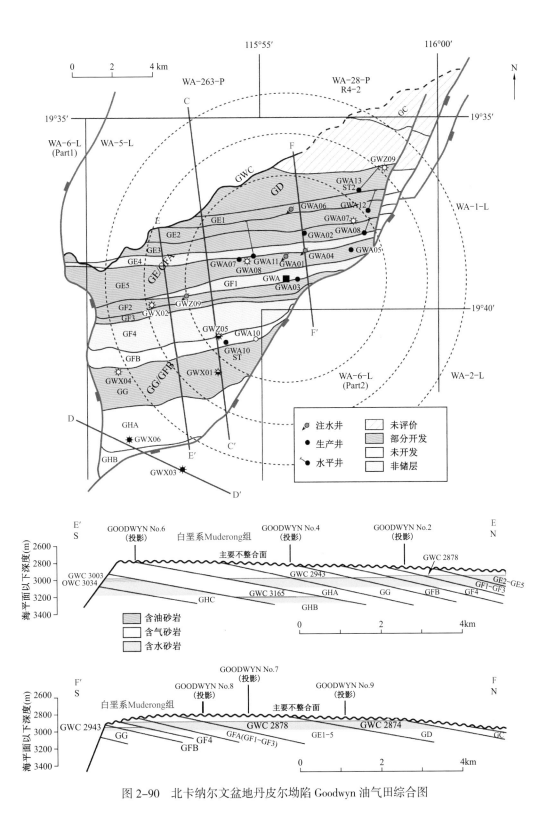

图 2-90 北卡纳尔文盆地丹皮尔坳陷 Goodwyn 油气田综合图

（二）Gorgon 气田

Gorgon 气田位于巴罗坳陷西部边缘的阿尔法隆起，发现于 1981 年，水深 259m，油气类型为天然气。Gorgon 气田天然气储量 $16.8 \times 10^{12} ft^3$，凝析油储量 $1.2 \times 10^8 bbl$。

Gorgon 气田的烃源岩为侏罗系 Dingo 组上段泥岩，TOC 含量 1%～6%，平均 2.7%，干酪根类型为 Ⅱ 型和 Ⅲ 型。储层为中—上三叠统 Mungaroo 组，储层砂体发育，储层平均孔隙度为 16%；河道砂体平均孔隙度 28%，决口扇砂体孔隙度 6%～13%。储层渗透率为 1～2000mD，平均 4700mD。其中河道砂体 >1000mD，决口扇砂体渗透率 1～50mD。盖层为 Dingo 组上段泥岩。因此，Gorgon 气田的含油气系统为 Dingo 泥岩—Mungaroo 组含油气系统（!），成藏组合为中—上三叠统成藏组合。

Gorgon 气田的圈闭类型为倾斜地垒（图 2-91—图 2-93），圈闭形成时间为早侏罗世—白垩纪，古近系排烃，生储盖匹配关系为新生古储。

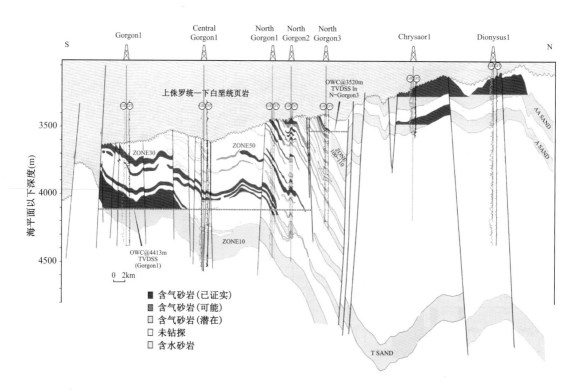

图 2-91　北卡纳尔文盆地巴罗坳陷 Gorgon 气田剖面图（据 Sibley 等,1999）

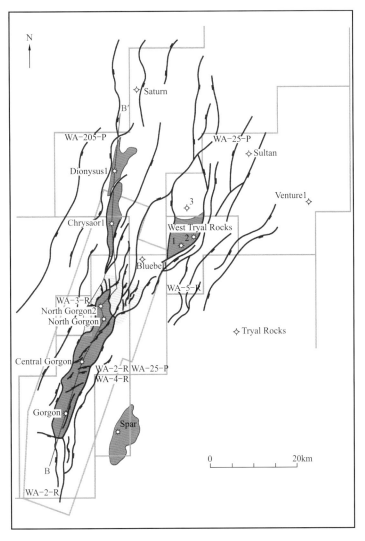

图 2-92　北卡纳尔文盆地巴罗坳陷 Gorgon 气田平面图（据 Sibley 等，1999）

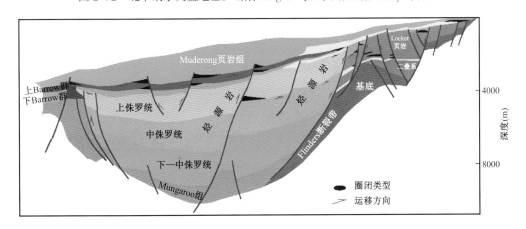

图 2-93　巴罗坳陷 Gorgon 气田成藏模式图（据 Baillie & Jacobson，1997）

第三章　波拿帕特盆地地质特征及油气富集规律

波拿帕特盆地位于澳大利亚西北大陆架最北端,是该地区重要的含油气盆地(图3-1)。波拿帕特盆地面积 $34.64 \times 10^4 km^2$,其中海上面积 $32.93 \times 10^4 km^2$,陆上面积 $1.71 \times 10^4 km^2$ (HIS,2009)。波拿帕特盆地北邻帝汶海槽和塔尼巴尔(Tanimbar)海槽的俯冲带,南接元古宇金伯利(Kimberley)地块和斯图特(Sturt)地块,东北为阿拉弗拉(Arafura)和莫尼滩(Money Shoal)盆地,西南为布劳斯盆地。盆地形态上呈喇叭状向北帝汶海域张开,盆地类型属于克拉通边缘断陷裂谷盆地。波拿帕特盆地已发现油气田大部分位于海上,陆上地区仅在古生界层发现少量油气田(图3-1)。

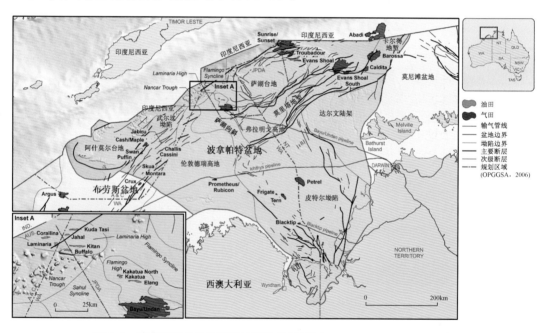

图 3-1　波拿帕特盆地构造及油气分布图(据 Geoscience Australia,2016)

第一节　波拿帕特盆地勘探开发历程

一、油气勘探历史

波拿帕特盆地的石油勘探具有始于陆上、海上突破的特点,大致经历了油气普查(1959—1965)、区域评价(1966—1974)、目标评价(1975—1990)和油藏评价与甩开勘探（1991年至今）等四个阶段，到目前已发现各类油气田76个（图3-2）。波拿帕特盆地早期勘探以天然气发现为主，被认为是一个产气盆地。随着武尔坎坳陷发现了一系列油田，展现了盆地良好的油气勘探前景。

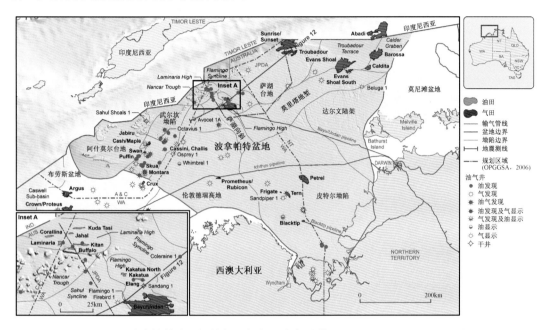

图3-2　波拿帕特盆地探井与油气发现分布图（据 Geoscience Australia，2016）

（一）陆上地区

波拿帕特盆地的石油勘探始于20世纪50年代盆地南部陆上部分（皮特尔坳陷）的区域地质研究（图3-2）。20世纪60年代在盆地陆上部分开始首次地球物理勘探，1960年钻了第一口野猫井——Spirit Hill-1井，该井钻遇上石炭统烃源岩。1962年和1963年，开展重力和二维地震勘探，并在波拿帕特盆地东南部的皮特尔坳陷钻探井两口（Bonaparte-1和 Bonaparte-2井），Bonaparte-2井在石炭系 Milligans 组钻遇天然气，这是波拿帕特盆地陆上首次油气发现，也是该盆地的首次油气发现（图3-3）。

20世纪70年代，油气勘探活动减少，仅采集3条二维地震数据。1972年钻探Pelican-1井，1979年开展两次重力勘探。20世纪80年代后期，围绕1985年发现的Weaber 气田部署评价井，分别钻了 Weaber-2井和 Weaber-2A井，证实该油田无开发价值。1988年部署探井 Garimala-1井，获天然气发现，但是可采储量很少。

（二）海上地区

波拿帕特盆地海上地区的油气勘探始于20世纪60年代，1962年开始海上地震数据采集。在阿什莫尔台地钻探 Ashmore Reef-1 和 Sahul Shoals-1井，虽然未钻遇油气，但揭示阿什莫尔台地侏罗系很薄或缺失。1969年，在皮特尔坳陷海上部分发现了波拿帕特盆

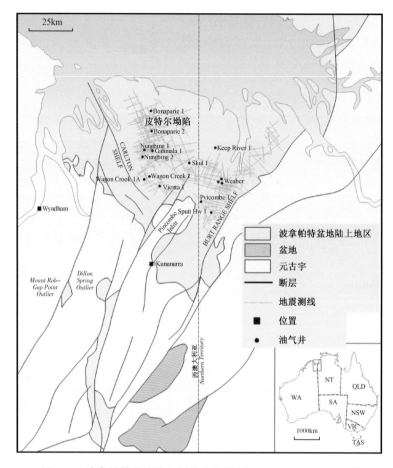

图 3-3　波拿帕特盆地陆上探井分布图（据 Richard Bruce，2015）

地海域第一个气田——Petrel-1 气田，1971 年发现了 Tern-1 气田。

　　20 世纪 70 年代，波拿帕特盆地海上油气勘探范围从阿什莫尔台地和皮特尔坳陷扩展到武尔坎坳陷、莫里塔地垒和萨湖台地。1971—1975 年共钻探井 20 口，获得了几个重要的油气发现，如武尔坎坳陷的 Puffin 油气田、萨湖台地的 Troubadour 和 Sunrise 气田。Troubadour 和 Sunrise 气田位于由澳大利亚和东帝汶共同管理的帝汶海合作区（Joint Production Development Area，简称 JPDA）。1972 年在莫里塔地垒发现了到目前为止该地垒内唯一的气田（Heron-1 气田）。1974 年，武尔坎坳陷的 Puffin-2 井成为波拿帕特盆地石油首次发现井。在随后的 9 年中再钻 8 口探井，仅有 1 口井钻遇商业天然气流。1983 年，在武尔坎坳陷 Jabiru—Turstone 地垒钻探的 Jabiru-1A 井在侏罗系 Plover 组和 Flamingo 群海相砂岩钻遇油气，发现了 Jabiru 大型油田。该油田的发现是波拿帕特盆地的第一个商业性油藏，掀起了波拿帕特盆地油气勘探热潮。1984—1986 年，波拿帕特盆地海上共钻探井 21 口，在武尔坎坳陷发现了 Challis 和 Skua 商业性油藏。1987 年，波拿帕特盆地油气勘探在经历了一个短暂的低谷后进入快车道，钻探高峰出现在 1990 年，这一年钻探井 22 口。

在此期间武尔坎坳陷先后发现了 Oliver-1 和 Maple-1 等 10 个油气田。

1994—2000 年，在萨湖台地和南卡地堑的 JPDA 内发现了 11 个油气田。已投入开发的 Bayu/Undan 气田发现于 1995 年。1997 年 Sunset 探井证实萨湖台地位于 JPDA 的 Sunrise-1、Loxton Shoal-1 以及 Sunset-1 油气田相互连通。Sunrise-1 气田发现于 1975 年。2000 年在武尔坎坳陷发现了 Crux-1 和 Padthaway-1 气田，在伦敦德瑞高地发现了 Saratoga-1、Rubicon-1 和 Prometheus-1 气田。

2001 年在武尔坎坳陷发现了 2 个油气田。Audacious-1 井钻遇了 11m 高的轻质油柱（重度值为 55°API）。Blacktip-1 井钻遇 12 个气层，气层的视厚度约 188m。2005—2009 年在伦敦德瑞高地发现了 Katandra-1A 油田，在萨湖台地发现了 Blackwood-1/ST1 气田，在皮特尔坳陷发现了 Marina-1 和 Frigate Deep-1 油气田，在卡尔得地堑发现了 Caldita-1 和 Evans Shoal South-1 气田，在南卡海槽发现了 Firebird-1 和 Kitan 油气田，在武尔坎坳陷发现了 Vesta-1、Puffin、Swallow 和 Libra-1 等 8 个油气田。

尽管在 20 世纪 60 年代以来大型和巨型气藏已被发现，但由于缺乏天然气市场，目前只有武尔坎坳陷的油藏投入开发。截至 2009 年底，在已发现的 34 个油田中，6 个油田已投入开发；在已发现的 40 个气田中，1 个气田已经投入开发。截至 2014 年底，波拿帕特盆地天然气储量 $22.73 \times 10^{12} \text{ft}^3$，约占澳大利亚西北大陆架天然气总储量的 12.85%，其中已采出 $1.62 \times 10^{12} \text{ft}^3$，剩余储量 $21.11 \times 10^{12} \text{ft}^3$；石油储量 $15.68 \times 10^8 \text{bbl}$，已采出 $7.99 \times 10^8 \text{bbl}$，剩余储量 $7.69 \times 10^8 \text{bbl}$。截至 2015 年底，波拿帕特盆地已发现 74 个油气田的天然气、石油和凝析油的 2P 储量分为 $31.61 \times 10^{12} \text{ft}^3$、$7.23 \times 10^8 \text{bbl}$ 和 $9.39 \times 10^8 \text{bbl}$。截至 2016 年底，波拿帕特盆地已发现 76 个油气田的天然气、石油和凝析油的 2P 储量分为 $36.49 \times 10^{12} \text{ft}^3$、$7.18 \times 10^8 \text{bbl}$ 和 $10.91 \times 10^8 \text{bbl}$（图 3-3）。卡尔得地堑内天然气 2P 储量为 $12.6 \times 10^{12} \text{ft}^3$，占整个盆地天然气 2P 储量的 34.43%；萨湖台地内天然气 2P 储量为 $9.86 \times 10^{12} \text{ft}^3$，占整个盆地天然气 2P 储量的 26.93%（图 3-4A）。武尔坎坳陷内石油 2P 储量为 $3.52 \times 10^8 \text{bbl}$，占整个盆地石油 2P 储量的 49.02%；南卡海槽内石油 2P 储量为 $2.97 \times 10^8 \text{bbl}$，占整个盆地石油 2P 储量的 41.34%（图 3-4B）。萨湖台地内凝析油 2P 储量为 $8.01 \times 10^8 \text{bbl}$，占整个盆地凝析油 2P 储量的 73.47%；武尔坎坳陷内凝析油 2P 储量为 $1.83 \times 10^8 \text{bbl}$，占整个盆地凝析油 2P 储量的 16.78%（图 3-4C）。波拿帕特盆地已发现天然气主要集中在卡尔得地堑、萨湖台地、武尔坎坳陷和皮尔特坳陷，石油主要分布在武尔坎坳陷和南卡海槽，凝析油主要分布在萨湖台地和武尔坎坳陷。

二、开发和生产历史

波拿帕特盆地主要有 Jabiru、Challis、Cassini、Buffalo、Elang、Kakatua、Laminaria、Corallina 和 Bayu/Undan、Montara 以及 Kitan 等 13 个油田投产，Blacktip 等 5 个气田投产（图

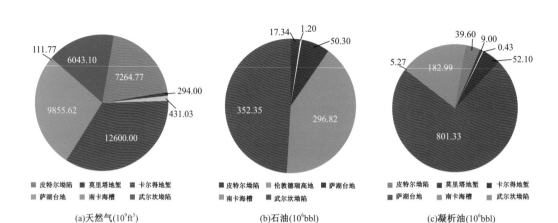

图 3-4　波拿帕特盆地主要二级构造单元油气储量饼状图

3-5）。Jabiru 油田于 1986 年投产，初始日产油 1.3×10^4bbl，是波拿帕特盆地第一个投产的油田。该油田首次采用海上浮式生产储油船（Float Production Storage and Offloading，简称 FPSO）进行石油生产处理及储存，日处理能力最高达到 6×10^4bbl。

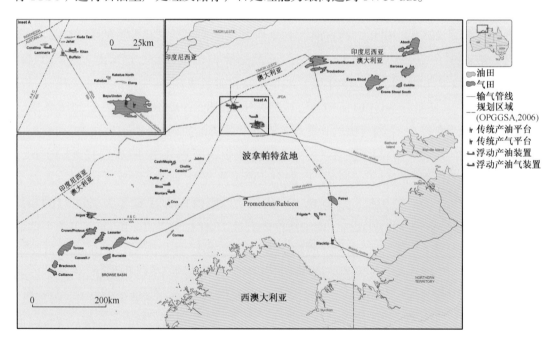

图 3-5　波拿帕特盆地油气田与管线分布图（据 Geoscience Australia，2016）

Challis 和 Cassini 两个油田统一开发，于 1989 年底投产，初始日产油 6.7×10^4bbl，采用 FPSO 生产、处理和存储。Buffalo 油田发现于 1996 年，1999 年底投入开发。Buffalo 油田同样应用 FPSO 装置。该装置在 2015 年初搬迁，标志该油田开发结束。Elang 和 Kakatua油田在 1998 年应用 FPSO 装置联合投产，2001 年底达到日产 2×10^4bbl。

Laminaria 和 Corallina 油田水深 411m，发现于 1994 年，1999 年底投产 8 口井开发，接入当时全球最大的 FPSO 装置。2001 年 Laminaria 油田钻 2 口加密水平井，在 2002 年投产后油田日产从 7.5×10^4bbl 提高到 14×10^4bbl。2003 年 3 月 Laminaria 和 Corallina 油田日产高达 16×10^4bbl，此后产量开始降低。截至 2016 年 Laminaria 和 Corallina 油田累计产油 219.13×10^6bbl。

Bayu/Undan 油田位于帝汶海 JPDA，水深 71m，是在 1995 年发现的凝析气藏，2004 年投入开发。初期天然气用于循环只开出凝析油。随着澳大利亚第一个 LNG 项目的建成，2006 年开始开采天然气。截至 2016 年底，Bayu/Undan 凝析气藏累计生产天然气 2.56×10^{12}ft^3、凝析油 229.87×10^6bbl。

Kitan 油田位于帝汶海 JPDA，水深 310m，发现于 2008 年，于 2011 年投产，累计产油约 32×10^6bbl，目前处于停产状态。

皮特尔坳陷 2001 年发现 Blacktip 气田，于 2009 年投产，水深约 55m，累计产天然气 177.93×10^9ft^3，是波拿帕特盆地第一个投入开发的天然气田。

皮特尔坳陷的 Petrel-1、Tern-1 和 Frigate Deep-1 气田水深 100m，天然气储量 2.69×10^{12}ft^3。虽然发现较早，一直未投入开发。Engie 勘探开发公司计划应用 FPSO 装置联合开发，目前处于评价阶段。

截至 2016 年底，波拿帕特盆地 18 个油气田累计生产天然气、原油和凝析油分别为 2.61×10^{12}ft^3、4.80×10^8bbl 和 2.16×10^8bbl。目前在产油气田 7 个，其中 2 个油田、2 个气田、3 个油气田（图 3-5）。

第二节　波拿帕特盆地构造沉积特征

波拿帕特盆地位于澳大利亚北海岸，延伸至帝汶海。波拿帕特盆地主体位于海上，称为北波拿帕特盆地。盆地南部陆上部分为金伯利古老克拉通盆地，称为南波拿帕特盆地。由于南波拿帕特盆地无重要油气发现，波拿帕特盆地一般特指北波拿帕特盆地。波拿帕特盆地以中—古生代冈瓦纳大陆破裂解体为基础，在破碎的陆块中从西北大陆架分裂出去，在亚洲大陆漂移和增生，最终形成克拉通边缘断陷裂谷盆地。盆地西部以一系列的不连续海底隆起为界，西南部沿阿什莫尔台地及武尔坎坳陷的边缘与布劳斯盆地相接，北部为水深超过 3000m 的帝汶海槽。盆地东部的达尔文陆架和卡尔得地堑与阿拉弗拉和莫尼滩盆地相邻。

波拿帕特盆地陆上部分面积小，跨越北领地和西澳大利亚的边界。陆上部分没有大型城镇和公路网，距东北方向的达尔文市 300km。盆地海上部分水深大多小于 200m。盆地位于气旋带，在夏季和秋季，大风增加了海上作业难度。

一、盆地构造特征

波拿帕特盆地界限以断层、不整合面及地貌特征为标志。在西南和东南，分别以元古宇的金伯利断块为界。盆地东部边界为北—东北走向的 Cockatoo 断裂带，向北该断裂带变宽并在海上逐渐被西北走向的枢纽带代替。波拿帕特盆地与金伯利地台边界是元古宇基底和古生界沉积建造之间的不整合面。盆地西南边界是一系列西北走向的前晚泥盆世旋转断块。上泥盆统—二叠系沉积向盆地西部、东部和南部边界变薄，向北部和西北部变厚。西部海上盆地边界由一系列位于海底指向布劳斯盆地的不连续隆起为标志。东部边界出现一系列将波拿帕特盆地与阿拉弗拉及莫尼滩分开的正断层，北部盆地边界是以帝汶海槽和塔尼巴尔海槽的俯冲带为标志。

（一）盆地构造分区

波拿帕特盆地构造复杂，基本上为三角形，可划分为 8 个负向单元和 10 个正向单元组成。八个负向单元为：武尔坎坳陷、南卡（Nancar）海槽、萨湖（Sahul）向斜、萨湖坳陷、皮特尔坳陷、弗拉明戈（Flamingo）向斜、莫里塔地堑和卡尔得地堑；九个正向单元为：阿什莫尔台地、伦敦德瑞高地、萨湖台地、腊米纳锐亚（Laminaria）高地、伯克利（Berkeley）台地、莫拉台地、啜巴杜尔（Troubadour）阶地、开普（Kelp）高地、弗拉明戈高地和达尔文陆架（图 3–1、图 3–6）。波拿帕特盆地构造格局受南部北西—南东走向的古生代构造带和北部北东—南西走向的中生代构造带控制（张建球等，2008；黄彦庆，白国平，2010）。北西—南东走向的古生代夭折裂谷系明显，由皮特尔坳陷和伯克利及莫拉（Moyle）台地的侧翼组成；北东—南西走向的中生代武尔坎坳陷、莫里塔地堑和卡尔得地堑被同期形成的萨湖台地、伦敦德瑞高地及南卡海槽和弗拉明戈向斜分开（图 3–6）。目前已发现油气主要集中在皮特尔坳陷、武尔坎坳陷、莫里塔地堑、卡尔得地堑、萨湖台地、伦敦德瑞高地和南卡海槽（图 3–1）。

皮特尔坳陷和伯克利台地形成于波拿帕特盆地内古生代夭折裂谷期。皮特尔坳陷面积约为 $8.3 \times 10^4 km^2$，其中陆上面积约 $1.1 \times 10^4 km^2$，在波拿帕特盆地二级构造单元中面积最大，是古生代盆地主体。皮特尔坳陷东部和北部与前寒武纪地块相邻，西南紧邻伯克利台地和伦敦德瑞台地，北接萨湖向斜和莫里塔地堑，东北为达尔文陆架（图 3–6）。伯克利台地面积约 $1.1 \times 10^4 km^2$，其中海上面积 $0.8 \times 10^4 km^2$。

在北东—南西走向的中生代构造带内充填了以中生界为主的沉积地层，最厚约达 15km。武尔坎坳陷、南卡海槽、萨湖向斜、莫里塔地堑及卡尔得地堑不仅是波拿帕特盆地北部中生代的伸展沉降中心，而且是波拿帕特盆地目前已发现油气最多的区域（图 3–6）。武尔坎坳陷呈条带状，面积约 $1.7 \times 10^4 km^2$。武尔坎坳陷被西北的阿什莫尔高地和东南伦敦德瑞高地所夹持，东北接南卡海槽，西南为布劳斯盆地。南卡海槽面积约 $1.1 \times 10^4 km^2$，是波拿帕特盆地中生代的一个主要沉积中心，中生界—新生界厚达 8000m。萨湖向斜位于

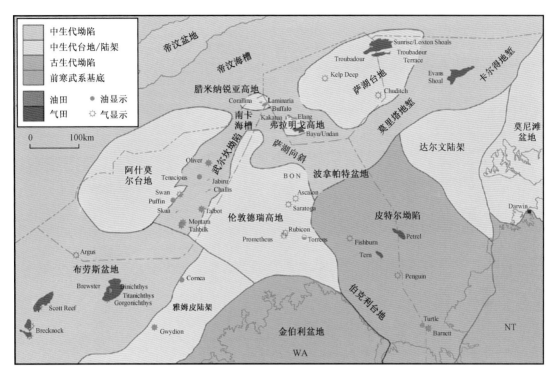

图 3-6 波拿帕特盆地各时期沉降中心分布图

盆地中部，北邻萨湖台地，南为伦敦德瑞高地，面积约 $1.0 \times 10^4 km^2$。莫里塔地堑面积约 $1.9 \times 10^4 km^2$，西北临萨湖台地，东南接皮特尔坳陷和达尔文陆架，东北和西南同为中生代沉积中心的萨湖向斜和卡尔德地堑（图 3-7）。莫里塔地堑原型形成于早二叠世拉张期，后冈瓦纳大陆在三叠纪发育为沉降中心。莫里塔地堑以断距大的东—北东向断层为边界，目前还没有在地堑中部钻井的记录（图 3-7）。Heron-1 井水深 37m，储层埋深 3109m。莫里塔地堑中生界和新生代界厚达 10km（Tan 等，2014）。

伦敦德瑞高地是一个二叠—三叠纪形成的地垒和地堑的复合体，为波拿帕特盆地晚侏罗世裂谷期主要物源区之一（DeRuig，2000）。伦敦德瑞高地面积约 $3.2 \times 10^4 km^2$，北临萨湖向斜和南卡海槽，东部邻皮特尔坳陷，西接武尔坎坳陷，南为同时代形成的布劳斯盆地雅姆皮陆架。

萨湖台地西部是萨湖向斜，东南部是莫里塔地堑，南部为弗拉明戈向斜，北部是帝汶海槽（图 3-6、图 3-8）。萨湖台地是一个大型的由掀斜断块和地垒组成的北东向基底隆起。该台地向西南倾覆，二叠—侏罗系向台地东北部变薄。萨湖台地可能形成于古生代裂谷期，并在随后的中生代大陆碰撞过程中隆升。萨湖台地包围啜巴杜尔高地和开普高地，水深 30～100m。钻井主要集中在萨湖台地的西北和南部，靠近帝汶海槽的台地西北条形带上多为干井，油显示主要集中在开普高地以南的台地边缘（图 3-9）。

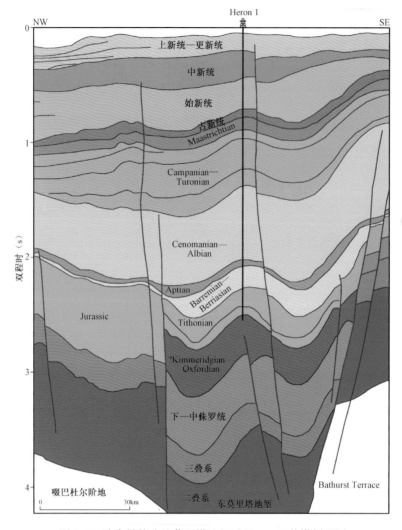

图 3-7　波拿帕特盆地莫里塔地堑过 Heron-1 井横剖面图

阿什莫尔台地是一个大型的抬升地块，东接武尔坎坳陷，南邻布劳斯盆地，北部和西部临帝汶海槽，面积约 $2.2 \times 10^4 km^2$（图 3-6）。一个弓形断裂带将阿什莫尔台地分为东西两部分：西部主要为西倾断层，东部既有东倾断层也有西倾断层（Laws & Kraus，1974）（图 3-10）。

（二）盆地构造样式

对波拿帕特盆地典型剖面构造特征进行分析，认为该盆地存在两种主要构造样式：多期活动型和后期局部盐拱型（图 3-11、图 3-12）。波拿帕特盆地北部的断层比较发育，平直为主，铲状为辅，呈非对称性分布，具有多期活动性的多米诺式断裂发育（图 3-11、表 3-1）。波拿帕特南部的局部地区发育盐拱，使得后期地层挤压隆升，为后期盐拱型构造样式（图 3-12、表 3-2）。

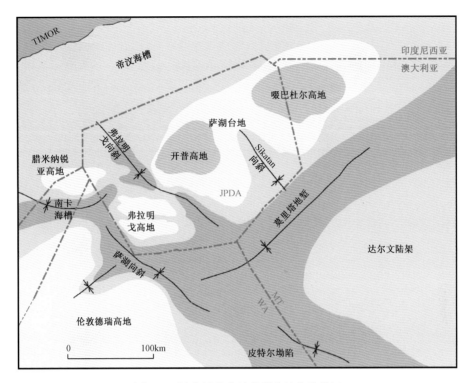

图 3-8　波拿帕特盆地萨湖台地构造分区

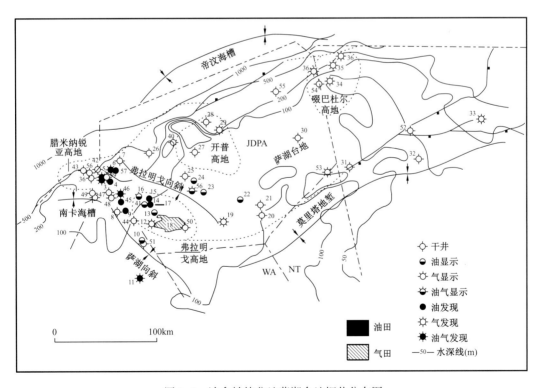

图 3-9　波拿帕特盆地萨湖台地探井分布图

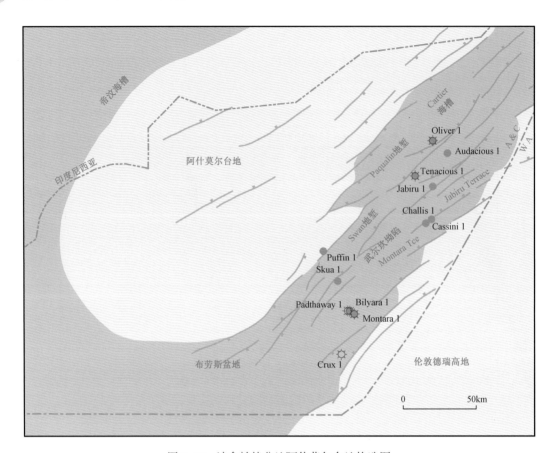

图 3-10　波拿帕特盆地阿什莫尔台地构造图

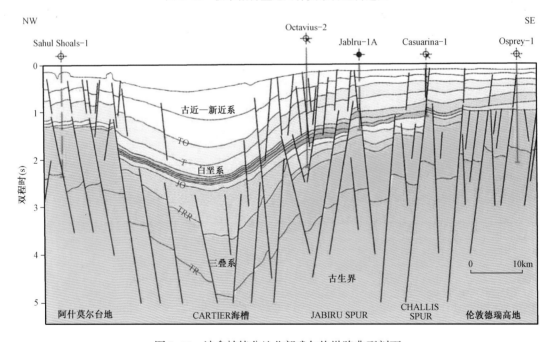

图 3-11　波拿帕特盆地北部武尔坎坳陷典型剖面

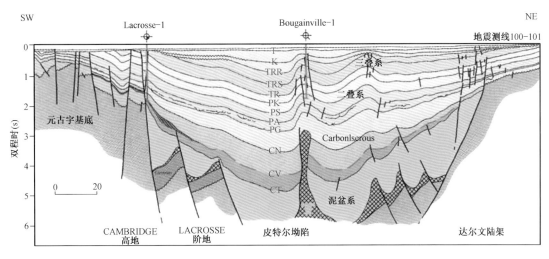

图 3-12 波拿帕特盆地南部皮特尔坳陷典型剖面

表 3-1 波拿帕特盆地多期活动型盆地剖面构造特征表

	描述要素	
结构要素	盆地对称性	不对称
	断面形态	平直为主,铲状为辅
	断层组合	多米诺状,少量的"Y"字形
	半地堑—半地垒组合	同向翘倾为主,对向翘倾为辅
成因机制	断块运动	非旋转,继承性差,有多期活动
	应力方向	垂向拉伸为主
	大陆伸展方式	不明
	裂谷作用	不明

表 3-2 波拿帕特盆地南部盐拱型盆地剖面构造特征表

	描述要素	
结构要素	盆地对称性	不对称
	断面形态	平直为主,铲状为辅
	断层组合	多米诺状,少量的"Y"字形
	半地堑—半地垒组合	同向翘倾为主,对向翘倾为辅
成因机制	断块运动	非旋转,继承性差,有多期活动,局部有盐拱
	应力方向	垂向拉伸为主
	大陆伸展方式	不明
	裂谷作用	不明

二、构造演化特征

早期研究认为中新世波拿帕特与邻近的帝汶岛弧（Timor Arc）为沟弧体系（Barber等，1979），现今则多认为波拿帕特盆地为典型的被动大陆边缘深水盆地（Harrowfield等，2003；Dore等，2004；张建球等，2007）。波拿帕特盆地构造演化与北卡纳尔文盆地相似，主要划分为五个演化阶段。

（一）早寒武世—奥陶纪克拉通坳陷阶段

裂谷前克拉通内坳陷始于寒武纪，早寒武世霍尔斯溪（Halls Creek）—菲茨莫里斯（Fitzmaurice）断裂带重新活动，开始了波拿帕特盆地的沉降史。

主要变形：近北东方向的拉张；

主要的运动表现：皮特尔坳陷边界的正断层运动和沿东南盆地边界的走滑运动；

主要构造：西北倾向正断层，向西北下陷的皮特尔坳陷，沿陆上西部边界西北倾向的背斜以及雁列式扭转断裂（Cockatoo断裂带）。Cockatoo断裂带是霍尔斯溪—菲茨莫里斯断裂带的西北边缘。

（二）奥陶纪—泥盆纪前裂谷阶段

在盆地南部构造运动形成北西向断裂带，盆地在构造运动期间长期处于抬升剥蚀过程，晚泥盆世—早石炭世盆地重新沉降再度接受沉积（图3-13）。

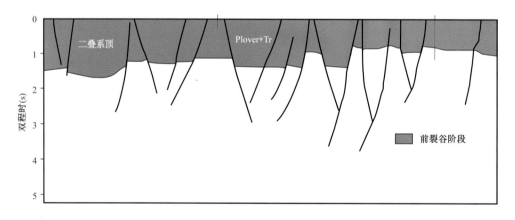

图3-13　波拿帕特盆地前裂谷阶段构造演化

皮特尔坳陷于寒武纪开始接受沉积。这些前裂谷期地层普遍含有蒸发岩，但是盐体的确切年代（奥陶纪、志留纪或泥盆纪）、横向连续性及覆盖范围都是未知的。后来发生的流动、底劈和抽空等盐构造运动控制了皮特尔坳陷内大量构造和地层圈闭的发育（Edgerley & Crist，1974；Durrant等，1990；Miyazaki，1997；Lemon和Barnes，1997）。

主要变形：东北—西南拉张；

主要运动表现：走滑正断层，断裂系扩张。

主要构造：地垒和地堑构造，倾斜断块。

（三）晚泥盆世—早白垩世同生裂谷阶段

晚泥盆世—早石炭世，北西向裂谷盆地发育阶段，北东—南西向构造张力使得岩石圈变薄，西北走向的皮特尔坳陷形成并沉积了大量的浅海和非海洋环境的碎屑岩和碳酸盐岩（图3-14）。从石炭纪开始，冈瓦纳大陆在澳大利亚板块处开始破裂成为大陆地堑，形成了波拿帕特盆地现今构造格局的雏形（Harrowfield等，2005；Halpin等，2008）。

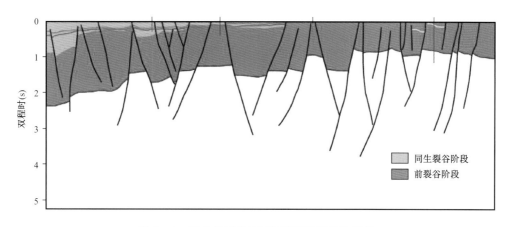

图3-14 波拿帕特盆地同生裂谷阶段构造演化

石炭纪—二叠纪，大陆的拉张和裂陷引起了地壳的变薄，北东—南西向正断层的形成使得武尔坎坳陷和莫里塔地堑开始发育。晚泥盆世—石炭纪的断坳系统被东北走向的裂谷成直角覆盖。原始莫里塔地堑就发育在这个时期（Brien，1993；Baxter，1996）。

二叠纪末—中侏罗世，波拿帕特盆地构造特征从北西—南东向的古生代构造格局转变为北东—南西走向的中生代构造格局，这种转变与冈瓦纳大陆解体密切相关。在区域近南北或北北西至南南东方向伸展拉张的构造背景下，波拿帕特盆地开始步入同生裂谷阶段。晚三叠世的压缩事件造成了伦敦德瑞高地、阿什莫尔台地、萨湖台地及皮特尔坳陷南部边缘的隆升和剥蚀。

波拿帕特盆地在早—中侏罗世进入中生代裂谷发育的活跃期，盆地内部的构造活动主要以差异抬升和沉降作用为主，形成了多个规模不同、形态不一、沿北东向展布的裂陷构造，并且逐渐在整个盆地范围内形成隆坳相间的构造格局（Mollan等，1969；Halse & Hayes，1971；龚成林等，2010）。

中生代拉张期形成的武尔坎坳陷、莫里塔地堑和萨湖向斜成为了侏罗纪Plover期河流—三角洲相的主要沉积中心。在萨湖台地，Plover组顶部发育海相沉积。该地层单元相当于Elang、Laminaria或Montara组。侏罗系Plover组从皮特尔坳陷向伦敦德瑞高地的侧翼超覆，在伦敦德瑞高地和阿什莫尔台地的中部缺失。莫里塔地堑的东部和南部，Plover组由于埋藏相对较浅而不被作为主要勘探目标。

晚侏罗世，盆地内主要地堑的沉降速率急剧增加，Flamingo 群的细粒沉积物广泛沉积在 Callovian 不整合面上。在武尔坎坳陷，Flamingo 群（Vulcan 组）通常被认为是优质烃源岩。Tenacious-1 井 Vulcan 组上段 Tithonian 砂岩中发现油气，表明该层还可发育为储层。Cleia组内同期砂岩是萨湖向斜勘探目标。皮特尔坳陷的海上部分，Flamingo 群顶部的 Sandpiper砂岩被认为是该地区的次要勘探目标。

裂谷沉积持续到白垩纪中早期，几个沉降中心不断迁移，但主要沿西部一线分布，白垩纪中期的压扭运动结束了断陷层沉积，其后开始了新生代。

主要变形：北东—南西向拉张；

主要运动表现：走滑正断层；

主要构造：武尔坎坳陷、萨湖坳陷、莫里塔和卡尔得地堑的东北倾向正断层，盐底劈，盐枕和边缘向斜。

（四）晚白垩世—渐新世被动大陆边缘阶段

古新世，澳大利亚西北大陆架洋壳扩张、俯冲作用停止，形成稳定的被动大陆边缘，大印度板块与欧亚板块碰撞造成澳大利亚板块向北运动，并不断增厚。盆地整体构造格局没有大的改变（图 3-15、图 3-16）。

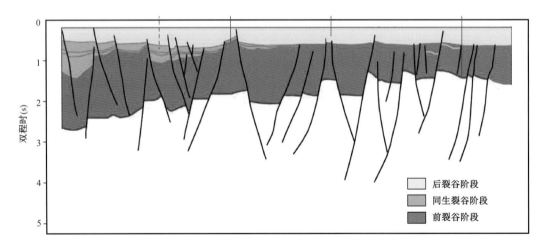

图 3-15　波拿帕特盆地同生裂谷阶段 A 构造演化

随着热沉降的发生，Bathurst Island 群细粒的碎屑岩和碳酸盐岩在整个波拿帕特盆地内广泛沉积。在该群的底部，Echuca Shoals 为武尔坎坳陷的 Vulcan 组上段和萨湖向斜的Cleia 组提供区域封闭。在波拿帕特盆地西部的台地，该地层较薄；从皮特尔坳陷向东，与 Darwin 组最底部的沉积属于同一个时代。

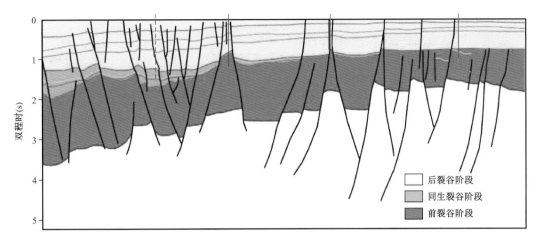

图 3-16　波拿帕特盆地同生裂谷阶段 B 构造演化

（五）晚中新世板块碰撞阶段

渐新世—早中新世，澳大利亚板块向欧亚板块碰撞，并发生逆时针旋转，导致伦敦德瑞高地、萨湖台地和武尔坎坳陷内断层的重新活动，武尔坎坳陷部分储层发生倾斜，而导致赋存其中的烃类再次聚集成藏（图 3-17）。挤压运动和（或）持续的沉积使部分盐构造复活，邻近沉积的差异压实引起了上覆盐构造之上地层的隆起。碰撞向俯冲带倾斜，部分已存在的断层发生转换挤压。

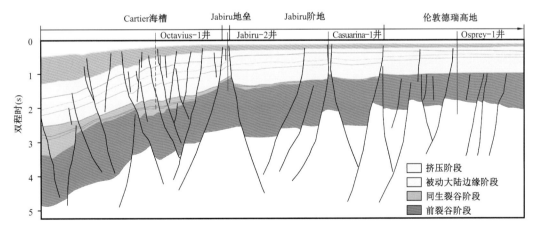

图 3-17　波拿帕特盆地碰撞阶段构造演化

主要的变形：澳大利亚西北部大陆架和 Banda 弧的碰撞，可能带有左旋走滑成分；

主要运动表现：沿断层的倾滑、走滑和斜向滑动及大陆架的弯曲隆起；

主要构造：盐底劈及相关的断层和抬升、正断层和逆断层、正花状构造。

三、地层及沉积特征

波拿帕特盆地有着复杂的构造发育史，因此该盆地的地层变化相当明显：盆地发育了古生—新生代地层，古生代地层局限于陆上的南波拿帕特盆地和皮特尔坳陷靠近陆地的部分，中—新生代地层则分布于盆地的海域部分（图 3-18）（Messent 等，1994）。中生代地层为盆地主要地层，在整个盆地范围均有分布。

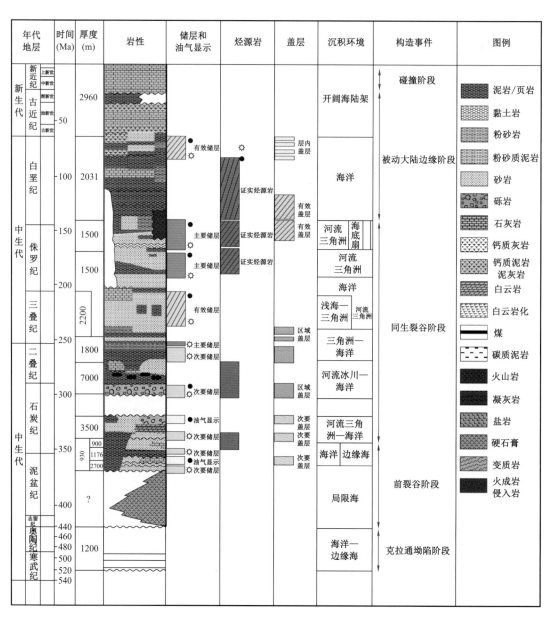

图 3-18　波拿帕特盆地地层综合柱状图（据 IHS，2007）

（一）下寒武统—奥陶系

1. 下寒武统

为火山喷发相的安特里姆台地玄武岩，奥德盆地玄武岩最厚，可达1100m，在南波拿帕特盆地玄武岩厚度约为100m。

2. 中、上寒武统—奥陶系

Carlton群或Goosc Hole群为浅海相碎屑岩、碳酸盐岩，厚度可达1200m，底部为Tarrara组红色和灰色粉砂岩和泥岩，TOC低，不能作为生油岩。其下部为Hart Spring砂岩沉积，中部为Skewthorpe组鲕粒白云岩，并夹有砂岩和页岩；上部为Pretlove、Clark以及Pander砂岩。

（二）上泥盆统—石炭系

上泥盆统Cockatoo群或Mahony群为陆相和浅海相砂岩沉积，夹有砾岩层以及礁灰岩，厚度1600~2700m。向海洋方向逐渐过渡为以页岩夹砂岩沉积为主，上泥盆统Cockatoo群或Mahony群沉积之后，奥德盆地停止了沉降，盆地沉积物减少。

上泥盆统—下石炭统Ningbing和Langfield群是一套生物礁相和浅海相的碳酸盐岩、页岩沉积，上部夹有砂岩层，为盆地中等生油岩，总有机碳平均含量为1.3%，沉积厚度大于2000m，但其后的抬升剥蚀量大于1000m。

下石炭统Webber群为河流—滨岸沉积，Milligans组岩性为灰黑色页岩，含粉砂岩，夹有砾岩、砂岩、粉砂岩、石灰岩层，地层厚度350~2000m，向海方向不断加厚，成为优质的生油岩。Burvill组岩性为砂岩，夹有少量粉砂岩、页岩和石灰岩。上部为Point Spring砂岩沉积，夹有少量砾岩、粉砂岩以及石灰岩，地层厚度300~500m。

（三）上石炭统—下二叠统

波拿帕特盆地上石炭统—下二叠统发育河流—三角洲—海洋沉积体系，以海相泥岩沉积为主（图3-19）。上石炭统—下二叠统沉积受冰川影响较大，如Kulshill群Keep Inlet组为陆相和浅海相沉积，岩性为砂岩、页岩，夹有砾岩、粉砂岩等，地层厚度为100~500m，海上沉积地层厚度可达1600m。晚二叠世，波拿帕特盆地内沉积范围扩大，发育河流—三角洲—海相沉积体系，在海相泥岩的外侧发育海相碳酸盐岩沉积（图3-20）。

南波拿帕特盆地沉积特征与波拿帕特盆地整体沉积特征基本相同，但在具体组群地层单元上会出现某些岩性上的差异，南波拿帕特盆地沉积特征主要为：（1）盆地沉积环境以河流、滨海、浅海环境为主；（2）下古生界以砂岩、粉砂岩沉积为主，其次为泥岩、碳酸盐岩，上古生界中—下部为页岩、砂岩、碳酸盐岩沉积，下部砂岩沉积为主；

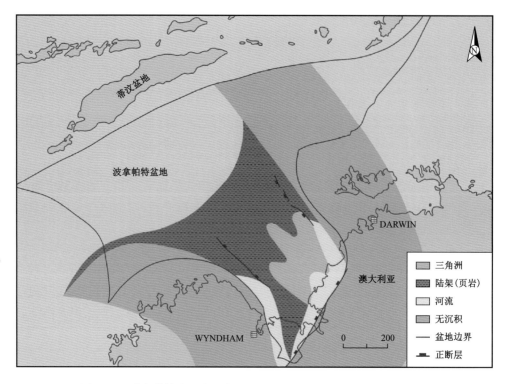

图 3-19　波拿帕特盆地晚石炭世—早二叠世沉积相图(据 Mory,1988)

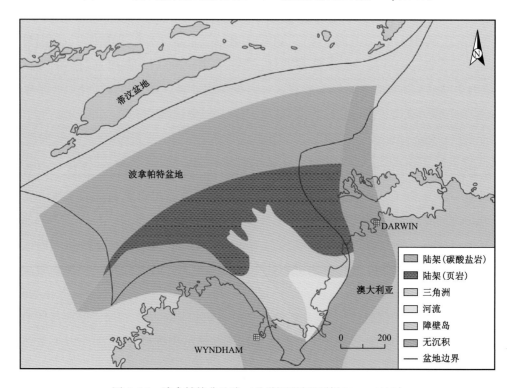

图 3-20　波拿帕特盆地晚二叠世沉积相图(据 Mory,1988)

（3）下古生界暗色泥岩少，生油岩不发育，上古生界发育 Ningbing 群和 Milligans 组两套生油岩建造；（4）上古生界泥盆—石炭系的生储盖组合相对发育，配置合理，有利于成藏。

（四）三叠系

三叠系沉积以河流和海相为主，海相沉积范围进一步扩大，在早三叠世接受 Mount Goodwin 组泥页岩沉积（图 3-21）。向上渐变为 Osprey 组，是一套前三角洲、三角洲前缘以及三角洲平原沉积环境的浊积岩沉积，局部地区可以把这套地层作为储层。该组岩性横向变化较大。该组上覆地层是 Pollard 组，为一套浅海相碳酸盐岩，地层反射比较稳定清晰。

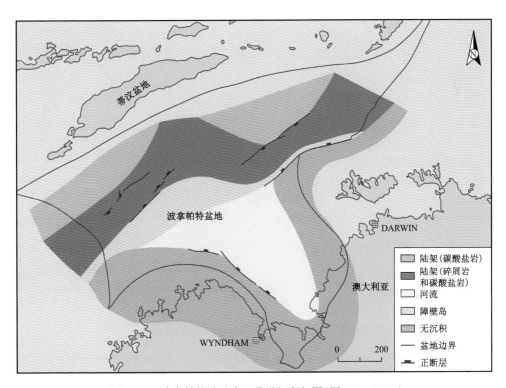

图 3-21　波拿帕特盆地中三叠世沉积相图（据 Mory, 1988）

Challis 组上覆在 Pollard 组之上，由碎屑岩和碳酸盐岩组成，该套地层沿着武尔坎断陷的东部发育良好。

Nome 组上覆于 Challis 组之上，沉积环境为三角洲前缘—三角洲平原。Nome 组砂岩是良好的储层。

（五）侏罗系

早、中侏罗世波拿帕特盆地沉积以三角洲为主，晚侏罗世—早白垩世以海相沉积为主（图 3-22、图 3-23）。中、下侏罗统 Plover 组为裂谷期沉积，沉积环境由河流逐渐过渡到三角洲，该组砂岩是有利的储层。

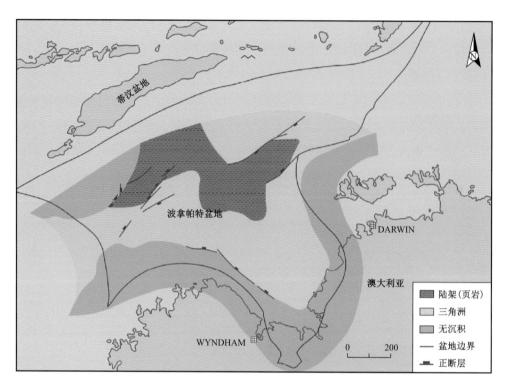

图 3-22　波拿帕特盆地早—中侏罗世沉积相图（据 Mory，1988）

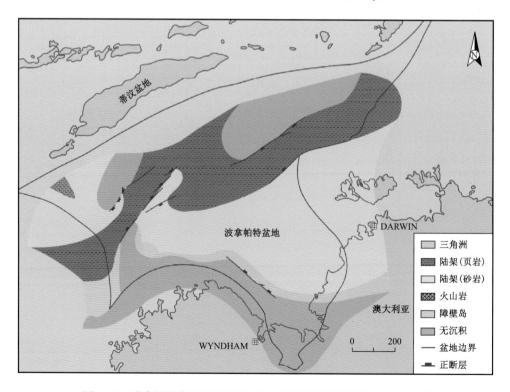

图 3-23　波拿帕特盆地晚侏罗世—早白垩世沉积相图（据 Mory，1988）

Swan 群包括下部的 Montara 和 Vulcan 组，其中 Vulcan 组的上、下段被不整合面分开。Swan 群形成于侏罗纪裂谷期，沉积物特征受构造环境控制较大。Montara 组由三角洲体系组成，一直延伸到武尔坎断陷东南部，侧向上相变为前积三角洲扇沉积体系，是区域重要的烃源岩层。

（六）白垩系

晚白垩世，波拿帕特盆地以海相沉积为主，岩性主要为泥岩（图 3-24）。在阿什莫尔台地，Bathurst Island 群主要由陆架相和斜坡相的细粒碎屑岩和碳酸盐岩组成；在武尔坎断陷发育块状或扇状砂体（Puffin 组），也出现细粒钙质沉积。Puffin 组整体以深水砂质碎屑流沉积为主，沉积物粒度较粗，以灰白色细砂岩和粉砂岩为主，泥岩则以深灰色或灰绿色粉砂质泥岩和泥岩为主（苑坤，2010）。武尔坎坳陷南部 Puttin 组发育多期叠置的砂质碎屑流砂体，厚度从几米到几十米不等，最厚可达近百米。Echuca Shoals 组属于 Bathurst Island 群底部，由海绿石黏土岩和砂岩组成，是一套良好的烃源岩。

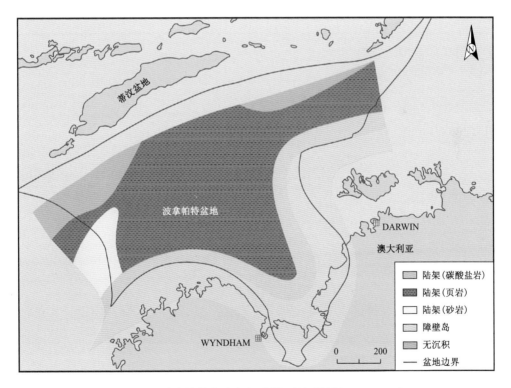

图 3-24　波拿帕特盆地晚白垩世沉积相图（据 Mory，1988）

波拿帕特盆地主要次级构造带中古生代仅在陆上有沉积，海上全部缺失，中生界在各正向构造带剥蚀严重，在负向构造带普遍沉积，新生代在全盆都有沉积，普遍缺失渐新统。

第三节 波拿帕特盆地含油气系统分析

一、含油气系统地质要素

（一）烃源岩特征

波拿帕特盆地发育古生界、中生界两大烃源岩层系（图3-25）。盆地在不同阶段、不同构造发育不同的烃源岩层系，陆上地区发育古生界烃源岩，海上区域主要发育中生界烃源岩。各个阶段发育烃源岩分布。石炭系 Milligans 组页岩是主力烃源岩，二叠系由 Keyling 组、Hyland Bay 组页岩和煤系地层组成，在局部盆地发育烃源岩（表3-3）。二叠系残留烃源岩主要分布于盆地南部的皮特尔坳陷。在海上区域，武尔坎坳陷和波拿帕特盆地北部的地堑内，发育包括上侏罗统 Vulcan 组、中—下侏罗统 Plover 组、下白垩统 Echuca Shoals 组的中生界烃源岩。Milligans 组、Keyling 组、Hyland Bay 组、Vulcan 组、Plover 组和 Echuca Shoals 组是波拿帕特盆地主要的区域性烃源岩（图3-26）。

图 3-25　波拿帕特盆地烃源岩分布图

表 3-3　波拿帕特盆地烃源岩特征一览表

烃源岩名称		地质年代	资源潜力	TOC（%，wt）	HI（mgHC/gTOC）	干酪根类型	R_o（%）
Milligans 组		C	主要	0.5～4.5	10～100	Ⅲ为主	0.95
Keyling 组	煤层	P	主要	35	230	Ⅱ、Ⅲ	>0.8
	页岩	P	主要	2.8	95	Ⅱ、Ⅲ	>0.8
Hyland Bay 组	Petrel-2	P	次要	1.6	125	Ⅲ为主	0.9
	Bougainville-1	P	次要	10	240	Ⅲ为主	0.6
	皮特尔坳陷东部	P	次要	15	250～500	Ⅲ为主	0.7
Plover 组		J	主要	2.2～13.9		Ⅲ为主	0.44～0.7
Elang 组		J	次要	4	20～450	Ⅰ、Ⅱ型	
Vulcan 组	上	J	次要	2	10～500	Ⅱ、Ⅲ型	0.35～0.75
	下	J	主要	0.5～1.35	10～400	Ⅰ、Ⅱ型	0.4～1.5
Echuca Shoals 组		K	主要	1～3	100	Ⅱ型为主	

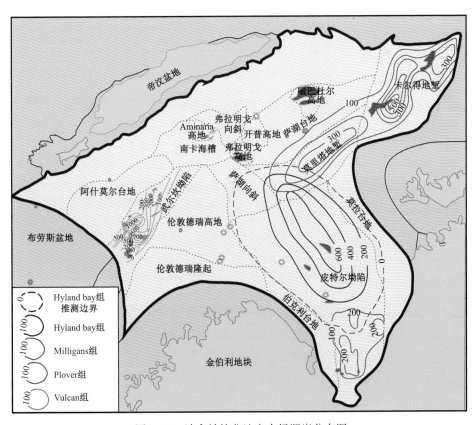

图 3-26　波拿帕特盆地主力烃源岩分布图

1. 石炭系 Milligans 组

石炭系 Milligans 组烃源岩为海相页岩，主要分布在皮特尔坳陷南部，11 个油气发现的油气来自该套烃源岩，其中海上 2 个（Barnett 和 Turtle），陆上 9 个（Bonaparte、Garimala、Kulshill、Ningbing、Pelican Island、Spirit Hill、Vienta、Waggon Creek 和 Weaber）。Milligans 组烃源岩 TOC 为 0.5%～4.5%，HI 为 10～100mg HC/g TOC，R_o 为 0.95%（图 3-27）。在海上区域，该组烃源岩干酪根类型为 Ⅲ 和 Ⅳ 型，产气为主；在陆上，为优质产油海相泥岩，干酪根类型为 Ⅱ 和 Ⅲ 型。

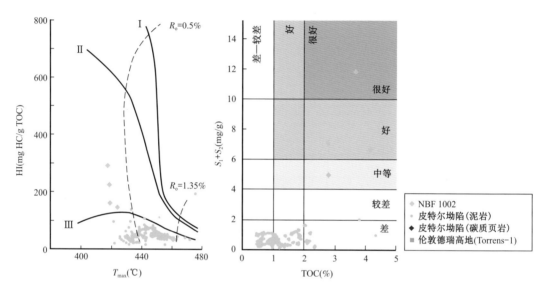

图 3-27　波拿帕特盆地皮特尔坳陷石炭系 Milligans 组地球化学特征图

2. 二叠系 Keyling 组

二叠系 Keyling 组岩性为三角洲平原煤层和边缘海相页岩，主要分布在皮特尔坳陷的海域部分，是该坳陷海域气藏的主要生气源岩。皮特尔坳陷 Tern-1 井的 Keyling 组厚达 973m，向莫里塔地堑方向地层变厚。Keyling 组煤层的 TOC 达 35%，HI 为 230mg HC/g TOC；页岩 TOC 达 2.8%，HI 为 95mg HC/g TOC（图 3-28）。Keyling 组在侏罗纪进入生油窗，中新世进入生气窗。

3. 二叠系 Hyland Bay 组

二叠系 Hyland Bay 组为浅海—三角洲相的碳酸盐岩和碎屑岩层系，煤层和页岩烃源岩发育，地层厚达 520m，干酪根类型以 Ⅲ 为主，具有很好的生气潜力，主要分布于波拿帕特盆地的伦敦德瑞高地、皮特尔坳陷和萨湖台地（图 3-28）。伦敦德瑞高地 Hyland Bay 组页岩 TOC 为 0.5%～4.2%，HI 值 45mg HC/g TOC，R_o 为 0.5%。皮特尔坳陷 Petrel-2 井 Hyland Bay 组页岩 TOC 达到 1.6%，HI 值 125mg HC/g TOC，R_o 为 0.9%；Bougainville-1

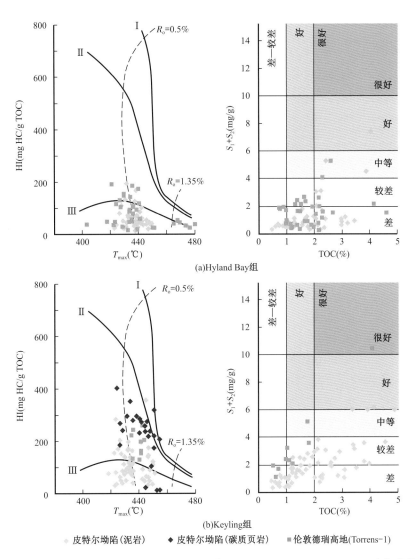

（b）Keyling组

· 皮特尔坳陷（泥岩）　◆ 皮特尔坳陷（碳质页岩）　■ 伦敦德瑞高地（Torrens-1）

图 3-28　波拿帕特盆地皮特尔坳陷和伦敦德瑞高地 Hyland Bay 和 Keyling 组地球化学特征图

井 Hyland Bay 组页岩 TOC 为 10%，HI 值 240mg HC/g TOC，R_o 为 0.6%（McConachie et al.，1996）。皮特尔坳陷东部 Hyland Bay 组烃源岩 TOC 为 15%，HI 值 250～500mg HC/g TOC，R_o 为 0.7%。皮特尔坳陷已发现的油气主要来自二叠系 Keyling 组、Hyland Bay 组页岩、煤系地层及石炭系 Milligans 组海相页岩。

4. 中—下侏罗统 Plover 组

Plover 和 Elang 组都有生油和生气倾向，遍及萨湖向斜、弗拉明戈向斜和弗拉明戈隆起（Preston & Edwards，2000）（图 3-29）。中、下侏罗统 Plover 组烃源岩岩性为页岩，在武尔坎坳陷主要分布在包括 Cartier 凹陷和 Montara 阶地在内的西部深坳带，烃源岩厚度大于 400m，最大厚度超过 1000m，为武尔坎坳陷的生排烃中心。武尔坎坳陷 Plover 组

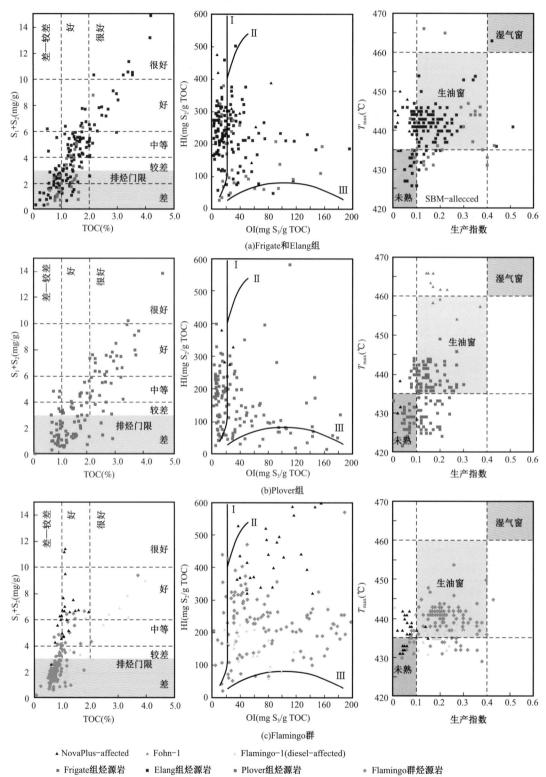

图 3-29　波拿帕特盆地萨湖台地侏罗系 Frigate 和 Elang 组、Plover 组和 Flamingo 群地球化学特征图

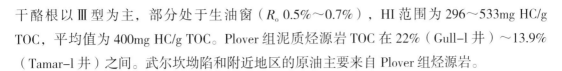

干酪根以Ⅲ型为主，部分处于生油窗（R_o 0.5%～0.7%），HI 范围为 296～533mg HC/g TOC，平均值为 400mg HC/g TOC。Plover 组泥质烃源岩 TOC 在 22%（Gull-1 井）～13.9%（Tamar-1 井）之间。武尔坎坳陷和附近地区的原油主要来自 Plover 组烃源岩。

5. 上侏罗统 Vulcan 组

上侏罗统 Vulcan 组在武尔坎坳陷及其附近地区发育，Swan 和 Paqualin 地堑中 Vulcan 组下段厚度大于 500m，在 Cartier 凹陷厚度大于 300m。Vulcan 组下段有机质含有海洋藻类物质和细菌改造陆生植物碎屑的混合物（Edwards et al.，2004）。Swan 地堑内 Vulcan 组页岩干酪根以Ⅱ型为主，TOC 分布范围为 1.5%～2.5%，其中 Paqualin-1 井 TOC 平均值为 2%；HI 主要分布范围为 200～400mg HC/g TOC，均值 212mg HC/g TOC，R_o 为 0.5%～1.35%，处于成熟—高成熟阶段。Swan 地堑 Vulcan 组下段烃源岩在晚侏罗世进入生油窗，从晚白垩世开始排烃；Cartier 凹陷 Vulcan 组下段烃源岩从早白垩世开始生烃，相对 Swan 地堑进入生油窗的时间较晚，热成熟度也相对较低（Fuji 等，2004）。已发现中生界油气藏主要来自上侏罗统 Vulcan 组下段页岩。

上侏罗统 Frifate 组和 Flamingo 群有机质较贫乏，TOC 很少高于 1%～1.5%（图 3-29）。莫里塔地堑 Jacaranda-1 井 Frifate 组 TOC 值在 0.7% 左右，高于 Flamingo 群和 Laminaria/Elang 组（Cadman & Temple，2004）。Frifate 组烃源岩的有机质主要由海藻或细菌组成，向上至 Sandpiper 组砂岩，干酪根逐渐变为腐殖型。

6. 下白垩统 Echuca Shoals 组

下白垩统 Echuca Shoals 组烃源岩为页岩，其 TOC 一般为 1%～3%，为中等—较好的烃源岩，HI 平均值为 100mg HC/g TOC，最大值 150mg HC/g TOC，干酪根类型以Ⅱ型为主，少量Ⅲ型，以生油为主，主要分布在波拿帕特盆地北部。

下古生界烃源岩在晚二叠世到早中生代已经进入生油窗并在晚中生代 / 早三叠世通过生油窗。Hyland bay 和 Plover 组烃源岩在盆地大部分地区均已进入成熟阶段，成熟度向盆地东南方向逐渐降低。Flamingo 组烃源岩在盆地的北部和东北部成熟，具有生成油气的潜力。武尔坎坳陷大部分石油是在古近纪至今生成，在坳陷深部 Flamingo 群是从白垩世开始生烃（Smith & Lawrence，1989）。在武尔坎坳陷的大部分地区，Echuca Shoals 组页岩可能还未达到热成熟或刚刚成熟生油。

（二）储层特征

波拿帕特盆地发育中生界、古生界两大储集层系。储集岩主要为各类砂岩和粉砂岩，为河流—三角洲或河口—海湾相砂体。盆地油气储量分布泥盆系—白垩系，海上区域主要储层为三叠系、侏罗系和白垩系，陆上主要储层为泥盆系、石炭系。侏罗系 Plover 组是盆地内最重要的储层，其天然气储量占盆地天然气总储量的 90% 以上。

古生界储层主要发育于盆地南部皮特尔坳陷和达尔文陆架，埋深适中，沉积环境主要为河流—三角洲。在皮特尔坳陷中部，主要储层埋深约 3000～3500m，坳陷斜坡带为 2000～2500m，达尔文陆架储层埋深约 2000m。储层砂体硅酸盐化作用普遍，因此大部分储层物性较差。泥盆系—下石炭统储层包括 Cockatoo 组 Westwood 段、Langfield 群 Enga 砂岩组和 Septimus 石灰岩组以及 Milligans 组。这些储层在盆地的陆上和近岸地区储有油气，油气储量却很少，不到波拿帕特盆地总储量的 1%。

中生界主要储层为上三叠统 Challis 和 Nome 组河口或海湾相砂岩、中—下侏罗统 Plover 组河道砂岩以及中—上侏罗统 Vulcan 组三角洲砂岩，次要储层为上白垩统 Bathurst Island 群 Puffin 组砂岩。武尔坎坳陷 Sahul 群 Challis 组含油气，其储层为河流—三角洲相至浅海相砂岩。Plover 组砂岩构成了盆地内最重要的油气储层，这套储层主要分布于武尔坎坳陷、萨湖台地和卡尔得地堑，其油气储量占盆地油气总储量的 75% 以上。

中—上侏罗统 Montara 组海相砂岩是波拿帕特盆地重要的储油层，砂岩为细至粗粒石英砂岩，储集岩品质从差到很好。砂岩的分选中等到很好，矿物成熟度很高。上侏罗统 Vulcan 组下段砂岩是武尔坎坳陷内重要储层。

（三）盖层特征

波拿帕特盆地发育古生界、中生界两套区域性盖层，岩性以泥页岩为主，局部为致密含碳酸盐岩（Dombey 段灰岩）。

按由老至新的顺序，盆地存在如下区域盖层（图 3-30）：

下二叠统 Kulshill 群 Treachery 组：沉积厚度大、分布范围广的湖相页岩是下伏 Kuriyippi 组的区域盖层。

下二叠统 Kinmore 群 Fossil Head 组：前三角洲相页岩和粉砂岩为下伏 Keyling 组砂岩的区域盖层。

下三叠统 Mount Goodwin 组：该组的页岩构成了 Tern-1 井 Tern 段砂岩和 Fishburn-1 井 Hyland Bay 组砂岩的区域盖层。

（四）油气运移特征

断裂系统和盐底劈构造是波拿帕特盆地油气垂向运移聚集的重要通道，盆地内已发现的油气田（藏）主要分布在断陷深凹或紧邻断陷的深凹部位，油气运移以垂向或短距离侧向运移为主。武尔坎坳陷 Vulcan 组下段成熟烃源岩生成的油气主要沿着运载层和断层运移至位于上升断块的储层内聚集成藏，如 Swan 地堑 Vulcan 组下段页岩生成的油气沿垂直断裂运移至 Puffin 地垒上白垩统 Puffin 组砂岩成藏，Vulcan 组下段生成的油气沿 Plover 组运载层运移到 Swan 地堑东部的 Skua 构造聚集成藏。

根据烃源岩、储层、盖层和运移条件总结波拿帕特盆地结构化参数，见表 3-4。

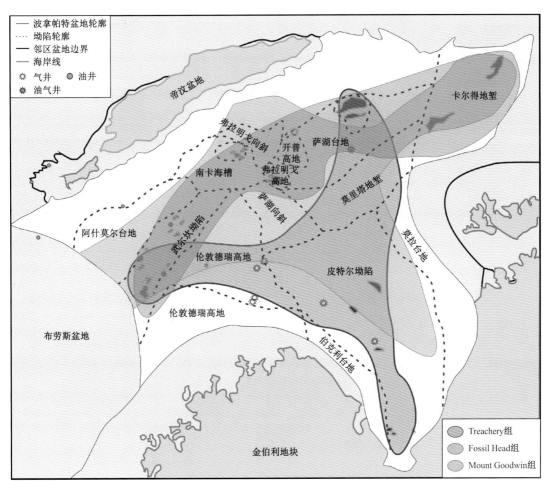

图 3-30　波拿帕特盆地区域盖层图

表 3-4　波拿帕特盆地结构化参数表

盆地结构参数	主要内容与特征	
大地构造背景	盆地西南部与布劳斯盆地相接,北抵帝汶海,东部为 Cockatoo 断裂带。盆地形态呈喇叭状向北帝汶海域张开	
盆地类型	白垩纪开始为被动大陆边缘盆地	
盆地演化	五个阶段	① 克拉通坳陷(ϵ—O_2);② 前裂谷(O_2—D_3);③ 同生裂谷(D_3—K_1);④ 被动大陆边缘(K_2—E_3);⑤ 板块碰撞(E_3 至今)
基底特征	前寒武基底	
面积	$34.64 \times 10^4 km^2$	
不整合面	发育八个区域不整合面	

盆地结构参数	主要内容与特征
构造分区	八个负向单元：武尔坎坳陷、南卡海槽、萨湖向斜、萨湖坳陷、皮特尔坳陷、弗拉明戈向斜、莫里塔地堑、卡尔得地堑；九个正向单元：阿什莫尔台地、伦敦德瑞高地、萨湖台地、腊米纳锐亚高地、伯克利台地、莫拉台地、啜巴杜尔高地、开普高地、弗拉明戈高地和达尔文陆架
地层变化	古生界分布于盆地南部陆上，中—新生界分布于盆地海域。陆上沉积限于古生代，即克拉通坳陷（∈—O）和断陷裂谷（D—C）沉积
沉积类型	古生界沉积以河流、滨海和浅海相为主；中生界早期属于滨浅海沉积环境，以碎屑岩沉积为主，局部发育局限海碳酸盐岩和蒸发岩沉积
烃源岩特征	古生界和中生界两大烃源岩层系。陆上古生界：石炭系 Milligans 组、二叠系 Keyling 组、Hyland Bay 组；海上中生界：上侏罗统 Vulcan 组、中—下侏罗统 Plover 组、下白垩统 Echuca Shoals 组
主要储层类型	古生界主要发育于盆地南部皮特尔坳陷和 Darwin 隆起地区，埋深适中的河流—三角洲沉积。中生界主要为上三叠统 Challis、Nome 组砂岩和侏罗统 Plover 和 Vulcan 组砂岩
盖层特征	发育古生界、中生界两套区域性盖层，以泥页岩盖层为主，局部为致密碳酸盐岩（Dombey 段）。古生界上泥盆统 Bonaparte 组、Langfield 群和下石炭统 Milligans 组。中生界有上侏罗统 Frigate、Flamingo 组内的页岩，白垩系 Bathurst 群页岩
生储盖组合	古生界两个有效组合：石炭系 Milligans 组—Milligans 组和 Kuriyippi 组、二叠系 Keyling 组和 Hyland Bay 组。中生界主要发育于武尔坎坳陷及其周边地区、萨湖台地和卡尔得地堑，烃源岩、储层和盖层都是中生代形成
勘探现状	发现 76 个油气田，其中 18 个投入开发
主要勘探层段	武尔坎坳陷有两个生烃中心。Vesta 圈闭下侏罗统 Vulcan 组和 Plover 组砂岩储层钻遇性可能大，但埋深超过 3600m，勘探成本较高

二、含油气系统评价

（一）含油气系统划分

波拿帕特盆地共可划分为七套含油气系统，其中已知的含油气系统有 3 个、潜在的含油气系统有 2 个、推测的含油气系统有 2 个：古生界 Milligans/Kuriyippi–Milligans（！）含气系统、中生界 Elang–Elang（！）含油气系统、中生界 Vulcan–Plover（！）含油气系统、古生界 Hyland Bay/Keyling–Hyland Bay（.）含油气系统、中生界 Plover–Plover（.）含油气系统、古生界 Bonaparte/Milligans–Ningbing/Milligans（？）含油气系统以及古生界 Permian–Hyland Bay（？）含油气系统（图 3-31、图 3-32）。

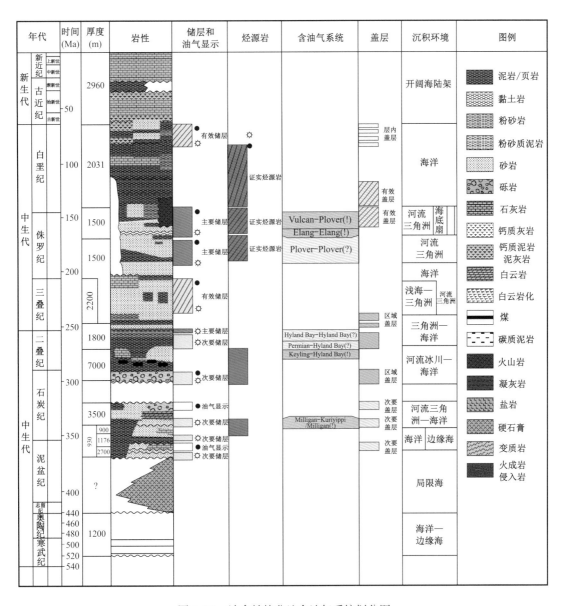

图 3-31　波拿帕特盆地含油气系统划分图

1. 古生界 Milligans/Kuriyippi-Milligans（！）含油气系统

古生界 Milligans/Kuriyippi–Milligans（！）含油气系统主要分布于波拿帕特盆地皮特尔坳陷南部，已确认有良好的油气远景并有 11 个油气发现，即 Barnett、Turtle（海上），Bonaparte、Garimala、Kulshill、Ningbing、Pelican Island、Spirit Hill、Vienta、Waggon Creek 和 Weaber（陆上）（表 3–5）。

表 3-5　波拿帕特盆地 Milligans/Kuriyippi–Milligans 含油气系统特征表

烃源岩	Milligans 组
储层	Milligans 组和 Kuriyippi 组
盖层	Treachery 组页岩，层内封闭
烃源岩性质	生气、生油
烃源岩沉积环境	海相泥岩
地质年代	石炭纪
排烃时间	晚石炭—中三叠世
圈闭	断背斜、披覆背斜和地垒
勘探风险	烃源岩分布

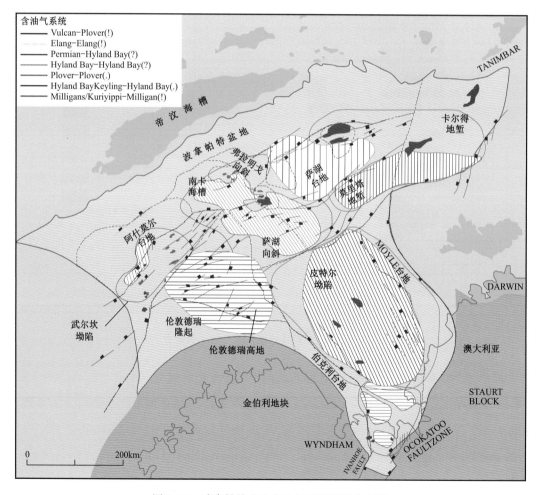

图 3-32　波拿帕特盆地含油气系统平面分布图

皮特尔坳陷南部最重要的烃源岩是下石炭统 Milligans 组海相泥岩。下石炭统 Langfield 组是发育在皮特尔坳陷南部的一套潜在烃源岩（Gerter 等，2004）。该地区目前油气勘探目的层位是下石炭统 Milligans 组以及中石炭统—二叠系 Kuriyippi 组，Tanmurra 和 Point Spring 组砂岩也有一定的勘探潜力。Milligans 组含有近海到浅海页岩和带有少量砂岩透镜体的粉砂岩。Bonaparte-2 井在 Milligans 组砂岩发现天然气。Weaber-1 和 Turtle-1 井的油气主要储集在 Milligans 组，Kuriyippi 组也有油气发现。古生界 Milligans/Kuriyippi-Milligans（!）含油气系统的各关键要素相互关系如下（图 3-33—图 3-38）：

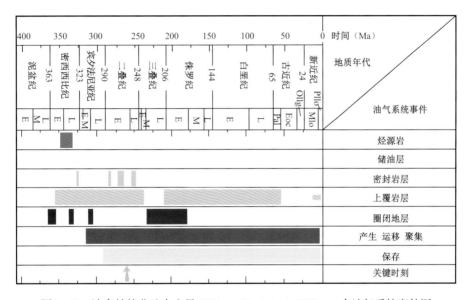

图 3-33　波拿帕特盆地古生界 Milligans/Kuriyippi-Milligans 含油气系统事件图

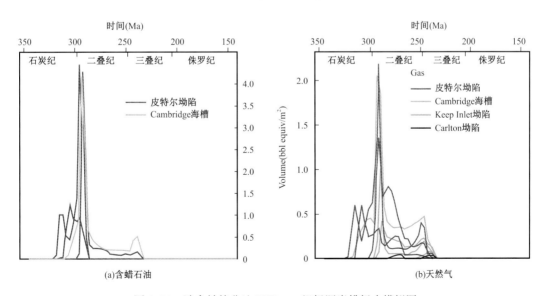

图 3-34　波拿帕特盆地 Milligans 组烃源岩排烃史模拟图

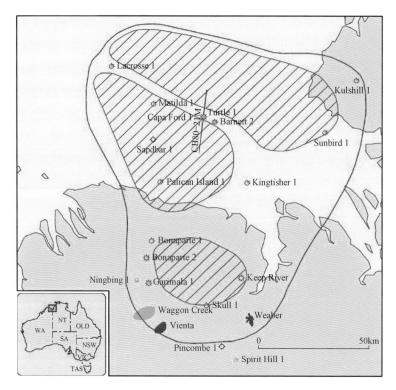

图 3-35　波拿帕特盆地 Milligans/Kuriyippi–Milligans 含油气系统分布图

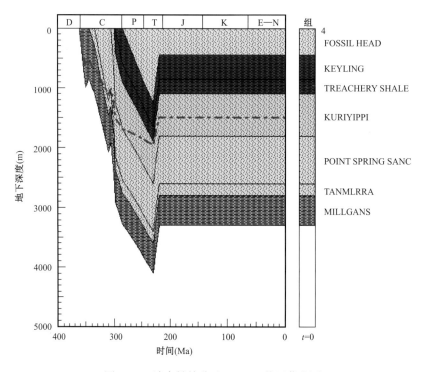

图 3-36　波拿帕特盆地 Matilda 井埋藏史图

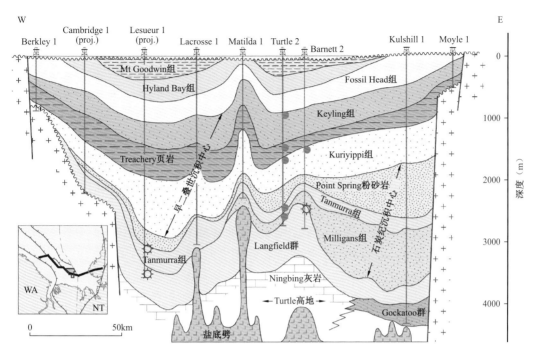

图 3-37　波拿帕特盆地 Milligans/Kuriyippi-Milligans 含油气系统剖面图（据 Miyazaki，1997）

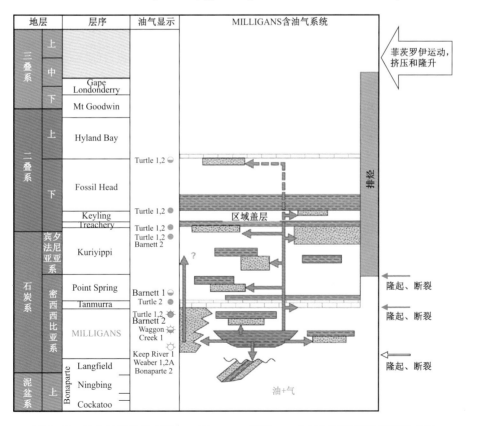

图 3-38　波拿帕特盆地 Milligans/Kuriyippi-Milligans 含油气系统垂向运移模式图

1）排烃期

古生界 Milligans/Kuriyippi-Milligans 含油气系统石炭系 Milligans 组烃源岩的生排烃期始于晚石炭世并持续到中三叠世，其中早二叠世是排烃高峰期（图 3-33、图 3-34）。Milligans 组排烃仅限于 Turtle-Barnett 隆起北部和南部的海上沉积中心（图 3-35）。

2）圈闭形成

古生界 Milligans/Kuriyippi-Milligans 含油气系统圈闭形成于泥盆纪和石炭纪（图 3-33）。

3）圈闭类型

古生界 Milligans/Kuriyippi-Milligans 含油气系统的圈闭类型主要是断层和披覆背斜，也包括地垒、低位扇、碳酸盐岩丘和相关联的披覆（Bishop，1999）。下二叠统 Treachery 组页岩为区域性盖层，局部 Kulshill 群层内盖层发育（McConachie，1996）（图 3-37）。Milligans/Kuriyippi-Milligans 含油气系统的油藏类型以下生上储和自生自储型为主。

2. 中生界 Elang-Elang（！）含油气系统

中生界 Elang-Elang 含油气系统位于波拿帕特盆地北部，涵盖南卡海槽、萨湖向斜、腊米纳锐亚台地、弗拉明戈高地、弗拉明戈向斜、邻近的伦敦德瑞高地以及萨湖台地的侧翼（表 3-6、图 3-39）。该含油气系统确认有商业性油气发现，如 Bayu-Undan、Buffalo、Corallina、Elang、Kakatua 以及 Laminaria 等油气田。其他无商业价值的油气发现包括：Ascalon-1A、Avocet-1A、Bluff-1、Buller-1、Coleraine-1、Eider、Flamingo-1、Fohn-1、Jahal-1、Krill-1、Kuda Tasi-1、Lorikeet-1、Minotaur-1、Rambler-1 和 Saratoga-1。

表 3-6　波拿帕特盆地中生界 Elang-Elang 含油气系统特征表

烃源岩	Elang 组
储层	Elang 组
盖层	Echuca Shoals 组（区域盖层）、Flamingo 和 Frigate 组
烃源岩性质	生油、生气
烃源岩沉积环境	有陆源物质侵入的海洋沉积环境
地质年代	侏罗纪
排烃时间	未知
圈闭	构造高点，复杂地垒，掀斜断块，地层圈闭
勘探风险	再次活动的断层

中生界 Elang-Elang 含油气系统的潜在烃源岩包括 Flamingo 群以及 Elang、Frigate 和 Plover 组，其中 Elang 组（也称为 Laminaria 组）是主要的烃源岩。已证实的储层有 Plover 和 Elang/Laminaria 组。这些储层分布广泛，以河流相、海相砂岩为主。Elang 和 Plover 组孔隙度从中等到良好（5%～20%）。Elang/Laminaria 和 Plover 组储层的原生孔隙减小是由

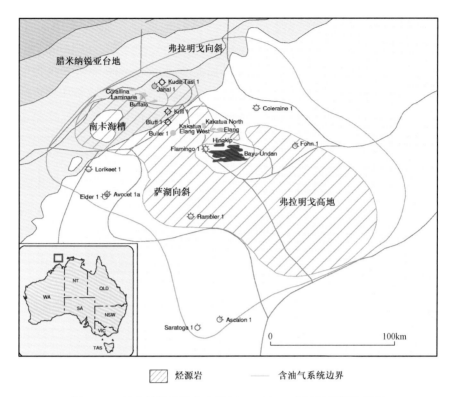

图 3-39　波拿帕特盆地中生界 Elang-Elang 含油气系统分布图

于砂岩孔隙间黏土进入充填以及硅质在成岩演化过程中次生所致。高热流体也可能导致储层的孔隙减小（Labutis 等，1998）。储层被层内盖层或 Echuca Shoals 组区域性盖层封挡。Elang-Elang 含油气系统的各关键要素相互关系如下。

1）生烃期

南卡海槽、萨湖向斜和弗拉明戈向斜是烃源灶发育区。南卡海槽烃源岩有 Flamingo 群以及 Elang、Frigate 和 Plover 组，其中 Elang 组是最主要的烃源岩。在萨湖向斜和弗拉明戈高地，Elang 组烃源岩已成熟并开始生排烃。该油气系统生烃期为晚白垩世—新近纪。

2）圈闭形成

圈闭形成于晚二叠世—更新世。

3）运移

该地区构造的复杂性意味着油气的运移路径一般很短，并在适合的圈闭中聚集成藏。

4）圈闭类型

圈闭包括构造隆起、地垒复合体、掀斜断块和地层圈闭。该系统主要的风险是断层重新作用。

Plover 组和 Elang 组砂岩储层是 Elang-Elang 含油气系统的主要勘探目标。油气被区域性盖层 Echuca Shoals 组或其他层系的层内盖层所封挡。Echuca Shoals 组、Flamingo 群和 Frigate 组组成了一个厚层的黏土岩层系，该层系的底面即为 Elang 组的顶面。Elang 组上覆黏土岩层系阻碍了下伏 Elang 和 Plover 组砂体内油气的运移。Elang 和 Plover 组砂泥互层表明这两套层系既发育有效烃源岩又能够形成储层。Flamingo 群在该区域的东南部，Frigate 组在该区域的西北部封闭油气。Elang 组顶面构造图表明萨湖台地是盆地晚侏罗世主要的沉积中心及构造高点，腊米纳锐亚台地次之（图 3-40）。图 3-41 中暗绿色表示油发现，红色表示天然气或凝析气发现。

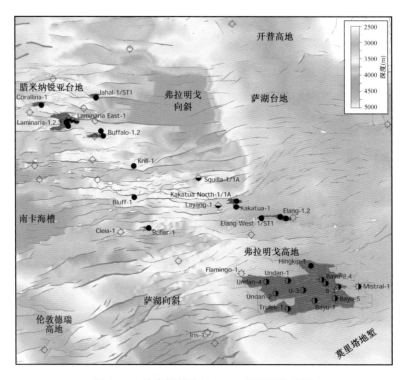

图 3-40　波拿帕特盆地 Elang 组顶面构造图

图 3-41 中 120℃和 140℃等值线分别是 Elang/Plover 组及 Frigate 组底面排烃的有效界定。图中同时标注了图 3-43 剖面图的位置（从 Corallina-1 到 Bayu-1 井）。弗拉明戈高地的油气组分表明该构造的 Elang-Elang 含油气系统的烃源岩以海相物源为主，有可能来自 Flamingo 群。腊米纳锐亚台地的烃类物质以陆源组分为主，可能来自 Frigate 组。弗拉明戈高地和腊米纳锐亚台地之间的烃类组分既有海相物源也有陆相物源的贡献。

图 3-42 在指定的井位处已经标明了地温为 120℃和 140℃的排烃门限。Elang/Plover 组排烃温度平均值 127～131℃。Frigate 和 Flamingo 组平均排烃温度为 144～146℃。

图 3-43 表示了 Elang-Elang 含油气系统在波拿帕特盆地次级构造内的烃源岩、储层和盖层等地质要素的对比。在萨湖向斜、腊米纳锐亚台地、弗拉明戈高地、弗拉明戈向斜和萨湖台地，Elang-Elang 含油气系统内最主要的烃源岩是 Plover 和 Elang 组。Frigate 组在萨

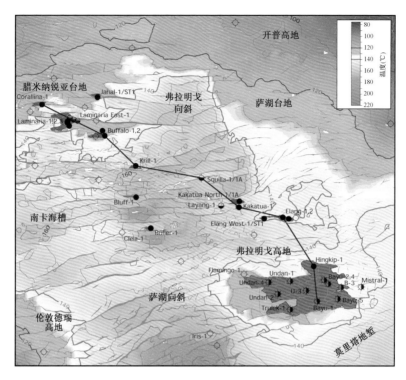

图 3-41 波拿帕特盆地 Elang 组顶面温度等值线图

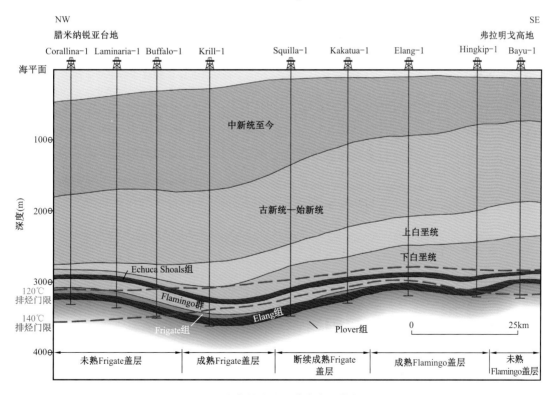

图 3-42 波拿帕特盆地萨湖台地横剖面图

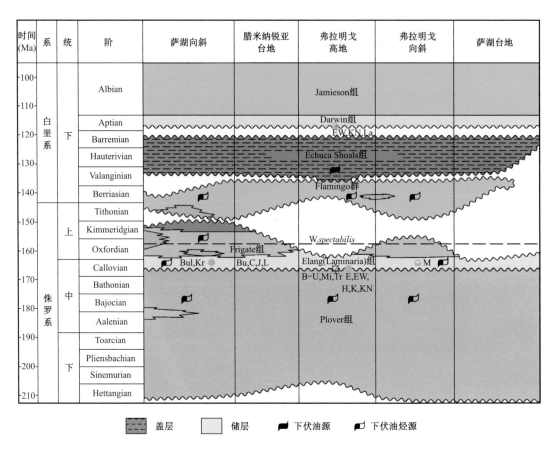

图 3-43 波拿帕特盆地部分二级构造单元 Elang-Elang 含油气系统地质成藏要素对比剖面图

湖向斜发育，在腊米纳锐亚台地和弗拉明戈向斜遭受不同程度的剥蚀，在弗拉明戈高地和萨湖台地则由于剥蚀殆尽而缺失。Flamingo 组主要发育在萨湖向斜、腊米纳锐亚高地和弗拉明戈向斜，在弗拉明戈高地和萨湖台地则遭受不同程度的剥蚀。腊米纳锐亚台地和弗拉明戈高地的油气来自弗拉明戈和萨湖向斜。Frigate 组烃源岩对萨湖向斜和腊米纳锐亚台地油气藏的贡献以及 Flamingo 组烃源岩对弗拉明戈向斜和萨湖台地油气的贡献尚无定论。

3. 中生界 Vulcan-Plover（！）含油气系统

中生界 Vulcan-Plover 含油气系统主要位于波拿帕特盆地的武尔坎坳陷，向西、向北分别短距离延伸至阿什莫尔和萨湖台地的边缘（表 3-7、图 3-44）。Cassini、Challis、Jabiru 和 Skua 的商业性油气发现，证明了 Vulcan-Plover 含油气系统的存在。非商业性的油气发现包括：Audacious、Bilyara-1、Birch-1、Delamare-1、East Swan、Eclipse-2、Halcyon-1、Keeling-1、Maple-1、Maret-1、Montara、Oliver-1、Padthaway-1、Pengana-1、Puffin、Swan、Swift-1、Tahbilk-1、Talbot 和 Tenacious。

表 3-7　波拿帕特盆地中生界 Vulcan-Plover（！）含油气系统特征表

烃源岩	Vulcan 组
储层	Plover 组
盖层	Echuca Shoals 组
烃源岩性质	生油、生气
烃源岩沉积环境	有陆源物质侵入的海洋沉积环境
地质年代	侏罗纪
排烃时间	排气：晚侏罗世—早白垩世；排油和气：新近纪
圈闭	块状地垒、三角洲砂、滨线砂、盆底扇
勘探风险	断层封闭性、运移路径

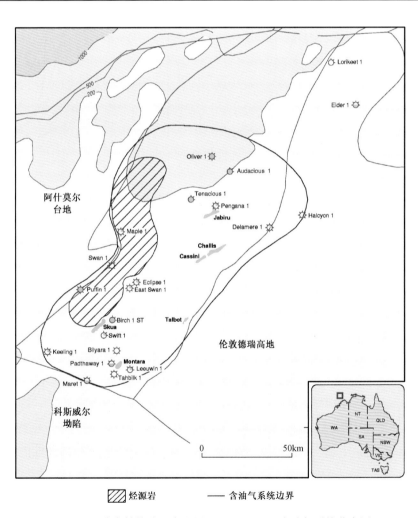

图 3-44　波拿帕特盆地中生界 Vulcan-Plover 含油气系统分布图

Vulcan-Plover 含油气系统的主要烃源岩为上侏罗统 Vulcan 组下段，其次为中下侏罗统 Plover 组，这两套烃源岩干酪根类型以 Ⅱ 型为主，在武尔坎坳陷内，Skua 海槽、Swan 地堑和 Paqualin 地堑等次级构造内具有中—好生油气潜力，Cartier 海槽则较差（图 3-45）。Kennard 等（1999）模拟了 Vulcan 组下段烃源岩的排烃范围（图 3-46）。该套烃源岩的限制性分布表明经过长达 40km 的运移路径进入已确认的油气聚集。武尔坎坳陷内源自该套烃源岩的烃类有可能运移至附近的萨湖台地。

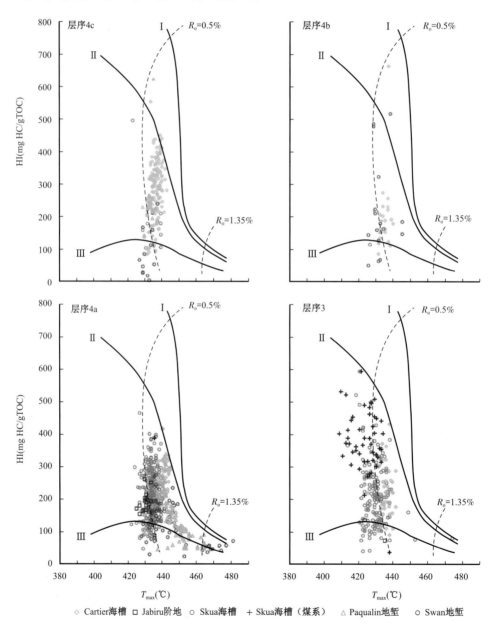

图 3-45　波拿帕特盆地 Vulcan 组（层序 4a、4b 和 4c）和 Plover 组（层序 3）干酪根类型与热演化程度

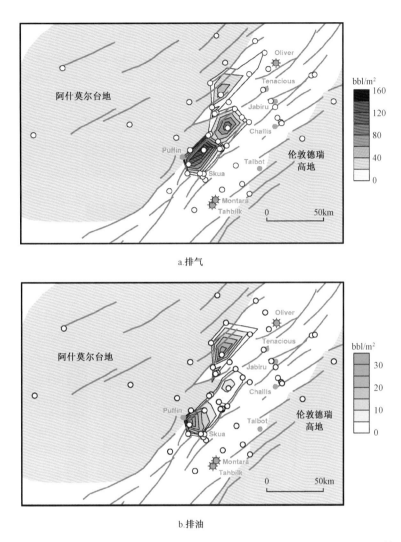

图 3-46 波拿帕特盆地武尔坎坳陷 Vulcan 组下段烃源岩排烃平面图（据 Kennard 等，1999）

武尔坎坳陷储层为上三叠统 Challis 和 Nome 组、中—下侏罗统 Plover 组、上侏罗统 Vulcan 组及上白垩统 Puffin 组，其中 Plover 组是主要的油气勘探目标。

中生界 Vulcan-Plover 含油气系统各要素的相互关系见图 3-47—图 3-50。

1）排烃期

晚侏罗世到早白垩世生烃排出天然气，新近纪压实排烃，排出石油和天然气。

2）圈闭形成

早侏罗世—更新世形成圈闭。

3）运移

晚侏罗世—早白垩世初次运移，古近纪—新近纪二次运移。

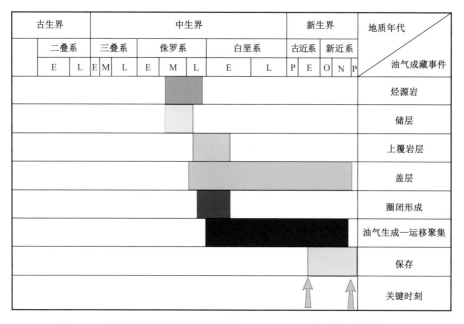

图 3-47　波拿帕特盆地武尔坎坳陷 Vulcan-Plover 含油气系统事件图

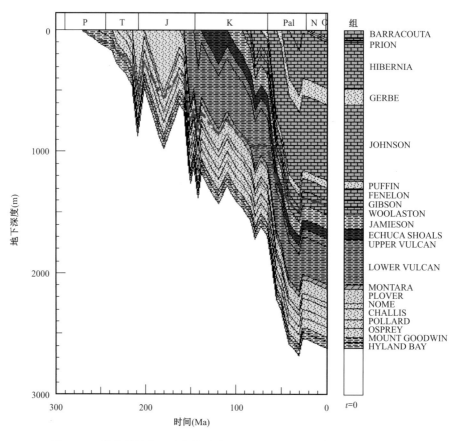

图 3-48　波拿帕特盆地武尔坎坳陷 Vulcan-Plover 含油气系统埋藏史图

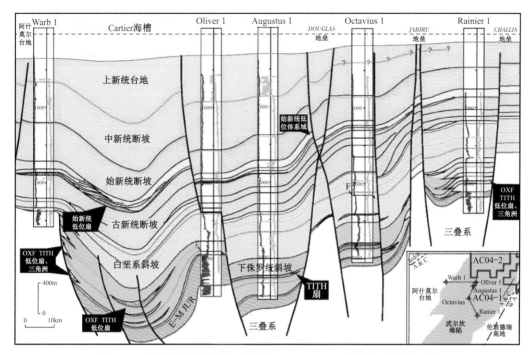

图 3-49　波拿帕特盆地武尔坎坳陷 Vulcan-Plover 含油气系统剖面图

4）圈闭类型

Echuca Shoals 组为区域盖层。潜在的圈闭包括地垒断块、三角洲砂、滨面砂和盆底扇。该含油气系统的风险是断层封挡和运移通道。

4. 古生界 Hyland Bay/Keyling-Hyland Bay（.）含油气系统

古生界 Hyland Bay/Keyling-Hyland Bay 含油气系统遍及皮特尔坳陷中部（表 3-8、图 3-51）。该含油气系统内的 6 个天然气发现（Blacktip、Fishburn、Leseuer、Penguin、Petrel 和 Tern）证明该系统有油气潜力（Barrett 等，2004）。Barrett 等（2004）认为位于 Kelp 隆起的 Kelp Deep-1 天然气发现的二叠系 Hyland Bay-Hyland Bay 含油气系统包含在该系统内。

表 3-8　波拿帕特盆地古生界 Hyland Bay/Keyling-Hyland Bay（.）含油气系统特征表

烃源岩	Hyland Bay 组、Keyling 组
储层	Hyland Bay 组、Keyling 组
盖层	Mount Goodwin 组
烃源岩性质	生气
烃源岩沉积环境	煤质泥岩、泥岩
地质年代	二叠纪
排烃时间	Keyling 组：晚二叠世—早白垩世；Hyland Bay 组：侏罗纪—白垩纪
圈闭	断背斜、盐底劈相关构造、地层圈闭
勘探风险	开启断层、缺少油气充注

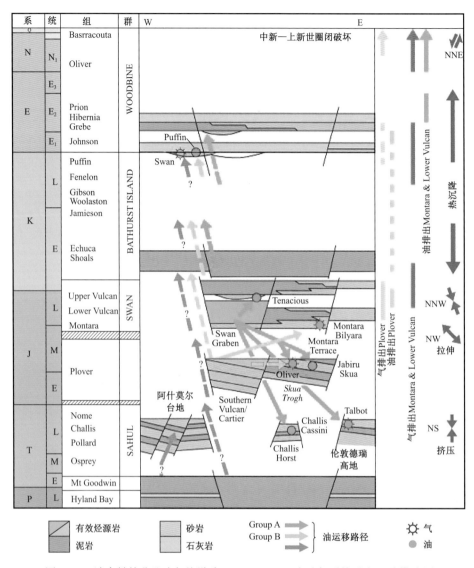

图 3-50　波拿帕特盆地武尔坎坳陷 Vulcan-Plover 含油气系统垂向运移模式图

　　烃源岩为下二叠统 Keyling 组和上二叠统 Hyland Bay 组的含煤泥岩，Treachery 和 Kuriyippi 组页岩有机质含量很小（Kennard 等，2002）。Keyling 组烃源岩发育以生气为主 Ⅲ/Ⅳ型干酪根及以生油—凝析油为主的 Ⅱ/Ⅲ 型干酪根。煤层 TOC 平均为 35%，具有生油气的潜力，但是厚度薄且未成熟。Hyland Bay 组干酪根为含油生气的 Ⅲ/Ⅳ 型，生气潜力很差（图 3-29）。

　　储层为 Hyland Bay 组砂岩段，储层大多位于皮特尔坳陷的中部、Hyland Bay 组和 Keyling 组中。Keyling 组含有夹少量煤和石灰岩的页岩和砂岩并沉积在一个总体海侵旋回中；在该组的上部被冰川覆盖。二叠系的 Hyland Bay 组是一个重要的储层，位于皮特尔坳陷的中部。储层位于 Cape Hay 和 Tern 段砂岩中。Cape Hay 段是一个波浪—河流共同主导

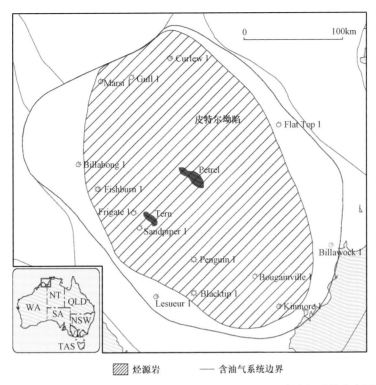

图 3-51　波拿帕特盆地 Hyland Bay/Keyling–Hyland Bay 含油气系统分布图

的三角洲环境，该环境有一个东南物源和多重薄层（5m）叠加的储集砂岩，Tern 段解释为一个复合障壁沙坝。

盖层为区域盖层 Mount Goodwin 组。Mount Goodwin 组及 Fossil Head 组和 Hyland Bay 组中的其他小盖层作为一套区域盖层。此含油气系统的各关键要素相互关系如下（图 3-52—图 3-57）。

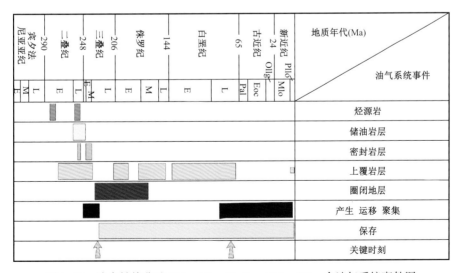

图 3-52　波拿帕特盆地 Hyland Bay/Keyling–Hyland Bay 含油气系统事件图

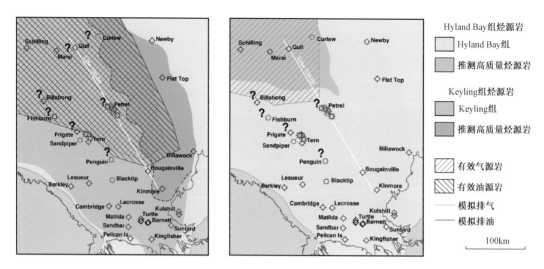

图 3-53　波拿帕特盆地 Hyland Bay/Keyling-Hyland Bay 含油气系统平面图

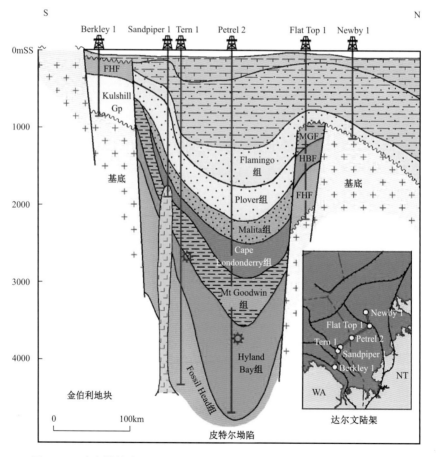

图 3-54　波拿帕特盆地 Hyland Bay/Keyling-Hyland Bay 含油气系统剖面图

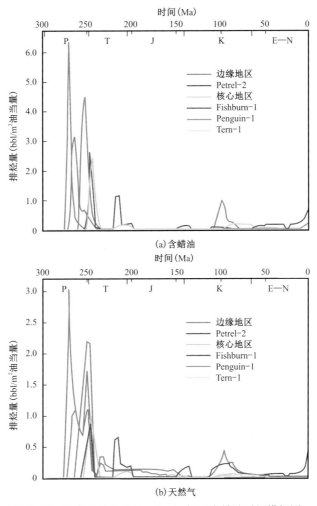

图 3-55　波拿帕特盆地 Keyling 组烃源岩排油时间模拟图

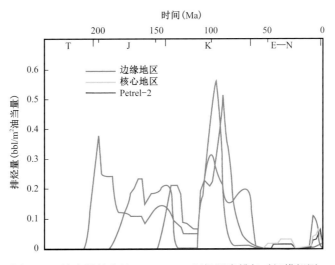

图 3-56　波拿帕特盆地 Hyland Bay 组烃源岩排气时间模拟图

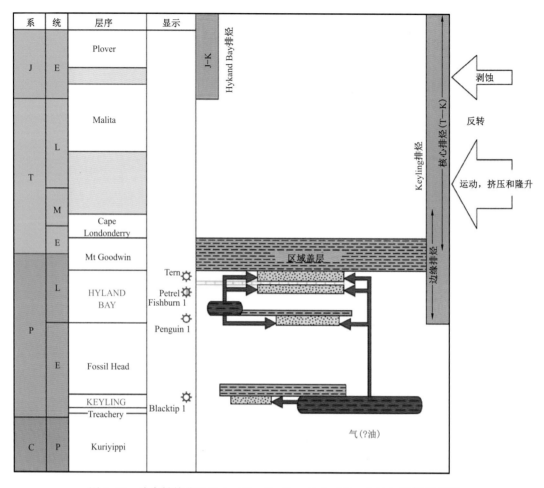

图 3-57　波拿帕特盆地 Hyland Bay/Keyling-Hyland Bay 含油气系统剖面图

1）排烃期

Keyling 组广泛分布在皮特尔坳陷的中央及其附近，在晚二叠世—早白垩排烃，较小的运移持续贯穿晚三叠世—早白垩世（图 3-52）（Kennard 等，2002）。Keyling 组烃源岩排油始于晚二叠世，在早三叠世达到高峰；次要排油期从晚三叠世持续到白垩纪（图 3-55）。

Hyland Bay 组分布于皮特尔坳陷的外部和莫里塔地堑的邻近地区，侏罗纪—白垩纪排烃，被认为太贫瘠无法排出油（图 3-57）。

2）圈闭形成

二叠系—早侏罗世为圈闭形成时间（图 3-52）。

3）运移

晚二叠世—早白垩世开始运移。两套自生自储油藏，以生气为主，在皮特尔坳陷中部相对富集（图 3-52）。

4）圈闭类型

三叠纪和侏罗纪形成的圈闭主要为背斜，披覆构造也很重要（Bishop，1999）。

5. 中生界 Plover-Plover（.）含油气系统

中生界 Plover–Plover 含油气系统从莫里塔地堑贯穿萨湖和啜巴杜尔高地向北延伸，北部以与印度尼西亚的国界为限（表 3-9、图 3-58）。该系统因该地区 5 个天然气 / 凝析油发现被认为有生气倾向，5 个已发现油气田为：Chuditch–1、Evans Shoal、Lynedoch、Sunrise 和 Troubadour。Abadi 油气田也是该系统中的一个，但位于印度尼西亚水域（Longley 等，2000；Barrett 等，2004）。

表 3-9 波拿帕特盆地中生界 Plover–Plover 含油气系统特征表

烃源岩	Plover 组
储层	Plover 组
盖层	Bathurst Island 群，层内封闭
烃源岩性质	生气，生少量油
烃源岩沉积环境	海相泥岩，陆源煤层
地质年代	侏罗纪
排烃时间	排油：中白垩世—新近纪；排气（干气）：古近—新近纪
圈闭	块状地垒、断背斜、掀斜断块、地层圈闭
勘探风险	油藏的气洗作用、CO_2

该含油气系统主要的烃源岩是中—下侏罗统 Plover 组。Plover 组的泥岩发育盆地中最丰富的烃源岩。Plover 组为三角洲沉积，以粗粒为主并夹有少量海相痕迹和细煤层的硅质碎屑单元。武尔坎坳陷 Plover 组样品分析表明，样品含有中等到很好成烃潜力并富含有机质的泥岩。烃源岩性质变化从生气型（Ⅲ型）干酪根到生油和生气型（Ⅱ / Ⅲ型）干酪根。一些泥岩处于生油窗早期（R_o=0.5%～0.7%）。煤层只在 Montara 阶地钻遇（TOC 范围为 40%～73%；平均 54%），并且煤层平均氢指数为 400mg HC/g TOC（氢指数范围为 296～533mg HC/g TOC）。其他有潜力的烃源岩包括上侏罗统 Flamingo 群和下白垩统 Echuca Shoals 群。Echuca Shoals 群包含沉积在海相环境的页岩和黏土岩并有好的烃源岩性质但被认为在盆地大部分地区稍微成熟（Bishop，1999）。

该含油气系统的主要的储层是 Plover 组。其他质量好的储层包括 Challis 组和 Nome 组、Flamingo 群和 Bathurst Island 群的上白垩统砂岩。Bathurst Island 和基底的黏土岩及粉砂岩形成了一套区域盖层。Plover-Plover（.）含油气系统各要素的相互关系见图 3-59—图 3-61。

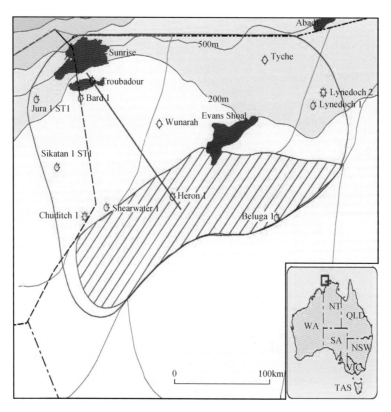

图 3-58　波拿帕特盆地中生界 Plover-Plover 含油气系统分布图

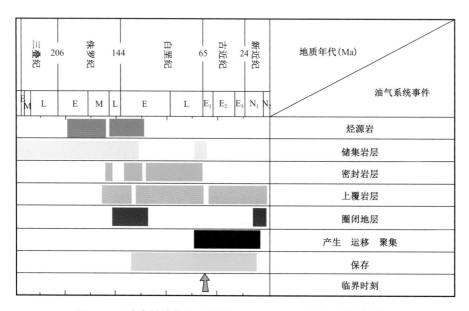

图 3-59　波拿帕特盆地中生界 Plover-Plover 含油气系统事件图

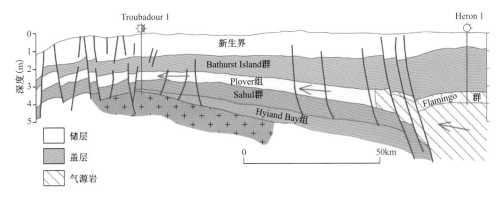

图 3-60　波拿帕特盆地中生界 Plover-Plover 含油气系统剖面图

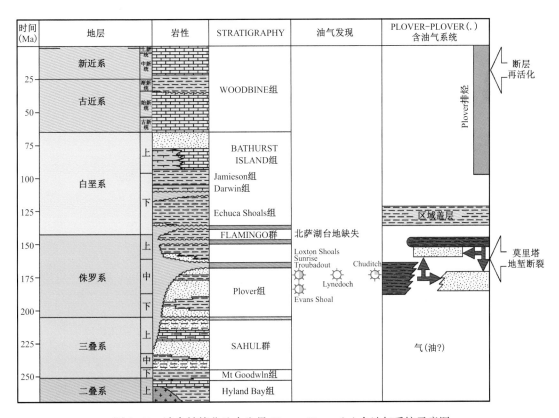

图 3-61　波拿帕特盆地中生界 Plover-Plover（.）含油气系统示意图

1）排烃期

Plover 组在中白垩世进入生油窗。

2）圈闭形成

早侏罗世—更新世形成圈闭。

3）运移

主要的生油窗位于莫里塔地堑并可能延伸进入萨湖台地、啜巴杜尔高地和卡尔得地堑的部分地区（Barrett 等，2004）。Plover 组在地堑中足够成熟生成天然气并且成熟的油源透镜体可能位于较浅的地堑北部侧翼。

4）圈闭类型

圈闭主要为构造圈闭，例如地垒断块、掀斜断块、断背斜。

Plover-Plover（.）含油气系统主要的风险是潜在石油聚集的气冲洗。

6. 古生界 Permian-Hyland Bay（？）含油气系统

二叠系的 Hyland Bay 含油气系统位于波拿帕特盆地伦敦德瑞高地（表 3-10、图 3-62）。二叠系 Hyland Bay 含油气系统可能是皮特尔坳陷中 Hyland Bay/Keyling-Hyland Bay 含油气系统的一个延续，但远景区似乎与一个不同的构造型式有关（Barrett 等，2004）。该油气聚集位于二叠系 Hyland Bay/Keyling-Hyland Bay 含油气系统中。

表 3-10　波拿帕特盆地古生界 Permian-Hyland Bay（？）含油气系统特征表

烃源岩	?Permian（Hyland Bay 组或 Keyling 组）
储层	Hyland Bay 组
盖层	Mount Goodwin 组
烃源岩性质	生气，可能生油
烃源岩沉积环境	煤质泥岩、泥岩
地质年代	二叠纪
排烃时间	中生代—新近纪
圈闭	地垒、背斜、掀斜断块、地层圈闭
勘探风险	开启断层、缺少油气充注

古生界 Permian-Hyland Bay（？）含油气系统已有两个天然气发现（Prometheus-1 和 Rubicon-1 井），证明了油气远景，Hayland Bay 组中出现的油斑及 Torrens-1 井 Fossil Head 组流体包裹体和一个推测的 42m 原油柱（Edwards 等，1997；Edwards 等，2000；Barrett 等，2004）。

古生界 Permian-Hyland Bay（？）含油气系统拥有一个由 Hyland Bay 组和 Keyling 组组成的推测的二叠系远景烃源岩。

上二叠统 Hyland Bay 组的三角洲砂岩是主要的储层目标。一般，储层为细的、透镜体的和孤立的。皮特尔坳陷 Hyland Bay 组内孔隙度最高为 20%。其他远景单元包括 Keyling 组、Cape Londonderry 组、Plover 组及 Flamingo 群。Bathurst Island 群是区域盖层。在伦敦德瑞高地的东翼，Hyland Bay 组砂岩被上覆 Mount Goodwin 组厚层海相页岩构造或地层圈闭（Cadman & Temple，2004）。Hyland Bay 组内部，碳酸盐岩成为层内盖层。古生界 Permian-Hyland Bay（？）含油气系统各要素的相互关系如下。

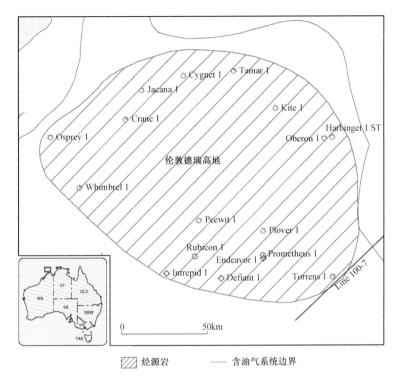

烃源岩　　——　含油气系统边界

图 3-62　古生界 Permian-Hyland Bay（?）含油气系统分布图

1）排烃期

Hyland Bay 组的排烃开始于侏罗纪并持续到新近纪。Keyling 组的排烃开始于晚二叠世并在早三叠世达到高峰。Keyling 组的较小排烃持续贯穿晚三叠世到白垩纪（Kennard 等，2002）。

2）圈闭形成

晚二叠世—侏罗纪形成圈闭。

3）运移

晚二叠世—新近纪进入运移期。

4）圈闭类型

在该地区打的钻井大多以构造、断层控制的圈闭为目标，这些圈闭形成于像地垒、掀斜断块和背斜为代表的中生代断裂期间。地层圈闭很有潜力成为未来的勘探目标。该含油气系统的主要风险是断层圈闭的失效和缺少石油充注。

7. 古生界 Bonaparte/Milligans-Ningbing/Milligans（?）含油气系统

波拿帕特盆地古生界 Bonaparte/Milligans-Ningbing/Milligans 含油气系统总体上是一个推测的含油气系统并与 Bradshaw（1993）和 Bradshaw 等（1994）的 Larapintine-3 含油气系统对应。该含油气系统似乎仅限于皮特尔坳陷南部陆上和近岸地区（Cadman & Temple，2004）。

这些油气聚集可能来源于 Milligans 或 Bonaparte 组（Laws，1984；Kennard 等，2002）。在 Ningbing-1 井 Ningbing 灰岩的岩心中发现石油。石灰岩中的石油以低碳同位素（^{13}C 贫乏）为特征（Kennard 等，2002）。Ningbing-1 和 Spirit Hill-1 井数据表明 Bonaparte 组及同期地层有机质不发育（Edwards & Summons，1996）。在其他陆上和海上石油井中的同期地层都过成熟。

在 Garimala 和 Vinta、皮特尔坳陷陆上部分的 Ningbing 灰岩和 Milligans 组钻遇天然气。Ningbing 灰岩与 Fammenian Nullara 组的藻类粘结灰岩类似，Fammenian Nullara 组可形成坎宁盆地 Blina 的一套产层（McConachie 等，1996）。古生界 Bonaparte/Milligans-Ningbing/Milligans（？）含油气系统各要素的相互关系如下。

1）排烃期

烃类排除和烃类运移开始于晚石炭世并持续到早三叠世的 Fitzroy 运动，在早三叠世达到高峰（Kennard 等，2002）。对该组岩层的排烃模拟仅限于 Tuttle-Barnett 隆起北部和南部的两个海上沉积中心。

2）圈闭形成

泥盆纪—晚石炭世形成圈闭。

3）运移

晚石炭世—早三叠世进入运移期。

4）圈闭类型

以构造圈闭和地层圈闭油气藏为主。

（二）含油气系统特征参数

分析总结波拿帕特盆地各个含油气系统的特征，得到含油气系统特征参数表（表3-11、表3-12）。

表 3-11　波拿帕特盆地含油气系统特征参数表

Bonaparte/ Milligans- Ningbing/ Milligans（.） 含油气系统	烃源条件	石炭系 Milligans 组页岩，TOC 为 0.5%～4.5%，HI 为 10～100mg/g，R_o 为 0.95%
	盖层条件	下二叠统 Treachery 组页岩，局部盖层发育
	储层条件	Ningbing 灰岩和 Milligans 组
	圈闭条件	构造、地层圈闭
	油气运移与 成藏条件	开始于晚石炭世并持续到早三叠世的 Fitzroy 运动，在早三叠世达到高峰；生烃期为早石炭—晚三叠世，圈闭形成于泥盆纪—早石炭世
Milligans/ Kuriyippi- Milligans（!） 含油气系统	烃源条件	早石炭世 Milligans 组的海相泥岩。Milligans 组有生油和生气倾向。TOC 范围 0.1%～0.2%；HI 为 10～100mg/g，R_o 为 0.95%
	盖层条件	下二叠统 Treachery 组页岩为区域性盖层，Kulshill 群层内盖层局部发育
	储层条件	Milligans 组含有近海到浅海页岩及带有少量砂岩透镜体的粉砂岩

续表

Milligans/ Kuriyippi– Milligans（!） 含油气系统	圈闭条件	圈闭主要是断裂和披覆背斜,但也包括地垒、碳酸盐岩丘和相关联的披覆
	油气运移与 成藏条件	生烃期为二叠纪和新近纪,圈闭形成时间为早石炭世—晚白垩世,油气运移从晚石炭世—早三叠世
Hyland Bay/ Keyling– Hyland Bay（.） 含油气系统	烃源条件	下二叠统 Keyling 组和上二叠统 Hyland Bay 组的含煤泥岩,Keyling 组烃源岩包含高 TOC 的三角洲平原煤(35%)和滨海页岩(2.8%)
	盖层条件	Mount Goodwin 组及 Fossil Head 和 Hyland Bay 组中的盖层作为一套区域盖层
	储层条件	Hyland Bay 组砂岩和 Keyling 组砂岩,河控三角洲沉积环境的砂岩,渗透率较低
	圈闭条件	背斜和披覆构造
	油气运移与 成藏条件	生烃期为早二叠—晚白垩世,圈闭形成时间为二叠纪—早侏罗世,油气运移从晚二叠—早白垩世
Permian– Hyland Bay（?） 含油气系统	烃源条件	Hyland Bay 组和 Keyling 组组成推测的二叠系远景烃源岩,Hyland Bay 组是浅海到三角洲的碳酸盐岩和碎屑岩沉积
	盖层条件	Bathurst Island 群区域盖层
	储层条件	上二叠统 Hyland Bay 组的三角洲砂岩,孔隙度最高为 20%
	圈闭条件	地垒、掀斜断块和背斜圈闭
	油气运移与 成藏条件	圈闭形成时间为晚二叠世—侏罗纪,运移时间为晚二叠世—新近纪
Plover– Plover 组（?） 含油气系统	烃源条件	下—中侏罗统 Plover 组的泥岩;干酪根为 II / III;TOC 范围为 40% 为 73%;平均 54%;HI 平均值为 400mg HC/g TOC
	盖层条件	Bathurst Island 和基底的黏土岩及粉砂岩形成一套区域盖层
	储层条件	主要储层为 Plover 组。其他优质储层包括 Challis 组和 Nome 组、Flamingo 群和 Bathurst Island 群上白垩统砂岩
	圈闭条件	主要为构造圈闭,地垒断块、掀斜断块、断背斜
	油气运移与 成藏条件	生烃期为晚白垩世—新近纪;圈闭形成时间为早侏罗世—更新世;油气运移时间为晚白垩世—新近纪
Elang–Elang（!） 含油气系统	烃源条件	潜在的烃源岩包括 Flamingo 群和 Elang、Frigate 和 Plover 组;Elang 组是主要的烃源岩。Elang 和 Plover 组富含有机质,TOC 达 4%。Frifate 组和 Flamingo 群有机质较贫乏,TOC 很少高于 1%～1.5%
	盖层条件	Echuca Shoals 组的区域盖层
	储层条件	已证实储层包括 Plover 和 Elang/Laminaria 组砂岩,孔隙度从中等到良好(5%～20%)
	圈闭条件	圈闭包括背斜、地垒、掀斜断块和地层圈闭
	油气运移与 成藏条件	生烃期为晚白垩世—新近纪;圈闭形成于晚二叠世—更新世

Vulcan-Plover（!）含油气系统	烃源条件	该地区主要有两套烃源岩：海相为主的上侏罗统 Vulcan 组下段和陆相为主的中—下侏罗统 Plover 组；Vulcan 组下段泥岩干酪根主要为 Ⅱ 和Ⅲ型，HI 为 150～400mg HC/g TOC（平均值 205mg HC/g TOC），Plover 组泥岩干酪根为 Ⅱ 和Ⅲ 型，HI 平均值为 400mg HC/g TOC
	盖层条件	Echuca Shoals 组形成了区域盖层
	储层条件	武尔坎坳陷中的储层是上三叠统 Challis 和 Nome 组、中—下侏罗统 Plover 组、上侏罗统 Vulcan 组及上白垩统 Puffin 组，Plover 组是主要的勘探目标
	圈闭条件	地垒断块圈闭
	油气运移与成藏条件	晚侏罗世到早白垩世为天然气和石油的生成期；初次运移时间为晚侏罗世—早白垩世；圈闭形成于早侏罗世

表 3-12 波拿帕特盆地含油气系统评价标准

参数名称		打分标准				权重
		75～100	50～75	25～50	0～25	
烃源岩	干酪根类型	Ⅰ 、Ⅱ	Ⅱ 、Ⅲ	Ⅲ	Ⅳ	0.08
	TOC 含量（%）	>2	2～1	1～0.5	<0.5	0.06
	R_o 值（%）	1.0～1.5	0.5～1.0	>1.5	<0.5	0.06
储层	孔隙度（%）	>30	20～30	10～20	<10	0.03
	渗透率（mD）	>600	100～600	10～100	<10	0.04
	埋深（m）	<2000	2000～3000	3000～4000	>4000	0.03
盖层	岩性	蒸发岩	泥页岩	泥岩	砂质泥岩	0.04
	厚度（m）	>100	50～100	30～50	<30	0.02
	区域不整合数	0～1	2	3	>3	0.04
输导体系	运移距离（m）	<1000	1000～1500	1500～2000	>2000	0.05
	输导层	断裂	渗透层	不整合	其他	0.05
配置关系	生储盖配置	自生自储	下生上储	上生下储	异地生储	0.04
	圈闭形成与主要油气运移期配置关系	早或同时		晚		0.16
	确定程度	确定	可能	假想		0.3

（三）含油气系统评价

根据含油气系统中烃源岩、储层、盖层、输导体系的特征及其配置关系，设定每个参数的权重，对波拿帕特盆地的含油气系统进行评价（表 3-12）。

通过对含油气系统的评价，波拿帕特盆地较有利的含油气系统为 Vulcan-Plover（!），其次为 Elang-Elang（!）、Milligans-Kuriyippi/Milligans（!）含油气系统（表 3-13）。

表 3-13　波拿帕特盆地含油气系统评价结果

参数名称		Bonaparte/ Milligans- Ningbing/ Milligans（?）	Milligans- Kuriyippi/ Milligans（!）	Hyland Bay/ Keyling- Hyland Bay（.）	Permian- Hyland Bay（?）	Plover- Plover(.)	Elang- Elang（!）	Vulcan- Plover（!）
烃源岩	4	4	4.8	4	6	4.8	4.8	4.8
	0.9	0.9	4.5	0.9	5.4	4.2	4.2	4.2
	4.2	4.2	3.6	4.2	4.2	3.9	3.9	3.9
储层	0.9	2.1	0.9	0.9	2.1	2.1	2.1	2.1
	1.2	2.4	1.2	1.2	3.2	2.4	2.4	2.4
	1.5	2.1	1.5	1.5	2.7	2.4	2.4	2.4
盖层	2.6	3.2	2.6	2.6	3.2	2.8	3.2	3.2
	1.2	1.6	1.2	1.2	1.7	1.8	1.8	1.8
	2.8	3.6	1.2	2.8	2.2	2.8	2.8	2.8
输导体系	3	3.5	3	3	4	3.25	3.5	3.5
	4	4	4	4	3	3.25	4	4
配置关系	3.6	3.6	3.6	3.6	2.8	3	3	3
	14.4	14.4	14.4	14.4	3.2	12.8	14.4	14.4
确定程度		22.5	27	22.5	6	6	27	27
合计		66.8	76.6	69	50.1	49.7	76.5	79.5

第四节　波拿帕特盆地成藏组合分析

一、成藏组合划分

根据成藏组合概念和划分的标准，将波拿帕特盆地划分为四个成藏组合，即泥盆—石炭系成藏组合、二叠系成藏组合、侏罗—三叠系成藏组合和白垩系成藏组合（图 3-63—图 3-65、表 3-14）。

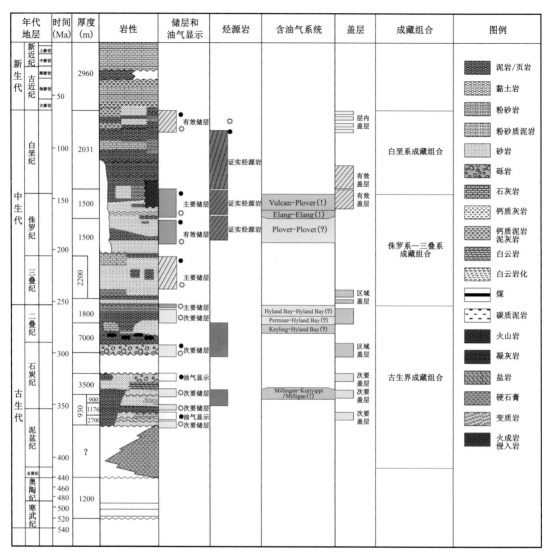

图 3-63　波拿帕特盆地成藏组合划分图

表 3-14　波拿帕特盆地成藏组合划分方案

成藏组合	次级成藏组合	主要盖层
白垩系成藏组合	Bathurst Island 地层—构造 Bathurst Island 构造 Gibson 构造	Bathurst Island 群页岩(层间盖层)
侏罗—三叠系成藏组合	Elang 构造、Flamingo 构造 Flamingo 构造—不整合、Laminaria 构造、上 Vulcan 地层—构造、上 Vulcan 构造、 下 Vulcan 段构造—不整合、Montara 构造、Plover 构造、Plover 构造—不整合、Nome 构造、Challis 构造、Challis 构造—不整合、Mount Goodwin 构造	Flamingo 群页岩(层间盖层) Vulcan 组下段页岩(层间盖层) Jamieson 组钙质黏土(层间盖层) Mount Goodwin 组页岩(区域盖层)

成藏组合	次级成藏组合	主要盖层
二叠系成藏组合	Hyland Bay 构造 Keyling 构造 Treachery 构造	Mount Goodwin 组页岩（区域盖层） Hyland Bay 组 Dombey 段致密灰岩（区域盖层） Fossil Head 组页岩（区域盖层）
泥盆—石炭系成藏组合	Kuriyippi 构造 Langfield 构造 Tanmurra 构造 Milligans 地层 Milligans 构造 Waggon Creek 地层—构造 Bonaparte 构造 Cockatoo 构造	Treachery 组页岩（区域盖层） Langfield 群页岩（层间盖层） Point Spring Sandstone 组页岩（层间盖层） Milligans 组页岩（层间盖层） Bonaparte 组页岩（层间盖层） Milligans 组页岩（层间盖层）

二、已知成藏组合的分布及油气富集规律

（一）泥盆—石炭系成藏组合

波拿帕特盆地泥盆—石炭系成藏组合包括 8 个次级成藏组合，即 Kuriyippi 构造次级成藏组合、Langfield 构造次级成藏组合、Tanmurra 构造次级成藏组合、Milligans 地层次级成藏组合、Milligans 构造次级成藏组合、Waggon Creek 地层—构造次级成藏组合、Bonaparte 构造次级成藏组合和 Cockatoo 构造次级成藏组合（图 3-64、表 3-14）。

波拿帕特盆地泥盆—石炭系成藏组合以 Treachery 组页岩为区域盖层，主要分布在南波拿帕特盆地，由 Milligans–Kuriyippi/Milligans 含油气系统供源。

（二）二叠系成藏组合

波拿帕特盆地二叠系成藏组合包括 4 个次级成藏组合，即 Mount Goodwin 构造次级成藏组合、Hyland Bay 构造次级成藏组合、Keyling 构造次级成藏组合和 Treachery 构造次级成藏组合（图 3-65、表 3-14）。

波拿帕特盆地二叠系成藏组合受三套区域盖层的封堵：Mount Goodwin 组页岩、Hyland Bay 组 Dombey 段灰岩、Fossil Head 组页岩。主要分布在皮特尔坳陷，由 Hyland Bay/Keyling–Hyland Bay、Permian–Hyland Bay 含油气系统供源。

（三）侏罗—三叠系成藏组合

波拿帕特盆地侏罗—三叠系成藏组合包括 13 个次级成藏组合：Elang 构造次级成藏组合、Flamingo 构造次级成藏组合、Flamingo 构造—不整合次级成藏组合、Laminaria 构造次级成藏组合、上 Vulcan 地层—构造次级成藏组合、上 Vulcan 构造次级成藏组合、下 Vulcan 构造—不整合次级成藏组合、Montara 构造次级成藏组合、Plover 构造次级成藏组合、

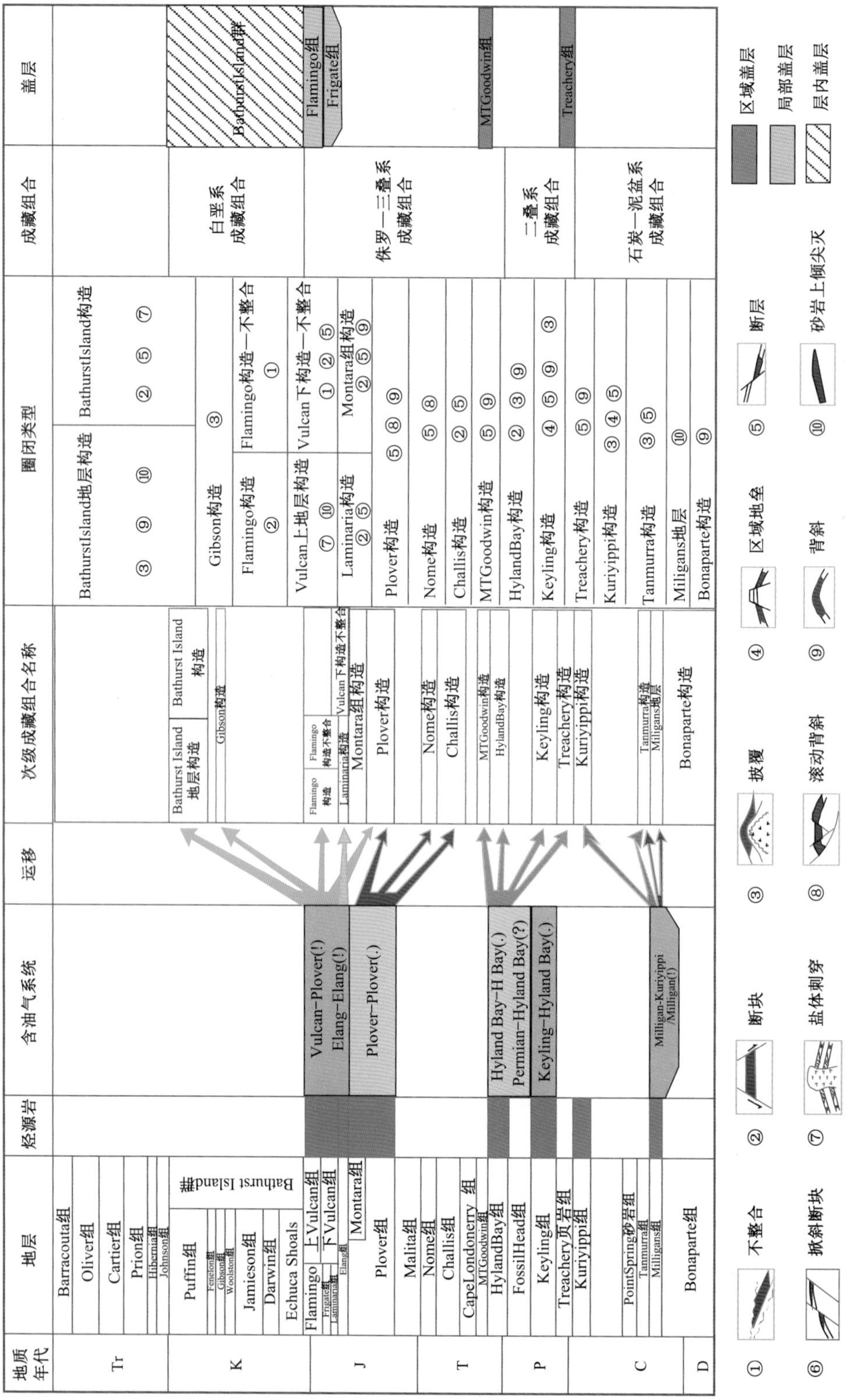

图 3-64 波拿帕特盆地成藏组合特征图

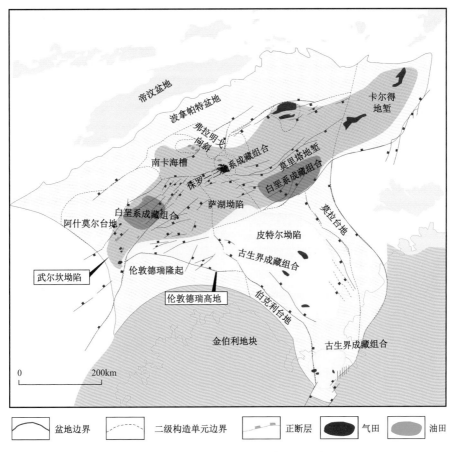

图 3-65 波拿帕特盆地成藏组合平面分布图

Plover 构造—不整合次级成藏组合、Nome 构造次级成藏组合、Challis 构造次级成藏组合、Challis 构造—不整合次级成藏组合（图 3-64、表 3-14）。

波拿帕特盆地侏罗—三叠系成藏组合主要以三套层间盖层封堵：Flamingo 群页岩、Vulcan 组下段页岩、Jamieson 组钙质黏土。主要分布在武尔坎坳陷及萨湖台地。由 Elang-Elang 含油气系统、Vulcan-Plover 含油气系统和 Plover-Plover 含油气系统供源。

（四）白垩系成藏组合

波拿帕特盆地白垩系成藏组合包括 3 个次级成藏组合：Bathurst Island 地层—构造圈闭次级成藏组合、Bathurst Island 构造次级成藏组合、Gibson 构造次级成藏组合（图 3-65、表 3-14）。

波拿帕特盆地白垩系成藏组合的主要封堵盖层是 Bathurst Island 群页岩区域盖层。该成藏组合主要分布区域是萨湖台地东部、武尔坎坳陷南部、萨湖向斜南翼及莫里塔地堑、武尔坎坳陷的 Swan 油气田。主要供源含油气系统是 Vulcan-Plover 含油气系统。

三、成藏组合结构参数

综合分析波拿帕特盆地各个成藏组合特征，得到成藏组合结构参数表（表 3–15）。

表 3-15　波拿帕特盆地成藏组合结构参数表

	烃源条件	Vulcan 组海相泥岩	分布
白垩系	储层条件	Bathurst Island 群 Puffin 组砂岩、Gibson 组浊积砂	萨湖台地东部、萨湖向斜南翼及莫里塔地堑、武尔坎坳陷 Swan 油气田
	生储盖匹配关系	下生上储	
	油气成藏圈闭模式	构造圈闭和地层圈闭	
	油气运移与聚集模式	沿断裂垂向运移为主	
	对应的含油气系统	Vulcan–Plover 含油气系统	
侏罗—三叠系	烃源条件	Elang 组页岩、Vulcan 组海相泥岩	武尔坎坳陷及萨湖台地
	储层条件	Flamingo 群、Montara 组海相砂岩、Plover 组三角洲粗砂岩、Nome 组砂岩和 Challis 组砂岩	
	生储盖匹配关系	自生自储、新生古储	
	油气成藏圈闭模式	构造—不整合圈闭为主	
	油气运移与聚集模式	侧向运移和垂向运移为主	
	对应的含油气系统	Elang–Elang 含油气系统、Vulcan–Plover 含油气系统、Plover–Plover 含油气系统	
二叠系	烃源条件	Hyland Bay/Keyling 前三角洲页岩	皮特尔坳陷
	储层条件	Mount Goodwin 组三角洲平原砂，Hyland Bay 组、Cape Hey 和 Ternca 层三角洲砂岩，Keyling 组砂岩	
	生储盖匹配关系	自生自储为主	
	油气成藏圈闭模式	断块圈闭、背斜圈闭	
	油气运移与聚集模式	垂向运移为主	
	对应的含油气系统	Hyland Bay/Keyling–Hyland Bay 含油气系统、Permian–Hyland Bay 含油气系统	
泥盆—石炭系	烃源条件	Kuriyippi 组页岩	南波拿帕特盆地
	储层条件	Langfield 群砂岩，碳酸盐岩陆架，Tanmurra 组砂岩，Milligans 组海相砂岩	
	生储盖匹配关系	新生古储	
	油气成藏圈闭模式	断块圈闭，背斜圈闭	
	油气运移与聚集模式	垂向运移为主	
	对应的含油气系统	Milligans–Kuriyippi/Milligans 含油气系统	

四、成藏组合评价

通过对成藏组合的圈闭条件、烃源条件、储集条件、保存条件、配套条件的分析，根据各个要素对成藏组合影响不同赋予权重，对波拿帕特盆地各个成藏组合进行评分排队，可得到以下结论（表3-16、表3-17）。

表 3-16 波拿帕特盆地成藏组合评价参数表

成藏条件	参数名称	参考分值（根据不同情况适当调整）				权系数	
		0.75～1.0	0.5～0.75	0.25～0.5	0～0.25		
圈闭条件	主要圈闭类型	背斜为主	断背斜、断块	地层	岩性	0.20	0.4
	圈闭面积系数（%）	>20	10～20	5～10	<5	0.20	
	圈闭可靠程度	钻井落实	三维地震	二维地震	非地震	0.60	
源岩条件	干酪根类型	Ⅰ、Ⅱ	Ⅱ、Ⅲ	Ⅲ	Ⅳ	0.20	0.1
	含油气系统数	≥5	3～4	2～3	1～2	0.40	
	含油气系统落实程度	（!）已知的	（.）假想的	（?）推测的		0.40	
储集条件	储层孔隙度（%）	>30	20～30	10～20	<10	0.40	0.2
	储层渗透率（mD）	>600	100～600	10～100	<10	0.40	
	储层埋深（m）	1000～2000	2000～3000	3000～4000	>4000	0.20	
保存条件	区域盖层岩性	膏盐岩、泥膏岩	厚层泥岩、页岩	泥岩	砂质泥岩	0.30	0.1
	区域盖层厚度（m）	>100	50～100	30～50	<30	0.30	
	区域盖层面积/盆地面积（%）	>80	60～80	40～60	<40	0.20	
	区域不整合数	0	1,2	3,4	≥5	0.20	
配套条件	生储盖配置	自生自储	下生上储	上生下储	异地生储	0.20	0.2

表 3-17 波拿帕特盆地成藏组合评价结果

		白垩系成藏组合	侏罗—三叠系成藏组合	二叠系成藏组合	泥盆—石炭系成藏组合
圈闭条件	主要圈闭类型	6.4	6.4	4	6.4
	圈闭面积系数（%）	4.4	6	4.8	2.4
	圈闭可靠程度	15.6	22.8	17.8	12
烃源条件	干酪根类型	0.6	1.7	1.5	0.8
	含油气系统数	1.2	2	2	2
	含油气系统落实情况	2	4	10	2.8
储集条件	储层孔隙度（%）	4	6.8	4.8	5.6
	储层渗透率（mD）	3.2	6.8	6.4	2.4
	储层埋深（m）	0.8	2	0.8	0.8

		白垩系成藏组合	侏罗—三叠系成藏组合	二叠系成藏组合	泥盆—石炭系成藏组合
保存条件	区域盖层岩性	1.8	2.25	1.5	1.2
	区域盖层厚度（m）	3	2.4	2.4	2.4
	区域盖层面积／盆地面积（%）	1	1.3	0.6	0.6
	区域不整合数	2	1.6	1.6	1.4
配套条件	生储盖配置	3.2	3.8	4	4
	圈闭形成期与主要油气运移期的配置关系	16	16	16	16
	合计	65.2	85.85	78.2	60.4

（1）较有利的成藏组合为侏罗—三叠系成藏组合，得分为 85.85 分，其次为二叠系成藏组合，得分 78.2 分，白垩系成藏组合，得分 65.2 分，泥盆—石炭系成藏组合较差。

（2）次级成藏组合中：Plover 构造、Plover 构造—不整合、Laminaria 构造、Bathurst Island 构造、Challis 构造—不整合、Bathurst Island 地层—构造、Flamingo 构造、Elang 构造等有利于油气聚集。

（3）较有利成藏组合发育特点：烃源岩落实，分布于相对构造高部位，断裂活动发育，提供有效油气运移通道，储层孔隙度和渗透率较好。

（4）非有利成藏组合发育特点：烃源岩不确定，构造不发育，圈闭类型以地层圈闭为主，缺乏有利的油气运移通道。

从储量分布而言，侏罗—三叠系成藏组合已发现油气储量占整个油气储量的 91.7%，说明已发现的油气田大部分都是在侏罗系、三叠系成藏（图 4-66）。其中，Plover 构造次级成藏组合和 Plover 构造—不整合次级成藏组合，是比较有利的次级成藏组合。

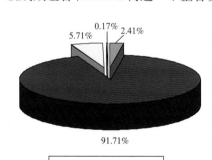

Plover 构造次级成藏组合，在整个波拿帕特盆地均有分布，主要分布在卡尔得地堑、莫里塔地堑和武尔坎坳陷；Plover 构造—不整合次级成藏组合，主要分布在武尔坎坳陷的西部深凹区；其他较好的次级成藏组合有 Laminaria 构造、Bathurst Island 构造、Challis 构造—不整合、Flamingo 构造等次级成藏组合以及 Elang 构造次级成藏组合。其中 Challis 构造—不整合次级成藏组合主要分布在武尔坎坳陷南部，Laminaria 构造、Bathurst Island 构造、Flamingo 构造次级成藏组合以及 Elang 构造次级成藏组合主要分布在武尔坎坳陷附近的波拿帕特盆地北部。

0.17% 2.41%
5.71%
91.71%

□ 白垩系成藏组合
■ 侏罗—三叠成藏组合
□ 二叠系成藏组合
□ 石炭—泥盆系成藏组合

图 3-66　波拿帕特盆地成藏组合储量分布图

第五节 波拿帕特盆地勘探潜力评价与典型油气田解剖

一、次级构造单元地质分析

（一）皮特尔坳陷

和波拿帕特盆地其他二级构造单元不同，皮特尔坳陷在古生代和中生代储层均获油气发现（图 3-67）。皮特尔坳陷的油气远景局限在古生界，上泥盆—下石炭统碳酸盐岩和碎屑岩是皮特尔坳陷首要的勘探目标（图 3-68）。在皮特尔坳陷北部和莫里塔地堑翼部，中生界和新生界可能存在勘探潜力。

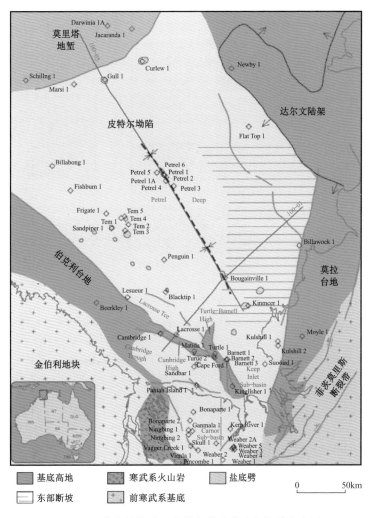

图 3-67　波拿帕特盆地皮特尔坳陷构造与探井分布图

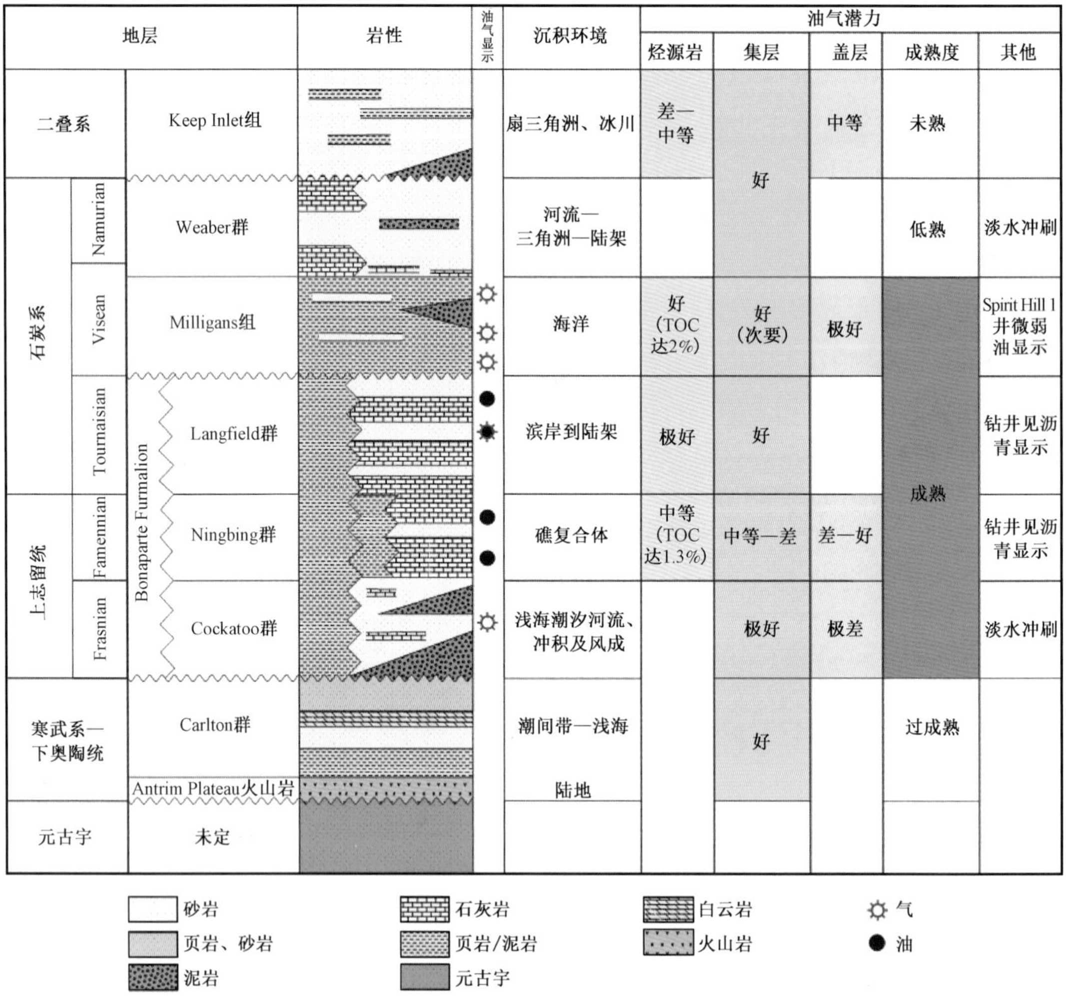

地层			岩性	油气显示	沉积环境	油气潜力				
						烃源岩	集层	盖层	成熟度	其他
二叠系		Keep Inlet组			扇三角洲、冰川	差一中等	好	中等	未熟	
石炭系	Namurian	Weaber群			河流—三角洲—陆架				低熟	淡水冲刷
	Visean	Milligans组		☼☼☼	海洋	好(TOC达2%)	好(次要)	极好	成熟	Spirit Hill 1井微弱油显示
	Tournaisian	Langfield群		●✴	滨岸到陆架	极好	好			钻井见沥青显示
上志留统	Famennian	Ningbing群		●●	礁复合体	中等(TOC达1.3%)	中等—差	差一好		钻井见沥青显示
	Frasnian	Cockatoo群		☼	浅海潮汐河流、冲积及风成		极好	极差		淡水冲刷
寒武系—下奥陶统		Carlton群			潮间带—浅海		好		过成熟	
		Antrim Plateau火山岩			陆地					
元古宇		未定								

注：地层中 Langfield群、Ningbing群、Cockatoo群 合称 Bonaparte Furmation。

图例：
砂岩 | 石灰岩 | 白云岩 | ☼ 气
页岩、砂岩 | 页岩/泥岩 | 火山岩 | ● 油
泥岩 | 元古宇

图 3-68　皮特尔坳陷陆上地层和油气潜力层（据 Richard Bruce, 2015）

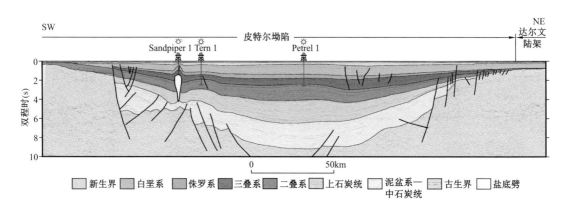

图 3-69　波拿帕特盆地皮特尔坳陷（Line r9710003）地震剖面图（据 Geoscience Australia, 2016）

1. 构造特征

皮特尔坳陷经历了复杂的多期构造演化，在大多数井/地震剖面上可以识别出有9个明显的沉降阶段。整体上可以划分为3个大的裂陷—坳陷或挤压—坳陷期，初始快速沉降或隆升，然后是漫长的衰减沉降阶段，其中一些裂陷—坳陷被后期的裂陷—坳陷复杂化，导致前期的坳陷期不明显。皮特尔坳陷初始裂陷始于早寒武世伴随拉斑玄武岩的侵入，整个寒武纪—志留纪为坳陷沉积；主要裂陷始于晚泥盆世—早石炭世，石炭—二叠纪以坳陷沉积为主，坳陷后期被次级的裂陷—坳陷复杂化；三叠纪受区域构造演化的影响，主要为构造挤压阶段，早期的盆地边界断层活化，并产生一系列与之有关的反转背斜和单斜。早侏罗世开始，坳陷经历了漫长的缓慢坳陷期。

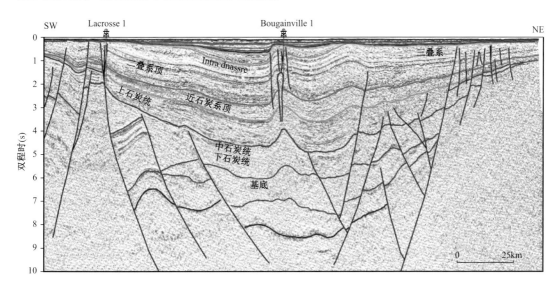

图 3-70　波拿帕特盆地皮特尔坳陷地震测线 100-01 剖面图（据 Geoscience Australia, 2016）

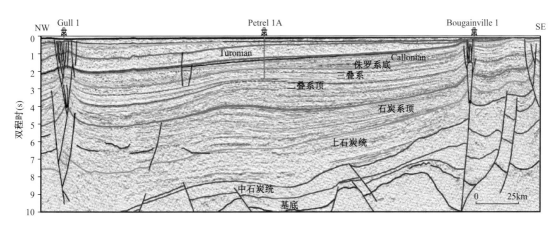

图 3-71　波拿帕特盆地皮特尔坳陷地震测线 100-05 剖面图（据 Geoscience Australia, 2016）

2. 储层特征

在盆地的边缘，下石炭统的 Weaber 群、Milligans 组和 Langfield 群的砂岩和碳酸盐岩储层发育较好，其中 Weaber 群砂岩储层孔隙度约 25%、渗透率 500mD（表 3-18、图 3-72）。陆上，在 Waggon Creek-1 井发现了 Milligans 组浊积砂岩油气藏，但是与该组对应的海上浅海相砂岩（Turtle 和 Barnett 油藏）的储层性质并不好。上覆的 Tanmurra 组和 Point Spring 砂岩也具有一定的储积能力，但它们在皮特尔坳陷海上部分的南端可能刚好可钻遇。

表 3-18　波拿帕特盆地皮特尔坳陷陆上部分潜在储层统计表（据 Richard Bruce, 2015）

地层	No.	组	目标
下石炭统（Mississippian）	1	Weaber 群	• 砂岩 • 碳酸盐岩
	2	Milligans 组	• 砂岩
	3	Langfield 群	• 砂岩 • 碳酸盐岩
上泥盆统	4	Ningbing 群	• 砂岩 • 水淹断块 • 叠层石礁
	5	Cockatoo 群	• 碳酸盐岩

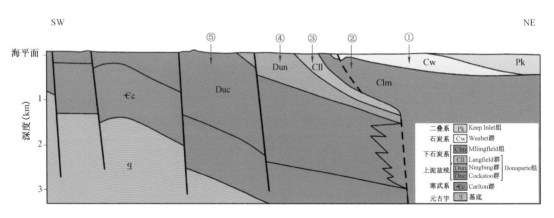

图 3-72　波拿帕特盆地皮特尔坳陷陆上地层潜在储层分布剖面图（Richard Bruce, 2015）

在陆上，上石炭统 Ningbing 群和 Cockatoo 群可能发育储层（表 3-18、图 3-73）。上石炭—下二叠统 Kulshill 群的 Kuriyippi 组冰川河流相砂岩具有极好的储集能力。皮特尔坳陷首次采出的石油就是来自 Turtle-1 井的 Kuriyippi 组。Kuriyippi 组油气可能来源于 Milligans 组，且受 Treachery 组页岩封堵。

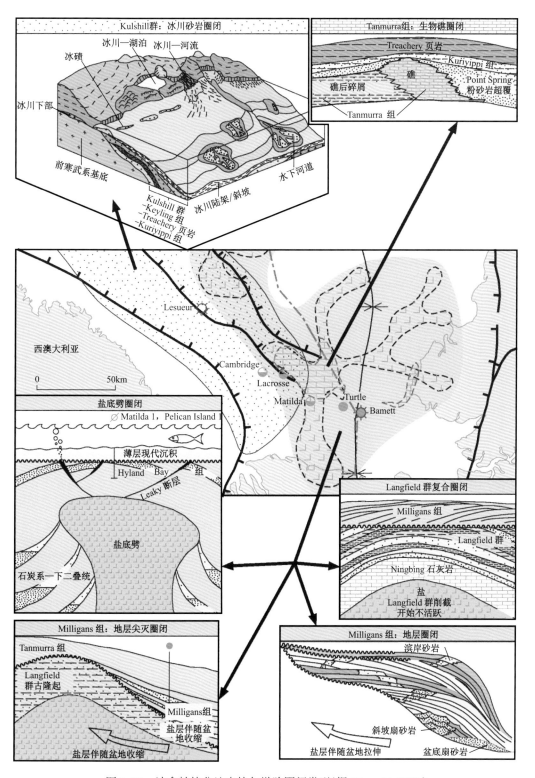

图 3-73　波拿帕特盆地皮特尔坳陷圈闭类型（据 Miyazaki，1997）

Keyling 组砂岩（受上覆 Fossil Head 组封堵）在 Turtle 和 Blacktip 也形成了油气层。

二叠系 Hyland Bay 组是皮特尔坳陷中央和海上部分的主要储层。但是该地层在盆地近海区域缺失（Lee & Gunn，1988）。Hyland Bay 组在皮特尔坳陷的海上部分孔隙度可达 20%，Petrel-2 井的测试气流可达 $9.2 \times 10^6 \text{ft}^3$。

侏罗系 Plover 组河流三角洲砂岩在波拿帕特盆地有着非常好的储集能力，在萨湖台地和武尔坎坳陷已有发现油气。在 Petrel-1A 井，Plover 组的孔隙度超过了 20%，渗透率超过了 600mD（埋深 1970m）。

3. 盖层特征

二叠系 Fossil Head 组和 Treachery 组页岩分别为下伏 Keyling 组和 Kuriyippi 组提供区域封堵作用。这些地层内部的页岩也提供有效的局部层内封堵作用。二叠系 Hyland Bay 组层内碳酸盐岩和 Point Spring 砂岩以及 Milligans 组也存在这种封堵作用。因此，Hyland Bay 组储层既被层内的碳酸盐岩局部封堵，也被上覆 Mount Goodwin 组厚层的海相页岩所封盖。

Plover 组可能在皮特尔坳陷北部和西部都存在，但是其埋藏深度不足以使其成为有效的勘探目标。Plover 组由上覆的 Flamingo 群的页岩提供封盖作用。

岩盐（与底劈作用相关）也可能为皮特尔坳陷的构造和地层圈闭提供有效的封闭作用。

4. 烃源岩特征

晚泥盆世 Ningbing-Bonaparte 含油气系统的油气可能来源于皮特尔坳陷陆上 Garimala、Vienta 和 Ningbing 层。这些气层的油气也可能来源于 Milligan 组或下伏的 Bonaparte 组（Laws，1981；Kennard 等，2002）。上石炭统 Milligans 组也被认为是重要的烃源岩。油源对比表明 Barnett-1、Turtle-1 和 Waggon Creek-1 井中产出的油和 Milligans 组缺氧浅海页岩有亲缘关系（McKirdy，1987；Edwards & Summons，1996；Edwards 等，1997）。Kennard（1996）的成熟度模拟表明该地区 Milligans 组生烃高峰及排烃期在晚石炭世。

下二叠统 Keyling 组的三角洲平原煤层及边缘海相页岩具有较高的有机碳含量，可能具有中等—好的生油气能力。该地层内的烃源岩已经在 Flat Top-1 井（1970）和 Kinmore-1 井（1974）钻遇。埋藏史和热史模拟表明，该烃源岩层的排烃高峰在早侏罗世或中—晚三叠世（大约在盆地反转的 Fitzroy 运动阶段）。

根据同位素及生物标志化合物分析，Petrel 及 Tern 中产出的气及凝析油可能源于二叠系烃源岩，极有可能是 Keyling 组或 Hyland Bay 组（Colwell & Kennard，1996；Kennard 等，1999 & 2002）。

在皮特尔坳陷的部分地区，Keyling 组内的三角洲平原煤层及富有机质的边缘海相页岩也有着中等或极好的生烃潜力。

5. 圈闭特征

在皮特尔坳陷的南部多个地层里都发现了构造和地层圈闭：（1）Kulshill 群里相对 Lacrosse 阶地的断层下降盘的逆牵引构造；（2）Milligans 组里的地层圈闭（低位盆底扇及相对 Turtle-Barnett 高地的地层尖灭）；（3）盐底劈翼部圈闭；（4）隆起的 Langfield 群沉积物的侵蚀削截；（5）Tanmurra 组碳酸盐岩隆起及其相关批覆圈闭（图 3-74）。

古生界盐构造（流动，底劈和抽空）也可以形成构造和地层圈闭。这种现象在整个皮特尔坳陷都有发现（Durrant 等，1990）。在皮特尔坳陷发育过程中，盐运动还可能触发油气运移，并影响油气运移的路径。许多钻探在皮特尔坳陷里的井都没能钻遇盐底劈相关的构造圈闭。但是在一些井发现了盐底劈相关的披覆背斜构造。

在皮特尔坳陷的海上部分，地震数据表明，盆地内侧向运移的盐体制上存在浊积岩、盆底扇、斜坡扇及局部沉降中心的超覆砂体（Lemon & Barnes，1997；Miyazaki，1997）。如果遇到有利的圈闭，这些砂岩便是有利的勘探目标。

6. 油气勘探及油气发现

1839 年，在波拿帕特盆地南部 Victoria 河岸的一口水井里发现了沥青。这是澳大利亚最早的有记载的油气显示。20 世纪 60 年代早期大规模的航磁和重力勘查开始了皮特尔坳陷的海上勘探。在这个阶段 Bureau of Mineral Resources（BMR）在波拿帕特海湾进行了一次"火花"勘探。20 世纪 60 年代工业部进行了传统的地震勘探。皮特尔坳陷共钻探井 48 口，其中 15 口井见油气显示，总共发现了 19 个油气层（表 3-19）。

表 3-19　波拿帕特盆地皮特尔坳陷陆上部分探井油气显示统计表（据 Richard Bruce，2015）

地层		油气显示	年份	作业方	井
下石炭统	Milligans 组	少量油显示	1960	Westralian Oil	Spirit Hill 1(NT)
		气 $1.5 \times 10^6 ft^3/d$	1963	Alliance Oil Development	Bonaparte 2
		气 $3.0 \times 10^6 ft^3/d$	1969	Alliance Oil Aquitaine Petrokeum	Keep River 1 (NT)
		气 $1.3 \times 10^6 ft^3/d$	1995	Amity Oil	Waggon Creek 1
	Langfield 群	气田发现 $4.5 \times 10^6 ft^3/d$	1982	Australian Aquitaine Petroleum	Weader 1
	Milligans 组、Langfield 群	裂缝性灰岩及泥页岩夹层厚 1000m	2014	Beach Energy	Cullen 1

地层		油气显示	年份	作业方	井
下石炭统、上泥盆统	Milligans 组、Ningbing 群	气 $2.1 \times 10^6 \mathrm{ft}^3/\mathrm{d}$	1998	Amity Oil	Vienta 1
上泥盆统	Ningbing 群、Kamilili 组	轻微油显示	1982	Australian Aquitaine Petroleum	Ningbing 1
	Cockatoo 群	气 $0.75 \times 10^6 \mathrm{ft}^3/\mathrm{d}$	1988	Santos	Garimala 1

（二）武尔坎坳陷

武尔坎坳陷位于波拿帕特盆地西部，西北部与阿什莫尔台地相邻，东南部与伦敦德瑞高地相接，南部为布劳斯盆地，是波拿帕特盆地勘探程度较高的一个坳陷（图3-74）。

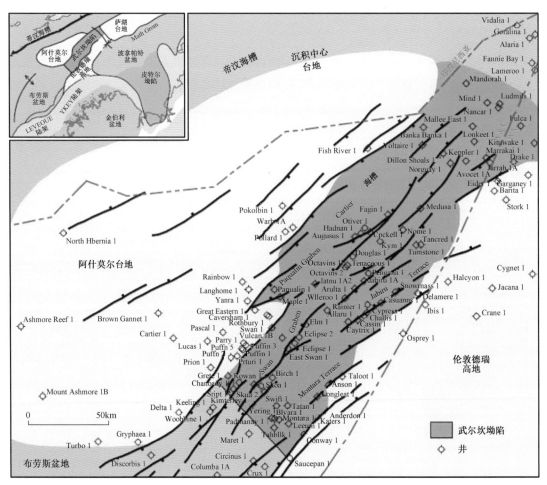

图 3-74　波拿帕特盆地武尔坎坳陷构造与钻井分布

武尔坎坳陷中生界断裂非常发育，呈 NNE—SSW 向展布，向上延伸至古新统，新生界断裂不发育，仅在靠近阿什莫尔台地处有少量发育（图 3-74—图 3-77）。坳陷西北深、东南浅，由一系列北东向的地垒、地堑和构造阶地组成。武尔坎坳陷进一步划分为：（1）西部深凹区，包括 Swan 地堑、Paqualin 地堑和 Cartier 地槽（中新世碰撞的结果）；（2）东部构造高带，包括 Montara 阶地、Audacious—Nome 地垒、Jabiru-Tancred 地垒和 Challis 地垒。Swan 地堑是该坳陷最深的区域。武尔坎坳陷内大多数探井分布于狭窄的地垒块上或盆缘阶地。在武尔坎坳陷上三叠统（Challis 组）、下—中侏罗统（Jabiru 组）和上侏罗统及上白垩统（Puffin 组）已发现了工业的和非工业的油气聚集。

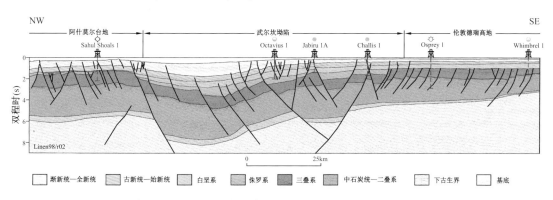

图 3-75 波拿帕特盆地过阿什莫尔台地—武尔坎坳陷—伦敦德瑞高地地震剖面图
（据 Geoscience Australia, 2016）

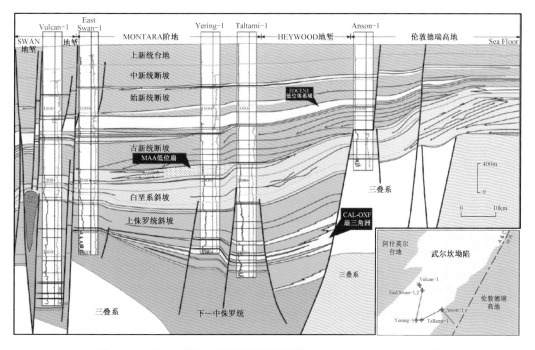

图 3-76 武尔坎坳陷南部地层剖面图（据 Geoscience Australia, 2016）

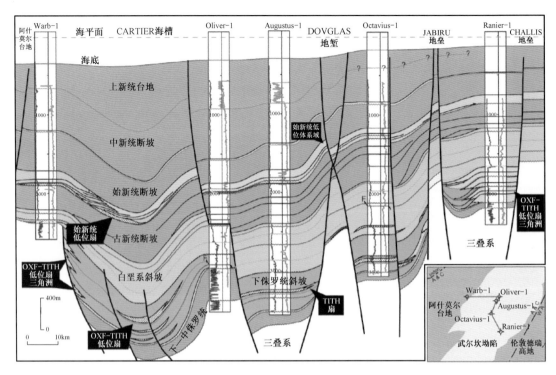

图 3-77　武尔坎坳陷北部地层剖面图（据 Geoscience Australia,2016）

1. 构造特征

中石炭—早二叠世，大陆拉张和裂陷作用引起地壳变薄，NNW—SSE 向的拉张应力形成了 NE—SW 走向的裂谷系，武尔坎坳陷开始发育。坳陷内的中生代伸展作用开始于晚卡洛期，NW—SE 向拉张运动形成了北北东向断裂系统（Pattillo & Nicholls，1990）。晚卡洛夫—提塘期断裂作用集中于 Swan 地堑和 Paqualin 地堑内，沉积了厚达 3km 的海相富含有机质同裂谷沉积物（Cadman & Temple，2004）。

2. 沉积特征

武尔坎坳陷发育三叠—新近系，钻井揭示的最老层位是下三叠统（图 3-78）。晚二叠世，发生了快速而分布广泛的海退，但到了早三叠世时整个西北大陆架再次被海水淹没，接受了 Mount Goodwin 组沉积，该组是海相泥岩和粉砂岩。晚三叠—早侏罗世，海退持续，并达到顶点。在武尔坎坳陷，中—下侏罗统由 Plover 组组成。Plover 组在波拿帕特盆地大多数区域都发育，为一套同裂谷沉积；该组为河流—三角洲和滨浅海相砂泥岩互层沉积，向上泥砂比变大；在武尔坎坳陷，该组下部是辫状河/曲流河和三角洲沉积，中部是进积的三角洲沉积，上部是三角洲前缘—前三角洲沉积。Plover 组上部是武尔坎坳陷最重要的储层。晚侏罗—早白垩世，Flamingo 群在大多数区域为厚层海相泥岩沉积，在盆地边缘发育扇三角洲沉积，是波拿帕特盆地重要的烃源岩。Flamingo 群的岩性和细分在整个盆地存在较大差异。

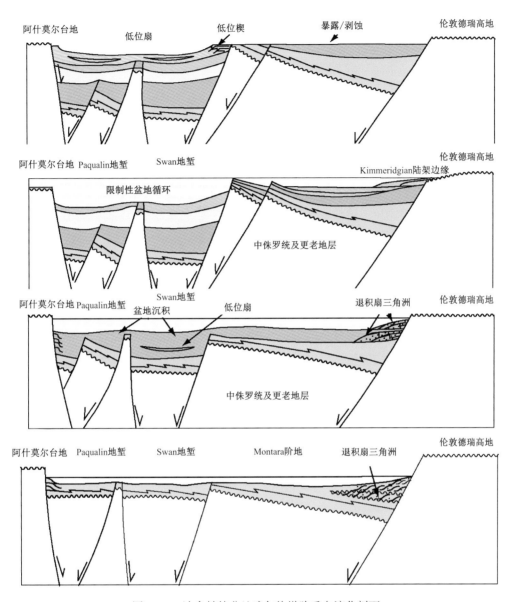

图 3-78　波拿帕特盆地武尔坎坳陷垂向演化剖面

在武尔坎坳陷自下而上分为 Vulcan 组下段和上段，其中 Vulcan 组下段为局限海环境下的泥岩，为坳陷内最重要烃源岩；Vulcan 组上段为海相泥岩夹薄层粉砂岩沉积，局部发育水下扇。瓦兰今期沉积间断后盆地进入热沉降阶段，同时伴随着一次大规模的海侵，盆地重新开始接受沉积，侏罗纪形成的构造高地（伦敦德瑞高地、萨湖台地和阿什莫尔台地）被海相至边缘海相的 Bathurst 岛群所覆盖。

3. 储层特征

武尔坎坳陷的油气大部分位于前伸展期和裂谷期的碎屑岩储层（Woods，1994），并在 Challis 组（Challis 和 Cassini）和 Plover 组（Skua 和 Jabiru）进行商业开采。

武尔坎坳陷主要的勘探目标是中侏罗统 Plover 组的河流三角洲相砂岩，上侏罗统 Montara 组的扇三角洲砂岩、Vulcan 组的海底扇砂岩，上三叠统 Chiallis 组和 Nome 组砂岩及上白垩统 Puffin 组砂岩。

4. 盖层特征

瓦兰今期西北大陆边缘的区域海侵导致了白垩纪 Bathurst Island 群沉积。Echuca Shoals 组下白垩统页岩也在该时期沉积，形成了整个坳陷的区域盖层。

武尔坎坳陷掀斜断块内的许多侏罗系 / 三叠系油藏依赖于层内封闭和断层的侧向封闭作用。在盆地内复杂的构造区域，地震图上经常无法描述准确的描述断层。最近进行的地震勘查和处理（3D 叠前深度偏移）使得圈闭预测更为准确。

Puffin 组油气藏由 Johnson 组的古新统碳酸盐岩封闭。Puffin 组以河道砂和冲积扇砂为主，发育以地层圈闭为主的油气藏。

5. 烃源岩特征

武尔坎坳陷很多井都钻遇了上侏罗统生油的 Vulcan 组海相烃源岩。但是 Vulcan 组烃源岩的成熟度还不足以为该地区已经发现的所有油藏供烃（Lowry，1998）。

为 Vulcan 组上段储层提供区域封盖作用的下白垩统 Echuca Shoals 组也是重要的烃源岩，但是对于武尔坎坳陷的大部分油气藏来说它可能未成熟或刚接近成熟。然而在盆地北部的沉降中心（萨湖向斜和莫里塔地堑），该烃源岩已经成熟生油气。

已经热成熟、煤质河流三角洲及浅海相的下—中侏罗统 Plover 组也是盆地内潜在的油气源岩（Botten 等，1990；Kennard 等，1999）。

武尔坎坳陷的油气生成和排出开始于晚侏罗—早白垩世。主要的排气阶段发生在中—晚新生代，此时压实作用使得烃源岩孔隙度减小。生烃模拟表明，油气的充注可能仅发生在 Swan 地堑和 Paqualin 地堑附近（Kennard 等，1999）。

武尔坎坳陷的油气充注有多期。新生代生成的气充洗油藏是武尔坎坳陷一个重要的勘探风险（Lisk 等，1998）。

6. 圈闭特征

武尔坎坳陷存在两种主要的断裂样式，即南部的掀斜断块和北部的沙漏状构造（Woods，1992）。该坳陷传统的勘探目标是下白垩统 Echuca Shoals 组（区域盖层）封闭的掀斜断块和地垒。许多成功的发现要么是在 Plover 组（Callovian 不整合面之下），要么是在上三叠统的 Nome 组和 Challis 组。

在上部更浅的上白垩统（马斯特里赫特阶）Puffin 组已经发现 Puffin、Swan、Swan East 和 Birch 油气藏。Puffin 组圈闭类型以隐蔽的地层圈闭为主。

在 Tahbilk-1 井发现了晚白垩世 Gibson 组的一个小气藏。

　　Paqualin 和 Swan 盐底劈构造的发现为武尔坎坳陷的勘探提供了新的方向。很可能岩盐不只是分布在这两个构造。

　　武尔坎坳陷的油气发现似乎都沿着或就处于北西向和南北向断层与东北、东东北向构造单元的交接处（Brien 等，1993）。

　　在盆地内勘探时，传统的挑战是潜在圈闭的地震解析度和已经聚集油气的圈闭由于构造活动被破坏（Woods，2003）。武尔坎坳陷的许多井都钻遇了古油柱，说明断层对圈闭的破坏作用非常普遍。

　　7. 油气成藏模式

　　武尔坎坳陷西侧的布劳斯盆地内的 Swan 地堑可能成为武尔坎坳陷的主要生烃构造，Vulcan 组下段烃源岩在晚白垩世进入排烃期，并开始运移，发育的生长断层控制了油气运移的方向，从晚中新世到上新世，许多深层古生界和中生界的断层重新进入活动期，部分形成新的伸展断层，破坏了局部早期充注的圈闭，油气沿断层重新进入浅层砂岩（图 3-79）。

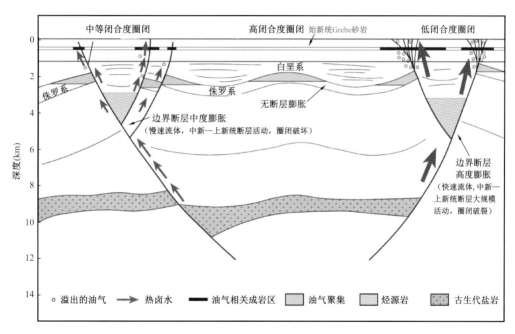

图 3-79　波拿帕特盆地武尔坎坳陷油气垂向运移模式图

　　8. 油气勘探及油气显示

　　武尔坎坳陷的油气勘探始于 20 世纪 60 年代末，首次油气发现是在 1972 年（Puffin-1 井），直到 1983 年（Jabiru-1 井）才有工业价值的油气藏发现。从那时起，更多的商业油气藏被发现，Challis、Cassini 和 Jabiru 油田以及 Skua 油气田已开始商业开采（图 3-80、图 3-81）。

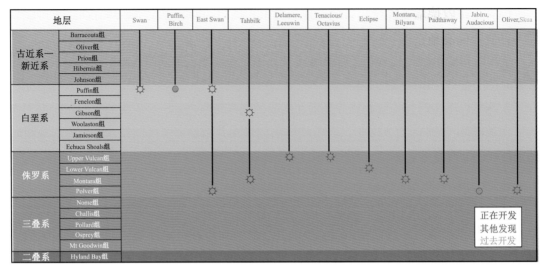

图 3-80　波拿帕特盆地武尔坎坳陷以白垩—侏罗系为目的层的油气发现

地层		Maret	Pengana, Crux	Maple	Talbot	Cassini, Challis
古近系—新近系	Barracouta组					
	Oliver组					
	Prion组					
	Hibernia组					
	Johnson组					
白垩系	Puffin组					
	Fenelon组					
	Gibson组					
	Woolaston组					
	Jamieson组					
	Echuca Shoals组					
侏罗系	Upper Vulcan组					
	Lower Vulcan组					
	Montara组					
	Polver组	☼				
三叠系	Nome组		☼			
	Challis组			☼	☼	○
	Pollard组					
	Osprey组					
	Mt Goodwin组					
二叠系	Hyland Bay组					

图 3-81　波拿帕特盆地武尔坎坳陷以三叠系为主要目的层的油气发现

（三）伦敦德瑞高地

伦敦德瑞高地已经识别的油气藏组合包括：三叠系掀斜断块中受 Bathurst Island 群黏土岩 / 页岩封闭的 Vulcan 组上段砂岩；伦敦德瑞高地北部和东部构造和地层圈闭中的 Malita 组和 Plover 组砂岩；伦敦德瑞高地东翼的 Hyland Bay 组砂岩，它们在构造和岩性两方面受 Mount Goodwin 组黏土岩的封闭。

1. 储层及盖层

Flamingo 群及下伏 Plover 组的砂岩是该地区的重要储层。它们在垂向上和侧向上受 Bathurst Island 群或 Flamingo 群黏土岩的封闭。

在伦敦德瑞高地的东翼，石炭—二叠系层序从邻近的皮特尔坳陷超覆。石炭—二叠系砂岩成为伦敦德瑞高地的有效勘探目标。

圈闭的完整性是伦敦德瑞高地最主要的勘探风险。伦敦德瑞高地钻探的大部分井都钻遇了中生代裂谷期断层相关圈闭，这些断层的重新活动与新近纪的大陆碰撞引起的挠曲伸展相关（Brincat 等，2001）。这些井钻遇的古油柱表明由中新世和上新世断层重新活动导致的圈闭破坏在该区域很常见。

2. 烃源岩

伦敦德瑞高地的大部分圈闭都是依靠邻近的萨湖向斜和武尔坎坳陷的烃源灶提供油气，但是在台地的东翼，油气来源于二叠—石炭系中所夹的成熟烃源岩（长距离运移）。

在萨湖向斜，越接近向斜的轴部，下—中侏罗统 Plover 组的海相沉积就越明显，成熟度也越高，被认为是高质量的成熟烃源岩。

3. 圈闭

伦敦德瑞高地未被断裂破坏的圈闭很难定位，它们与地层圈闭一起可能是伦敦德瑞高地北部和东北部又一勘探选择（Brincat 等，2001）。这些圈闭可能没有固有断层的封闭，目前正在接收油气。他们还建议，地层圈闭可在晚侏罗世 Nancer 砂岩段的浊积岩中寻找（已经在 Ludmilla-1 井和 Nancar-1ST1 井中发现）。这些砂岩向北尖灭。

伦敦德瑞高地其他潜在的勘探目标有：背斜封闭的马斯特里赫特阶砂岩，Flamingo 群底部的地层尖灭及海底扇砂岩（Whibley，1990；Brincat 等，2001）。油气可能经重新活动的断层垂向运移到浅部储层而形成有效的勘探目标。

4. 油气勘探及油气显示

伦敦德瑞高地共钻探井 32 口，其中 5 口井见油气显示（图 3-82）。伦敦德瑞高地天然气开发井 6 口（图 3-83）。该地区最重要的油气藏是位于高地东翼的 Prometheus/Rubicon 气藏（2000）。

（四）萨湖台地

萨湖台地几个商业油气藏证实了该地区的勘探潜力，基础设施的建设及商业性的开采将进一步刺激该地区的油气勘探。

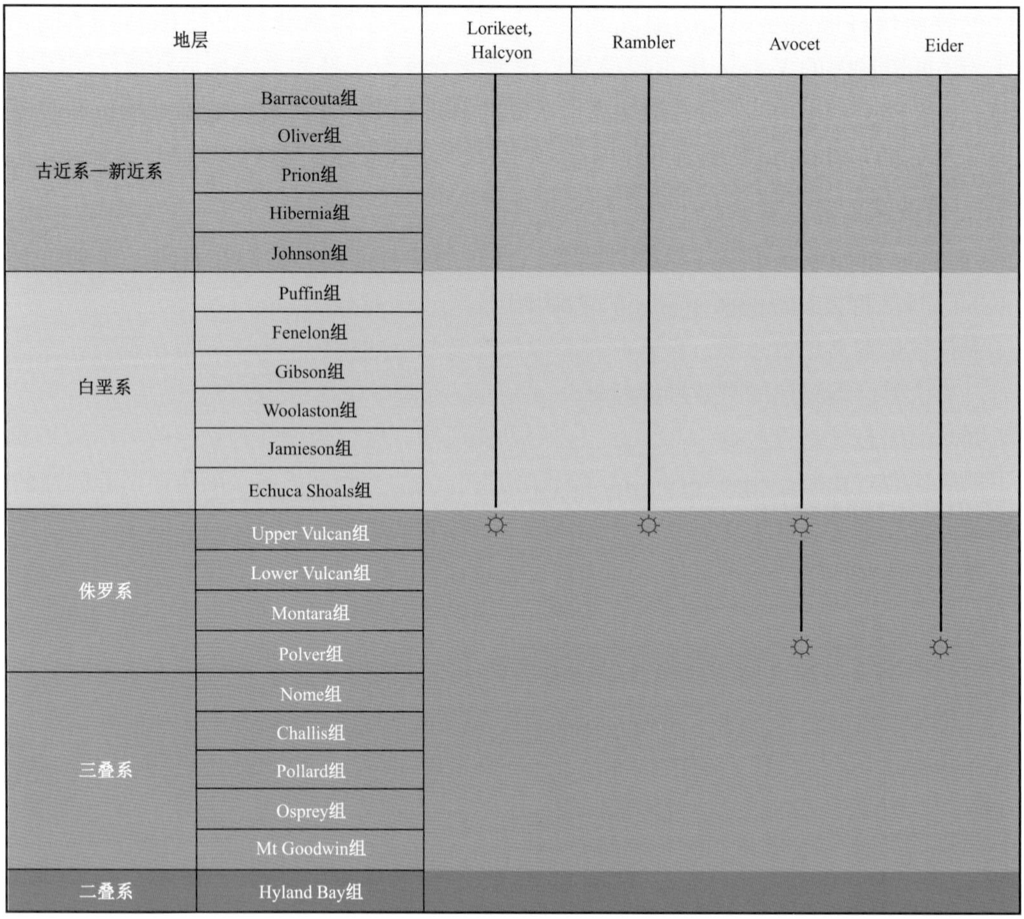

地层		Lorikeet, Halcyon	Rambler	Avocet	Eider
古近系—新近系	Barracouta组				
	Oliver组				
	Prion组				
	Hibernia组				
	Johnson组				
白垩系	Puffin组				
	Fenelon组				
	Gibson组				
	Woolaston组				
	Jamieson组				
	Echuca Shoals组				
侏罗系	Upper Vulcan组	☼	☼	☼	
	Lower Vulcan组				
	Montara组				
	Polver组			☼	☼
三叠系	Nome组				
	Challis组				
	Pollard组				
	Osprey组				
	Mt Goodwin组				
二叠系	Hyland Bay组				

图 3-82　波拿帕特盆地伦敦德瑞高地油气发现

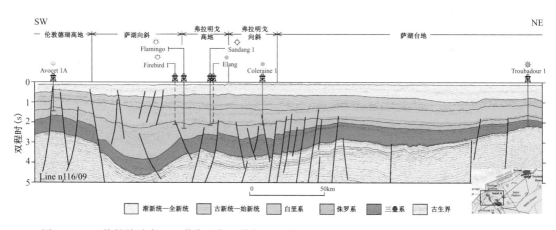

图 3-83　过伦敦德瑞高地—萨湖向斜—弗拉明戈高地—弗拉明戈向斜—萨湖台地的地震剖面图
（据 Geoscience Australia, 2016）

1. 储层

Plover 组和 Elang/Laminaria 组是萨湖台地的首要目的层。这些地层单元分布广泛、稳定，主要为河流相和开阔海相砂岩，但是在萨湖台地中部有可能缺失或非常薄。

Elang 组和 Plover 组的孔隙度为 5%~20%。萨湖台地南部储层孔隙度在埋深 3300m 左右还能保持 15%，但是 3400m 以下迅速减小（Calcraft，1997）。在 Fohn-1 井钻遇的含气砂岩在 3400m 以下孔隙都几乎小于 10%，Minotaur-1 井钻遇的 Elang/Laminaria 组的储层孔隙度在 3300~3400m 深度约为 10%~15%。

在萨湖台地的大部分地区，三叠系和下侏罗统由于埋藏太深而不能成为有效的勘探目标。但是在开普高地，该地层还是可钻遇的，Kelp-1 井钻遇的三叠系具有很低的泥砂比，还含有少量碳酸盐岩。

2. 烃源岩

在 Elang/Laminaria 组、Plover 组、Frigate 页岩和 Flamingo 群已经发现烃源岩。在临近的莫里塔地堑和萨湖向斜巨厚的上侏罗—下白垩统发育烃源岩。

大多数探井都打在这些烃源岩附近或翼部的高地上，这些地方的烃源岩质量差或中等。没有井钻探在烃源灶上，但是成熟度模拟表明这些烃源岩在莫里塔地堑和萨湖向斜已经进入成熟生气阶段。

也很可能是当地莫里塔地堑翼部的烃源岩已经成熟生油并为其运移路径上的圈闭供油，从而阻碍了莫里塔地堑深部天然气的充注。西南部的 Sikitan 向斜也有供油的潜力。在 Troubadour-1 井，Plover 组、Elang/Laminaria 组和 Flmingo 群都刚好处在生油的适宜温度范围内，与此同时，二叠系 Hyland Bay 组处在生气阶段。

在萨湖台地广泛分布的高密度 Oxfordian 阶属于近岸沉积，烃源岩生烃潜力差。在萨湖向斜，Kimmeridgian 灰岩下部的 Oxfordian 页岩可能很厚且富有机质。

Darwin 组和 Flamingo 群中的页岩也是潜在的烃源岩，虽然其 TOC 值一般都小于 2%。

3. 盖层

在萨湖台地，Bajocian 至 Callovian 储层上覆的晚侏罗世及白垩纪沉积物是该地区很好的盖层。

在 Bathurst Island 上部和下部都已经发现黏土封闭层。该封闭层往萨湖向斜和莫里塔地堑的方向变厚，而往南向 Kelp 高地变薄。

4. 圈闭

萨湖台地大部分井都已经钻遇 Plover 组和 Elang/Laminaria 组砂岩。虽然有些井已经发现了工业油气藏，但是断块圈闭的完整性一直是该地区最大的勘探风险（有些井已经钻遇了古油柱）。

在萨湖台地晚侏罗世东西向的海槽中，早白垩世砂岩很可能形成地层圈闭。一些现今的油气藏可能与晚白垩世、新生代深切谷的砂岩沉积有关，其油气来源于埋藏更深的油气藏的破坏。

5. 油气勘探及油气显示

萨湖台地共钻探探井 42 口，其中 28 口有油气发现。

萨湖台地共发现 20 个油藏、气藏和油气藏，其中 Elang、Kakatua 和 Kakatua North 等 7 个具有工业开采价值。

（五）莫里塔地堑

莫里塔地堑储层以产气为主：Jacaranda-1 井中 Vulcan 组上段 /Flamingo 群的致密天然气，Heron-1 井 Flamingo 群见天然气显示，Evans Shaoals-1 井测试时 Plover 组产天然气。Echuca Shoals 组在波拿帕特盆地的其他地方是一套优质的生气源岩。在莫里塔地堑与 Echuca Shoals 组相当的是 Darwin 组，该组可为莫里塔地堑内圈闭提供油气。晚期生成的天然气对油气藏的冲洗破坏是莫里塔地堑最大的勘探风险（图 3-84）。

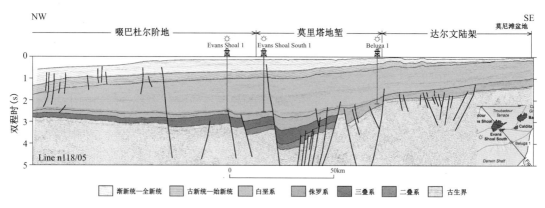

图 3-84　波拿帕特盆地过啜巴杜尔阶地—莫里塔地堑—达尔文陆架地震剖面图
（据 Geoscience Australia，2016）

1. 储层

在莫里塔地堑及其翼部已在 Plover 组、Laminaria/Elang 组、Flamingo 群和 Bathurst Island 群（Wangarlu 组）发现了砂岩储层。

在莫里塔地堑的大部分地区，由于砂岩储层随深度增加的成岩作用，Plover 组可能埋藏太深而不能成为有效的勘探目标——在莫里塔地堑的轴部，其埋藏深度可能超过了 5000m。在这样的深度，裂缝可能是 Plover 组砂岩的主要原生空隙。然而，在有些地方，Plover 组砂岩由于早期的烃类充注而阻碍了成岩作用及后续的孔隙度变小。

Flamingo 群浊积砂岩（由北边的萨湖台地和东边的达尔文陆架提供物源）及 Bathurst Island 群上白垩统低位体系域砂及上覆的古新统都是莫里塔地堑有效的勘探目标。Darwinia-1/1A 井钻遇的上白垩统砂岩孔隙度 20%～28%，厚度超过 150m。

2. 盖层

广泛分布于 Bathurst Island 群底部的黏土和粉砂岩层构成了该地区的区域盖层。在武尔坎坳陷和伦敦德瑞高低的翼部发现的几个油气藏就紧邻该区域盖层之下。

Flamingo 群、Plover 组和 Wangarlu 组内部的页岩和黏土岩隔层也有很好的封盖作用。

在莫里塔地堑，上白垩统及始新统低位体系域砂可能受到新生界碳酸盐岩地层的封盖。

3. 烃源岩

在莫里塔地堑存在三套生油源岩。在莫里塔地堑附近，Flamingo 群内的页岩和粉砂岩有着好—极好的烃源岩潜力。Heron-1 井 Flamingo 群的 TOC 值平均为 2.5%（78 个样品）。Jacaranda-1 井 Flamingo 群和 Laminaria/Elang 组的平均 TOC 值大约为 0.7%。Curlew-1 井 Flamingo 群的平均 TOC 值超过了 1%。

中—上白垩统 Bathurst Island 群 Wangarlu 组具有中等生烃潜力，Flamingo-1 井 Wangarlu 组 TOC 值为 1.3%，Lynedoch-1 井 Wangarlu 组 TOC 值为 3.4%，Heron-1 井 Wangarlu 组 TOC 值为 1.8%。

缺少井控制的莫里塔地堑附近很难建立热成熟度模型。然而，有潜力的上侏罗统/白垩系烃源岩应该处在生油的边沿。Plover 组目前可能正处于过成熟阶段。成熟度模拟表明 Darwin 组的排油时间可能在晚白垩世，排气时间可能在新生代早期。Laminaria/Elang 组及 Plover 组内部烃源岩可能在中白垩世开始排油，在新生代早期才开始生气。

4. 圈闭

到目前为止，莫里塔地堑已识别的圈闭类型有：侏罗纪/三叠纪掀斜断块，封盖层为层内黏土岩封闭或受上覆 Flamingo 组或 Bathurst Island 群底部的黏土岩和页岩封盖。断层上盘、断层下盘受断层封堵的圈闭，莫里塔地堑的断边都被认为是有效的勘探目标。

上白垩统（相当于 Puffin 组）和始新统批覆构造是该地区第二重要的勘探目标。这些特征可能形成隐蔽的地层圈闭。在莫里塔地堑的边缘，Flamingo 群内的浊积砂岩也可能形成地层圈闭。

在莫里塔地堑的南翼，北西向皮特尔坳陷和北东向莫里塔地堑相交的地方，与盐底劈（Gull 和 Curlew 底劈）相关的构造可能形成大量的构造和地层圈闭。

5. 油气勘探及油气显示

莫里塔地堑共钻探井 7 口，其中 3 口井见油气。莫里塔地堑及其翼部的 Evans Shoal-1 井在测试时获得气流。

（六）阿什莫尔台地

1. 储层及盖层

在阿什莫尔台地的东翼，Woodbine-1 和 Keeling-1 井已经钻遇了高质量的古近系砂岩储层。再往西，阿什莫尔台地独有的三叠系断块要么被下白垩统泥岩和页岩封闭，要么被上白垩统—新生界的碳酸盐岩封闭而成为勘探目标。在阿什莫尔台地，已发现的油气藏证明这种成藏组合是有效的。

在武尔坎坳陷周边钻探的数口井都遇到了高质量的马斯特里赫特阶（Puffin 组）和始新统（Grebe 砂岩层）砂岩。马斯特里赫特阶和始新统砂岩被上部的碳酸盐岩层所封闭，很可能在阿什莫尔台地的东部边缘形成构造和地层圈闭。

2. 烃源岩

晚侏罗世生油的海相烃源岩及煤质河流三角洲和早—中侏罗世的 Plover 组浅海相沉积物共同组成了台地东部武尔坎坳陷的生油岩（Botten & Wulff，1990；Kennard 等，1999）。但是侏罗纪沉积物在阿什莫尔台地很薄或缺失。

因此，阿什莫尔台地圈闭的油气要么来源于经过长距离运移的周边沉积中心（Swan 地堑和卡斯威尔坳陷）的烃源岩，要么来自还未得到证实的下伏三叠系 Sahul 群烃源岩。也可能由阿什莫尔台地残留的三叠纪地堑或半地堑中高质量的侏罗系烃源岩就地提供油气。

然而，在阿什莫尔台地，三叠系烃源岩还没得到证实。但在西北大陆架的其他地方，相当的地层已经为多个气藏提供了天然气。

3. 圈闭

三叠纪掀斜断块和阿什莫尔台地东翼的马斯特里赫特阶至古新世、渐新世的低水位体系域砂是该地区首要的勘探目标。影响这些油气藏勘探的主要因素有：

（1）来自周边或下伏成熟烃源岩的油气，选取什么样的运移路径；

（2）晚期断裂对圈闭的破坏（南部布劳斯盆地 Discorbis-1 井落空的原因是圈闭被破坏）；

（3）古新世、渐新世的低水位体系域砂缺少封闭能力强的盖层。

4. 油气勘探及油气显示

阿什莫尔台地钻探井 17 口，在 Warb-1A 井见油显示，没有发现油气藏。

（七）萨湖向斜

1. 储层和盖层

虽然一开始人们把萨湖向斜认为是烃源岩，但在向斜的西翼钻探了大量的井用于测试中生界掀斜断块内的 Plover 组砂岩。然而，在靠近向斜的轴部，三叠系和侏罗系储层可能由于埋藏太深而不能成为有效的勘探目标。

Flamingo 群（Cleia 组）内不多个相互叠置的浊积岩斜坡及海底扇砂岩受到厚层白垩系 Bathurst Island 群页岩（Echuca Shoals 组）或层内封闭，可能成为萨湖翼部的有效勘探目标。

2. 烃源岩

萨湖向斜是萨湖台地的重要烃源灶。由上侏罗统地堑充填页岩组成的 Vulcan 组下段是西南部武尔坎坳陷首要的烃源岩。这里 Swan 地堑的页岩厚度超过了 1000m，是 Jabiru 和 Challis 油田的烃源岩。

Frigate 组及上部的 Cleia 组是该区域非常好的盖层及烃源岩。

在萨湖向斜，越接近向斜的轴部，下—中侏罗统 Plover 组的海相沉积就越明显，成熟度也越高，被认为是高质量的成熟烃源岩。

3. 油气勘探及油气显示

萨湖向斜共钻探探井 5 口，发现一个油气藏（Rambler-1 井）。该向斜被认为是邻近腊米钠锐亚高地和弗拉明戈高地大量油气藏的烃源灶。

二、盆地资源潜力评价

波拿帕特盆地各个二级构造单元已钻探井中都有不同程度的失利。

（一）阿什莫尔台地

阿什莫尔台地油气成藏的主要风险在于缺少烃类物质的注入，没有有效的运移途径，无法形成好的油气藏，其次后期断裂的破坏作用也是无法形成有效圈闭的一个重要原因，古新统和始新统的低位砂缺乏有效的封堵层。

（二）武尔坎坳陷

对武尔坎坳陷已钻探井的分析显示，大部分钻井失利都是圈闭不落实，进行了三维地震采集和叠前深度偏移技术来解决这个问题，这也是下一步将要继续加强的方向。

（三）伦敦德瑞高地

伦敦德瑞高地圈闭被破坏是钻井失利的主要原因，该地区主要的油气藏类型是地层圈闭油藏，断层的再次活动使得油气沿断层垂向运移进入浅层砂岩。

（四）卡尔得地堑

断层的几何形态、封堵性、断层生长时间都影响了卡尔得地堑圈闭的落实程度，断层封堵的完整性，油气充注历史和圈闭完整性也是最近西北大陆架研究的重点（Otto 等，2001，Brincat 等，2001）。

（五）莫里塔地堑

莫里塔地堑钻井失利的主要原因是缺乏良好的储层，断裂系统的再活动使油气逸散，不能形成大型油气藏。

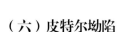

（六）皮特尔坳陷

皮特尔坳陷南部圈闭类型主要以构造和地层圈闭为主，钻井失利的主要原因以断层的后期活动性对圈闭的破坏，一些背斜圈闭被强烈活动的断层刺穿，造成圈闭落空。

波拿帕特盆地共有 7 个二级构造单元，每个构造单元由于所经历的地质构造运动不同，导致了次级单元的沉积环境存在差异，其含油气程度也不一样，总体来看，在波拿帕特盆地进行油气勘探存在以下一些风险：烃源岩未熟或缺少烃源岩，如阿什莫尔台地和皮特尔坳陷；无有效的构造，如阿什莫尔台地和武尔坎坳陷；缺少储层，这一点在莫里塔地堑表现得尤为突出；后期圈闭遭到破坏，后期强烈的构造运动及断层活动使得圈闭的完整性遭到破坏，不在具有聚集油气的能力，如萨湖台地、伦敦德瑞高地。圈闭形成的时间和油气充注时间不匹配，主要是圈闭形成于主要油气充注期后，如阿什莫尔台地。还有一些导致油气不能成藏的原因有待分析，如萨湖台地（表3-20、图 3-85）。

表 3-20   波拿帕特盆地失利井原因分析

次级构造单元	失利原因所占百分比（%）					
	缺少烃类充注	无效构造	缺少储层	圈闭破坏	圈闭形成于油气充注之前	其他原因
阿什莫尔台地	56	29	6	3	6	0
武尔坎坳陷	14	33	15	24	2	12
伦敦德瑞高地	28	8	8	24	0	32
萨湖向斜	NA	NA	NA	NA	NA	NA
萨湖台地	5	20	3	31	0	41
莫里塔地堑	0	7	93	0	0	0
皮特尔坳陷	39	12	27	9	0	13

波拿帕特盆地已发现储量中，主要在卡尔得地堑，占42%，其次为萨湖台地，占32%，武尔坎坳陷占15%（图3-86）。通过对含油气系统和成藏组合的分析，盆地大部分油气储量都发现在萨湖台地、卡尔得地堑和武尔坎坳陷，这三个次级构造仍然具有油气勘探潜力；皮特尔坳陷分布有潜在的中生界含油气系统 Hyland Bay/Keyling-Hyland Bay，有古生界成藏组合分布，烃源岩和储层都发育，有一定的生油潜力（图3-87）。

三、已知油气田储量增长预测

截至2003年，盆地内共识别出68个油气层，分布于石炭系至上白垩统，其中有11

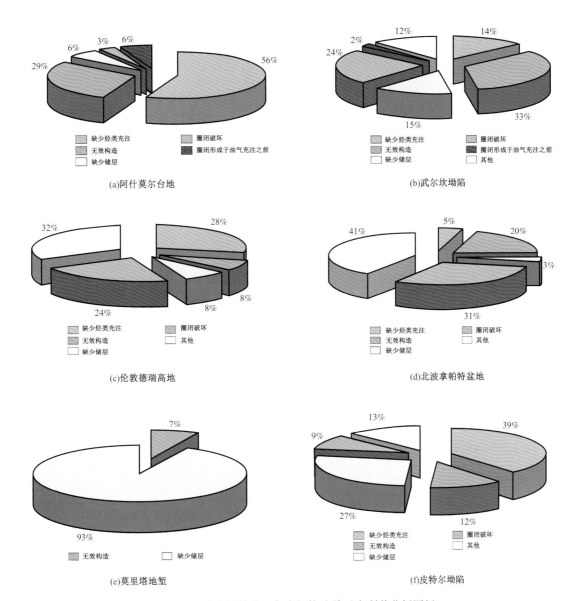

(a)阿什莫尔台地

(b)武尔坎坳陷

(c)伦敦德瑞高地

(d)北波拿帕特盆地

(e)莫里塔地堑

(f)皮特尔坳陷

图 3-85 波拿帕特盆地各次级构造单元失利井分析图板

个具有工业生产价值（图 3-88）。截至 2009 年，波拿帕特盆地液态烃（包括原油和凝析油）可采储量达到 2026×10^6 bbl，剩余可采储量 1522×10^6 bbl，累计开采 504×10^6 bbl，天然气可采储量达到 47005×10^9 ft^3，剩余可采储量 45670×10^9 ft^3，累计开采 1335×10^9 ft^3（图 3-89、图 3-90）。波拿帕特盆地原油产量虽然不高，但每年稳定增长；天然气产量从 2006 年开始急速增长，预计将继续增长。

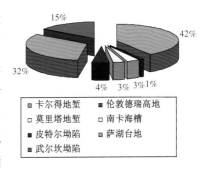

图 3-86 波拿帕特盆地各次级构造带已发现储量分布图

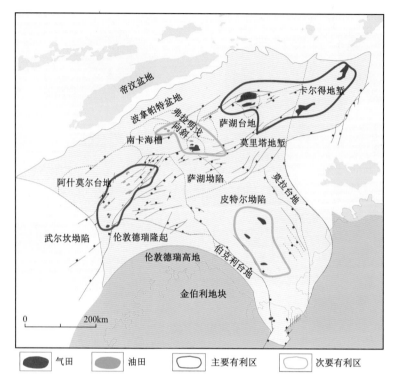

图 3-87　波拿帕特盆地油气勘探有利区分布图

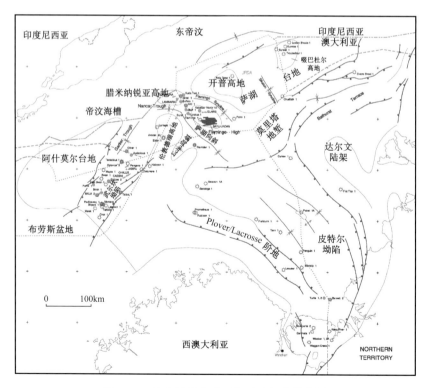

图 3-88　波拿帕特盆地已发现油气藏分布图

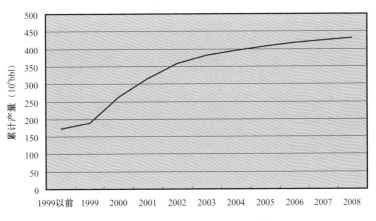

图 3-89　波拿帕特盆地石油产量累计曲线图

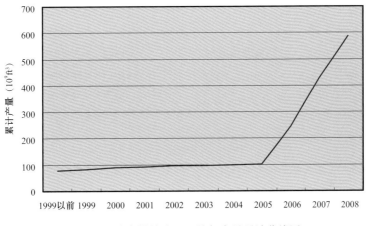

图 3-90　波拿帕特盆地天然气产量累计曲线图

四、典型油气田解剖

Sunrise-Troubadour 气田位于波拿帕特盆地的萨湖台地，水深 75～750m，发现于 1974 年，天然气地质储量 $16.7 \times 10^{12} ft^3$，天然气可采储量 $9.7 \times 10^{12} ft^3$。油气田位于两个断背斜（图 3-91、图 3-92）。

Sunrise 气田发现于 1975 年初，包含 Sunrise-1、Loxton Shoals-1 及 Sunset-1 油气藏（包括 Sunset West-1 井）。

莫里塔地堑沉积了厚层的上侏罗—下白垩统，是主要的烃源岩发育层位。Sunrise-Troubadour 气田位于 Sunrise 隆起，萨湖台地的边界断层处，是构造相对高部位。

储层为中—下侏罗统的 Plover 组砂岩，烃源岩为 Plover 组的页岩，盖层是上侏罗统—下白垩统的 Flamingo 组页岩，上覆地层是白垩系 Bathurst Island 群页岩，主要是断背斜圈闭为主，以断层封堵为主要封堵机制，0.5～1Ma 圈闭形成。主要的含油气系统是 Plover-Plover 含油气系统，成藏组合属于侏罗—三叠系成藏组合（图 3-93、图 3-94）。

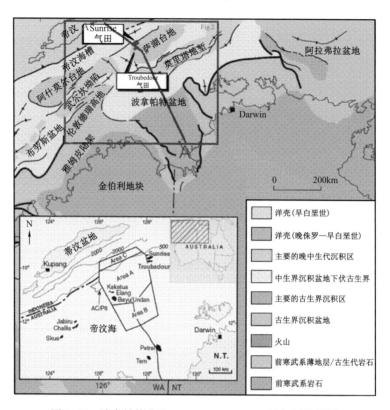

图 3-91　波拿帕特盆地 Sunrise-Troubadour 油气田位置图

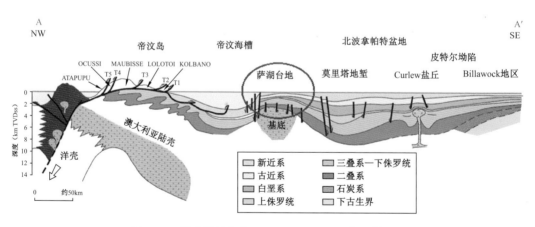

图 3-92　波拿帕特盆地 Sunrise-Troubadour 气田剖面图

油气田有利因素分析：位于构造相对高部位，烃源岩、储层、盖层均发育，上覆区域盖层，断裂系统发育可提供油气运移通道。

失利因素分析：多期断层发育，后期活动断层对圈闭有破坏作用，次级断裂的破碎带有可能阻挡流体运移，也会影响油气采收率。

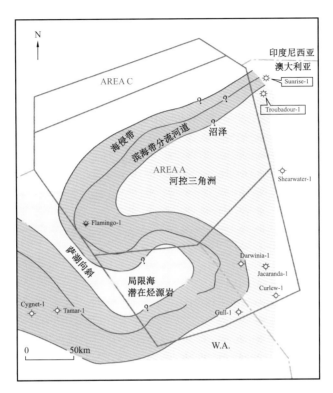

图 3-93　波拿帕特盆地 Sunrise-Troubadour 油田沉积相平面图

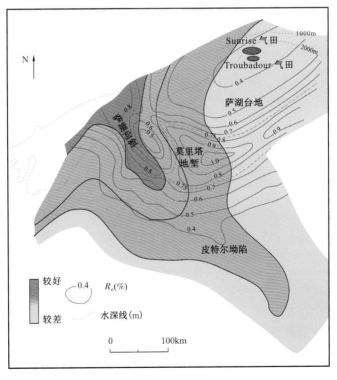

图 3-94　波拿帕特盆地 Sunrise-Troubadour 油田 Plover 组烃源岩分布图

第四章　布劳斯盆地地质特征及油气富集规律

布劳斯盆地位于澳大利亚西北大陆架，北部与波拿帕特盆地相接，南部与坎宁盆地和罗巴克盆地毗邻，向东南部和东部，盆地超覆在元古宙金伯利盆地和克拉通金伯利断块之上，向西部和西北部，盆地延伸到阿尔戈深海平原的洋壳上，盆地面积约 $18.5 \times 10^4 km^2$（图4-1）。布劳斯盆地是一个以天然气为主的含油气盆地，储层主要发育在侏罗系和白垩系（图4-2）。

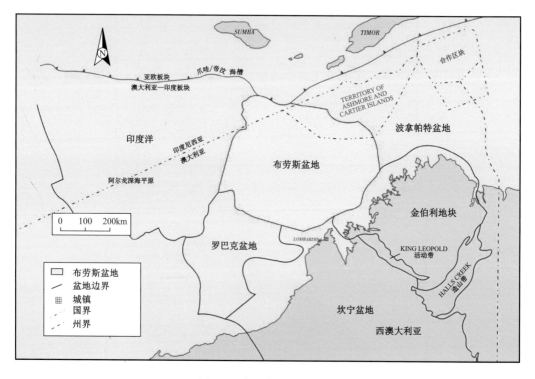

图4-1　布劳斯盆地位置图

第一节　布劳斯盆地勘探开发概况

一、勘探历史

布劳斯盆地油气勘探活动开始于1967年，Burmah石油澳大利亚有限公司（即现在的伍德赛德能源公司）采集了区域二维地震资料1600km。截至2012年，在布劳斯盆地已经采集了超过 $18 \times 10^4 km$ 二维地震数据与 $46000 km^2$ 三维地震数据。

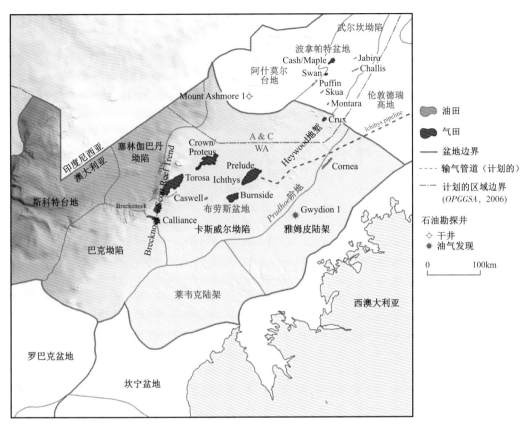

图 4-2　布劳斯盆地油气分布图（据 Geoscience Australia, 2016）

　　布劳斯盆地勘探早期的成功案例是 1971 年 Scott Reef 与 1979 年 Brecknock 的大型天然气藏发现，这些发现使得大家普遍认为布劳斯盆地是富含天然气的盆地。然而，在雅姆皮（Yampi）陆架石油的发现（1995 年发现的 Gwydion 油藏与 1997 年发现的 Cornea 油藏）在很短时间内就改变了布劳斯盆地只赋存天然气的观点。之后，Caswell（卡斯威尔）坳陷经过近 20 年滚动勘探与评价钻井，众多的大型天然气藏在坳陷中部被集中发现，这些气藏主要沿斯科特礁（Scott Reef）向东北延伸到 Heywood 地堑的 Crux 气藏。目前的天然气开发主要集中在斯科特礁，勘探评价则沿着斯科特礁向东北延伸的富气构造带。

　　迄今为止，布劳斯盆地约有 150 口钻井。从 1970 年到 1997 年每年钻井约 1～2 口井，之后钻探活动慢慢开始增加，这反映了雅姆皮陆架获得石油发现所激发的勘探热情。钻井数量在 2000—2001 年达到顶峰，期间评价了 Ichthys 油藏，发现了 Crux 油藏，之后钻探速率返回到之前钻探 Gwydion 和 Cornea 油藏时期所经历的较低水平。2007 年发现 Burnside 和 Lasseter 气藏。

　　截至 2009 年底，在已发现的 34 个油田中，6 个油田已投入开发；在已发现的 40 个气田中，1 个气田已经投入开发。截至 2014 年底，波拿帕特盆地天然气储量 22.73 × 10^{12}ft^3，约占澳大利亚西北大陆架天然气总储量的 12.85%，其中已采出 $1.62 \times 10^{12} \text{ft}^3$，剩余储量 $21.11 \times 10^{12} \text{ft}^3$；石油储量 $15.68 \times 10^8 \text{bbl}$，已采出 $7.99 \times 10^8 \text{bbl}$，剩余储量 $7.69 \times 10^8 \text{bbl}$。

截至 2014 年底，布劳斯盆地天然气储量 $41.28 \times 10^{12} \text{ft}^3$，占澳大利亚西北大陆架天然气总储量的 23.34%；石油储量 $16.52 \times 10^8 \text{bbl}$，占澳大利亚西北大陆架石油总储量的 19.37%。截至 2015 年底，布劳斯盆地天然气、石油和凝析油的 2P 储量分别为 $36.92 \times 10^{12} \text{ft}^3$，$0.34 \times 10^8 \text{bbl}$ 和 $9.81 \times 10^8 \text{bbl}$。

二、开发历史

自 1971 年发现第一个气田——Scott Reef 气田以来，到 2009 年底已发现 11 个油气田，发现油田 4 个。布劳斯盆地的油气资源主要储存在 Scott Reef, Brecknock 和 Brewster 油藏中。盆地目标层系主要为三叠系、侏罗系和白垩系，目标层系埋深 1000～6000m。

资源评价显示，布劳斯盆地待发现石油、天然气和凝析油的可采储量分别为 $10.6 \times 10^8 \text{bbl}$，$5700 \times 10^8 \text{m}^3$，$9.3 \times 10^8 \text{bbl}$。布劳斯盆地区与陆地间的相对距离（300km）及其相当大的水深（0～500m）阻碍了布劳斯盆地区许多油藏的开发。天然气、液化石油气或凝析油的市场价格将决定 Scott Reef 或其他油藏未来发展的时机。

第二节　布劳斯盆地构造沉积特征

一、盆地地质结构及构造样式分析

布劳斯盆地位于澳大利亚西北大陆架之上，在澳大利亚大陆和大陆边缘之间。它跨越澳大利亚西部 / 北部地区边界。盆地大部分区域深度都超过 200m。

（一）盆地构造分区

盆地边界由不整合和地形特征界定。向东南部和东部，盆地超覆在元古宙金伯利盆地和下伏澳大利亚克拉通金伯利断块之上。向西部和西北部，盆地延伸到阿尔戈深海平原。北部界限是欧亚板块的会聚板块边界，以爪哇 / 帝汶海槽为标志。向西南和东北方向，盆地分别逐渐地过渡到罗巴克盆地（或坎宁盆地海上部分）和波拿帕特盆地。这些盆地一起构成了西澳大利亚超级盆地的北部分。

布劳斯盆地包括一个带有断阶的弧形陆架区及一个沉积中心的部分区域。根据构造起源，该沉积中心可以分成四个坳陷，即卡斯威尔（Caswell）、巴克（Barcoo）、塞林伽巴丹（Seringapatam）和斯科特（Scott）坳陷（Wilmot 等，1993）（图 4-3）。卡斯威尔坳陷埋藏最深，沉积厚达 15km（Hocking 等，1994；Struckmeyer 等，1998）。在西北向，卡斯威尔坳陷通过 Scott Reef 和 Buffon 与塞林伽巴丹坳陷相隔；在西南向，该坳陷的 Buccaneer

鼻状构造与巴克坳陷相邻（Hocking 等，1994）。斯科特坳陷包括沉降的 Scott（斯科特）台地（图 4-3）。东北—西南的构造走向控制着布劳斯盆地，产生伸长的次平行的倾斜断块和背斜走向。

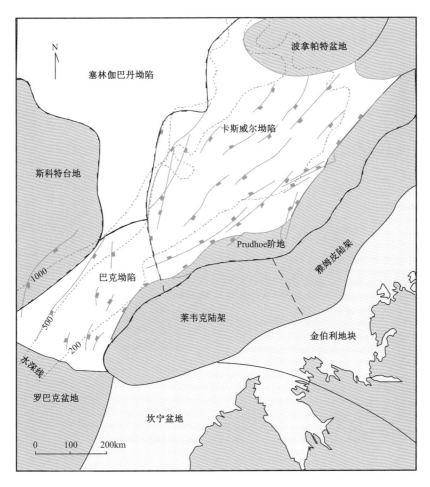

图 4-3　布劳斯盆地构造纲要图

（二）盆地构造样式

　　对布劳斯盆地典型剖面进行剖面构造特征分析，布劳斯盆地卡斯威尔坳陷的剖面表明，布劳斯盆地构造运动主要发生在古生代和中生代时期，盆地内正断层发育，断层形态以铲状为主，平直为辅，多为马尾状组合样式（图 4-4、表 4-1）。布劳斯盆地主要为铲状继承型盆地结构样式，裂谷期构造整体为构造断阶带，形成断背斜、断块、地堑、地垒等构造形态，发育多个构造高点，由西南向东北呈下倾趋势；新生代以稳定沉积为主，无明显构造运动，地层相对平缓，断裂不发育（图 4-5）。

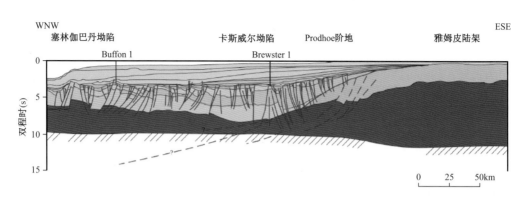

图 4-4　布劳斯盆地南北向典型剖面

表 4-1　铲状继承型盆地剖面构造特征表

项目		描述要素
结构要素	盆地对称性	不对称
	断面形态	铲状为主,平直为辅
	断层组合	大量马尾状,北部见多米诺状
	半地堑—半地垒组合	同向翘倾为主,背向翘倾为辅
成因机制	断块运动	旋转,继承性强
	应力方向	垂向拉伸为主
	大陆伸展方式	不明
	裂谷作用	不明

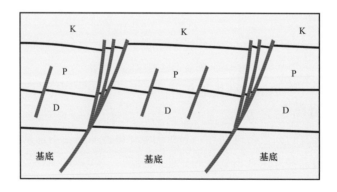

图 4-5　铲状继承型盆地剖面模式图

二、成盆演化及原型盆地分析

布劳斯盆地具有多期变形历史,包括:两个周期的受构造控制的拉张作用、热沉陷和可识别的倒转以及上述每一个阶段中较小规模的构造事件（Struckmeyer等，1998）。从泥盆纪晚期到石炭纪早期，盆地形成之初，伴随有局部的断裂作用和同生断层沉积。在晚石炭世/早二叠世，进一步拉张作用中的构造发育构建起了坳陷结构和分区，这将控制其后的沉积和构造作用直到中新世（Struckmeyer等，1998）。晚石炭世/早二叠世拉张事件伴随一系列半地堑而发生，这些半地堑与沿澳大利亚西北边缘的断裂和沉积的新特提斯洋地层相应（Struckmeyer等，1998）。据认为8～10km的同生断裂和早期后生断裂沉积物在这一期间沉积在布劳斯盆地内。

晚三叠世至早侏罗世，古生代断层收缩性地恢复活性导致盆地和大规模的背斜及向斜地层局部反转。收缩作用产生了一条北东向的凹槽，其中沉积了厚层的侏罗系早期和中期的河流—三角洲到陆表海海相储层。

卡洛夫—牛津期，大陆边缘的进一步扩张一直到达阿尔戈深海平原海底的起始端。断裂后的热沉陷始于晚侏罗世，但是在布劳斯盆地进行得比相邻区域更慢，直到中瓦兰今期。相对薄的上侏罗统和厚的下白垩统泥岩是侏罗纪构造隆起的区域盖层。在土伦期，更新的热沉陷使外侧盆地边缘倾斜，这样就形成完整的海洋循环。

尽管陆表海到河流—三角洲发育于东部、东北部盆地边缘，但是上白垩统中的碳酸盐岩却增加了。贯穿于古近系的次级沉积间断反映板块的微调或者海平面的升降变化。

中渐新世到中新世，澳大利亚板块北部边缘和欧亚板块相撞，这促使盆地倾斜构造的再次活动。

大的扭曲背斜形成于巴克坳陷和阿什莫尔（Ashmore）台地南部边缘。从中新世到现今，碳酸盐岩陆棚在盆地中占据了主导地位。

布劳斯盆地的演化反映了冈瓦纳大陆解体和西澳大利亚超级盆地的形成。Struckmeyer等（1998）识别出22个不整合边界层序，这些不整合边界层序是用井资料解释，并且和6个构造控制的盆地相关联。盆地形成于晚泥盆世—早石炭世，经历了两期构造旋回，7个主要的演化阶段（图4-6）。

（一）第一期第一幕裂谷拉张地层单元（泥盆纪—早石炭世）

晚泥盆世—早石炭世，布劳斯盆地发生初期克拉通内的扩张作用。在这一期间沉积的同裂谷期剖面由西北—东南方向的沉积中心的河流—三角洲沉积物组成。Symonds等（1994）解释了该剖面，以便和相同的东北向拉伸作用相符，该拉伸作用形成了Fitzroy槽和皮特尔坳陷。最初的拉伸作用等于BB1巨层序。

在晚石炭世—早二叠世期间，发生了第二幕拉张作用（Struckmeyer等，1998）。这一时期的断裂作用与钦莫利阶大陆块的一部分分离和新特提斯大洋盆地的形成有关（Sengor，1987; Baillie等，1994）。这些活动导致了沿整个西北大陆架广泛分布的拉张作用（Yeates等，1987）。在主要的盆地形成阶段，布劳斯盆地的半地堑结构确立，并且还发生了大规模的

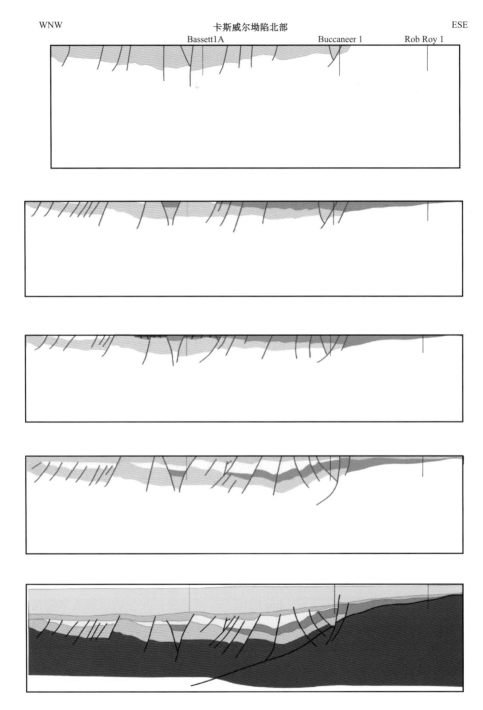

图 4-6　布劳斯盆地构造演化剖面图

正断层活动。这就形成了把盆地分割成性质不同的北部和南部沉积中心的基础，这两个沉积中心分别是卡斯威尔和巴克坳陷（Blevin 等，1998）。这些沉积中心发育超过 15km 的沉积地层，这些区域现今海水深度为 100～1500m。澳大利亚地质调查深层地震资料显示，布劳斯盆地之下是一套厚的古生界同生断裂和早期后生断裂层序（Symonds 等，1994；Struckmeyer 等，1998）。

下二叠统以海相为主，构成BB2巨层序，相当于波拿帕特盆地的Kulshill组（Struckmeyer 等，1998）。只有少数井与前三叠系单元相交，所有这些井都沿着雅姆皮陆架和Prudhoe（普拉德霍）阶地分布。

（二）第二幕裂谷拉张地层单元（晚石炭世—早二叠世）

晚石炭世—早二叠世，布劳斯盆地发生了第二幕的拉张作用。这一时期的活动直接导致了整个西北大陆架广泛的拉张作用，确立了布劳斯盆地的半地堑结构，并且还发生了大规模的正断层活动，形成一系列半地堑，把盆地分割成性质不同的卡斯威尔和巴克两个沉积中心，使其存在差异沉降作用，这些沉积中心含有超过15km的沉积地层，水深为100～1500m。布劳斯盆地里的拉张作用主要发生在卡斯威尔坳陷，而在巴克坳陷里只有较小的拉张作用。南北走向的Buccaneer鼻状构造隔开卡斯威尔和巴克坳陷。

（三）第一期裂后沉积地层单元（晚二叠世—三叠纪）

晚二叠世—三叠纪，布劳斯盆地构造沉降率显著减少，盆地进入裂后热沉降期，长时期的海侵沉积后，盆内断裂活化作用形成区域抬升剥蚀，三叠系底部有比较明显的不整合现象。

紧随晚石炭世—三叠纪的断裂活动，显著减小的构造沉降率一直延续到热张弛期，相当于地震地层的巨层序BB3和BB4（Struckmeyer 等，1998）。在该热沉陷期之初，与差异隆起相关联的断裂构造的初步恢复为长时间海侵沉积提供了可容空间（Struckmeyer 等，1998；Blevin 等，1998）。巨层序BB3的上二叠统层序表明是一套海侵旋回，并且含有介于泥岩和石灰岩之间的砂岩。这被解释为与波拿帕特盆地里的Hyland Bay地层相当（Blevin 等，1998）。

（四）第一期构造反转地层单元（晚三叠世—早侏罗世）

三叠纪晚期—侏罗纪早期，布劳斯盆地在二叠纪—三叠纪坳陷期由于压缩作用的激活而结束。这一结果由区域不整合（Trmid 层位）标记出来，并与坎宁和波拿帕特盆地的Fitzroy运动有关（Etheridge 和 O'Brien，1994）。该倒转期的开始由横跨该盆地的北东向褶皱地形的地层所标记（Blevin 等，1998；Struckmeyer 等，1998）。同生倒转沉积物的沉积作用被向斜所限制，而背斜（如 Buffon 和 Scott Reef 背斜）表现出侵蚀特征。斯科特台地在这一时期突变，并可能从西面为布劳斯盆地提供碎屑物质。这些占优势的北东—南西走向背斜与该盆地主要的古生代断层的排列方向相一致（Blevin 等，1998；Struckmeyer 等，1998）。大陆"红层"和河流—三角洲沉积为同生倒转和后生倒转期的典型特征。这些沉积被解释为年代地层和构造地层与波拿帕特盆地皮特尔坳陷的 Malita 组相当（Blevin 等，1998）。瑞替期—辛涅缪尔期，在布劳斯盆地发生了盆地中心和外侧的洪泛，导致了超覆，发育浅水海相石灰岩、陆棚砂岩和粉砂岩，相当于波拿帕特盆地的 Nome 组和 Plover 组（Blevin 等，1998）。

贯穿整个盆地的北东—南西向褶皱带的发育标志着这一次大的构造反转期的存在，在坳陷区发育沉积厚度较小的沉积建造，构造隆起区以侵蚀为主，斯科特台地在该时期形成，成为盆地西部主要物源区，盆地内发育一系列北东—南西走向的背斜构造带，与古生代主要断层走向一致，具有很好的继承性。

（五）第二期同裂谷拉张地层单元（早—中侏罗世）

早—中侏罗世，布劳斯盆地开始了北东—南西向的构造拉张作用，拉张活动在卡洛夫—早牛津期达到顶峰，随着拉张作用的不断加强，发生海底扩张作用，导致了阿尔戈深海平原的解体。对于晚三叠世形成的一系列张性断层继续加强，出现塞林伽巴丹坳陷、斯科特台地和巴克坳陷的快速沉降，盆地主要构造单元在这一时期基本成型。

贯穿于早—中侏罗世的北—西北/南—西南向上地壳拉张作用伴随着卡洛夫期—早牛津期海底扩张和阿尔戈深海平原的解体而结束。这些应力弛豫伴随拉张作用的开始，或紧随其后，该拉张作用期影响着布劳斯盆地卡斯威尔坳陷及卡纳文盆地南部。在布劳斯盆地，许多在晚三叠世倒转期形成的背斜被破坏。沿普拉德霍阶地和 Leveque（莱韦克）陆架西缘的拉张断层在这一时期活跃（Blevin 等，1998）。早—中侏罗世（普林斯巴期—中卡洛夫期），塞林伽巴丹、斯科特和巴克坳陷以相对快速沉降为特征（Kennard 等，2004）。这标志着地壳拉张作用和区域变热的开始，导致了广泛分布的断块运动和玄武岩火山作用（Symonds 等，1998）。这是一个高沉积物注入期，覆盖了布劳斯盆地大部分区域。在这一时期，初期的海侵浅水海洋沉积被后期以同裂谷期河流—三角洲沉积为主的向上变浅层序所代替。

（六）第二期裂后沉积地层单元（晚侏罗世—中新世）

阿尔戈深海平原海底扩张作用的开始标志着侏罗纪裂谷活动的结束，也代表了长期沉降与构造相对稳定时期的开始，晚侏罗世卡斯威尔和巴克坳陷缓慢沉降，斯科特台地和塞林伽巴丹坳陷中等沉降，进入白垩纪沉积期，盆地由快速沉降转变为缓慢下降期，晚白垩世沉降作用开始减缓，该时期巴克和卡斯威尔坳陷分化为不同的沉积中心，晚白垩世和中新世是一个从海侵到海退的转折期，该海侵与海退以大量的区域不整合面及河流—三角洲砂岩和扇体系为标志，并且伴随着较小的断层再活化作用。

阿尔戈深海平原海底扩张的开始标志着侏罗纪断裂作用的结束，以及长时期的沉陷和相对构造静止的开始（Blevin 等，1998；Struckmeyer 等，1998）。该时期以卡斯威尔和巴克坳陷缓慢沉降及斯科特台地和塞林伽巴丹坳陷中等沉降为特征，也有 Brecknock—Scott Reef—Buffon 走向和普拉德霍阶地、雅姆皮陆架的抬升（Kennard 等，2004）。

沉积在北东—南西走向的地堑里的河流—三角洲沉积和盆底扇在沉积层序中占优势。

布劳斯盆地的中心和西部具有相对薄的（一般小于100m）河流—三角洲沉积物占优势的上侏罗统（Blevin等，1998）。层序局部变厚横跨莱韦克（Leveque）陆架和普拉德霍阶地（100～350m），并在以断层为边界的Heywood地堑里达到更厚的程度，上侏罗统地层厚度超过1000m（Blevin等，1998）。这套河流—三角洲层序以砂岩夹层、泥岩及粉砂岩为特征，该套地层披覆在前卡洛夫期构造上，并且在盆地中部和普拉德霍阶地的西部发育多套储盖组合（Blevin等，1998）。

上侏罗统顶部的主要侵蚀面标志着相向盆地移动的转折点，这与海平面下降有关（Blevin等，1998）。河流—三角洲前积层序里的斜坡扇和顶积层被认为代表了低位体系域最重要的储层相。其后的高位体系域泥岩和粉砂岩标志着中瓦兰今期的海平面上升。在巴雷姆期短时期的海平面下降以Kbar不整合面为标志，在该不整合之上海侵超覆堆积发生在普拉德霍阶地边缘外的东部（Blevin等，1998）。巴雷姆期低位体系域和海侵体系域沉积物包括砂岩和海绿石砂岩，在Londonderry-1井和Gwydion-1井被证实为储层（Spry和Ward，1997；Blevin等，1998）。

（七）第二期构造反转地层单元（晚中新世）

晚中新世—早中新世，澳大利亚板块和太平洋板块发生碰撞作用，导致莱韦克陆架边缘发育转换断层和倒转背斜，从那时起到现今，布劳斯盆地巴克坳陷持续处于构造改造阶段。

沿莱韦克陆架边缘的转换挤压断层的激活和反转背斜构造归因于晚渐新世—早中新世澳大利亚板块和太平洋板块碰撞。在盆地南部巴克坳陷的形变作用一直持续到现今（AGSO North West Shelf Study Group，1994；Etheridge和O'Brien，1994；Struckmeyer等，1998；Keep和Moss，2000）。

三、地层及沉积相研究

基底由Kimberley断块的太古宇变质岩及上覆Kimberley盆地沉积物和火山岩的海上拉张作用形成。后者由布劳斯盆地沿东部边缘限制并且形成了雅姆皮陆架下面的基底隆起（AGSO North West Shelf Study Group，1994；Symonds等，1994）（图4-7）。

布劳斯盆地是典型的被动大陆边缘盆地，沉积地层主要包括裂前或克拉通内坳陷层序、裂谷层序、过渡—漂移层序和裂后被动大陆边缘层序。三叠系被一个主要的上隆或断层幕终止，部分三叠系储层发育（如Poseidon-1井）。

早—中侏罗世，布劳斯盆地发育Plover组，该地层沉积厚度主要受裂谷期伸展断层控制，可分为上下两段。Plover组下段沉积相为河流—三角洲—浅海，局部有火山活动；Plover组上段水体加深，发育陆棚—临滨相（图4-8）。

晚侏罗世Montara组沉积期，布劳斯盆地发生了最后一个与大陆边缘裂开同时发生的

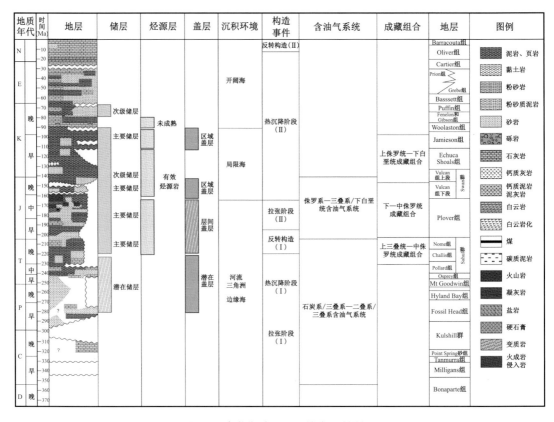

图 4-7　布劳斯盆地地层综合柱状图

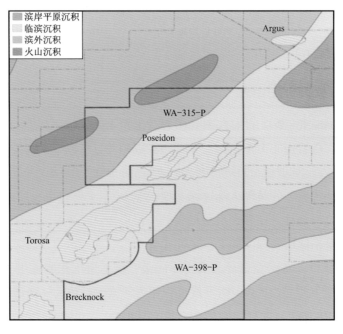

图 4-8　布劳斯盆地 Poseidon 地区 Plover 组沉积展布图

构造作用，是该盆地火山活动的主要发育阶段。在盆地西部玄武岩、火山岩喷发相伴发生；盆地东部则发生翘倾抬升，发育河流沉积（图4-9）。随后广泛的海侵发生，发育了厚层海相Vulcan，Echuca Shoals和Jamieson组泥岩，它们是布劳斯盆地油气田的封盖层。上白垩统的地层剖面记录了一个从碎屑岩到碳酸盐岩渐变的沉积旋回，这些沉积物形成了储层顶部之上的不同种类的岩石，增加了储层在地震速度和异常上的复杂性，从而增加了储层成图的难度。碳酸盐岩沉积旋回在古近—新近纪继续，形成了碳酸盐岩台地，一直持续到现今。

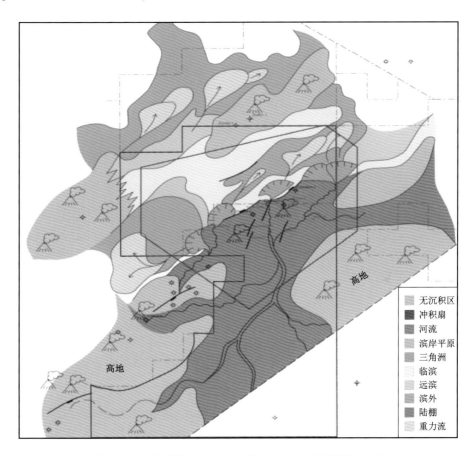

图4-9 布劳斯盆地Poseidon地区Montara组沉积展布图

第三节 布劳斯盆地生储盖特征

一、烃源岩特征

布劳斯盆地发育了多套烃源岩，从二叠系—下白垩统的各层系均有发育。最重要的烃源岩是下白垩统Echuca Shoals组海相泥岩和中—下侏罗统Plover组三角洲相泥岩，其次是上侏罗统 Vulcan 组海相泥岩，次要烃源岩为三叠系以及石炭系—上二叠统泥岩（图 4-10）。

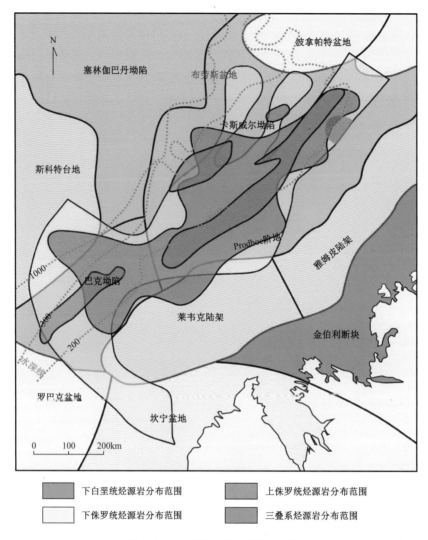

图 4-10　布劳斯盆地烃源岩分布图

（一）白垩系

上白垩统盖层是促使布劳斯盆地下白垩统烃源岩成熟的关键因素。在卡斯威尔坳陷中心阿普特阶—古近—新近系厚度大的盖层有助于烃源岩的成熟（Blevin 等，1998b）。在布劳斯盆地东部边缘烃源岩的成熟度是最低的，而在卡斯威尔坳陷的中心烃源岩成熟度是最高的（Blevin 等，1998a）。

Heywood 组上段泥岩通常被认为是未成熟的，除了卡斯威尔坳陷中心部位，其刚好进入成熟期（Maung 等，1994；Blevin 等，1998a）。沉积条件和巨层序 BB9—BB11 相类似，长期的高水位期紧随迅速的洪泛而来。在洪泛和凝聚沉积高峰期间，富有机质岩石沉积在

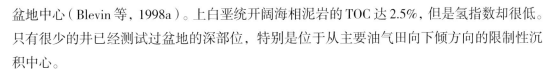

盆地中心（Blevin 等，1998a）。上白垩统开阔海相泥岩的 TOC 达 2.5%，但是氢指数却很低。只有很少的井已经测试过盆地的深部位，特别是位于从主要油气田向下倾方向的限制性沉积中心。

Echuca Shoals 组海相泥岩在盆地内分布面积巨大，因此生烃量很大。盆地中部已经进入生油窗，盆地西部和外围已经成熟。

Vulcan 组上段页岩在全盆大面积发育，晚白垩世长期高水位期之后的快速洪泛，致使洪泛高峰期间的沉积富含有机物质（Blevin 等，1998a），品质中等偏下但量大的潜在烃源岩现在正处于生油窗。Caswell-2 井巴雷姆阶泥岩岩屑有很好的油显示。盆地中部地区的烃源岩含量虽然不高，但是由于面积巨大使得生烃量很大，烃源岩的演化阶段处于生油窗内，Maung 等（1994）认为 Caswell-1 井和 Caswell-2 井的石油均来源于上侏罗统／下白垩统。

（二）侏罗系

Vulcan 组下段海相泥岩在盆地中部地层薄且有机质贫瘠，生烃潜力差—中等。沉积在晚侏罗世受限环境下的缺氧海相泥岩是澳大利亚超级盆地的主要油源（Bradshaw 等，1994）。然而在布劳斯盆地，紧随卡洛夫期断裂作用的热沉陷由于区域的变热和火山作用而推迟了，直到瓦兰今期（Symonds 等，1994）。这形成了厚层的中白垩统，但是在晚侏罗世盆地拉张过程中没有什么影响。因此布劳斯盆地上侏罗统—下白垩统海相泥岩比相邻盆地厚度更薄，烃源岩品质更差。烃源岩生烃潜力从差到相当好，因为 TOC 能够达到 3.5%，平均值仅为 0.5%（Willis，1988；Blevin 等，1998a）。然而可用的地球化学数据是有限的，在塞林伽巴丹和西部卡斯威尔坳陷里面可能有更好的生烃潜力（Blevin 等，1998a）。TOC 一般为 1%～5%，最高达 10%，具有较高的有机质丰度。热解烃（S_2）为 2～15mg/g，HI 为 100～400mg/g。

Plover 组海相泥页岩包括三角洲平原—前三角洲及海相泥岩、碳质泥岩和煤层，烃源岩生烃潜力中等—好，TOC 含量为 1%～3.5%，HI 为 100～200mg/g。具有Ⅲ型干酪根特征，以生气和凝析油为主。盆地中央该套烃源岩已达过成熟，而在盆地边缘则处于未成熟阶段。

（三）下三叠统

下三叠统海侵海相厚层泥岩的生烃潜力从差到中等，平均 TOC 小于 1%（Blevin 等，1998b）。该套泥岩覆盖在盆地的西部和中心部位，在盆地的东部边缘变薄直到缺失。在珀斯盆地同期的 Kockatea 泥岩是一个已被证实的油源。中—上三叠统河流—三角洲相薄碳质泥岩和煤层也可能具有生烃潜力。上三叠统—下侏罗统巨层序（BB5）在盆地深盆区域过成熟，Shaul 群上部泥岩在盆地中央已经过成熟，但在盆地中心外部的巴克坳陷则在生油窗以内（Maung 等，1994；Blevin 等，1998a）。

（四）石炭系—上二叠统

布劳斯盆地石炭系烃源岩生烃潜力等级分为差—相当好，但是除了更深的半地堑内的烃源岩生烃潜力（Blevin 等，1998a）。下二叠统冰川海相泥岩和上二叠统三角洲、分流间湾泥岩有机质含量由差到好。二叠系在盆地内处于热过成熟，而在盆地边缘处于未成熟—早成熟。

下二叠统冰川海相黏土岩和上二叠统分流河道间湾黏土岩的有机质含量为差—好，仅在雅姆皮陆架有发现，Rob Roy-1 井的 TOC 含量最高值大于 5%，平均值小于 3%。尽管 Rob Roy-1 井的 HI 值稍高，但是总体而言 HI 值很低（Maung 等，1994）。卡斯威尔坳陷 TOC 主要为 0～2%，HI 小于 390mg/g，大部分具中等生气能力，少数具好的生气能力，干酪根类型主要为Ⅲ型，少量为Ⅱ型；巴克坳陷 TOC 主要为 0～2%，HI 小于 400mg/g，大部分具中等生气能力，少数具好的生气能力，干酪根类型主要为Ⅲ型，少量为Ⅱ型。

白垩系以上地层通常被认为是未成熟的，但是一些井的高 TOC 表明，在这些层系中有生烃潜力大但未被识别的烃源岩（Blevin 等，1998a）。在横过盆地的相似地层单元里，成熟度趋势反映了埋藏深度的变化。上白垩统盖层的量是驱使盆地下白垩统烃源岩成熟的关键因素。在中部的卡斯威尔坳陷，阿普特阶—古近—新近系厚度大的盖层有助于烃源岩的成熟（Blevin 等，1998b）。通常在盆地东部边缘成熟度最低，而在卡斯威尔坳陷的沉积中心成熟度最高（Blevin 等，1998a）。Longley 等（2002）认为卡斯威尔坳陷烃源岩为过成熟（图 4-11、图 4-12）。

仍然不确定的是在盆地发现的天然气是来源于过成熟的生油倾向烃源岩还是成熟的生气烃源岩。就区域性而言，布劳斯盆地生油窗的顶部深度由地质历史模拟到位于 1800～3800m 的区域来推测。雅姆皮陆架和普拉德霍阶地生油窗在 1500～2500m 之间。生油窗大于 3000m 的井一般位于布劳斯盆地东北部或者沿盆地边缘隆起方向（Blevin 等，1998b）。布劳斯盆地烃源岩都有相对高的成熟度（R_o 为 1.15%～1.35%），这暗示了烃源岩排烃进入晚期。天然气成熟度数据也证实了晚期运移（Blevin 等，1998b）。

二、储层特征

布劳斯盆地中最重要的储层是下侏罗统同裂谷期储层砂岩和下白垩统低位扇和超覆海侵相。这些储层是 Scott Reef/North Scott Reef-1 井、Brecknock-1 井、Brewster-1 井和 Gorgonichthys-1 井中大规模天然气/凝析油聚积的主要储集单元，也是 Cornea-1 井中油聚积的主要储集单元。该砂岩是河流—三角洲—陆表海海洋沉积，典型的三角洲朵叶前积到浅海陆架之上。它们极好地发育在东部边缘和 Scott 生物礁之上。

布劳斯盆地储集岩类型主要为砂岩和粉砂岩，这些砂岩发育在中生界，是在盆地的河流—三角洲和水下扇环境下形成的砂体（图 4-13），主要储层如下。

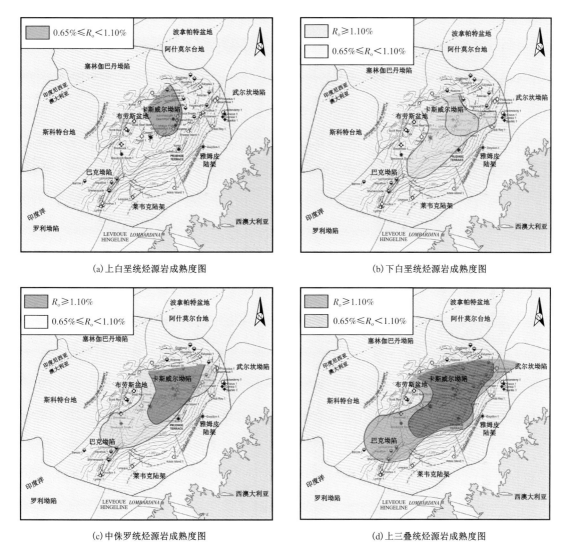

图 4-11　布劳斯盆地烃源岩成熟度图

（一）下白垩统

下白垩统 Bathurst Island 群 Brewster 砂岩是在贝利阿斯湖间因大量砂岩碎屑注入形成的，低水位期和海侵过程中沉积的也是较好的储层，在雅姆皮陆架和普拉德霍阶地的地层圈闭中发育，孔隙度可达 24%～27%；包括已证实的上超海侵储层和海绿石砂岩储层，物性为中等—好；白垩系低位斜坡扇、远端浊积岩及海侵期的临滨和陆架砂体是深水的主要勘探目标。

Brewster-1A 井和 Echuca Shoals-1 井证实主要的储层发育在下白垩统层序，下白垩统 BB9 层序在贝里阿斯期发育大量砂岩。BB10 和 BB11 层序的低位体系域和海侵体系域也被认为是好的潜在储层，特别是横跨雅姆皮陆架和普拉德霍阶地的地层圈闭内的储层（Blevin等，1998a）。

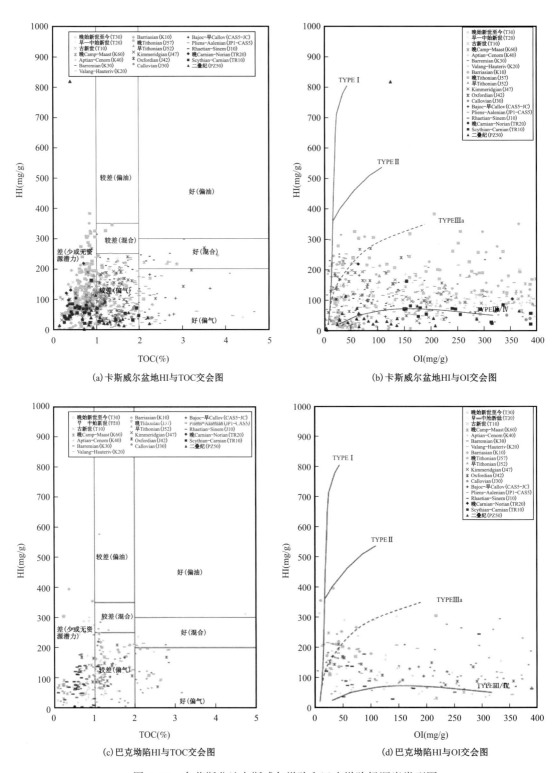

图 4-12　布劳斯盆地卡斯威尔坳陷和巴克坳陷烃源岩类型图

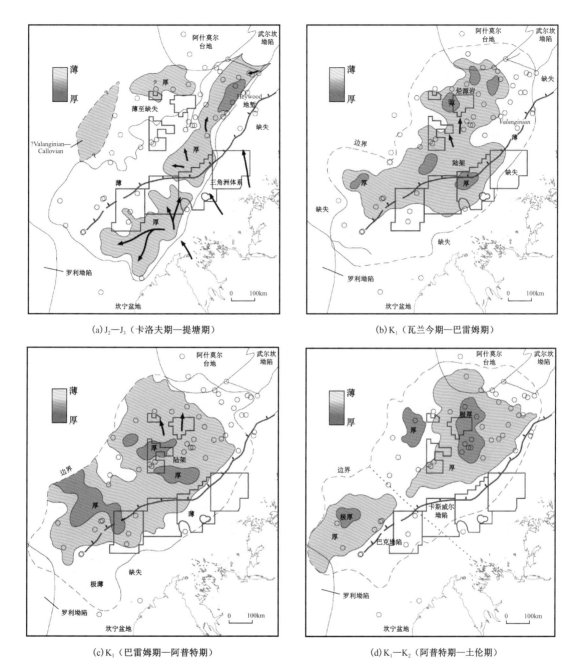

(a) J₂—J₃（卡洛夫期—提塘期）　　　(b) K₁（瓦兰今期—巴雷姆期）

(c) K₁（巴雷姆期—阿普特期）　　　(d) K₁—K₂（阿普特期—土伦期）

图 4-13　布劳斯盆地晚侏罗世—早白垩世沉积物分布图

　　卡斯威尔坳陷内阿尔布阶—阿普特阶发育规模较小的碎屑储层。Caswell-1 井薄层（5m）远源浊积砂岩产出 201bbl 46°API 原油。Yampi-1 井三角洲砂岩孔隙度达 20%。下—上白垩统层序包含已证实的上超海侵体系域和绿砂岩的储层。在 Londonderry-1 井和 Gwydion-1 井中的砂岩显示了相当好—好的储层物性（Blevin 等，1998）。白垩系低位斜坡扇、远源浊积岩及海侵临滨/陆架砂岩也有可能成为深水区域的潜在勘探目标。

晚白垩世—古近纪，近岸碎屑物质从东北部前积，横跨卡斯威尔坳陷。Yampi-1 井为三角洲沉积，与此同时更多的远源砂岩在 Caswell-2 井及其附近沉积。在 Caswell-2 井坎潘阶薄层水下/斜坡扇储层发现了石油。

最有潜力的储层是低位盆底扇，因为在扇体之上发育上覆局部盖层的可能性更高。扇类砂岩（BB14）和河流—三角洲砂岩（BB15）显示了很好的孔隙性，在 Kalyptea-1/ST1 井砂岩孔隙度为 15%～26%，Asterias-1 井砂岩孔隙度为 19%～32%。

（二）上侏罗统

Vulcan 组砂岩广泛发育，在巴克坳陷发育较好的河流—三角洲相砂岩，孔隙度可高达 20%，在布劳斯盆地东边，发育高能近岸碎屑岩，孔隙度可达 15%，河流—三角洲相砂体和前三角洲泥岩的互层，使得储盖组合发育。

砂岩储层在下卡洛夫阶—牛津阶里普遍发育，尽管孔隙度随着深度快速下降（如 Heywood-1 井）。在巴克坳陷牛津阶河流—三角洲相砂岩发育，在该坳陷 Lynher-1 井储层孔隙度达 20%（Goldstein，1994）。提塘期—贝里阿斯期，高能的近岸碎屑物质发育于东部边缘。这些储层孔隙度达 15%，例如 Brewster-1 井贝里阿斯阶天然气储层、Echuca Shoals-1 井土伦阶和贝里阿斯阶天然气/凝析油储集体及 Gwydion-1 井提塘阶石油储层。多重叠加的储盖组合的发育程度取决于这些层系河流—三角洲和前三角洲相的特性。在普拉德霍阶地西部，BB8 层序上部提塘阶三角洲砂岩是可能的储层（Blevin 等，1998a）。

（三）下—中侏罗统

下侏罗统 Plover 组沿 Brecknock—Sott Reef 构造带分布，是布劳斯盆地最重要的储层之一。Plover 组砂体为近海的河流—三角洲相成因，常常在浅海陆架前缘出现三角洲沉积，在盆地东边和 Scott Reef 构造带，该类型砂体非常发育，储集物性变化不一，深部孔隙度最好可达到 16%，浅部层系的孔隙度可达到 25%。

（四）上三叠统—中侏罗统

下—中侏罗统 Sahul 和 Troughton 群砂岩的孔隙发育程度不稳定，孔隙发育与否主要取决于岩石的原始结构和后期成岩作用。在 Scott Reef 气田，上三叠统不整合面之下的断块发育次生孔隙，储层孔隙度一般为 11%～14%，但在 North Scott Reef-1 井附近则无次生孔隙发育，因为上三叠统和下侏罗统河流—三角洲相砂岩和浅海陆架的碳酸盐岩受埋深的影响较小，布劳斯盆地东边可能发育良好储层。

河流—三角洲相砂岩是 Scott Reef，Brecknock 及 Brewster 气田的主要储层。瑞替阶—赫塘阶白云岩/白云质砂岩是 Scott Reef-1 井的天然气/凝析油储集体。尽管区域分布广泛，但是储层品质却不同。下—中侏罗统砂岩的平均孔隙度是不同的，并且取决于原生结构和后生成岩作用（Maung 等，1994）。Scott Reef 气田局部次生孔隙发育在上三叠统不整合面之下的倾斜断块内，然而在邻近的 North Scott Reef-1 井这种次生孔隙却不发育。潜在的储层可能存在于盆地西部边缘，其上侏罗统河流—三角洲相砂岩和浅海陆架碳酸盐岩很少受到埋深的影响。瑞替阶生物礁可能是潜在的勘探目标。晚三叠世—早侏罗世，布劳斯盆地发育的倒转背斜通过侵蚀和上超控制着上超的储层段（Blevin 等，1998a）。

二叠系储层的发育受埋藏深度的限制，埋藏深度在布劳斯盆地的西部和中心部位超过4000m。最好的储层发育海侵砂岩，该海侵砂岩沿盆地浅海发育，在二叠系不整合顶部的砂岩或碳酸盐岩可能发育次生孔隙。在盆地东部边缘，二叠系河流—三角洲相储层（Rob Roy-1 井砂岩孔隙度为 14%）缺乏充足的盖层。

三、盖层特征

遍及三叠系和白垩系的层内泥岩成为盆地中的主要盖层。阿尔布阶前积泥岩和粉砂岩形成了一个区域盖层。该盖层几乎贯穿整个盆地，在盆地西部边缘由于尖灭缺失（Blevin 等，1998）。这些层内阿尔布阶泥岩和粉砂岩密封住油气，使其在 Cornea-1 井、Focus-1 井、Gwydion-1 井和 Sparkle-1 井及其周围储层内聚积成藏；下白垩统泥岩密封住 Brewster-1 井、Dinichthys-1 井、Gorgonichthys-1 井、Titanichthys-1 井和 Kaleidoscope-1 井及其周围储层内的油气。

布劳斯盆地发育多套盖层，以泥岩盖层为主。下—中白垩统 Heywood 组、Echuca Shoals 组和 Vulcan 组上段泥岩是盆地内良好的区域性盖层。卡斯威尔坳陷 Vulcan 组上段泥质盖层区域分布稳定，向坳陷中心加厚。局部盖层包括三叠系—侏罗系层间页岩和泥质岩。

（一）白垩系

Heywood 组上段泥岩分布在布劳斯盆地西部，其他地区沉积厚度较薄，局部缺失，为一套进积泥岩和粉砂岩形成的区域盖层。该套盖层仅仅沿盆地西部边缘缺失，这是由于层序远离中心变薄（Blevin 等，1998a）。层内的阿尔布阶泥岩和粉砂岩在 Cornea-1 井、Focus-1 井、Gwydion-1 井及 Sparkle-1 井处密封烃的聚集，而下白垩统泥岩（相当于波拿帕特盆地的 Swan 群）密封 Brewster-1 井、Dinichthys-1、井 Gorgonichthys-1 井、Titanichthys-1 井和 Kaleidoscope-1 井中油气。

（二）上侏罗统

Vulcan 组下段砂岩为河流—三角洲相砂岩，为三叠系海相泥岩盖层，多重叠加的储盖组合存在于上侏罗统互层的河流—三角洲和前三角洲相。海相泥岩为 Scott Reef 井、Brecknock-1 井及 Brewster-1 井的三叠系、侏罗系及下白垩统储层的区域盖层。

（三）中侏罗统

中侏罗统 Plover 组砂岩主要在河流—三角洲相沉积层系内发育了一系列层间盖层，向上沉积颗粒变细，构成了卡洛夫阶不整合面之下储层的盖层，这套以河流—三角洲相为主的层序含有许多层内盖层（如 Brecknock-1 井和 North Scott Reef-1 井）。BB7 层序里面向上变细旋回可能形成一个区域盖层，该盖层上覆在相应的浅水目标之上，浅水目标在卡洛夫阶断裂不整合处为隐伏露头（Blevin 等，1998a）。

（四）下侏罗统

下侏罗统 Nome 组碳酸盐岩和细粒碎屑岩构成了卡洛夫阶不整合面之下的上三叠统储层的局部横向层内盖层，如 Scott Reef-1 井和 Barcoo-1 井。Scott Reef-1 井构造直到 Neocomian 地层顶部才被封住。

（五）三叠系

三叠系 Sahul 海相泥岩在盆地东部变薄，甚至局部消失，但是作为三叠系河流—三角洲相储层之上直接盖层的上二叠统和下三叠统泥岩被认为是有利的盖层。该盖层在盆地东部边缘变薄或者缺失。中三叠统泥岩可能是河流—三角洲相储层的层内盖层。在盆地东部边缘，上三叠统泥岩通常是变薄或者不完全的，通常侏罗系砂岩覆盖在该套泥岩之上。在 Scott Reef-1 井，上三叠统层内盖层发育。

（六）下二叠统

下二叠统 Kinmore 群石灰岩、粉砂岩发育于二叠系储层之上，是其直接盖层。

四、运移条件

布劳斯盆地的油气聚集分布规律与北卡纳尔文盆地类似，天然气和凝析油聚集在盆地外部的下侏罗统储层内，而石油聚集在盆地内侧的上侏罗统和下白垩统储层内（Blevin 等，1998a）。基于现今地热梯度，布劳斯盆地西部中心和外部的上白垩统泥岩可能成熟，下白垩统烃源岩可能在盆地中心大部分区域都已成熟，下—中侏罗统烃源岩可能在整个盆地均已成熟（Bishop，1999）。

布劳斯盆地烃源岩的生油高峰期是晚侏罗世—晚白垩世。来源于下白垩统烃源岩的烃类在晚中新世和上新世背斜构造形成期间排烃。盆地中部的下白垩统烃源岩在晚白垩世—古近纪进入生油窗，盆地东部边缘的下白垩统烃源岩则在新近纪进入生油窗（AGSO 布劳斯盆地项目组，1997）。布劳斯盆地沉积中心位于卡斯威尔坳陷，普拉德霍阶地 Yampi-1 井下二叠统层序（BB1—BB2）地质历史模拟显示，在早白垩世进入生油窗，并且目前正在生成湿气（AGSO 布劳斯盆地项目组，1997；Blevin 等，1998a）。位于沉积中心的 Brewster-1A 井和 Caswell-1 井侏罗系和白垩系相似的模拟表明，在早白垩世侏罗系烃源岩开始生油，并且在始新世开始生气。

　　布劳斯盆地主要的烃源岩位于盆地中心部位，而盆地边缘的油气聚集需要长距离的运移，侏罗系和白垩系烃源岩的成熟度在北部是最高的，但是与垂直断层运移相结合，而且长距离的横向运移已经为盆地北部、南部、中部及东部油气藏供烃（Bishop，1999）。在古近—新近纪陆架的向西挠曲表明，烃类可能向上运移到盆地北部和南部边缘（Blevin 等，1998a）。

　　Spry 和 Ward（1997）描述了向上垂向运移到边缘断层系统的路径和为盆地东部油气藏供烃的白垩系砂岩的水平运移路径。烃类已经向上运移出沉积中心进入披覆背斜圈闭和地层尖灭，在盆地西部油气聚集从卡斯威尔坳陷烃源岩沿着断层约束的 Scott Reef 运移，这可能是烃类已经从该区下倾方向的烃源岩垂向运移到 Scott Reef 和 Brecknock 油气田。在卡斯威尔坳陷沉积中心油气也可能沿断层向上垂向运移。烃类的长距离运移通道已经通过雅姆皮陆架的 Gwydion-1 和 Cornea-1 油气藏得以证实，这些油气藏由离 Cornea-1 井西北部大约 40km 的侏罗系烃源岩提供烃源（Stein 等，1998）（图 4-14）。

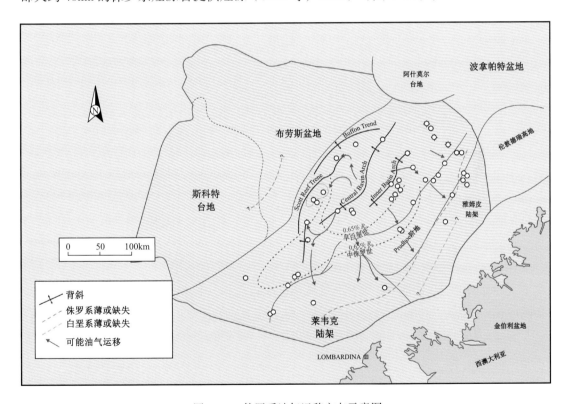

图 4-14　侏罗系油气运移方向示意图

　　在对烃源岩、储层、盖层和运移条件进行分析的基础上，总结了布劳斯盆地的结构化参数（表 4-2）。

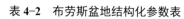

表 4-2　布劳斯盆地结构化参数表

盆地结构参数		主要内容与特征	
盆地构造特征	大地构造背景	位于澳大利亚大陆西北边缘水下,形成于 D_3—C_1	
	盆地类型	被动大陆边缘盆地	
	盆地演化	三大阶段	(1)克拉通内盆地发育阶段($\in$—D_3);(2)初次裂谷发育阶段(D_3—J_1);(3)二次裂谷发育阶段(J_1—Q)
	基底特征	基底为金伯利基岩,岩性为元古宇变质岩和火山岩	
	范围	面积约 $21.4 \times 10^4 km^2$,盆地东部边界为雅姆皮陆架,西部紧邻斯科特海底高原北界;盆地南部为 Leveque 陆架,盆地为一近圆形盆地	
	不整合面	发育四个区域不整合面,C_3—T 内出现局部不整合面	
	构造分区	一个弓形陆架、三个坳陷	
盆地沉积特征	地层变化	(1)D_3—P_1 第一期同裂谷拉张地层,前期为河流—三角洲环境,后演变为海相;(2)P_1—T_3 第一期裂后热沉降地层单元;(3)T_3—J_1 第一期同构造反转地层,坳陷区厚度小,隆起区无沉积;(4)J_1—J_2 第二期同裂谷拉张地层,盆地广泛分布;(5)J_3—E_3 第二期裂后热沉降地层单元;(6)E_3—N_1^1 第二期同构造反转地层单元	
	沉积类型	D_3—C_1 和 C_3—P_1 主要为河流—三角洲相,P_1 以海相为主;P_2—T 过渡到页岩和石灰岩,T 早期为海相泥质岩,其上叠加河流相和边缘海—浅海相;T_3—J_1 坳陷部位沉积河流—三角洲相—近岸相沉积物;K_1 发育一套巨厚的开阔海相泥岩,K_2 发育碳酸盐岩;E—N 发育碎屑岩夹碳酸盐岩过渡到碳酸盐岩的层序;N_1 至今,为陆棚碳酸盐岩	
盆地生储盖特征	烃源岩总体特征	主要有:(1)K_1 Echuca Shoals 组海相泥岩,分布面积巨大,中部进入生油窗,西部和外围成熟;(2)J_1—J_2 Plover 组海相泥页岩,生烃潜力中等—好,TOC 含量为 1~3.5%,具有 Ⅲ 型干酪根特征,中央过成熟,边缘未成熟;(3)J_3 Vulcan 组下部海相页岩,中部地层薄且有机质贫瘠,生烃潜力差—中等,TOC 最高 3.5%,平均 0.5%,但在塞林伽巴丹和卡斯威尔坳陷有较高生烃潜力,TOC 一般为 1%~5%,最高达 10%	
	主要储层类型	主要为砂岩和粉砂岩,河流—三角洲相储层包括下侏罗统 Plover 组、牛津阶 Vulcan 组和 Brewster 砂岩,见于南部巴克坳陷;水下扇储层有侏罗系低位斜坡扇和海侵期临滨和陆架砂体,相当于 Heywood/Jamieson 组上段,K_2 Fenelon 和 Puffin 组为区内有利储层	
	盖层特征	多套盖层,以泥质岩为主,其中 K_1、K_2 Jamieson 组、Echuca Shoals 组、Vulcan 组上段泥质岩是盆地良好的区域性盖层之一,区域分布稳定,向坳陷中心加厚;局部盖层包括 T—J 层间页岩和泥质岩	
	生储盖组合	两类烃源岩:天然气和凝析油分布于盆地西北部,聚集于 J_1,其烃源岩为 T—J(相当于 Plover 和 Vulcan 组);石油分布于盆地东部,聚集于 J_3—K_1,烃源岩为 Echuca Shoals(K_1)组海相烃源岩	
	勘探现状	截至 1988 年底有钻井 26 口,已发现 11 个油气田	
	主要勘探层段	盆地勘探目标层系主要为 T,J 和 K,主要分布在卡斯威尔坳陷	

第四节　布劳斯盆地含油气系统特征

一、含油气系统划分

盆地主要发育两套含油气系统，分别为侏罗系—三叠系/下白垩统含油气系统与石炭系/三叠系—二叠系/三叠系含油气系统。

（一）侏罗系—三叠系/下白垩统含油气系统（！）

侏罗系—三叠系/下白垩统含油气系统是布劳斯盆地内唯一被证实的含油气系统，也作为 Westralian（W3）超级系统而闻名，包含 11 个油气田所有已知的油气藏。

主要的烃源岩是上侏罗统和下白垩统泥岩（相当于波拿帕特盆地的 Plover，Vulcan 及 Echuca Shoals 组），与此同时，储集岩是中生界浅海砂岩（相当于 Plover 和 Heywood 组上部的 Brewster 砂岩）（图 4-15—图 4-18）。

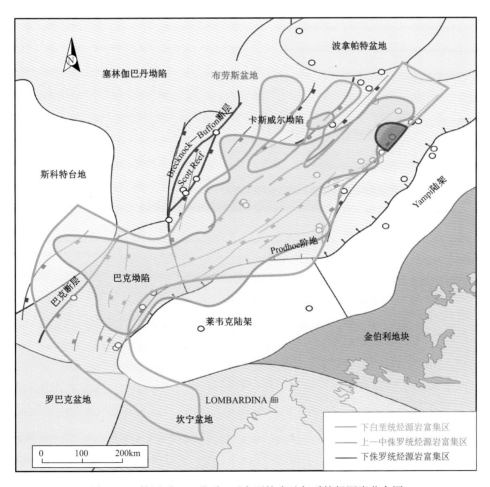

图 4-15　侏罗系—三叠系/下白垩统含油气系统烃源岩分布图

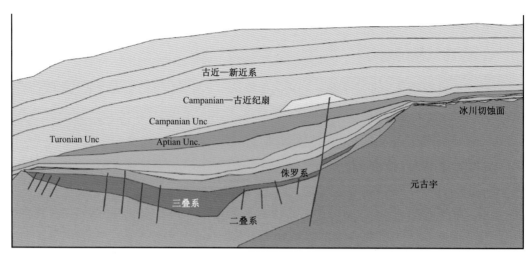

图 4-16 侏罗系—三叠系/下白垩统含油气系统剖面图

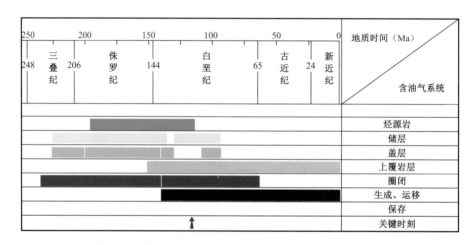

图 4-17 侏罗系—三叠系/下白垩统含油气系统事件图

1. 烃源岩特征

成熟的油气烃源岩存在于整个布劳斯盆地（Blevin 等，1998b）（图 4-15），二叠系—白垩系烃源岩的生烃潜力有很大不同，其中最高品质的烃源岩发育在上卡洛夫阶和上阿普特阶之间，相当于波拿帕特盆地的 Vulcan 和 Echuca Shoals 组。

早白垩世是一长期的高海平面期，同时布劳斯盆地构造稳定。陆生和海生有机质高沉积率和低沉降速率确保了富含有机质烃源岩的富集和保存（Blevin 等，1998b）。因此许多上侏罗统—下白垩统富含有机质泥岩被认为具有好的生烃潜力。地球化学分析表明，布劳斯盆地存在两个性质不同的油群：（1）一个外部坳陷天然气/凝析油倾向体系，该体系具有三叠系—侏罗系（相当于 Plover 和 Vulcan 组）（Scott Reef 和 Brecknock-1

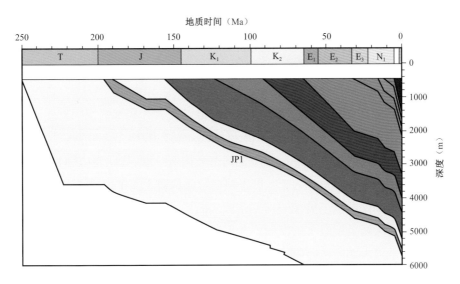

图 4-18　侏罗系—三叠系/下白垩统含油气系统埋藏史图

井）的推测烃源岩；（2）一个内部坳陷石油倾向体系，它来源于瓦兰今阶—巴雷姆阶 Echuca Shoals 组海相烃源岩，该体系具有 130~330mg/g 的平均初始 HI 值（Cornea-1，Gwydion-1，Caswell-2 和 Kalyptea-1/ST1 井）（Blevin 等，1998a，b）。

对于天然气来说，烃源岩成熟度通常在盆地东部边缘最低，在卡斯威尔坳陷烃源岩成熟度最高（Blevin 等，1998a）。

2. 油气生成

石油和天然气的生成高峰是在早白垩世，伴随着盆地中心烃源岩的持续深埋，有些烃类生成持续到现今。Maung 等（1994）提出烃类至少从中白垩世起，就在布劳斯盆地沉积中心的烃源岩生成，Blevin 等（1998）证实了烃源岩晚期排烃的过程，布劳斯盆地原油显示了相对高的成熟度（1.15%<R_o<1.35%）。在盆地中部卡斯威尔坳陷和外侧巴克坳陷，主要的上白垩统盖层单元包含一套厚达 700m 的阿普特阶—土伦阶的高位体系域泥岩；在卡斯威尔坳陷，发育一套相当厚的土伦阶—马斯特里赫特阶低位扇沉积（Blevin 等，1998b）。

3. 油气运移

横向和垂向运移都始于布劳斯盆地中心的主要烃源岩。雅姆皮陆架 Cornea 油气藏中已经被证实超过 30km 的横向油气运移。

4. 储层特征

布劳斯盆地最重要的储层是下侏罗统同生断裂期的砂岩、下白垩统低位扇及上超海侵体系域。这些储层相当于波拿帕特盆地下—中侏罗统 Plover 组、下白垩统 Brewster 砂岩及 Heywood 组上段。这些砂岩构成了 Scott Reef，Brecknock-1，Brewster-1 及 Gorgonichthys-1

井的大型油气藏的主要储层。砂岩储层的沉积环境从河流—三角洲到近岸浅海，发育于三角洲朵叶前积—浅海陆架之上。这些砂岩在布劳斯盆地的东部边缘以及 Scott Reef 发育最好。

5. 盖层 / 圈闭

该油气系统里最重要的区域盖层包含 Heywood 组泥岩，局部的层间盖层早在晚侏罗世起就有效，这些盖层在 Echuca Shoals-1 井和 Brewster-1 井中已经探明。上白垩统—古近系储层被层间泥岩封闭。主要的圈闭类型是构造和构造—地层圈闭。它们一般具有上侏罗统—下白垩统披覆背斜（Scott Reef）、贝里阿斯阶低位扇（如 Yampi-1 和 Brewster-1A 井）及白垩系基底超覆圈闭的上三叠统—侏罗系倾斜断块。在晚侏罗世—早白垩世时期，区域盖层沉积之前，与区域盖层有关的圈闭不能保留烃类。Scott Reef 上巨大的天然气 / 凝析油油气田直到晚尼欧可木期才被封闭（Willis，1988）。

在早侏罗世之前生产的烃类已经被捕获到上三叠统—中侏罗统圈闭里，由下—中侏罗统泥岩封闭。然而假设层间盖层相对无效的话，那么可能很多早期生成的烃类已经从系统里散失。地层圈闭是潜在的白垩系深水相成藏组合最有可能的储层类型。

（二）石炭系 / 三叠系—二叠系 / 三叠系含油气系统

属于超级含油气系统的 Larapintine 4 系统以及 Gondwanan Systems 1 和 2 系统是推测的，因为还没有从该系统发现油气藏（表 4-3）。

表 4-3　布劳斯盆地含油气系统特征参数表

石炭系 / 三叠系—二叠系 / 三叠系含油气系统	烃源条件	下二叠统海相泥岩和上二叠统三角洲分流间湾泥岩有机质含量由差到好。TOC 仅仅超过 5%，但是平均值却少于 3%；在盆地内处于热过成熟，而在盆地边缘处于未成熟—早成熟
	盖层条件	上三叠统—下侏罗统层间海相和前三角洲泥岩是一套潜在的盖层
	储层条件	为一套早二叠世—晚三叠世期间沿盆地浅水边缘上超的海岸相海侵砂岩
	圈闭条件	背斜和断块圈闭
	油气运移与成藏条件	油气生成于晚三叠世—晚侏罗世，圈闭形成于晚二叠世—晚三叠世，初次 / 二次运移为早白垩世—全新世，圈闭形成时间较早
侏罗系—三叠系 / 下白垩统含油气系统	烃源条件	Ⅲ型腐殖型干酪根，TOC 小于 4%
	盖层条件	区域盖层为 Bathurst Island 群 BB12 层序泥岩
	储层条件	最重要的储层是下侏罗统同生断裂砂岩、下白垩统低位扇及上超海侵体系域；这些储层相当于波拿帕特盆地里的 Plover 组（下—中侏罗统）、Brewster 砂岩（下白垩统）及 Heywood 组上段（下白垩统）
	圈闭条件	主要的圈闭类型是构造和构造—地层圈闭
	油气运移与成藏条件	烃类生成期为白垩纪—全新世，初次 / 二次运移为中白垩世—全新世，圈闭形成于三叠纪—侏罗纪

1. 烃源岩特征

该含油气系统潜在的烃源岩存在于石炭系—下二叠统，并且从雅姆皮陆架取样段得知其品质由差到较好，但是更好品质的烃源岩可能存在于未取样的更深的地堑里（Blevin 等，1998a）。

2. 油气生成

烃类生成时间是不清楚的，但是可能发生于晚三叠世（Maung 等，1994）。

3. 储层特征

好的储层被预测为在海侵砂岩里，该套砂岩作为早二叠世—晚三叠世期间沿盆地浅水边缘上超的海岸相发育。

4. 盖层 / 圈闭

上三叠统—下侏罗统层间海相和前三角洲相泥岩是一套潜在的盖层（Blevin 等，1998a）。在三叠纪倒转期间，可能有背斜和断块圈闭的形成和改造，也可能破坏任何油气藏。早白垩世进一步的烃类运移可能发生于雅姆皮陆架，已经发现湿气的痕迹。下三叠统盖层在盆地东部边缘变薄—缺失，烃类可能在那一区域从系统里散失。很有可能在白垩纪的快速沉陷破坏了大部分现存的二叠系油气藏。不同于盆地边缘，二叠系层段被埋藏于深度大于 5000m 处。

二、含油气系统评价

根据含油气系统中烃源岩、储层、盖层、输导体系的特征及其配置关系，设定每个参数的权重，对布劳斯盆地的含油气系统进行评价（表 4-4），对不同含油气系统，烃源岩的成熟度和有机碳含量是决定含油气系统是否有利的关键因素。

表 4-4　含油气系统评价标准

参数名称		打分标准				权重
		75～100	50～75	25～50	0～25	
烃源岩条件	干酪根类型	Ⅰ、Ⅱ	Ⅱ、Ⅲ	Ⅲ	Ⅳ	0.08
	TOC 含量（%）	>2	2～1	1～0.5	<0.5	0.06
	R_o 值（%）	1.0～1.5	0.5～1.0	>1.5	<0.5	0.06
储层	孔隙度（%）	>30	20～30	10～20	<10	0.03
	渗透率（mD）	>600	100～600	10～100	<10	0.04
	埋深（m）	<2000	2000～3000	3000～4000	>4000	0.03

参数名称		打分标准				权重
		75～100	50～75	25～50	0～25	
盖层	岩性	蒸发岩	泥页岩	泥岩	砂质泥岩	0.04
	厚度	>100	50～100	30～50	<30	0.02
	区域不整合数	0～1	2	3	>3	0.04
输导体系	运移距离	<1000	1000～1500	1500～2000	>2000	0.05
	输导层	断裂	渗透层	不整合	其他	0.05
配置关系	生储盖配置	自生自储	下生上储	上生下储	异地生储	0.04
	圈闭形成与主要油气运移期配置关系	早或同时		晚		0.16
确定程度		确定	可能	假想		0.3

通过对含油气系统的评价，布劳斯盆地较有利的含油气系统为侏罗系—三叠系 / 下白垩统含油气系统，主要烃源岩为中生界侏罗系 Vulcan 组下段泥岩和 Plover 组泥岩，主要分布在卡斯威尔坳陷和巴克坳陷。盆地内已发现油气田都为该含油气系统供源（表4-5）。

表4-5　含油气系统评价结果

参数名称		侏罗系—三叠系 / 下白垩统	石炭系 / 三叠系—二叠系 / 三叠系
	干酪根类型	6	4.8
	TOC 含量	4.8	4.2
	R_o 值	6	3.9
储层	孔隙度	2.1	2.1
	渗透率	2.4	2
	埋深	2.4	0.9
盖层	岩性	3.2	2.6
	厚度	1.8	1.2
	区域不整合数	2.8	1.6
输导体系	运移距离	3.5	3
	输导层	4	2.5

续表

	参数名称	侏罗系—三叠系/下白垩统	石炭系/三叠系—二叠系/三叠系
配置关系	生储盖配置	3.6	3
	圈闭形成与主要油气运移期配置关系	14.4	9.6
	确定程度	27	6
	合计	84	47.4

石炭系/三叠系—二叠系/三叠系含油气系统烃源岩不落实，仅在卡斯威尔坳陷局部发育，成熟度可能过高，不利于油气生成和保存。

第五节　布劳斯盆地成藏组合分析

根据布劳斯盆地发育的区域盖层，划分出三个成藏组合：上侏罗统—下白垩统成藏组合、下—中侏罗统成藏组合、上三叠统—中侏罗统成藏组合（表4-6、图4-19）。

表4-6　布劳斯盆地成藏组合划分方案

成藏组合	次级成藏组合	盖层
上侏罗统—下白垩统成藏组合	Vulcan组下段构造次级成藏组合 Brewster砂岩地层构造次级成藏组合 Bathurst Island群构造次级成藏组合	Bathurst Island群区域盖层 Swan群区域盖层 Heywood组上段区域盖层 Vulcan组下段区域盖层
下—中侏罗统成藏组合	Plover组构造次级成藏组合	Vulcan组下段区域盖层 Plover组层间盖层
上三叠统—中侏罗统成藏组合	Sahul群构造—不整合次级成藏组合	Flamingo群区域盖层 Sahul群层间盖层

一、上三叠统—中侏罗统成藏组合

上三叠统—中侏罗统是布劳斯盆地的一个主要成藏组合，含有盆地45%的天然气储量和38%的凝析油储量。

下—中侏罗统Troughton群河流—三角洲成因的多孔砂岩成为Scott Reef的主要储层（Bint，1988）。尽管是区域性的，但储层性质多变。

下—中侏罗统砂岩的平均孔隙度变化较大，主要取决于物源性质和后期成岩作用（Maung等，1994）。在Scott Reef-1的上三叠统Sahul群（BB4—5）砂质白云岩中发现

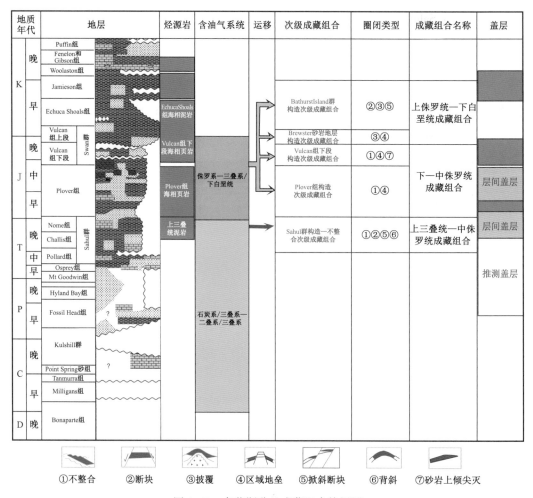

图 4-19　布劳斯盆地成藏组合特征图

油气的二次聚集。该储层形成一个薄储气间隔层，孔隙度范围为 12%～16%。Scott Reef 的圈闭机制是在三叠系和二叠系掀斜断块上形成挤压披覆构造。

Scott Reef 构造本身是一个西北方向受断层限制并且三向封闭的构造体。该结构可能形成于晚三叠世—早侏罗世菲茨罗伊运动。

盆地东部边缘可能存在潜在的储层，在这里上三叠统或最早形成的侏罗系河流—三角洲成因砂岩和浅层陆架碳酸盐岩较少受到埋深的影响。Rhaetian 中形成的礁体也可能是潜在的探测目标。

晚三叠世—早侏罗世期间形成的倒转背斜通过侵蚀和超覆控制储层间隔的形成。

该成藏组合包括一个次级成藏组合，Sahul 群构造—不整合次级成藏组合，受区域盖层 Flamingo 群和层间盖层 Sahul 群封盖。该构造—不整合成藏组合仍是布劳斯盆地的一个主要油气藏，2004 年盆地含有 45% 的天然气和 38% 的凝析油储量。Troughton 群河流—三角洲相砂岩为主要储层。

盖层主要为 Sahul 群砂质白云岩，圈闭类型为背斜、掀斜断块、断块和不整合圈闭。

二、下—中侏罗统成藏组合

下—中侏罗统构造成藏组合是布劳斯盆地主要的成藏组合之一，含有该盆地 38%的天然气储量和 59% 的凝析油储量（2004 年）。该盆地形成 Brecknock-1，Brecknock South-1 和 Brewster-1 油气藏。所有发现的三个油气藏都是独立断裂、披覆背斜，其下—中侏罗统碎屑岩储层被中侏罗统页岩和泥岩封闭。下—中侏罗统 Plover 组储层单元相当于（层序 BB6—7）河流—三角洲层序中前三角洲相和沿海平原相。Brecknock Reef 延伸带有良好的下侏罗统同期砂岩储层，但是盆地中央的 Brewster-1A 井仅切穿上侏罗统砂岩层。下侏罗统下部的砂岩储层仍是一个潜在的油气藏，油源来自上三叠统或更老的地层（Blevin 等，1998a）。

古地理和古埋深控制储层的分布。一般来说，侏罗系的储层是盆地中最厚的，并且向盆地东部边缘和盆地内部高点超覆或侵蚀变薄。埋深在 4000m 以深的储层受成岩作用的影响性能降低。这些因素限制了侏罗系油气藏向盆地边缘和构造高地延伸的趋势。沉积区靠近火山岩的部分可能会导致局部孔隙堵塞。晚侏罗世之前的油气藏很少关注盖层的分布，因为白垩系区域盖层分布广泛。年轻的储层只能依靠封闭性较差的盖层，其向盆地边缘区域性变薄。下三叠统海侵黏土岩使二叠系形成潜在油气藏，其向东部边缘变薄甚至缺失。油气藏的分布很大程度上取决于储层、盖层的分布和水深。

该成藏组合包括一个次级成藏组合，Plover 组构造次级成藏组合，受 Vulcan 组下段区域盖层和 Plover 组层间盖层封盖。圈闭类型主要为地垒、披覆背斜、沉积尖灭。

三、上侏罗统—下白垩统成藏组合

上侏罗统—下白垩统成藏组合是布劳斯盆地的主要油气成藏组合之一，截至 2014 年 9 月发现 11 个油气藏，包含盆地 100% 的石油储量，含有该盆地很大比例（13%）的天然气和凝析油储量。所有的油气藏（Brewster-1A，Gorgonichthys-1，Titanichthys-1，Cornea-1，Focus-1，Gwydion-1，Sparkle-1，Dinichthys-1，Kaleidoscope-1，Argus-1 和 Echuca Shoals 1 油气藏）位于未正式标明的 Brewster 高地，构成 Brewster 油气田的部分储量。该油气藏位于层序 BB9 中的非正式命名的 Brewster 砂岩层（Blevin 等 1998）。Brewster 砂岩储层是向盆沉积体系中的砾滩顶积层相、西北进积层序和低位斜坡扇（Blevin 等，1998a）。低位扇和超覆海侵相含有的石英砂岩和海绿石砂岩都是上覆瓦兰今阶和巴雷姆阶的标志层（Blevin 等，1998a）。圈闭机制是东北方向的会聚地垒断块上形成压实披覆背斜。盖层是 Swan 群（层序 BB8—9）页岩。

河流—三角洲到近岸沉积砂岩储层披覆于三叠系—二叠系掀斜断块或地垒之上，储层物性良好的超覆海侵相和海绿石砂岩,是 Cornea-1 和 Gwydion-1 井的主要储集岩(Blevin 等,1998a)。主要的储集岩被证实为 Brewster-1A 和 Echuca Shoals-1 油气藏中的下白垩统层序,其在贝里阿斯期由砂的大量流入而形成,BB10 层序中的低位体系域和海侵体系域同样被认为是良好的潜在储集岩相,尤其是在横跨雅姆皮陆架和普拉德霍的地层圈闭中(Blevin 等,1998a)。

Echuca Shoals 1 井钻于 1984 年,设计用来探测多个目的层。浅层勘探目的层是贝列姆阶—提塘阶以及在地垒上形成披覆背斜的中侏罗统砂岩。深层勘探目的层是 Permo—Triassic 地垒断块中的砂岩。该井在提塘阶两个不同的储层探测出油气。重复地层测试数据显示上部砂岩层净产气层厚 17.5m,平均孔隙度为 12%。下部净产气层为 23.7m,平均孔隙度为 15.1%,该井被作为气井堵塞报废。Gwydion-1 井下白垩统油气储层是高能上滨岸环境沉积的纯石英砂岩,孔隙度为 24%~27%(Spry 和 Ward,1997)。该井的其他储气层是下白垩统海绿石砂岩。该成藏组合包括三个次级成藏组合,Bathurst Island 群构造次级成藏组合、Brewster 砂岩地层构造次级成藏组合及 Vulcan 组下段构造次级成藏组合。Bathurst Island 群区域盖层和 Swan 群区域盖层、Heywood 组上段区域盖层和 Vulcan 组下段区域盖层都对该成藏组合起到了封盖作用。

(一)Bathurst Island 群构造次级成藏组合

在该次级成藏组合中发现 8 个油气藏,储集岩为下白垩统河流—三角洲近岸沉积的砂岩,在雅姆皮陆架和普拉德霍阶地地层圈闭中的低位扇和海侵相也是良好的储集岩,上白垩统滨岸环境沉积的石英砂岩和海绿石砂岩是良好的储气层,封闭该次级成藏组合的地层有 Swan 群泥岩、Vulcan 组下段页岩、Heywood 组上段和 Bathurst Island 群的细粒砂岩。圈闭类型有披覆构造、断块、掀斜断块圈闭。

(二)Brewster 砂岩地层构造次级成藏组合

该次级成藏组合 Brewster 砂岩储层是盆地沉积体系中的砾滩顶积层、进积砂体、低位斜坡扇和超覆海侵相石英砂岩及海绿石砂岩,盖层主要为 Swan 群泥页岩,圈闭类型为披覆构造、断块、掀斜断块圈闭。

(三)Vulcan 组下段构造次级成藏组合

该次级成藏组合包含一个油气藏,在中侏罗统两个不同的储层探测出油气,上部砂岩产气层厚 17.5m,平均孔隙度为 12%,下部产气层厚 23.7m,平均孔隙度为 15.1%,盖层为 Vulcan 组下段的页岩,圈闭类型为披覆背斜、区域地垒圈闭。

四、成藏组合评价

通过对各个成藏组合分析,根据布劳斯盆地生储盖组合特征,选择参数对成藏组合进行评分,优选出较有利的成藏组合(表 4-7—表 4-9)。

表 4-7　成藏组合评价参数表

成藏条件	参数名称	参考分值(根据不同情况适当调整)				权系数	
		0.75~1.0	0.5~0.75	0.25~0.5	0~0.25		
圈闭条件	主要圈闭类型	背斜为主	断背斜、断块	地层	岩性	0.2	0.4
	圈闭面积系数(%)	>20	10~20	5~10	<5	0.2	
	圈闭可靠程度	钻井落实	三维地震	二维地震	非地震	0.6	
烃源岩条件	干酪根类型	Ⅰ、Ⅱ	Ⅱ、Ⅲ	Ⅲ	Ⅳ	0.2	0.1
	含油气系统数	≥5	3~4	2~3	1~2	0.4	
	含油气系统落实情况	已知	假想	推测		0.4	
储集条件	储层孔隙度(%)	>30	20~30	10~20	<10	0.4	0.2
	储层渗透率(mD)	>600	100~600	10~100	<10	0.4	
	储层埋深(m)	1000~2000	2000~3000	3000~4000	>4000	0.2	
保存条件	区域盖层岩性	膏盐岩、泥膏岩	厚层泥页岩	泥岩	砂质泥岩	0.3	0.1
	区域盖层厚度(m)	>100	50~100	30~50	<30	0.3	
	区域盖层面积/盆地面积(%)	>80	60~80	40~60	<40	0.2	
	区域不整合数	0	1~2	3~4	≥5	0.2	
配套条件	生储盖配置	自生自储	下生上储	上生下储	异地生储	0.2	0.2
	圈闭形成期与主要油气运移期配置关系	早或同时		晚		0.8	

表 4-8　布劳斯盆地成藏组合评价表

成藏组合		下—中侏罗统	上侏罗统—下白垩统	上三叠统—中侏罗统
圈闭条件	主要圈闭类型	6.4	6.8	5.6
	圈闭面积系数	0.8	5.2	3.6
	圈闭可靠程度	22.8	22.8	21.6
烃源岩条件	干酪根类型	1.5	1.5	1.5
	含油气系统数	1	1	1
	含油气系统落实情况	4	4	4

成藏组合		下—中侏罗统	上侏罗统—下白垩统	上三叠统—中侏罗统
储集条件	储层孔隙度	3.6	4.4	3.6
	储层渗透率	5.2	6.4	4.8
	储层埋深	1.2	1.8	2
保存条件	区域盖层岩性	2.1	2.4	1.95
	区域盖层厚度	1.95	1.95	1.65
	区域盖层面积/盆地面积	1.4	1.5	0.9
	区域不整合数	1.5	1.5	1.4
配套条件	生储盖配置	3.6	3.6	2
	圈闭形成期与主要油气运移期配置关系	14.4	15.2	13.6
合计		71.45	80.05	69.2

表 4-9　布劳斯盆地有利次级成藏组合特征一览表

次级成藏组合	储层	盖层	圈闭类型	代表油气田	含油气系统	位置
Bathurst Island 群构造	Bathurst Island 群砂岩	Swan 群泥岩 Vulcan 组下段页岩 Heywood 组上段 Bathurst Island 群	披覆构造、断块、掀斜断块	Brewster–1A 井 Cornea 油气藏	侏罗系—三叠系/下白垩统含油气系统	
Brewster 砂岩地层构造	Brewster 砂岩	Swan 群页岩	披覆背斜、区域地垒	Brewster 油气藏		Brewster 高地
Vulcan 组下段构造	Vulcan 组下段砂岩	Vulcan 组下段页岩	地垒、披覆背斜、沉积尖灭	Echuca Shoals 1 井		Permo—Triassic 地垒断块
Plover 组构造	Plover 组砂岩	Plover 组海相页岩 Vulcan 组下段页岩	披覆背斜、区域地垒	Scott Reef 气田 Breeknock 气田		
Sahul 群构造—不整合	Sahul 群砂质白云岩	Sahul 群 Flamingo 群	背斜、掀斜断块、断块、不整合	Cornea 油气藏 Boreham 井		雅姆皮陆架

五、建立成藏组合结构化参数

对成藏组合特征进行总结描述，建立布劳斯盆地的成藏组合结构化参数表（表 4-10）。

表 4-10　布劳斯盆地成藏组合结构化参数表

			分布
上侏罗统—下白垩统成藏组合	烃源岩条件	Echuca Shoals 组海相泥岩	Brewster-1A, Cornea, Focus-1, Argus-1, Echuca, Shoals-1 等
	储层条件	Brewster 砂岩, Vulcan 组下段砂岩为三角洲相砂岩, 孔隙度达到 15%	
	生储盖匹配关系	自生自储	
	油气成藏圈闭模式	构造圈闭为主	
	油气运移与聚集模式	垂向运移和横向运移	
	对应的含油气系统	侏罗系—三叠系 / 下白垩统含油气系统	
下—中侏罗统成藏组合	烃源岩条件	上侏罗统和下白垩统泥岩（相当于 Bonaparte 盆地的 Plover, Vulcan 及 Echuca Shoals 组）	Brecknock-1, Brecknock, South-1 和 Brewster-1
	储层条件	中生界浅海砂岩	
	生储盖匹配关系	自生自储	
	油气成藏圈闭模式	披覆构造和区域地垒	
	油气运移与聚集模式	垂向运移	
	对应的含油气系统	侏罗系—三叠系 / 下白垩统含油气系统	
上三叠统—中侏罗统成藏组合	烃源岩条件	Plover, Vulcan 及 Echuca Shoals 组海相泥岩	Scott Reef-1
	储层条件	Sahul 群和 Troughton 群三角洲相砂岩和浅海碳酸盐岩	
	生储盖匹配关系	新生古储	
	油气成藏圈闭模式	背斜圈闭和不整合圈闭	
	油气运移与聚集模式	侧向运移	
	对应的含油气系统	侏罗系—三叠系 / 下白垩统含油气系统	

第六节　布劳斯盆地勘探潜力分析与典型油气藏解剖

一、盆地资源潜力评价

布劳斯盆地勘探相对不足，包含大量未勘探的构造和勘探目标，也包括已证实的石油和天然气藏。自 2000 年以来，在 Brewster 隆起（Gorgonichthys-1 井）上发现的大的天然气藏更新了该盆地的勘探利益。当前的勘探水平被盆地遥远的地理位置和匮乏的基础设施所限制，但是伴随着在这一区域其他油气藏的发现，这些限制条件有望改善（Bishop, 1999）。

烃源来自于侏罗系或下白垩统层序的地层圈闭里有重大的勘探潜力（Kopsen，2002）。沉积上超到沿雅姆皮陆架的 Kimberley 区块上的沉积物是潜在的勘探目标，因为已经被 Gwydion-1 和 Cornea-1 井证实。假设长距离运移与这些圈闭有关的话，任何其他沿运移路径的圈闭或构造也都是潜在的目标（Bishop，1999）。在盆地中央卡斯威尔坳陷里的侏罗系烃源岩可能过成熟，但是可能在盆地边缘存在（Longley 等，2002）。

三叠纪地垒包含有二叠系储层的可能，该储层被上三叠统泥岩或重结晶的二叠系碳酸盐岩垂向和横向密封（Bradshaw 等，1994）。该成藏组合将会被这些储层深度小于 4000m 的区域限制住，并且下三叠统盖层是存在的。这发生在一个狭窄的北东走向带，该北东走向带从巴克坳陷里的 Lynher—Lombardina 走向沿普拉德霍阶地／卡斯威尔坳陷边界延伸。

晚三叠世生物礁可能存在于巴克坳陷。在澳大利亚超级盆地南部，200m 的瑞替阶生物礁碳酸盐岩在海洋钻井到埃克斯茅斯台地期间被交切（Williamson 等，1989）。到目前为止，在布劳斯盆地里真正的生物礁还没有确切地识别出来。Barcoo-1 井钻遇上三叠统石灰岩。这些生物礁的披覆构造也可能提供一个额外的勘探目标。

中侏罗世早期地垒／倾斜断块上的披覆背斜层是盆地最成功的成藏组合类型之一（Scott Reef-1，North Scott Reef-1，Brecknock-1 和 Brewster-1 井）。一个仍需要勘探的这种构造位于 Scott Reef 走向的北部延伸部分，大约在 Buffon-1 井西南 30km 处。位于 Gwydion-1 井和 Cornea-1 井基底隆起上的披覆背斜已勘探成功（Stein 等，1998）。

二、重点坳陷构造单元分析

位于布劳斯盆地中东部的卡斯威尔坳陷面积超过 49000km^2（图 4-20）。卡斯威尔坳陷西部边界为弓形的三叠系构造高带与塞林伽巴丹坳陷相隔，东部边界为普拉德霍断阶带，北部与阿什莫尔台地隆起区相隔，南部以 Buccaneer 鼻状隆起与巴克坳陷相隔。卡斯威尔坳陷上白垩统—新生界总体上呈东高西低的单斜构造格局。坳陷中西部为中生界和古生界深凹区，向坳陷边部逐渐抬升。坳陷内发育多个断裂带，主要构造走向为北东—南西向，在坳陷东侧及西侧各发育一条由正断层组成的主要断裂带，受其控制形成了拉长的、次平行的两个倾斜断块和背斜构造带。中部为深凹区，是布劳斯盆地主要沉积沉降中心，也是盆地主要的生烃中心。在剖面上可见卡洛夫阶不整合面以下断层发育，卡洛夫阶不整合面以上层位断层不发育。

卡斯威尔坳陷构造演化与布劳斯盆地基本一致，以卡洛夫期为界划分为两个构造旋回，每个构造旋回均为从拉张、热沉降到构造反转期。

卡斯威尔坳陷作为布劳斯盆地主要沉积中心发育多套烃源岩。在布劳斯盆地，已发现的油气主要有两种类型，一类是以卡斯威尔坳陷为首发现的众多气田和凝析气田，另一类是盆地东部雅姆皮陆架的原油发现。前人研究成果表明，盆地内气发现来源于侏罗系及其以下烃源岩，原油发现来源于下白垩统烃源岩。

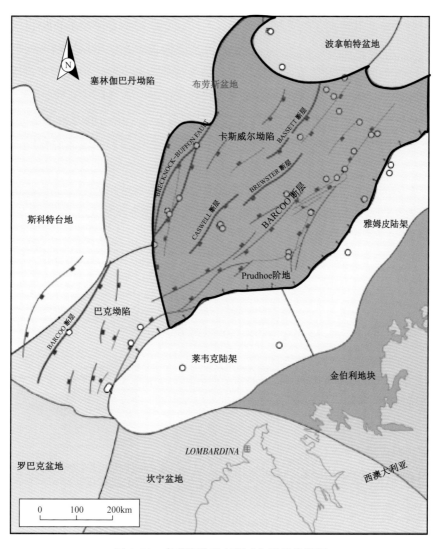

图 4-20　布劳斯盆地卡斯威尔坳陷位置图

下—中侏罗统 Plover 组烃源岩包含三角洲平原—前三角洲相泥岩、碳质泥岩和煤层，具有陆相Ⅲ型干酪根特征。烃源岩生烃潜力中等—好，TOC 含量为 2%～4%，氢指数最高可达 100～200mg/g。据 Plover 组厚度分布和沉积相推测，Plover 组烃源岩主要分布在卡斯威尔坳陷中东部，呈北东—南西向带状分布。该套烃源岩在坳陷中心烃源岩已过成熟，而在边缘则处于成熟阶段。上侏罗统 Vulcan 组下段岩性为缺氧环境的海相泥岩，是西澳大利亚盆地的主力烃源岩。但在布劳斯盆地由于晚侏罗世热沉降缓慢，该套地层相对其他盆地要薄而且有机质贫瘠，TOC 值在坳陷大部分地区大于 1%，在坳陷东南部局部地区 TOC 值接近 2%，S_2 为 2～15mg/g，HI 为 100～400mg/g。Vulcan 组下段在坳陷西部部分缺失，据 Vulcan 组下段厚度分布和沉积相推测，烃源岩主要分布在坳陷东部。侏罗系烃源岩在卡斯威尔坳陷均已达到成熟—过成熟阶段，坳陷中西部地区大部分处于生气阶段。早白垩世瓦兰今期至土伦期盆地发生快速的热沉降，卡斯威尔坳陷发育厚层的下白垩统，在沉积中心上三叠统—中侏罗统烃源岩于早白垩世达到成熟阶段。瓦兰今期—阿普特期洪泛期间沉积的 Echuca Shoals 组泥岩在卡斯威尔坳陷虽然有机质含量不高，但其分布范围较广，在坳陷中心大部分达到成熟阶段，向坳陷周边过渡为未成熟。在坳陷中部深凹区，下白垩统烃源岩在晚白垩世—古近纪进入生油窗，油气运移主要发生于中新世之后。Maung 等（1994）认为，在卡斯威尔坳陷中部 Caswell-1 井和 Caswell-2 井的巴雷姆裂缝页岩中的油源来自下白垩统烃源岩。

上白垩统 Jamieson 组在绝大部分区域未成熟，但在卡斯威尔坳陷中部少数地区已达到成熟阶段，为长期高水位后迅速洪泛环境下的泥岩。上白垩统开阔海相泥岩 TOC 含量达 2.5%，但氢指数较低。（图 4-21、图 4-22）

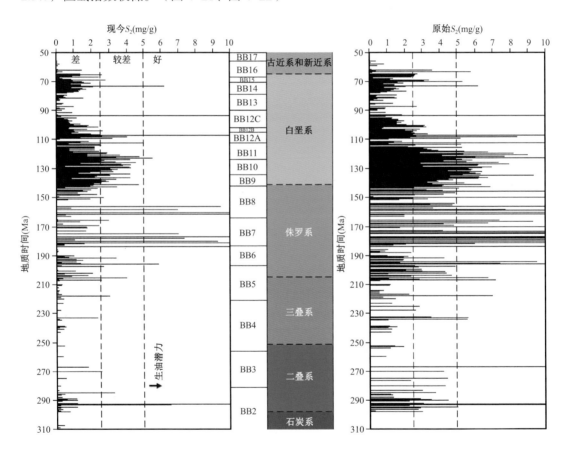

图 4-21　布劳斯盆地卡斯威尔坳陷烃源岩现今及原始热解烃(S_2)含量

三、典型油气藏解剖

布劳斯盆地已发现部分气藏，但均未投入开发，选择重点区带典型井进行解剖分析。

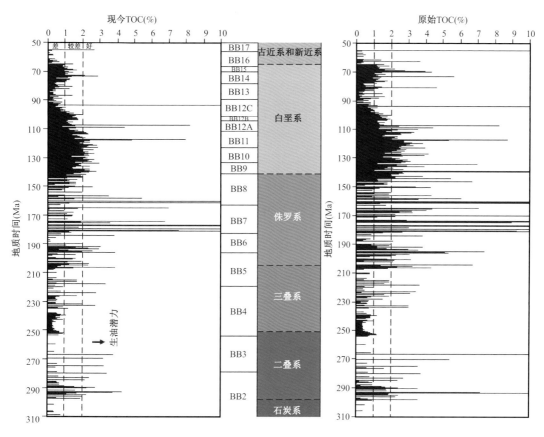

图 4-22　布劳斯盆地卡斯威尔坳陷烃源岩现今及原始总有机碳（TOC）含量

（一）西部枢纽带

该地区已发现 Calliance，Torosa，Brecknock 三个油气田，储层主要为三叠系 Sahul 群、侏罗系 Plover 组和 Malita 组，属于下—中侏罗统成藏组合和上三叠统—中侏罗统两个成藏组合。

1. 波塞冬气田

波塞冬（Poseidon）气田位于西部断阶带，目前共钻探探井 8 口，发现气藏 5 个。西部断阶带邻近生烃凹陷，整体沿北东—南西向展布，由西北向南东呈下倾趋势，发育多个构造高点。Poseidon-1，Kronos-1，Zephyros-1 与 Boreas-1 四个凝析气藏呈北东—南西向串珠状展布，分布主要受构造和断层控制。其中二、四断阶带是主要含气构造带，第二断阶由于后期翘倾剥蚀，富气层位较老，主要分布在 Plover 组下段，勘探目的层为下—中侏罗统 Plover 组临滨—三角洲相砂岩，气藏类型以断块气藏为主；第四断阶，即东部的 Proteus—Pharos 构造带，埋藏较深，富气层位较新，分布在上侏罗统 Montara 组河流相砂岩，气藏类型为构造—岩性气藏。

Plover 组下段储层厚度横向变化较大，受断裂控制，其中 Boreas-1 井储层厚度可达 189m，测井解释气层平均孔隙度为 11.5%（图 4-23）。

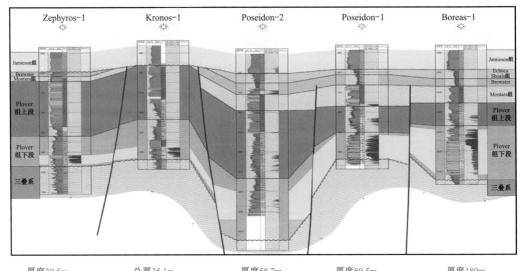

图 4-23　布劳斯盆地波塞冬气田下—中侏罗统储层发育与砂体对比

西部断阶带断裂发育复杂，断层分割性强，根据压力测试资料，结合周围井的静水压力梯度，可以预测不同气藏的气水界面情况。研究表明波塞冬气田不同气藏具有不同气水界面和压力系统，Poseidon 与 Kronos 气藏的已知气底深度相似，分别为 5024m 与 5030m，Zephyros 气藏已知气底深度最大，为 5056m，Boreas 气藏的气水界面最浅，仅为 4968m。此外波塞冬气田不同气藏在气油比、天然气组分、CO_2 含量方面也存在较大的差异，进一步验证了断层对气藏的分割作用。

Proteus—Pharos 构造带气藏为底水断块气藏，2013 年 Proteus—Pharos 构造带探井 Proteus-1ST2 井首次在上侏罗统 Montara 组发现高产气流；2014 年又钻探 Pharos-1 井，获得高产凝析油气流，进一步证实了 Proteus—Pharos 构造带上侏罗统 Montara 组展现整体含气性，圈闭充满程度高。Montara 组储层相对发育，泥质含量与断层泥百分比（SGR 值）较低，断层封堵性较差，结合主要断裂断距分布特征，Pharos-1 与 Proteus-1ST2 井气层压力测试点落在同一压力趋势线上，二者应具有相同的压力系统和气水界面，根据 Pharos-1 井 XPT 测井压力梯度分析，确定的气水界面为 5004m TVDSS（图 4-24）。

2. CBT 气田

根据 Brecknoc-1 和 North Scott Reef-1 井揭示，该地区重点储集层段位于下—中侏罗统的 Plover 组砂岩和三叠系白云岩，烃源岩为下—中侏罗统的 Plover 组泥岩，圈闭类型主要为断背斜圈闭，其资源类型以天然气为主，伴生凝析气（图 4-25、图 4-26）。

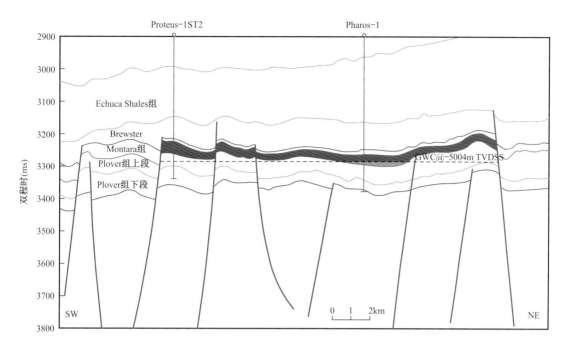

图 4-24 布劳斯盆地波塞冬气田 Proteus—Pharos 构造带 Montara 组气藏剖面

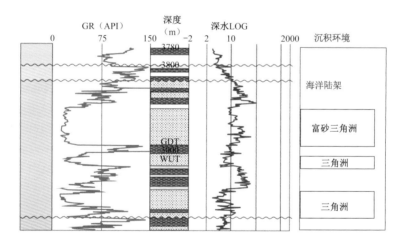

图 4-25 布劳斯盆地 CBT 气田 Brecknock-1 井单井柱状图

（二）北部枢纽带

该地区烃源岩主要为侏罗系 Plover 组和 Vulcan 组下段泥岩，储层主要分布在中侏罗统和下白垩统（Plover 组和 Vulcan 组上段），为三角洲相—浊积扇相砂岩，储层物性中等，以生气为主。图 4-27 为该地区已发现的 Crux 气田成藏模式图。

（三）东部断阶带

该地区已发现 Ichthys 油气田，主要储层是 Brewster 砂岩和侏罗系的 Plover 组砂岩，所在的成藏组合是下—中侏罗统成藏组合和上侏罗统—下白垩统成藏组合，以生气为主（图4-28）。

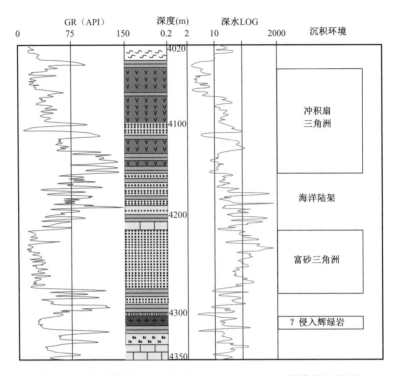

图 4-26　布劳斯盆地 CBT 气田 North Scott Reef-1 井单井柱状图

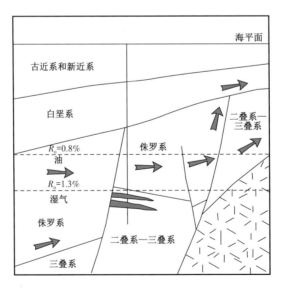

图 4-27　Crux 气田成藏模式图

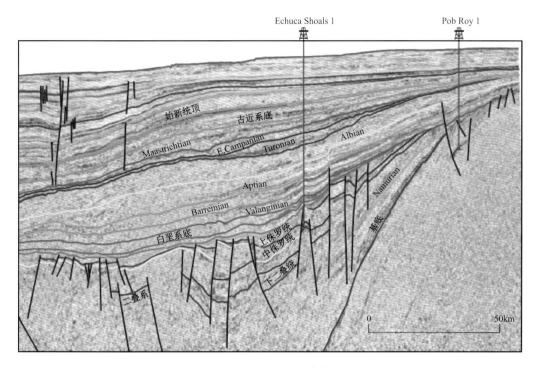

图 4-28 过东部断阶带剖面图

第五章 坎宁盆地和罗巴克盆地地质特征及油气富集规律

坎宁盆地位于澳大利亚的西部陆上，罗巴克盆地则是坎宁盆地向海延伸的部分（图5-1）。

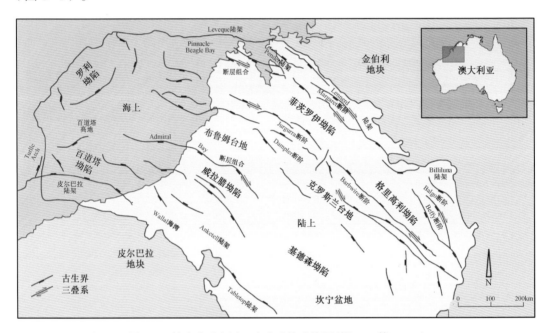

图5-1 坎宁盆地和罗巴克盆地构造简图(据Burt等,2002)

第一节 坎宁盆地和罗巴克盆地勘探开发概况

坎宁盆地是澳大利亚为数不多的几个目前油气勘探程度非常低的盆地,钻井约100口,发现油气藏数量少,投入开发少且规模小,总体上处勘探初期阶段。

坎宁盆地为古生代内克拉通断陷盆地,油气勘探始于1922年,截至2015年底,盆地内仅发现了25个油气藏,主要分布于盆地北部边缘的伦纳德(Lennard)陆架和中部隆起区的布鲁姆(Broome)台地和克罗斯兰(Crossland)台地,其中位于Lennard陆架的Blina、Boundary、Lloyd、Kera West、Sundown和Terrace West等6个小型油田先后投入开发,盆地内尚无气田投产(图5-2)。

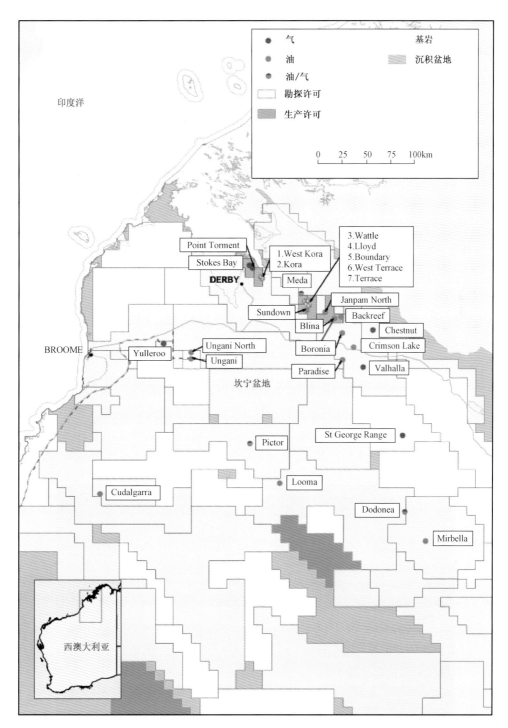

图 5-2　坎宁盆地主要油气发现分布图（据 Government of Western Australia，2014 ）

罗巴克盆地的勘探始于 1971 年，勘探程度极低，截至 2015 年，共钻探井 9 口，其中钻探于百道塔（Bedout）坳陷的 Phoneix-2 井见到气显示，Phoneix-1 井发现了一个没有商业价值的小气田。Woodside 能源公司自 2006—2014 年钻井 4 口（Huntsman-1、Hannover South-1、Anhalt-1 和 Steel Dragon-1 井），均无油气发现。Quadrant Northwest 公司分别于 1980 年和 2014 年钻探 Phoenix-1 井和 Phoenix South-1ST2 井，在三叠系 Keraudren 组发现油气田。这两口井控制的 2P 石油储量为 0.28×10^8 bbl，2P 天然气储量为 15.7×10^9 ft^3（4.5×10^8 m^3）。

第二节 坎宁盆地和罗巴克盆地地质特征

一、盆地概况

（一）坎宁盆地

坎宁盆地是一个位于澳大利亚西北部的古生代克拉通内坳陷盆地，总面积达 54×10^4 km^2。盆地东北、东方向与前寒武系金伯利（Kimberley）地块相邻，南为皮尔巴拉（Pilbara）地块、奥菲瑟盆地和甘巴阮盆地，东南为阿玛迪厄斯盆地。在西侧海上，坎宁盆地海上部分单独划分为一个盆地，称为罗巴克盆地。

坎宁盆地是澳大利亚最大的沉积盆地，主要构造走向为北西—南东向，具有三隆两坳的特点（图 5-3）。在盆地南北两侧发育两个大型的北西向沉积坳陷带，其中北部坳陷带由菲茨罗伊（Fitzroy）坳陷和格里高利（Gregory）坳陷组成，南部坳陷带发育威拉腊（Willara）坳陷和基德森（Kidson）坳陷（图 5-4，图 5-5）。两坳之间的中部隆起区包括布鲁姆（Broome）

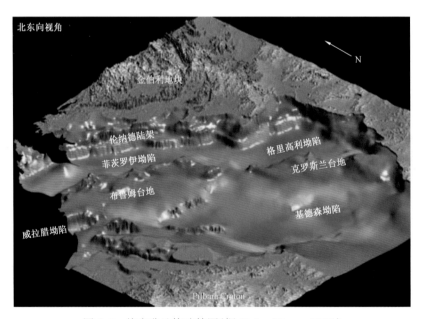

图 5-3 坎宁盆地构造简图（据 Richard Bruce，2015）

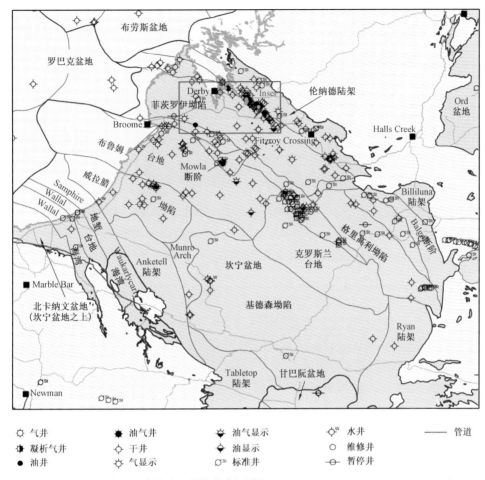

✧ 气井	✦ 油气井	✧ 油气显示	◇ᵂ 水井	—— 管道
✧ 凝析气井	◇ 干井	✦ 油显示	○ 维修井	
● 油井	✧ 气显示	◌ˢᵗ 标准井	◦ 暂停井	

图 5-4 坎宁盆地区域构造及井位分布图(据 Government of Western Australia, 2014)

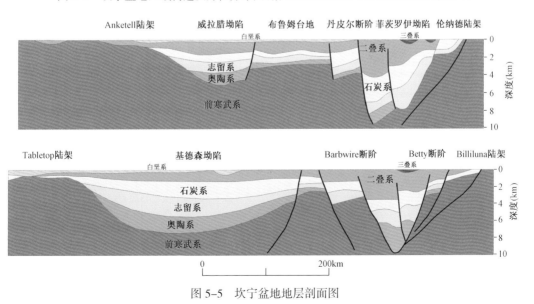

图 5-5 坎宁盆地地层剖面图

台地、克罗斯兰（Crossland）台地以及 Jurgarra 断阶、Dampier 断阶和 Barbwire 断阶。在菲茨罗伊坳陷和格里高利坳陷北侧的隆起区发育伦纳德陆架、Billiluna 陆架、Betty 断阶和 Balgo 断阶。在威拉腊坳陷和基德森坳陷南侧的隆起区发育 Anketell 陆架、Tabletop 陆架、Sanphire 地垒和 Wallal 台地。此外，在基德森坳陷东侧发育 Ryan 陆架。坎宁盆地油气发现主要集中在伦纳德陆架、布鲁姆台地和克罗斯兰台地。

（二）罗巴克盆地

罗巴克盆地位于西北大陆架，面积大约为 $16 \times 10^4 \text{km}^2$，位于西澳大利亚巨盆的中心，又称坎宁盆地（海上）。盆地内侧位于北西向延伸的古生代内克拉通盆地（坎宁盆地海域）之上（Colwell 和 Stagg，1994），它们被石炭纪宾夕法尼亚走滑挤压构造事件分隔，这次构造事件可能是中澳大利亚泥盆—石炭纪 Alice Springs 造山运动的高峰期。罗巴克盆地细分为百道塔（Bedout）坳陷和罗利（Rowley）坳陷，中间被百道塔隆起分隔（图 5-6）。

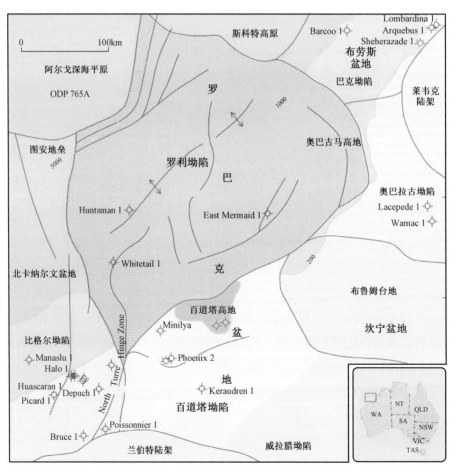

图 5-6　罗巴克盆地区域构造图

罗利坳陷位于外陆架，为中生代主要的沉积中心，面积大约为 $8.5 \times 10^4 km^2$。石炭—二叠系或更老的地层厚度为 9km，中生界—全新统厚度为 6km（Smith 等，1999）。西南边界为北 Turtle 枢纽带和 Thouin 地堑，其将罗利坳陷与卡纳文盆地的比格尔坳陷分隔，东部边界为 Oobagooma 高地，南部边界为百道塔高地。古生界和下中生界上超于百道塔高地、Oobagooma 高地和布鲁姆台地之上，地层向海增厚，并终止于现今的海陆断层边界。

百道塔坳陷在中生代为一个北东东—南西西走向的沉积中心，古生界厚度约 2.5km，中生界厚度为 7km。西部边界为北 Turtle 枢纽带，其将百道塔坳陷与比格尔坳陷分隔开，西北边界为百道塔高地。中生界仅发育轻微的构造活动，向西地层厚度增加，至百道塔高地发生尖灭，只有部分地层覆盖于百道塔高地之上，朝东南方向逐渐上超于古生界之上。

二、盆地构造和沉积特征

（一）坎宁盆地

坎宁盆地经历多期构造运动：元古宙的裂谷和 Aroyonga 运动，新元古代晚期和寒武纪早期的 Petermann 造山运动，奥陶纪拉张和快速沉降阶段、泥盆纪早期挤压和剥蚀阶段、泥盆纪晚期拉张和沉降阶段、石炭纪挤压和沉降阶段、侏罗纪早期压扭隆升和剥蚀阶段，南部受影响较小（图 5-7）。

坎宁盆地沉积以海相碎屑岩为主，次为碳酸盐岩。奥陶—志留纪，盆地沉积为潮下—潮间云质灰岩、泥岩以及具有蒸发性质的细粒红色碎屑岩、碳酸盐岩和盐岩（图 5-8）。奥陶系以海相浅水沉积环境为主，岩性主要为碳酸盐岩和泥岩。奥陶纪 Nambeet 期，坎宁盆地沉积以泥岩为主，砂岩主要分布在盆地东部（图 5-9）。奥陶纪 Nambeet 初期发生向东南方向海侵，在地形低部位沉积硅质和云质砂岩。在盆地南部 Nambeet 组底部沉积年代自西向东变新。随着海水东侵，西部的砂岩逐渐演变为钙质和细粒沉积，向上为页岩和石灰岩互层。Samphire Marsh-1 井显示奥陶纪初期海侵达到现在的海岸线，区域研究推测可能到达盆地东部边界。盆地南北均为潮下带沉积环境，中部的布鲁姆台地为陆地。Nambeet 期 Willara 坳陷沉积为细粒碎屑岩、少量石灰岩，含大量海相动物；在 Prices Creek 为碎屑岩和富含化石灰岩互层，其沉积水体可能要比潮间带深。东部更远地区沉积和沉降速率几乎相当，在奥陶纪早期大部分时间均为潮间带沉积环境。Nambeet 组厚度为 230～400m，与上覆 Willara 组整合接触。

奥陶纪 Willara 期，坎宁盆地沉积以碳酸盐岩为主（图 5-10）。Willara 期发生以碳酸盐沉积为主的海侵，Broome 台地完全淹没，岩性为白云岩、生屑灰岩和互层的黑色页岩，沉积环境为潮间—潮下带，浅水陆表海海侵可能已到达布鲁姆台地东部。Nambeet 期沉积的潮间带砂岩在盆地东部成为陆地，布鲁姆部分地区发生暴露侵蚀。布鲁姆台地北部，东边在 Nambeet 期岩性为白云岩和石灰岩，西边在 Willara 期岩性为白云岩和石灰岩；

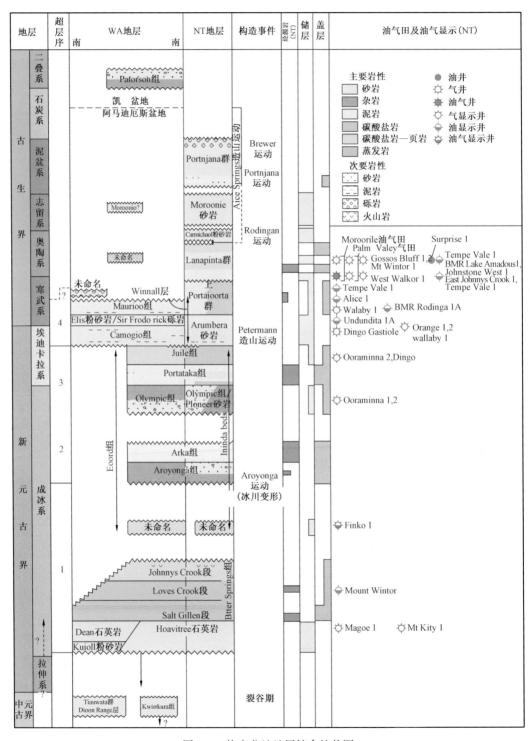

图5-7 坎宁盆地地层综合柱状图

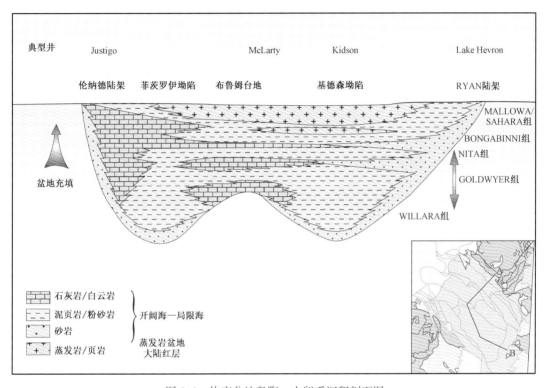

图 5-8　坎宁盆地奥陶—志留系沉积剖面图

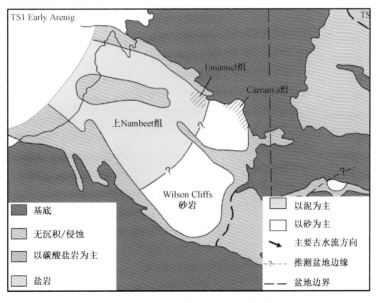

图 5-9　坎宁盆地奥陶纪 Nambeet 期岩相图

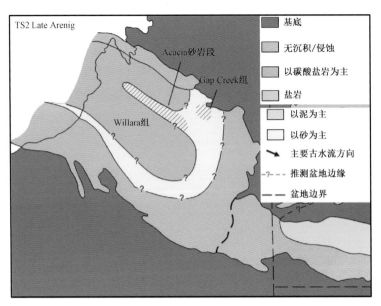

图 5-10 坎宁盆地奥陶纪 Willara 期岩相图

Broome 台地南部的 Munro 断层是活动的，Munro-1 井所在的断层上块为一陆表海水环绕的狭窄小岛。南部向东的 Kidson 坳陷沉积了潮间带砂岩和白云岩。Willara 组厚度约300m，自下而上分别为下段石灰岩和页岩、Acacia 砂岩和同期钙质页岩、上段石灰岩与页岩互层。

奥陶纪 Goldwyer 期，坎宁盆地为潮汐浅水沉积环境，地形总体平缓，水体能量弱，碳酸盐岩范围缩小，沉积以泥页岩为主（图 5-11）。Goldwyer 期潮下带范围扩大，与 Munro

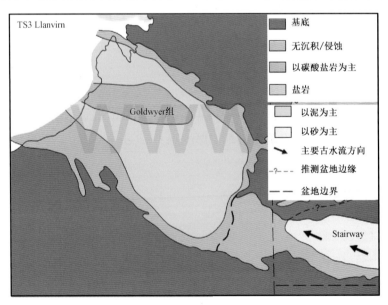

图 5-11 坎宁盆地奥陶纪 Goldwyer 期岩相图

断层邻近的小岛被淹，岩性主要为页岩和碳酸盐岩。基德森坳陷最深部位向北迁移，南部变浅，沉积环境为潮上—潮间带，在 Kidson-1 井发现了石膏晶体、硬石膏溶洞和泥裂构造。布鲁姆台地钻井发现的白云岩透镜体、贝壳灰岩和沉积构造表明该台地为浅水沉积，沉积环境在潮下带和潮间带之间变动，该台地可能短暂暴露。Blackstone-1 井页岩和石灰岩的周期沉积表明盆地北部受断层影响发生间歇沉降。

　　奥陶系 Nita 组形成于海退期，与 Golwyer 组整合接触，岩性向上依次为页岩、石灰岩、白云岩和云质灰岩，最终为硬石膏质碳酸盐岩，这表明沉积环境从潮下带逐渐演变为潮间带、潮上带。气候也从潮湿变为半干旱。

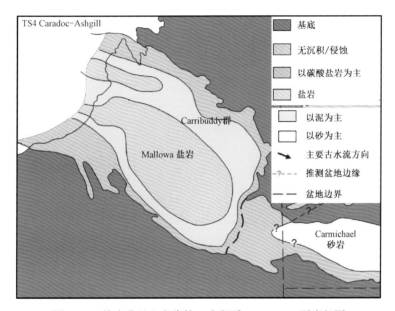

图 5-12　坎宁盆地上奥陶统—志留系 Carribuddy 群岩相图

　　上奥陶统—志留系 Carribuddy 群为海退层系，沉积环境主要为潮上带，岩性以盐岩、膏岩、白云岩及细粒碎屑为主（图 5-12）。Carribuddy 群在坎宁分布广泛，布鲁姆台地部分地区剥蚀殆尽。Carribuddy 群包括 Bongabinni 组、Minjoo 盐组、Nibil 组、Mallowa 盐组和 Sahara 组。越靠近基德森坳陷中心地层厚度越大，Lehmann（1984）估计可达 2000m，目前钻遇厚度最大的井为 Kidson-1 井（1592m）（图 5-13）。

　　泥盆纪—早石炭纪，盆地北部为边缘海碳酸盐岩和碎屑岩。泥盆纪生物礁发育，是油气勘探目标之一。泥盆纪坎宁盆地拉张（Pillara Extension）对基德森坳陷影响不大，沉积厚度较薄甚至缺失。泥盆纪中期，在 Carribuddy 群溶蚀 Mallowa 盐组之上是以陆表海为主的 Worral 组，其岩性为红棕色粉砂岩、砂岩和白云岩。

　　晚石炭纪—二叠纪，坎宁盆地早期为河流、冰川以及海洋沉积，后期为浅海沉积。石炭系—二叠系 Grant 群与下伏地层不整合接触，砂岩可作为储层，海洋（冰川最少处）沉

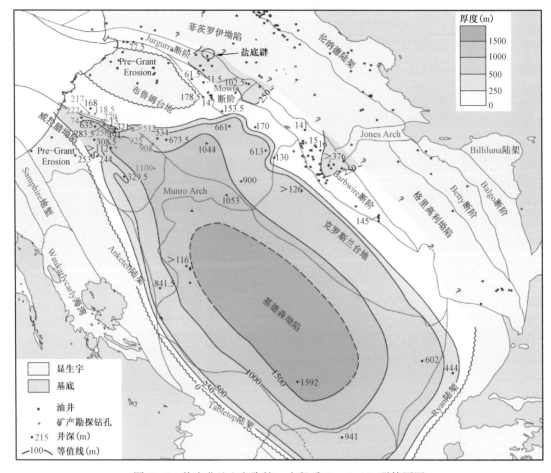

图 5-13 坎宁盆地上奥陶统—志留系 Carribuddy 群等厚图

积可作为盖层。在坎宁盆地南部，Grant 群之上的二叠系通常很薄，小于 150m，大部分地层在 Fitzroy Transpression 期遭受剥蚀。

侏罗纪—早白垩纪，坎宁盆地发育浅海—河流沉积，岩性以砂岩为主，少量粉砂岩。

（二）罗巴克盆地

罗巴克盆地通常被认为是坎宁盆地向海方向的延伸，该盆地揭示地层主要为二叠系—新近系，要比坎宁盆地地层时代年轻得多（图 5-14）。二叠纪为坳陷期，沉积上超，三叠纪末盆地开始扩张，侏罗纪再次进入坳陷期并一直持续到白垩纪中期，盆地内断块发育。白垩纪中期开始盆地处于被动大陆边缘期，白垩纪和新近纪这些断层再活动并反转（图 5-15）。

二叠纪—白垩纪，罗巴克盆地的沉积以陆地、海陆过渡为主；古新世—新近纪，盆地沉积主要为海相碳酸盐岩（图 5-15）。

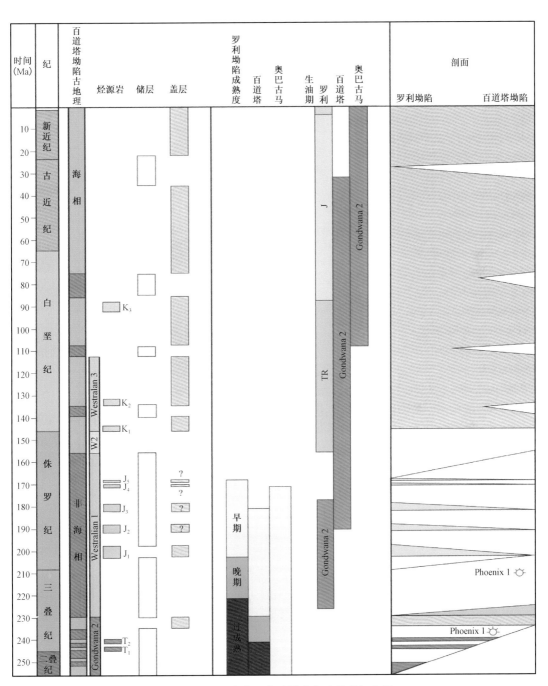

图 5-14 罗巴克盆地构造演化与生储盖组合图

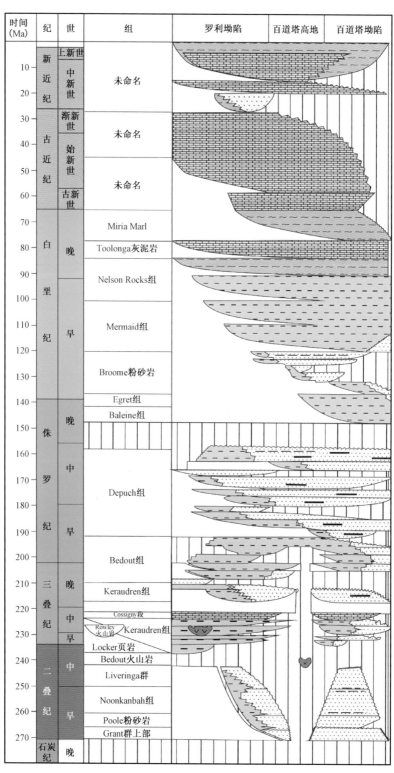

图 5-15 罗巴克盆地综合柱状图

第三节 坎宁盆地和罗巴克盆地含油气系统分析

一、烃源岩特征

（一）坎宁盆地烃源岩特征

坎宁盆地内烃源岩主要为中奥陶统 Goldwyer 组海相页岩、泥盆系 Gogo 组海相页岩和下石炭统 Laurel 组海相页岩。奥陶系烃源岩发育于盆地中部隆起区 Barbwire 断阶、Jurgurra 断阶和 Dampier 断阶和布鲁姆台地的 Goldwyer 组、Willara 组和 Nambeet 组页岩生烃潜力中等或很差（图 5-16）。Barbwire 断阶 Goldwyer 组上段富有机质海相页岩含有丰富的藻类，TOC 值在 1.0%～6.4% 之间，平均约 2%；HI 在 142～901 之间，平均为 600。Goldwyer 组下段 TOC 平均为 1.8%，HI 平均为 180。布鲁姆台地南部页岩厚度大，TOC 可达 4%。Goldwyer 组下段、Willara 组和 Nambeet 组 TOC 平均值分别为 1.1% 和 0.8%，生烃潜力中等或很差。

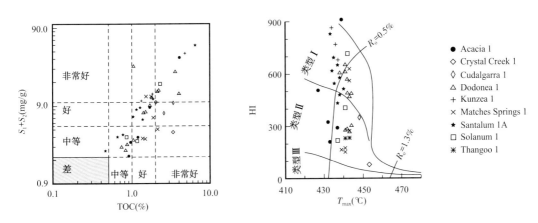

图 5-16 坎宁盆地奥陶系烃源岩品质与干酪根类型图（据 Carlsen 和 Ghori，2005）

利用已钻井的测试样品数据以及测井和地震数据预测奥陶系 Goldywer 组的 TOC，结果表明在坎宁盆地中北部 TOC 值并不高，只有在局部富集。

北部坳陷带奥陶系 Goldwyer 页岩埋藏深，尚无钻井揭示。推测从基德森坳陷和北部坳陷带内的 Goldwyer 页岩生成的油气向盆地中部隆起区充注（图 5-17）。

泥盆系 Gogo 组海相页岩构成了中等烃源岩，TOC 平均为 1.5%，HI 平均为 140（图 5-18）。该组与 Mellinjerie 组潟湖—萨布哈沉积为同期异相，后者的 TOC 平均为 0.8%。在 Barbwire 断阶，Mirbelia 白云岩中富含有机质烃源岩层的 TOC 平均 2.4%，这套烃源岩在许多井中都有钻遇。

下石炭统具有生烃潜力的泥岩主要分布在 Laurel 组和 Anderson 组。在菲茨罗伊坳

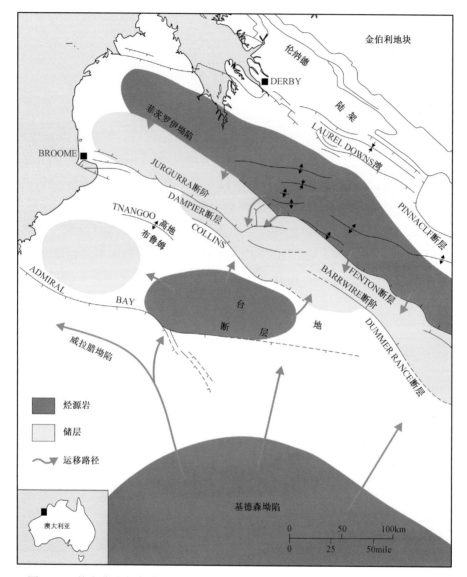

图 5-17　坎宁盆地奥陶系 Goldwyer 组烃源岩油气充注示意图（据 Ferdinando，2006）

陷和格里高利坳陷，下石炭统 Laurel 组富有机质海相页岩为一套有机质含量高、生烃潜力中等的烃源岩，主要生气和凝析油（图 5-19）。Laurel 组烃源岩在菲茨罗伊坳陷北部边缘发育，在格里高利坳陷生烃潜力很低。在菲茨罗伊坳陷南部和格里高利坳陷中部埋藏较深地区，Laurel 组烃源岩于晚石炭世开始成熟，中生代停止生气；埋藏较浅地区在中生代开始达到生油高峰，并持续到现今。推测北部坳陷带内 Laurel 组生成的油气向中部隆起区充注（图 5-20）。

（二）罗巴克盆地烃源岩特征

晚侏罗世和早白垩世，罗巴克盆地构造变形很小，不利于局部沉积中心的形成，因

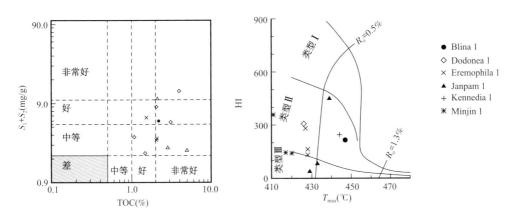

图 5-18　坎宁盆地泥盆系 Gogo 组烃源岩品质与干酪根类型图（据 Carlsen 和 Ghori，2005）

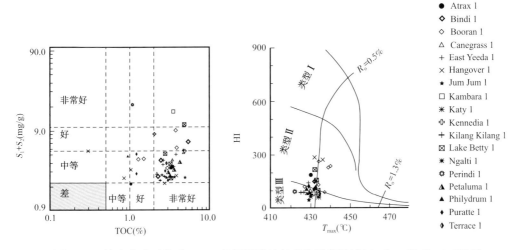

图 5-19　坎宁盆地石炭系 Laurel 组烃源岩油气充注示意图（据 Carlsen 和 Ghori，2005）

此没有沉积在卡纳文盆地和布劳斯盆地的典型泥岩烃源岩。罗巴克盆地潜在烃源岩分布于奥陶系、中—下三叠统和中—下侏罗统（Goldstein，1989；Taylor，1992；Kennard 等，1994；Smith，1999；Geoscience Australia 和 Geomark Research，2005）。表 5-1 列出了这些潜在的烃源岩层以及储层、盖层和成藏组合类型。

罗巴克盆地内最有潜力的烃源岩分布于 Gondwana 2 含油气系统中，为三叠系 Locker 页岩组和 Keraudren 组烃源岩，岩性为海侵页岩和少量煤层（Esso，1994；Smith 等，1999；Woodside Energy Limited，2001）。Phoenix-1 井中发现的天然气以及 Phoenix-2 井中的天然气显示可能来源于这些烃源岩，在 Phoenix-1 井和 Keraudren-1 井处，下三叠统烃源岩处于成熟早期。在 Rowley 坳陷的外部，中等成熟的 Tr1 和 Tr2 烃源岩现今可能还在不断排出液态烃（Smith 等，1999；Brien 等，2003）。属于 Westralian 1 含油气系统的烃

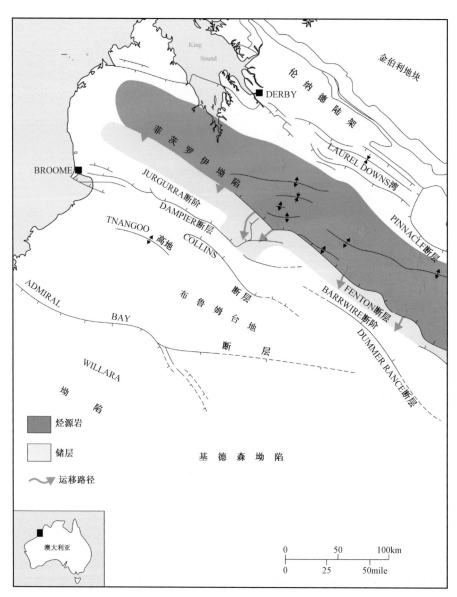

图 5-20 坎宁盆地石炭系 Laurel 组烃源岩油气充注示意图(据 Ferdinando, 2006)

源岩是一些薄层含煤和富藻的岩层以及相关的 Depuch 组前三角洲海相页岩。这些烃源岩已经通过岩屑的地球化学研究和层序地层学解释得到证实,并且位于渐新统碳酸盐岩楔状岩层之下的层位可能达到成熟早期至成熟晚期(Smith,1999;Smith 等,1999)。

表 5-1 罗巴克盆地潜在含油气系统要素

烃源岩	Larapintine 2、Larapintine 3 和 Larapintine 4
	Gondwana 2(Locker 页岩组、Keraudren 组)

续表

烃源岩	Westralian 1（Depuch 组）
	Westralian 3（Baleine 组）
储层	Larapintine 3 和 Larapintine 4
	Gondwana 1（Grant 群）
	Gondwana 2（Locker 页岩组、Keraudren 组）
	Westralian 1（Depuch 组）
	Westralian 3（Egret 组、Broome 砂岩组、Mermaid 组）
盖层	Gondwana 2（Locker 页岩组、Keraudren 组、Cossigny 段）
	Westralian 1（Bedout 组、Depuch 组）
	Westralian 3（Baleine 组、Broome 砂岩组、Mermaid 组）
圈闭类型	三叠系 Locker 页岩组、Keraudren 组、Cossigny 段
	中—下侏罗统 Depuch 组：前三角洲、障壁岛和河道

中侏罗世卡洛夫期大陆裂解之后发育了 Westralian 3 含油气系统的潜在烃源岩，其中包括 Baleine 组，它们沉积于海侵期，沉积范围很大，但是只有位于渐新统碳酸盐岩楔状岩层之下的层位可能达到成熟期（Smith 等，1999）。

奥陶系 Larapintine 2 含油气系统发育不好，因此潜力不大（Taylor，1992；Kennard 等，1994）。如果存在烃源岩，那么它产出的油气应该是主要运输到了沿着盆地边缘分布的中生界储层中（Kennard 等，1994；Lisk 等，2000）。在坎宁盆地的陆上部分存在一些潜在的泥盆系和石炭系烃源岩层段（Larapintine 3 和 Larapintine 4），但是这些烃源岩在 Rowley 坳陷中是否存在还是未知的（Kennard 等，1994；Nicoll 等，2009）。

二、储层特征

（一）坎宁盆地储层特征

坎宁盆地内潜在储层主要存在于奥陶系 Nita 组碳酸盐岩和石炭—二叠系 Grant 群河流—三角洲砂岩。盆地内最古老的碳酸盐岩储层是奥陶系 Nita 组，该组厚度 0～150m，主要发育在中部隆起区（图 5-21）。布鲁姆台地 Nita 组白云岩化碳酸盐岩孔渗性最好，孔隙度为 11%～18%，渗透率为 20～38mD。白云岩化发生在 Nita 组上部，厚度达 90m，向下逐渐变成石灰岩。

Willara 组主要分布在盆地的中部，该组中部的局部地区发育一套砂体，有可能为潜在储层（图 5-22）。

上石炭统—二叠系 Grant 群与下伏地层不整合接触，沉积环境为河流—冰川及海洋。Grant 群下部河流相砂岩和该群上部河流相—海相砂岩是盆地内较好的储层，孔隙度为 20%～30%。沿着菲茨罗伊坳陷北部边缘的 Boundary 油田、Sundown 油田和 Terrace West 油田生产的石油都来自 Grant 群砂岩。

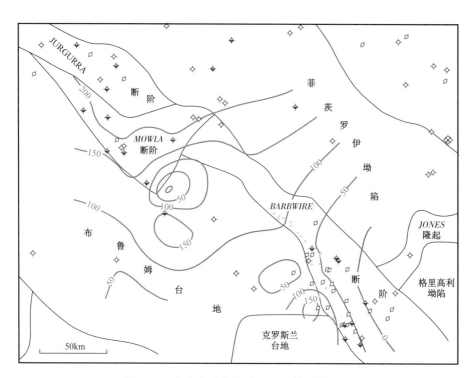

图 5-21 坎宁盆地奥陶系 Nita 组等厚(m)图

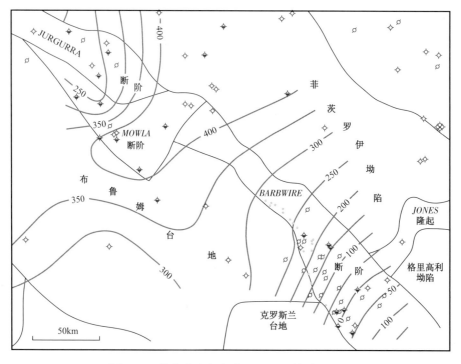

图 5-22 坎宁盆地奥陶系 Willara 组等厚(m)图

（二）罗巴克盆地储层特征

罗巴克盆地罗利坳陷中的潜在砂岩储层很多，其中包括二叠系 Grant 群的砂岩、Keruadren 组的向岸沉积相、Locker 页岩组和下白垩统的三角洲砂岩（Lipski，1993；Kennard 等，1994；Smith 等，1999）。在浅埋藏地区，Keraudren 组和 Locker 页岩组可能有更高的孔隙度和渗透率，因为在该环境下很少有碳酸盐和硅质沉淀（Lipski，1993）。

在侏罗系 Depuch 组中，很多潜在的储层砂岩体位于冲积三角洲复合体中，其中包括位于河道、沿岸、障壁沙坝中的砂岩体（Smith 等，1999）。

最年轻的潜在储层被认为是发育在下侏罗统的三角洲砂岩体，位于澳大利亚西部边缘断裂处的罗利坳陷的内部轴线上（Smith 等，1999）。

三、盖层特征

（一）坎宁盆地盖层特征

坎宁盆地内盖层广泛发育（图 5-5）。奥陶系在 Willara 组和 Goldwyer 组发育两套主要盖层，其中 Willara 组碳酸盐岩和页岩形成了一套半区域性盖层覆盖在 Nambeet 组之上。Goldwyer 组页岩覆盖在 Willara 组之上。

志留系 Carribuddy 群下部的页岩和 Mallowa 组的盐岩形成一套盖层覆盖在 Fitzroy 坳陷南部 Nita 组碳酸盐岩储层之上。

上泥盆统 Gogo 组和 May River 组页岩以及下石炭统 Fairfield 群：互层及上覆页岩覆盖在 Yellow Drum 组和 Nullara 组碳酸盐台地、生物礁和白云岩储层之上。

中石炭统 Anderson 组内页岩局部覆盖在 Lennard 陆架 Anderson 组砂岩储层之上。

二叠系 Noonkanbah 组海相页岩形成了 Fitzroy 坳陷 Poole 组和 Grant 组以及 Gregory 坳陷砂岩储层的盖层，而且也成为 Kidson 坳陷的一套有效盖层。

（二）罗巴克盆地盖层特征

罗利坳陷的盖层包括位于 Keraudren 组的层间页岩（在 Phoenix1 井中是有效的）、Keraudren 组的 Cossigny 段以及相关的 Locker 页岩组（Lisk 等，1993）。另外有 Bedout 组海侵页岩、Depuch 组近岸泥岩层和前三角洲页岩，还有位于卡洛夫期不整合面之上的下白垩统泥岩区域盖层（Lipski，1993；Smith 等，1999）。

四、含油气系统评价

坎宁盆地发育两套含油气系统，即 Goldwyer-Nita 含油气系统和 Laurel-Grant 含油气系统（图 5-23，图 5-24）。Goldwyer-Nita 含油气系统的烃源岩发育在 Goldwyer 组，Nita 组碳酸盐岩是该含油气系统内的主要储层，石炭系—白垩系泥岩为盖层。Laurel-Grant 含油气系统内 Gogo 和 Laurel 泥岩为烃源岩，Laurel 砂岩、Anderson 砂岩和 Grant 群砂岩为主要储层，二叠系—白垩系泥岩为盖层。

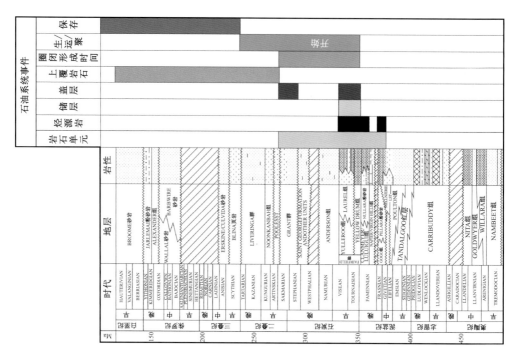

图 5-24 坎宁盆地 Laurel-Grant 含油气系统事件图(据 Burt 等,2002)

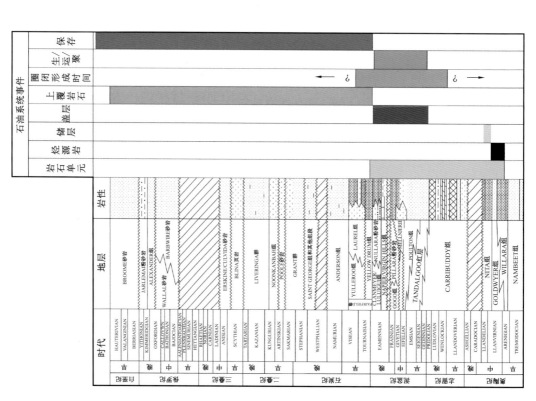

图 5-23 坎宁盆地奥陶系 Glodwyer-Nita 含油气系统事件图(据 Burt 等,2002)

第四节　坎宁盆地和罗巴克盆地成藏组合划分

一、坎宁盆地

目前，坎宁盆地已发现常规油藏23个（表5-2），成藏组合为下奥陶统组合和泥盆系—下二叠统组合（图5-25）。坎宁盆地奥陶系圈闭多为宽缓背斜，具有面积大、闭合差幅度小以及断层少的特点。

表 5-2　坎宁盆地已发现油气藏

油气田名称	油气藏类型	发现年份	储层	石油储量（10⁶bbl）	天然气储量（10⁶ft³）	凝析油储量（10⁶bbl）	油当量（10⁶bbl）
Backreef 1	油藏	2010	Fairfield 群	0.20			0.20
Blina	油藏	1981	Yellow Drum 组	0.71	71.00		0.72
Blina	油藏	1981	Nullara 石灰岩	1.29	129.00		1.31
Boundary	油藏	1990	Betty 组	0.13			0.13
Crimson Lake 1	油藏	1988	上 Grant 群	0.01			0.01
Lloyd	油藏	1987	Anderson 组	0.19			0.19
Sundown	油藏	1982	上 Grant 群	0.16			0.16
Sundown	油藏	1982	下 Grant 群	0.28			0.28
Sundown	油藏	1982	Anderson 组	0.07			0.07
Terrace West	油藏	1985	Grant C Unit（Carolyn 组）	0.30			0.30
Kora West	油藏	1984	Anderson 组	0.02			0.02
Ungani	油气藏	2011	Laurel 组	6.10	600.00		6.20
Valhalla 2	气藏	2011	Laurel 组		3000.00	0.15	0.65
Yulleroo 1	气藏,凝析油藏	1967	Laurel 组		154610.00	6.24	32.01
Yulleroo 1	气藏,凝析油藏	1967	Anderson 组		38700.00	1.56	8.01
Meda 1	油气藏	1958	Laurel 组	0.01			0.01

续表

油气田名称	油气藏类型	发现年份	储层	石油储量（10⁶bbl）	天然气储量（10⁶ft³）	凝析油储量（10⁶bbl）	油当量（10⁶bbl）
Meda 1	油气藏	1958	Nullara石灰岩		100.00		0.02
Point Torment 1	气藏	1992	Anderson A Unit		7500.00	0.01	1.26
Looma 1	油气藏	1996	Acacia 砂岩	0.25			0.25
Looma 1	油气藏	1996	Nambeet 组		2000.00		0.33
Looma 1	油气藏	1996	Nita 组	0.30	150.00		0.33
Pictor 1	油气藏, 凝析油藏	1984	Nita 组	40.50	84800.00	0.40	55.03
Sally May 1	油藏	2005	Nita 组	3.25	3.00		3.25
合计				53.77	291663.00	8.36	110.74

下奥陶统成藏组合主要分布在盆地中部的布鲁姆台地和克罗斯兰台地，已获 5 个油气发现，但至今尚无商业性油气发现。泥盆系—下二叠统成藏组合主要分布在盆地南部的伦纳德陆架，已发现油气藏 18 个，只有少数小型油气田投入开发（表 5-3）。

表 5-3　坎宁盆地各成藏组合已发现油气统计表

盆地名称	成藏组合	已发现油气田个数	油（10⁶bbl）	凝析油（10⁶bbl）	气（10⁹ft³）	油气当量（10⁶bbl）
坎宁盆地	泥盆系—下二叠统组合	18	9.47	7.96	204.71	51.55
	下奥陶统组合	5	44.3	0.4	86.95	59.18
合计		23	53.77	8.36	291.66	110.73

二、罗巴克盆地

罗利坳陷中的成藏组合为三叠系—侏罗系成藏组合，主要分布在百道塔坳陷（图5-26）。沿着百道塔背斜分布的三叠系超覆储层是由 Larapintine 烃源岩和 Gondwana 烃源岩充注的，盖层是 Keraudren 组 Cossigny 段。侏罗系 Depuch 组潜在储层由许多位于冲积三角洲复合体的砂岩体构成，其中的油气由层内或者下伏的烃源岩充注。

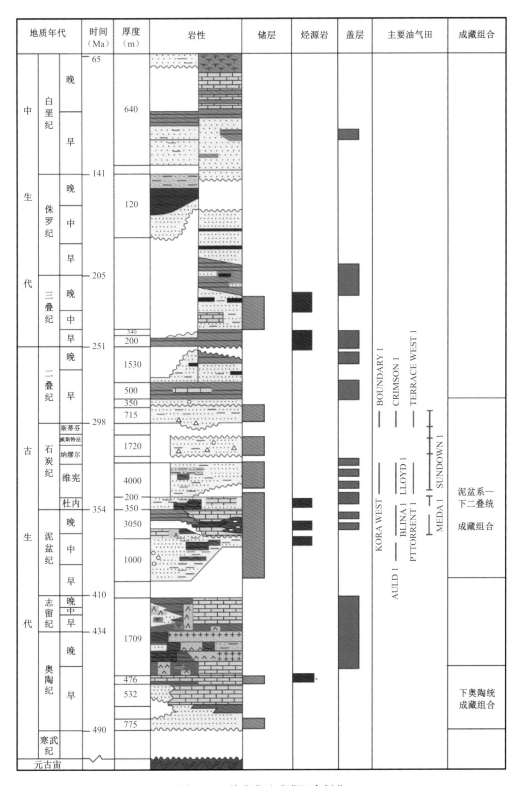

图 5-25 坎宁盆地成藏组合划分

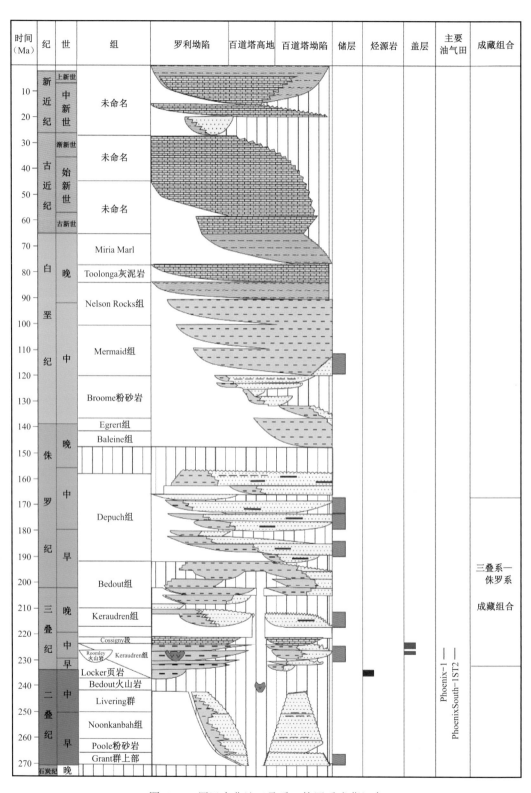

图 5-26 罗巴克盆地三叠系—侏罗系成藏组合

第五节　坎宁盆地和罗巴克盆地勘探潜力评价

一、坎宁盆地

（一）常规油气

坎宁盆地下奥陶统和泥盆系—下二叠统成藏组合内已发现油藏构造为背斜型和构造地层型圈闭，且以构造型油气藏为主。按油气藏与盐岩的发育位置，可将坎宁盆地油气藏分为盐下和盐上两大类。盐下油气藏发育在下奥陶统成藏组合，储层为奥陶系 Nita 组、Acacia 组和 Nambeet 组（图 5-27）。盐上油气藏发育在泥盆系—下二叠统成藏组合，储层为泥盆系、石炭系和二叠系砂岩体（图 5-28）。

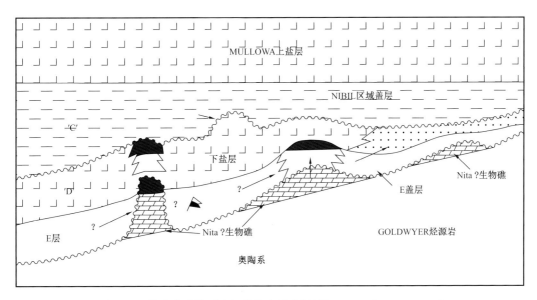

图 5-27　坎宁盆地盐下油气藏构造示意图（据 Carlsen 和 Ghori，2005）

坎宁盆地下奥陶统成藏组合主要分布在盆地中部的布鲁姆台地和克罗斯兰台地。通过钻探 Pictor 1 井、Looma 1 井和 Sally May 1 井在下奥陶统获得油气发现，但是至今尚无商业性油气发现。研究表明在下奥陶统成藏组合中，盆地南部的基德森坳陷 Glodwyer 组作为主力烃源岩向盆地中部的圈闭内进行油气充注。TOC 预测表明坎宁盆地中南部大部分地区 TOC 值偏低，难以发现大规模的油气藏。同时坎宁盆地面积大，盆地内大部分地区人烟稀少，地表条件差，即使有发现开采成本也相当高，因此下奥陶统成藏组合勘探潜力有限。

泥盆系—下二叠统成藏组合已发现油气主要分布在盆地菲茨罗伊坳陷的北部边缘，均为小型油气藏，6 个小型油藏已投入开发。从目前油气发现规模而言，泥盆系—下二叠统

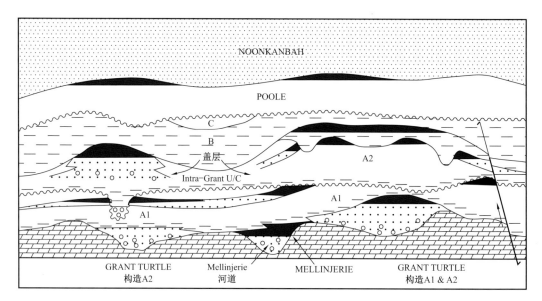

图 5-28　坎宁盆地盐上油气藏构造示意图（据 Carlsen 和 Ghori，2005）

成藏组合勘探潜力不大，有利区应位于菲茨罗伊坳陷的北部。在菲茨罗伊坳陷的南部及其临近的断阶有可能发现油气，但是勘探开发环境同样很差。

截至 2015 年底，坎宁盆地已经钻井 100 余口，绝大多数分布在盆地北部和中部（图 5-29）。盆地北部的钻井围绕泥盆系—下二叠统成藏组合进行，盆地中部钻井则是围绕下奥陶统和泥盆系—下二叠统成藏组合。

通过地质研究与钻探实际，可以推断出下奥陶统成藏组合的有利区应位于盆地中部，泥盆系—下二叠统成藏组合的有利区位于盆地中部和北部。

（二）非常规油气

受北美页岩气勘探开发影响，澳大利亚也开始从事页岩气勘探，坎宁盆地、乔治娜（含 Beetaloo 盆地）、库珀以及马里伯勒盆地具有页岩气勘探潜力（图 5-30）。

EIA 分别于 2011、2013 年开展坎宁盆地页岩气资源量评估（图 5-31、图 5-32）。2011 年 EIA 评估坎宁盆地 Goldwyer 页岩油气潜力区面积约 $12.5 \times 10^4 km^2$，风险后页岩气资源量 $764 \times 10^{12} ft^3$，风险后页岩气技术可采资源量为 $229 \times 10^{12} ft^3$；2013 年 EIA 评估坎宁盆地 Goldwyer 页岩油气潜力区面积约 $15 \times 10^4 km^2$，并将页岩分为油区带、湿气带和干气带，风险后页岩油气资源量分别为 $2437 \times 10^8 bbl$、$1227.2 \times 10^{12} ft^3$，风险后页岩油气技术可采资源量分别为 $99 \times 10^8 bbl$、$235.4 \times 10^{12} ft^3$。新标准能源（New Standard Energy）和布鲁能源（Buru Energy）公司是坎宁盆地页岩气勘探的主要推动者。

在坎宁盆地 Kidson 坳陷及中部部分隆起区，奥陶系 Nambeet 组、Willara 组、Goldwyer 组和 Nita 组各层构造形态基本一致，继承性较好，与现今盆地构造形态相符。

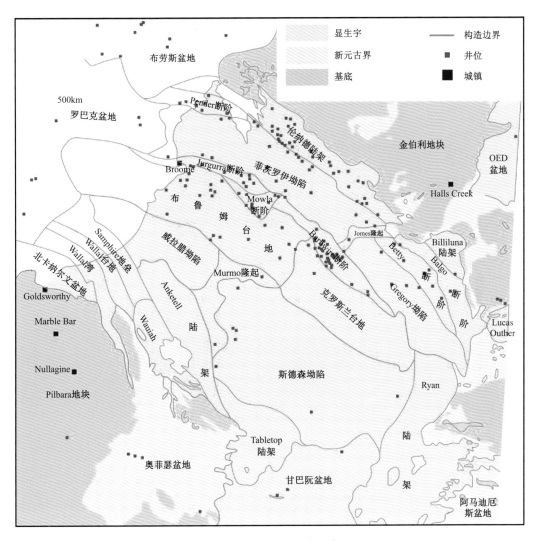

图 5-29 坎宁盆地井位分布图

奥陶系 Goldwyer 组厚 200～700m，岩性以页岩为主，自下而上分为 4 段（图 5-33）。在基德森坳陷现今构造形态低部位，Goldwyer 组具有页岩气发育的可能性。过基德森坳陷北西—南东向构造演化分析表明，在 Goldwyer 组 1 段沉积发生时基德森坳陷尚未形成，在 Goldwyer 组沉积末期基德森坳陷开始发育，在 Carribuddy 期构造稳定沉降、以膏岩和盐岩为主的持续沉积基德森坳陷形成并持续至今（图 5-13、图 5-34）。

Nicolay-1 井钻于 2002 年，是坎宁盆地基德森坳陷内第一口以奥陶系 Goldwyer 页岩为目的层的探井。Goldwyer 组顶面深度为 2826m，厚度为 293m。Goldwyer 组为整体为一个潮坪沉积旋回，向上水体变浅。Ⅰ段为潮下带，发育大套泥岩；Ⅱ段为潮间—潮下带，大套泥岩夹薄层石灰岩；Ⅲ段处于潮间下部—潮间上部，发育大套泥页岩夹薄层蒸发岩；Ⅳ段为泥页岩夹蒸发岩，顶部蒸发岩变厚，为潮间带上部—潟湖。

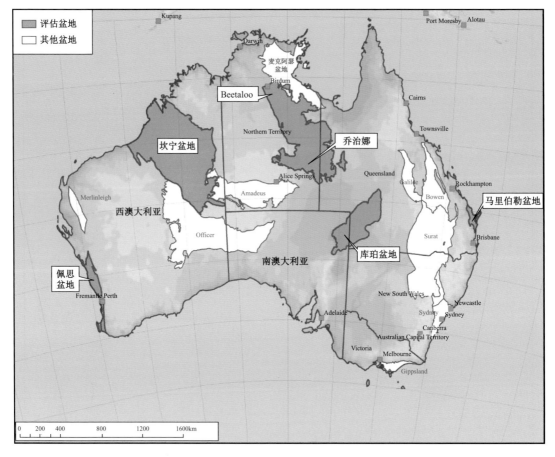

图 5-30　澳大利亚页岩油气发育盆地分布图(据 EIA，2013)

Nicolay-1 井 Goldwyer 组 I 段页岩的 TOC 含量小于 1%，处于生油窗，生烃潜力差，含气可能性不大（图 5-35）。Nicolay-1 井虽未测试，但是测井、沉积和地球化学分析表明该井不具有发育页岩气的潜力，从而证实 Kidson 坳陷部分区域的生烃能力有限。

二、罗巴克盆地

百道塔坳陷的 Phoneix 2 井见到气显示，Phoneix 1 井发现了一个没有商业价值的小气田。从岩性角度考虑，罗巴克盆地各个构造单元不同地质时期岩性存在差异，尤其是在三叠纪（图 5-36）。虽然罗巴克盆地经历的构造演化是一致的，但是百道塔坳陷内的油气发现不能简单地外推到其他坳陷或隆起区。

罗巴克盆地 2 个油气发现是通过钻探 Phoenix 1 井和 Phoenix South 1ST 2 井获得的，整个盆地钻井 9 口，考虑到该盆地尚未有一定规模的油气发现，发现非常少，钻井数量不多，难以评价罗巴克盆地的油气勘探潜力。

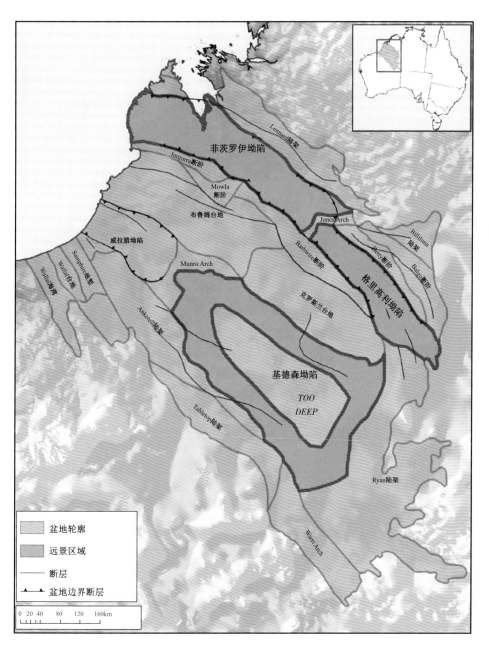

图 5-31　坎宁盆地奥陶系 Goldwyer 组页岩气分布图（据 EIA，2011）

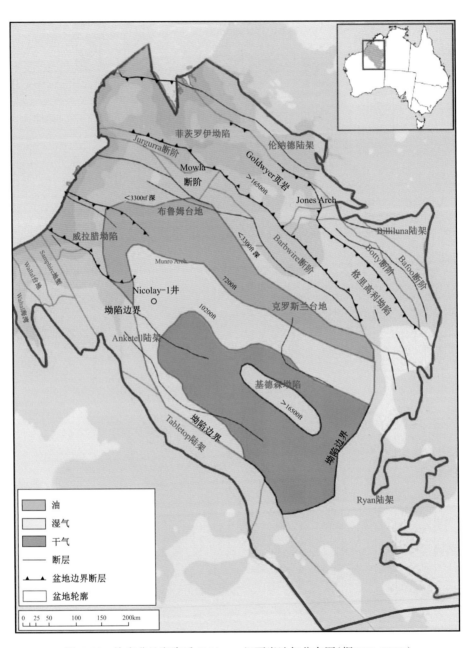

图 5-32　坎宁盆地奥陶系 Goldwyer 组页岩油气分布图（据 EIA，2013）

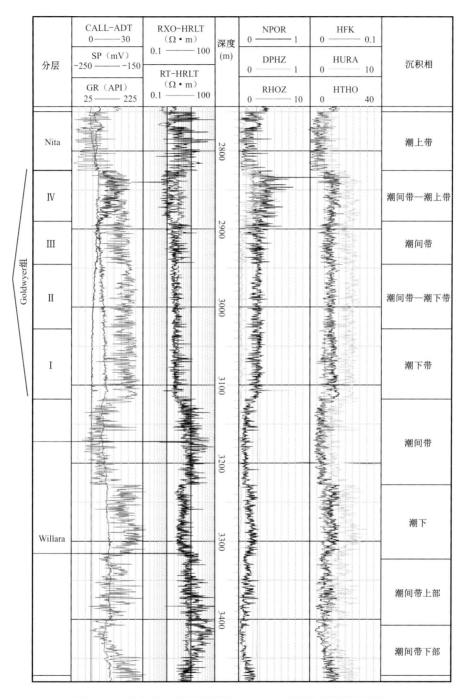

图 5-33 坎宁盆地基德森坳陷 Nicolay-1 井奥陶系沉积相划分

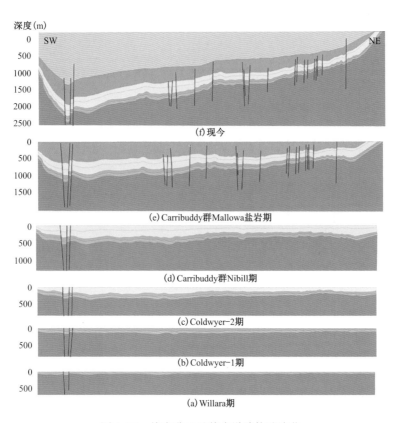

图 5-34 坎宁盆地基德森坳陷构造演化

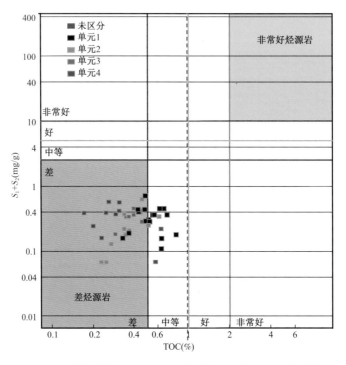

图 5-35 基德森坳陷 Nicolay-1 井页岩 TOC 与 S_1+S_2 关系图

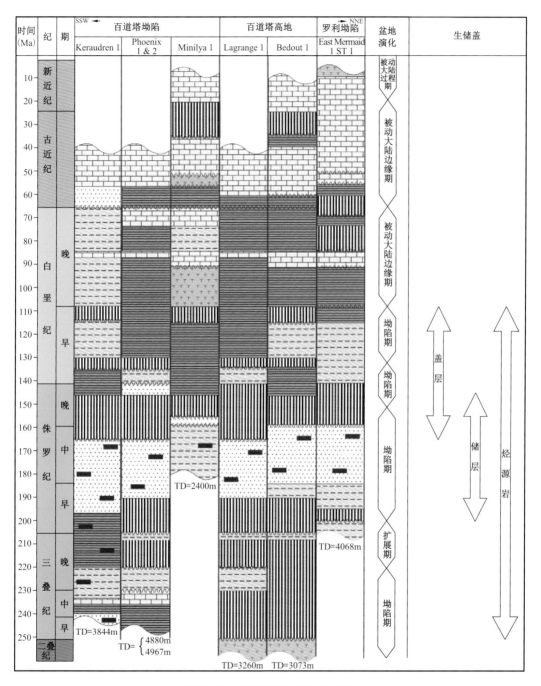

图 5-36　罗巴克盆地岩性柱状图

第六章 澳大利亚西北大陆架油气
主控因素与有利区带

综合对比澳大利亚西北陆架各盆地地质特征和勘探现状,分析油气主控因素,指出下一步勘探重点区块。

澳大利亚西北陆架以产气为主,天然气探明储量占油气总储量的85.56%,各主要盆地均有重大油气发现,其中北卡纳尔文盆地勘探程度较高,油气发现最多,是目前澳大利亚最主要的产油盆地。其次是波拿帕特盆地(表6-1)。

表6-1 澳大利亚典型盆地勘探开发现状对比表(截至2009年)

	盆地名称	勘探现状	已发现油气田	开发油气田
西北陆架	波拿帕特盆地	累计钻井237口 其中生产井38口	34个油田 40个气田	6个油田 1个气田
	布劳斯盆地	累计钻井26口	4个油田 11个气田	2个气田
	北卡纳尔文盆地	累计钻井172口 其中生产井53口	123个油田 75个气田	41个油田 8个气田

西北陆架盆地普遍产气,以产气为主,集中在中生界,以三叠系储量最高,产油层位主要集中在新生界,北卡纳尔文盆地的石油主要集中在上侏罗统和下白垩统储层中,天然气则由上至下均有分布,主力含气层系为上侏罗统和上三叠统;布劳斯盆地的油气发现全部为天然气,下白垩统和中、下侏罗统为其主要储层。波拿帕特盆地从二叠系至上白垩统均有油气发现,仅在上白垩统和侏罗系获得石油发现,上、中、下侏罗统均为主力含气层系。各个含油气盆地的含油气差异与盆地的构造演化和沉积演化的差异相对应(图6-1)。

第一节 油气主控因素分析

对于盆地级别的含油气条件综合评价来说,含油气的基本条件应首先关注盆地的类型、构造特点及演化规律,在此基础上进一步分析油源、储集、封盖、运移、圈闭和保存等基本石油地质条件的存在及其合理的配置关系,缺乏任一条件都不会有好的油气远景。

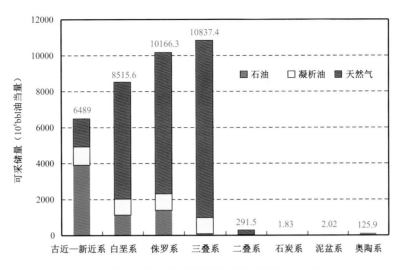

图 6-1　澳大利亚西北部资源量分布层位图（据 IHS，截至 2009）

一、盆地类型

澳大利亚西北大陆架盆地地质时代相对较新，以中生代为主，是典型的中生代裂谷盆地。从盆地结构分类看，主要为裂谷—被动大陆边缘复合盆地（表 6-2）。由于裂谷盆地发育时期多为中生代或新生代早期，而后期新生代被动大陆边缘发育时期又上覆巨厚沉积地层，这样导致生烃多以生气为主，仅有个别盆地有较好的含油前景，其中北卡纳尔文盆地是目前已知澳大利亚含油最好的两个盆地之一，而波拿帕特盆地中个别坳陷如武尔坎坳陷有工业性油气藏的前景。

表 6-2　澳大利亚西北陆架重点盆地类型对比图

	盆地名称	盆地类型	地层发育特点
西北陆架	波拿帕特盆地	被动大陆边缘盆地	陆上发育古生界—新生界 海上发育中生界—新生界
	布劳斯盆地	被动大陆边缘盆地	主要为海上，发育中生界—新生界
	北卡纳尔文盆地	被动大陆边缘盆地	发育中生界—新生界

二、构造演化特征

澳大利亚板块在板块运动中先后与特提斯洋、印度板块和南极洲板块分离，经历了顺时针旋转到逆时针旋转的变化过程。

石炭—二叠纪，新特提斯洋开始形成，澳大利亚西部巨型盆地开始形成，二叠纪中期，大陆与新特提斯洋分离，澳大利亚西北部与新特提斯洋之间形成 NE 向裂陷，开始了西北陆架的演化史，西北陆架各盆地进入裂谷期，澳大利亚板块顺时针运动。到了白垩纪，大印度板块向西分离形成佩思深海平原，这个时期，澳大利亚西南边缘才进入裂陷期。古近纪澳大利亚板块与欧亚板块碰撞，逆时针旋转，并受到太平洋板块挤压碰撞。西北陆架盆地都经历了克拉通沉积期—前裂谷期—同生裂谷期—被动大陆边缘期的演化过程，且从北向南有逐渐裂开的趋势。

裂谷盆地的发育时期决定了西北陆架各盆地主要烃源岩的发育时期为中生代，其中三叠系和侏罗系烃源岩相对比较发育，而后期的被动大陆边缘时期影响了储层、盖层和圈闭的形成与分布规律。

三、烃源岩特征

波拿帕特盆地主要烃源岩为古生界二叠系 Keyling 组页岩，干酪根为 Ⅱ、Ⅲ 型；中生界侏罗系 Plover 组页岩，干酪根类型主要为 Ⅲ 型，Vulcan 组页岩，干酪根类型为 Ⅱ、Ⅲ 型。

布劳斯盆地主要烃源岩为中生界侏罗系 Vulcan 组页岩，干酪根主要为 Ⅱ、Ⅲ 型；白垩系 Echuca Shoal 组泥岩，干酪根以 Ⅲ 型为主。

北卡纳尔文盆地主要烃源岩为中生界三叠系 Locker 组页岩，干酪根为 Ⅱ、Ⅲ 型，生气为主，侏罗系 Athol 组页岩和 Dingo 组泥岩，干酪根 Ⅱ、Ⅲ 型，生气为主，下白垩统 Forestier 泥岩组 –Muderong 页岩组生油岩，干酪根 Ⅱ、Ⅲ 型，生油为主（表 6-3）。其中古生界烃源岩只有波拿帕特盆地，波拿帕特盆地二叠系主要分布于陆上部分，晚石炭—早二叠世海侵期沉积的海相页岩，后期成熟生烃，产气为主。

表 6-3　澳大利亚西北陆架重点盆地烃源岩特征对比表

盆地名称	地质年代		烃源岩	岩性	干酪根	R_o（%）	TOC（%）	油/气	构造背景
波拿帕特盆地	中生代	J	Vulcan 组	页岩	Ⅱ/Ⅲ	0.35～1.5	2.0	油	裂谷期
		J	Plover 组	页岩	Ⅲ	0.44～0.7	2.2～13.9	气	
	古生代	P	Keyling 组	页岩	Ⅱ/Ⅲ	>0.8	2.8	气	
		C	Milligans 组	页岩	Ⅲ	0.95	0.1～0.2	气	
布劳斯盆地	中生代	K	Echuca Shoal 组	泥岩	Ⅲ	0.5	1.9	气	热沉降期
		J	Vulcan 组	页岩	Ⅱ/Ⅲ	0.65～1.1	1.0～2.0	气	裂谷期
北卡纳尔文盆地	中生代	K_1	Muderong 组	页岩	Ⅱ/Ⅲ	0.4～1.7	1.0～3.0	气	裂谷期
		J_2	Dingo 组	泥岩	Ⅱ/Ⅲ	0.26～6	2.0～3.0	气	
		J_1	Athol 组	页岩	$Ⅱ_2$	0.3～2.0	1.74	气	
		Tr	Mungaroo 组	页岩	Ⅱ/Ⅲ	0.6～1.0	2.19	气	克拉通
		Tr	Locker 组	页岩	Ⅱ/Ⅲ	0.45～0.6	1.0～5.0	气	

中生代各盆地烃源岩普遍发育，澳大利亚西北陆架在中生界进入裂陷期，三叠系普遍过成熟，只有北卡纳尔文盆地进入裂陷期较晚，三叠系发育生气源岩。侏罗纪广泛发育的断陷裂谷控制了生油岩的展布，对石油的区域分布有着重要的控制作用，为广泛分布的良好烃源岩，早期生气，晚期生油。白垩系普遍未进入生烃门限。

四、储盖组合

西北陆架盆地储层和盖层条件都比较好，有多套储盖组合，但总体以中生代储盖组合为主，各盆地具体情况有所不同（表6-4、表6-5）。

表6-4　澳大利亚西北陆架重点盆地储层特征对比图

盆地名称	地质年代		储层	岩性	沉积环境	孔隙度（%）	渗透率（mD）	构造背景
波拿帕特盆地	中生代	J_3	Vulcan 组	砂岩	浅海	12～23	30～2000	同生裂谷期
		J_{1-2}	Plover 组	砂岩	河流—三角洲	21～22	10	
		T_{2-3}	Challis 组	砂岩	河流—边缘海、浅海	23～30	平均2000	
	古生代	P	Hyland Bay 组	砂岩	三角洲平原	1～25	1～95	
布劳斯盆地	中生代	K	Bathurst Island 群	砂岩	浅海	24～27	平均250	热沉降期
		K_1	上 Heywood 组	砂岩	海相	平均9	8～1000	
		K_1	Brewster 砂岩组	砂岩	深海海沟	7～12	平均50	
北卡纳尔文盆地	中生代	K_1	Barrow 群	砂岩	三角洲、浅海陆架、深海盆地	15～35	平均50	裂后期
		J_3	Angel 组	砂岩	深海相	11～25	平均1000	同生裂谷晚期
		J_3	Biggada 砂岩组	砂岩	深海相	16～27	平均257	
		J_{1-2}	Legendre 组	砂岩	三角洲平原	15～35	5～2000	同生裂谷早期
		J_{1-2}	Athol 组	砂岩	海相	14～23	890～2000	
		J_1	Noth Rankin 组	砂岩	滨岸	11～25	20～5000	裂谷前期
		T_{2-3}	Mungaroo 组	砂岩	河流—三角洲相	平均19.5	平均1400	

波拿帕特盆地发育五套区域盖层，古生界盖层主要分布在石炭—二叠系，中生界盖层主要分布在上侏罗统和白垩系，岩性都以泥页岩为主；盆地发育古生界和中生界两套储层，海上主要储层为二叠系—白垩系，陆上主要储层为石炭系，古生界泥盆—石炭系储层为河流—三角洲沉积环境，部分存在硅酸盐化，物性较差，中生代早期为河流—三角洲沉积环境，晚期为浅海沉积，物性较好，侏罗系 Plover 组是最主要的储层。

布劳斯盆地发育的区域盖层为上侏罗—下白垩统的下 Vulcan 组和 Heywood 组海相泥岩。盆地主要的储层都发育在中生界侏罗系和白垩系的河流—三角洲相砂岩，最重要的储层是下侏罗统同裂谷期的砂岩和下白垩统低水位扇。

表 6-5　澳大利亚西北陆架重点盆地盖层特征对比表

盆地名称	地质年代		盖层	岩性	沉积环境	盖层性质	构造背景
波拿帕特盆地	中生代	K_{1-2}	Bathurst Island 群	泥岩	浅海、深海陆架	层间盖层	被动大陆边缘
		Tr_1	Mount Goodwin 组	页岩	海洋	区域盖层	同生裂谷期
	古生代	P_2-Tr_1	Fossil Head	页岩	海洋	区域盖层	
		P_1	Treachery 页岩组	页岩	湖泊	区域盖层	
布劳斯盆地	中生代	K_{1-2}	上 Heywood 组	泥岩	海洋	区域盖层	热沉降期
		J_{2-3}	下 Vulcan 组	页岩	海洋	区域盖层	同时裂谷拉张期
北卡纳尔文盆地	中生代	K_1	Muderong 页岩组	泥岩	海洋	区域盖层	裂后期
		J_2	Dingo 组	页岩	海洋	半区域盖层	裂谷期
		Tr	Locker 组	页岩	海洋	层间盖层	裂前期

北卡纳尔文盆地主要发育三套区域盖层，下三叠统的河流—边缘海沉积的 Mungaroo 组页岩，侏罗系海侵期沉积的厚层 Dingo 组泥岩和下白垩统浅海沉积环境的 Muderong 组页岩。盆地发育的储层主要是中生界储层，三叠纪的河流—三角洲—边缘海沉积环境的砂岩是分布范围最大的储层，早—中侏罗世主要分布在埃克斯茅斯高地、巴罗坳陷和兰心断块的深水浊积扇砂岩也是较好的海相砂岩储层。晚侏罗—早白垩世的深水重力流或水下扇也是重要的储层。

澳大利亚被动大陆边缘盆地储层主要为裂陷期的深水重力流沉积以及海退期沉积的河流—三角洲相砂岩，盖层主要为海侵期发育的浅海沉积环境的海相泥页岩。

五、含油气系统与成藏组合

波拿帕特盆地最重要的是中生界 Vulcan-Plover 含油气系统，其烃源岩分布范围广、厚度大，储层分布范围大。最有利的成藏组合为侏罗—三叠系成藏组合，在整个盆地范围均有分布，其次为二叠系成藏组合和白垩系成藏组合，泥盆—石炭系成藏组合较差。

布劳斯盆地主要含油气系统为侏罗系—三叠系/下白垩统含油气系统，石炭系/三叠系—二叠系/三叠系含油气系统为推测的含油气系统，盆地最有利的成藏组合为上侏罗—下白垩统成藏组合，最有效的次级成藏组合为 Bathurst Island 构造、Brewster 砂岩地层—构造、下 Vulcan 组地层—构造、Plover 组构造、Sahul 构造—不整合次级成藏组合。

北卡纳尔文盆地三叠系及前三叠系的烃源岩以生气为主，烃源岩自三叠纪开始生烃，侏罗纪的烃源岩兼生油气。发育三套含油气系统：Dingo Claystone-Mungaroo 含油气系统（!）、Locker Shale-Mungaroo 含油气系统（!）和 Athol-Mungaroo 含油气系统（?）。成藏组合分为三个，依次为中—上三叠统成藏组合、下—中侏罗统成藏组合和上侏罗—下白垩统成藏组合。

澳大利亚西北陆架被动大陆边缘盆地较有利的成藏组合为中生界三叠系为烃源岩的天然气藏和以侏罗系为烃源岩的油藏。

六、含油气构造区带特征

对盆地含油气区带的分析主要是解析二级构造带或局部构造，研究控制二级构造带的主干断层或断裂带，以及盆地构造内部二级构造带中各构造要素之间的关系，构造演化和形成机理。参考前人对盆地构造分析中的因素（表 6-6、表 6-7）来分析澳大利亚各重点盆地的构造特征。

表 6-6　伸展盆地结构—成因描述表

	描述要素	
结构要素	盆地对称性	对称、非对称
	断面形态	平直状、铲状、座椅状
	断层组合	马尾状、羽状、多米诺状、"Y"字形
	半地堑—半地垒组合	同向翘倾、对向翘倾、背向翘倾断块体
成因机制	断块运动	旋转、非旋转、继承性
	应力方向	垂向拉伸、斜向拉伸、走滑运动
	大陆伸展方式	纯剪切伸展、简单剪切伸展、分层剪切伸展
	裂谷作用	主动裂谷作用、被动裂谷作用

由表 6-7 可见，各盆地中有利于生气的盆地结构主要有对向双断继承型、多期活动型、深切铲状继承型。其成藏的有利因素为：烃源岩发育层位均为陆缘裂谷期或陆内裂谷期，埋藏较深，成熟度高，有利于生气；同生断层发育，有利于油气运移；后期普遍坳陷，提供了良好的封盖条件。不利因素主要是后期断层可能对早期成藏有破坏作用。

表 6-7　各盆地构造样式分析对比表

盆地结构类型		名称	对应盆地	因素分析
生气为主	对向双断继承型	北卡纳尔文、坎宁	有利因素: 烃源岩发育层位均为盆地陆缘裂谷期或陆内裂谷期,埋深较深,成熟度高,有利于生气,同生断层发育,有利于油气运移,后期普遍坳陷,提供了良好的封盖 不利因素: 后期断层可能对早期气藏有破坏作用
	多期活动型	波拿帕特	
	深切铲状继承型	布劳斯	
油气并举	后期局部盐拱型	波拿帕特	有利因素: 前侏罗系烃源岩埋深较深,成熟度较高,利于生气,侏罗系烃源岩油气并举,白垩系烃源岩利于生油 不利因素: 早期储层埋深过大,岩性致密不利于形成大型气藏

七、主控因素综合分析

综合分析各个盆地成藏主控因素,影响澳大利亚西北陆架各盆地油气分布的主要因素是:

(1)干酪根类型和烃源岩的成熟度控制了盆地富气或富油,同一个盆地内部,存在早期烃源岩生气,晚期烃源岩生油。同样的盆地结构,烃源岩层位不同,决定了盆地是富油盆地还是富气盆地。澳大利亚西北部盆地大部分为腐殖型干酪根,且成熟度高,决定了澳大利亚西北和东南地区为天然气富集盆地,个别盆地含油前景好。

(2)是否发育区域盖层是大规模油气藏存在的前提条件,澳大利亚西北陆架新生代以来总体为被动大陆边缘盆地形成时期,广泛发育的泥页岩为各盆地提供了良好的区域性盖层,为大型油气藏的形成提供了必要条件。

(3)断裂带在油气藏的形成过程中起着重要的作用,大型控凹断裂控制了生烃凹陷的分布，是大型油气田存在的前提条件；断裂是沟通油源与形成圈闭的重要条件，控垒断层的分布决定了总体有利成藏组合的区带。

第二节 有利区带预测

一、评价思路

采用"源—系—藏环带分布叠合评价法"研究思路对各盆地进行有利区带的预测。"源"指有效烃源岩，"系"指含油气系统，"藏"指成藏组合。该研究思路就是结合有效含油气系统和成藏组合的分布面积，根据油气藏围绕生烃凹陷环带分布的特点，对盆地进行有利区带的预测。

油气勘探评价可分为区域勘探评价和商业勘探阶段，含油气系统是区域勘探评价的第三个阶段，成藏组合是进入商业勘探阶段的第一个阶段，对一定认识程度上的含油气盆地评价，结合含油气系统和成藏组合共同评价盆地的有利区带可以进一步认识油气藏的分布规律（童晓光等，2009）。

含油气系统包括一套成熟烃源岩及与此相关的油气，同时又包括油气聚集所必需的所有地质要素和成藏作用，是以成熟烃源岩为中心。一个含油气盆地可以在纵向上发育一套或多套成熟烃源岩，在平面上一套烃源岩可以发育多个生烃中心，因此，一个含油气系统可以向一套或多套储层供给油气，一套储层也可以接受一个或多个含油气系统生成的油气（童晓光等，2009）。

成藏组合是相似地质背景下的一组远景圈闭或油气藏，它们在油气充注、储盖组合、圈闭类型、结构等方面具有一致性，共同的烃源岩不是划分成藏组合的必需条件（童晓光等，2009）。其基本意义是同一套储盖组合内的相同圈闭类型的组合，其命名方法是以储层层位命名。

结合含油气系统和成藏组合，综合考虑了烃源岩和储层这两个油气成藏的关键因素，可以对研究盆地的油气藏分布规律有个初步的认识。

二、评价结果

根据"源—系—藏环带分布叠合评价法"对各个盆地进行有利区带的分析。

（一）波拿帕特盆地

目前已证实的含油气系统是 Milligans/Kuriyippi–Milligans 含油气系统、Elang–Elang 含油气系统和 Vulcan–Plover 含油气系统。

Milligans/Kuriyippi–Milligans 含油气系统主要分布在皮特尔坳陷南部的陆上区域。Hyland Bay/Keyling–Hyland Bay 含油气系统主要分布在皮特尔坳陷和萨湖向斜，主要烃源岩 Hyland Bay 组最厚可达 650m。Elang–Elang 含油气系统主要分布在武尔坎坳陷北部的

Laminara 构造带，Vulcan–Plover 含油气系统在盆地大范围均有分布，主要分布于 Vulcan
坳陷，烃源岩厚度可达 1000m。

　　盆地最有利的成藏组合为 Plover 组构造成藏组合，在整个盆地范围均有分布，主要分
布在卡尔德地堑、莫里塔地堑以及武尔坎坳陷；其次为 Plover 组构造—不整合成藏组合，
主要分布在武尔坎坳陷的西部深凹区。

　　通过含油气系统分析、成藏组合评价认为，武尔坎坳陷、盆地中北部的弗拉明戈向斜、
萨湖台地以及卡尔德地堑、莫里塔地堑均为已知的含油气系统的分布区，有利的成藏组合
Plover 组储层中分布的构造成藏组合以及构造—不整合成藏组合主要分布在武尔坎坳陷、
莫里塔地堑和卡尔德地堑。因此，盆地的前景勘探区主要分布在波拿帕特盆地北部的武尔
坎坳陷、弗拉明戈向斜、萨湖台地、卡尔德地堑以及莫里塔地堑一带。

　　结合油气藏环带分布特点，认为波拿帕特盆地有利勘探区位于以下四个地区（图6-2）。

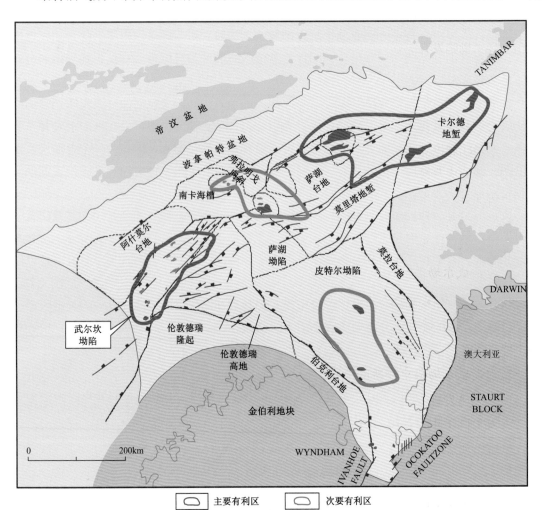

图6-2　波拿帕特盆地综合评价有利区分布图

1. 卡尔德地堑、莫里塔地堑

该地区是波拿帕特盆地最有利成藏区带，成藏有利因素是烃源岩发育，成熟度较高，构造高部位，储层发育；不利因素是晚期断层发育，圈闭破坏，储层埋深较大，多为三角洲前缘细粒沉积，物性是影响成藏的关键因素。

2. 武尔坎坳陷

武尔坎坳陷成藏有利因素是构造发育，圈闭落实，储盖配置较好；不利因素是油气运移距离较远，后期圈闭被破坏，保存条件是成藏的关键因素。

3. 弗拉明戈向斜

Flamingo 向斜位于盆地中北部，由于构造情况比较复杂，圈闭落实情况不明，是相对次级有利区带。

4. 皮特尔坳陷西南

皮特尔坳陷发育古生代地层，烃源岩落实，但是储层沉积较早，岩性致密，为次级有利区带。

（二）布劳斯盆地

布劳斯盆地已证实的含油气系统为侏罗—三叠系/下白垩统含油气系统，主要分布在卡斯威尔坳陷和巴克坳陷。根据成藏组合评价可知，上侏罗—下白垩统成藏组合是布劳斯盆地较有利的成藏组合，主要分布在卡斯威尔坳陷的东部断阶带。

布劳斯盆地已发现油气田主要位于三个构造带：卡斯威尔坳陷西部与斯科特台地相接的枢纽带，卡斯威尔坳陷北部与武尔坎坳陷相接的枢纽带以及卡斯威尔坳陷东部断阶带。综合上述分析，认为布劳斯盆地的有利成藏区带主要位于以下三个区域（图6-3）。

1. 卡斯威尔坳陷的西部枢纽带

该地区已发现包括 Calliance、Torosa、Brecknock 三个油气田，储层主要为三叠系 Sahul 群，侏罗系 Plover 组和 Malita 组，属于早—中侏罗世成藏组合和晚三叠—中侏罗世两个成藏组合。

2. 卡斯威尔坳陷中部断阶带

该地区已发现 Ichthys 油气田，主要储层是 Brewster 砂岩和侏罗系的 Plover 组砂岩，所在的成藏组合是早—中侏罗世成藏组合和上侏罗—下白垩统成藏组合，以生气为主。

3. 卡斯威尔坳陷北部枢纽带

已发现 Cornea、Crux 两个气田，烃源岩主要为侏罗系 Plover 组和下 Vulcan 组泥岩，储层主要分布在中侏罗统和下白垩统（Plover 组和上 Vulcan 组），为三角洲相—浊积扇相砂岩，储层物性中等，以生气为主。

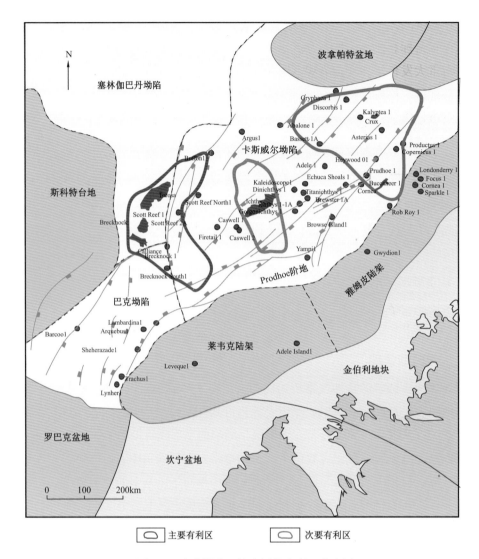

图 6-3　布劳斯盆地综合评价有利区分布图

（三）北卡纳尔文盆地

北卡纳尔文盆地已有 50 多年的勘探历史，盆地烃源岩和储层丰富、圈闭类型多样，在三叠系、侏罗系、白垩系和古新统储层中都有油气发现。

从油气储量上看，盆地中的石油（含凝析油）绝大部分分布于巴罗—丹皮尔坳陷和 Rankin 台地，天然气主要分布于兰金台地和埃克斯茅斯高地。油气的地理分布显示出"内侧为油，外侧为气"的特征，这种分布特征主要受烃源岩和构造圈闭展布的控制。

综合考虑盆地内含油气系统及成藏组合的分布特征，结合盆地的构造特征，得出巴罗坳陷北部、丹皮尔坳陷、兰金台地及埃克斯茅斯高地东北部是盆地内主要的勘探区带；巴罗坳陷南部、伊外斯特盖特尔坳陷北部是盆地内次要的勘探区带（图 6-4）。盆地中巴罗坳陷、丹皮尔坳陷为勘探成熟区，虽然以往已经找到了大量气田和油田，但仍有很多已发现类型的勘探目标和未勘探类型目标，勘探前景好。埃克斯茅斯高地在美国地质调查局评价时还没有重大发现，目前仍为勘探未成熟盆地，但近年已有巨型气田发现，因此是最具勘探潜力的地区。比格尔坳陷至今没有油气发现。目前巴罗坳陷、丹皮尔坳陷及周边有利构造带被三维地震覆盖，探井密度 1 口 /1000km²；埃克斯茅斯高地仅为二维地震覆盖，且大部分区域二维地震也很稀疏，只有十几口井。

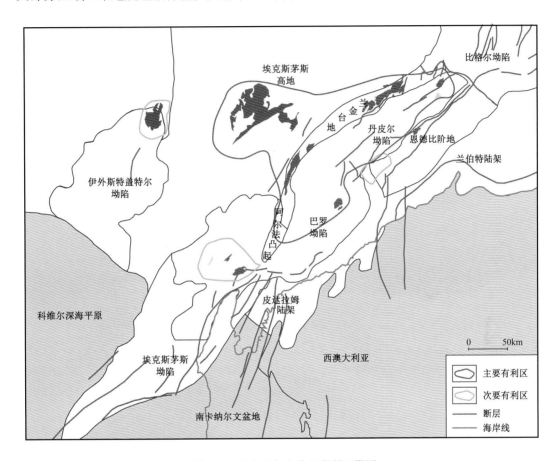

图 6-4　北卡纳尔文盆地有利区带图

　　北卡纳尔文盆地的主要有利区在勘探成熟的巴罗坳陷、丹皮尔坳陷，以及勘探未成熟但近年已有巨型气田发现的埃克斯茅斯高地，次级有利区是丹皮尔坳陷东部、巴罗坳陷南部、因维斯提格坳陷西北。

参 考 文 献

白国平，殷进垠 .2007. 澳大利亚北卡那文盆地油气地质特征及勘探潜力分析 . 石油实验地质，29（3），
　　254-258.

白国平，邓超，陶崇智，等 .2013. 澳大利亚西北陆架油气分布规律与主控因素研究 . 现代地质，27（5）：
　　1225-1232.

常吟善，杨香华，李丹，等 .2015. 澳大利亚西北陆架三叠纪三角洲时空演化与物源体系 . 海洋地质与第
　　四纪地质，35（1），37-49.

窦立荣 .2001. 油气藏地质学概论 . 北京：石油工业出版社 .

方欣欣，于兴河，李胜利，等 .2012. 澳洲西北及南部被动陆缘油气差异分布 . 中南大学学报：自然科学版，
　　43（5）：1821-1829.

冯杨伟，屈红军，张功成，等 .2010. 澳大利亚西北陆架中生界生储盖组合特征 . 海洋地质动态，26（6）：
　　131-140.

冯杨伟，屈红军，张功，成等 .2011. 澳大利亚西北陆架深水盆地油气地质特征 . 海洋地质与第四纪地质，
　　2011，31（4）：16-23.

冯杨伟，屈红军，张功成，等 .2011. 澳大利亚西北陆架深水盆地油气分布规律 . 地质科技情报，30（6）：
　　99-104.

冯杨伟，屈红军，杨晨艺，等 .2012，澳大利亚西北陆架油气成藏主控因素与勘探方向 . 中南大学学报（自
　　然科学版），43（6）：2259-2268.

龚承林，王英民，崔刚，等 .2010. 北波拿巴盆地构造演化与层序地层学 . 海洋地质与第四纪地质，30（2）：
　　103-109.

何登发 .1995. 前陆盆地分析 . 北京：石油工业出版社 .

黄彦庆，白国平 .2010. 拿巴盆地油气地质特征及勘探潜力 . 石油实验地质，32（3）：238-241.

侯宇光，何生，杨香华，等 .2015. 澳大利亚 Bonaparte 盆地大陆边缘裂陷期局限海相页岩发育特征与模式 . 现
　　代地质，29（1）：109-118.

黄彦庆，白国平 .2010. 拿巴盆地油气地质特征及勘探潜力 . 石油实验地质，32（3）：238-241.

李丹，杨香华，朱光辉，等 .2013. 澳大利亚西北大陆架中晚三叠世沉积序列与古气候—古地理 . 海洋地
　　质与第四纪地质，33（6）：61-70.

李明诚 .1994. 石油与天然气运移（第二版）. 北京：石油工业出版社 .

梁绍红，梁红 .2000. 离散或被动大陆边缘盆地 . 译 .AAPG Memoir 48. 北京：石油工业出版社 .

陆克政，朱筱敏，漆家福 .2006. 含油气盆地分析 . 山东：中国石油大学出版社 .

金莉，杨松岭，骆宗 .2015. "源热共控"澳大利亚西北大陆边缘油气田有序分布 . 天然气工业，35（9）：
　　16-23.

姜雄鹰，傅志飞 .2010. 澳大利亚布劳斯盆地构造地质特征及勘探潜力 . 石油天然气学报，32（2）：
　　54-57.

牛杏，王任，杨香华，等 .2012.North Carnarvon 盆地中—上三叠统特征与有机质的空间展布 . 石油地质与工程，
　　26（6）：15-19.

牛杏，杨香华，李丹，等 .2014.North Carnarvon 盆地三叠系沉积格局转换与烃源岩发育特征 . 沉积学报，
　　32（6）：1188-1200.

谯汉生，于兴河 .2004. 裂谷盆地石油地质 . 北京：石油工业出版社 .

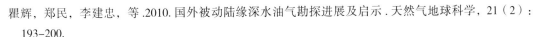

瞿辉，郑民，李建忠，等 .2010. 国外被动陆缘深水油气勘探进展及启示 . 天然气地球科学，21（2）：193–200.

童晓光，关增森 .2001. 世界石油勘探开发图集 . 北京：石油工业出版社 .

童晓光 .2009. 论成藏组合在勘探评价中的意义 . 西南石油大学学报，31（6），1–8.

汪伟光，童晓光，喻莲，等 .2013. 澳大利亚西北大陆架油气分布及成藏主控因素 . 西南石油大学学报：自然科学版，35（1）：10–18.

温志新，王兆明，胡湘瑜，等 .2011. 澳大利亚西北大陆架被动大陆边缘盆地群大气田分布与主控因素 . 海洋地质前沿，27（12），41–47.

王波，张英波，杨香华，等 .2015.North Carnarvon 盆地 Exmouth 低隆起成藏条件及勘探潜力研究 . 岩性油气藏，27（5），37–44.

王剑，杨松岭，杜向东，等 .2015. 板块运动对 Exmouth 高地演化和油气勘探的影响 . 海洋地质前沿，31（9），38–445.

王力，屈红军，张功成，等 .2011. 世界主要被动大陆边缘深水含油气盆地生储盖组合发育规律 . 海相油气地质，16（4）：22–31.

夏晨晨，朱红涛，杨香华，等 .2015. 澳大利亚 North Carnarvon 盆地晚三叠世 Mungaroo 组大型浅水辫状河三角洲沉积充填特征及模式 . 中南大学学报（自然科学版），46（8）：2983–2990.

张厚福，　　　　高先志，等 .1999. 石油地质学 . 北京：石油工业出版社 .

张建球，钱桂华，郭念发 .2008. 沉积盆地与油气成藏 . 北京：石油工业出版社 .

张建球，钱桂华，郭念发 .2008. 澳大利亚大型沉积盆地与油气成藏 . 北京：石油工业出版社 .

赵文智，何登发 .2001. 石油地质综合导论 . 北京：石油工业出版社 .

赵文智，张光亚 .2007. 被动大陆边缘演化与油气地质——以塔里木盆地西南地区为例 . 北京：石油工业出版社 .

中国海洋石油总公司海洋石油勘探开发研究中心 .1990. 东南亚及其他地区海上油气田勘探开发典型实例选编 . 石油工业出版社 .

朱梦蕾，刘剑平，田作基，等 .2015. 澳大利亚含油气盆地油气分布特征 . 中外能源，20（10）：36–44.

朱伟林，胡平，季洪泉，等 .2013. 澳大利亚含油气盆地 . 北京：科学出版社 .

周蒂，孙珍，陈汉宗 .2007. 世界著名深水油气盆地的构造特征及对我国南海北部深水油气勘探的启示 . 地球科学进展，22（6）：561–572.

Abbassi S，George S C，Edwards D S，Di primio R，Horsfield B and Volk H.2014.Generation characteristics of Mesozoic syn–and post–rift source rocks，Bonaparte Basin，Australia：new insights from compositional kinetic modelling.Marine and Petroleum Geology，50，148–165.

Abbassi S，Di Primio R，Horsfiell B，Edwards D S，Volk H，Anka Z and George SC.2015.On the filling and leakage of petroleum from traps in the Laminaria High region of the northern Bonaparte Basin，Australia.Marine and Petroleum Geology，59，91–113.

Agso nw Shelf Study Group.1994.—Deep reflections on the North West Shelf：changing perceptions of basin formation.In：Purcell，P.G.and Purcell，R.R.（eds），The Sedimentary Basins of Western Australia，Proceedings of the Petroleum Exploration Society of Australia Symposium，Perth，1994，1994，63–76.

Agso，Oil and Gas Consultants PTY LTD and Pgs Nopec.1996.Vulcan Tertiary Tie（VTT）Basin Study，Vulcan Sub–basin，Timor Sea，Northwest Australia.Australian Geological Survey Organisation，Oil and Gas Consultants Pty Ltd and PGS Nopec report.Australian Geological Survey Organisation Record，1996/61.

Agso and Geomark, 1996.The Oils of Western Australia.Petroleum Geochemistry and Correlation.Australian Geological Survey Organisation and GeoMark Research, Inc., Proprietary report, Canberra and Houston, unpublished.

Agso and Geotech.2000.Characterisation of Natural Gases from West Australian Basins, Bonaparte Module. Australian Geological Survey Organisation, Canberra and Geotechnical Services Pty Ltd, Perth, Australia, Non Exclusive Study.

Agso.2001.Line drawings of AGSO-Geoscience Australia's regional seismic profiles, offshore northern and northwestern Australia.Australian Geological Survey Organisation Record, 2001/36, 174.

Ahmad M and Munson T J.2013.Chapter 36: Bonaparte Basin.In: Ahmad, M.and Munson, T.J. (compilers), Geology and mineral resources of the Northern Territory, Northern Territory Geological Survey, Special Publication 5.

Anderson A D, Durham M S and Sutherland A J.1993.The integration of geology and geophysics to post well evaluations-example from Beluga-1, offshore northern Australia.The APEA Journal, 33, 15-27.

Anderson T J, Nichol S, Radke L, Heap A D, Battershill C, Hughes M, Siwabessy P J, Barrie V, Alvarez de Glasby B, Tran M & Daniell J.2011.Seabed environments of the eastern Joseph Bonaparte Gulf, northern Australia: GA0325/Sol5117-Post-survey report.: Geoscience Australia.

Ambrose G J.2004.Jurassic pre-rift and syn-rift sedimentation in the Bonaparte Basin-new models for reservoir and source rock development.In: Ellis G K, Baillie P W and Munson T J (eds).Timor Sea Petroleum Geoscience, Proceedings of the Timor Sea Symposium, Darwin Northern Territory, 19-20 June 2003.Northern Territory Geological Survey, Special Publication 1, 125-142.

Arroll P G.and SYME A.1994.Hydrocarbon habitat study of the Vulcan Graben (Browse and Bonaparte Basins) Permits: AC/P2 & AC/P4 and Licences: AC/L1, 2, 3, 4.A study commissioned by the AC/P2 & AC/P4 Joint Ventures.BHP Petroleum Pty Ltd report, unpublished.

Baille P W, POWELL C MCA, Li Z X and Ryall A M.1994.The tectonic framework of western Australia's Neoproterozoic to Recent sedimentary basins.In: Purcell, P.G.and Purcell, R.R. (eds), The Sedimentary Basins of Western Australia, Proceedings of the Petroleum Exploration Society of Australia Symposium, Perth, 45-62.

Baille P W, Jacobsen E.1995.Structural Evolution of the Carnarvon Terrace, Western Australia.The APEA Journal, 35 (1) 321-332.

Baille P W, Jacobsen E.1995.Structural Evolution of the Carnarvon Terrace, Western Australia.The APEA Journal, 35 (1), 321-332.

Barber P, Carter P, Fraser T, Baillie P W and Myers K.2004.Under-explored Palaeozoic and Mesozoic petroleum systems of the Timor and Arafura seas, northern Australian continental margin.In: Ellis G K, Baillie P W and Munson T J (eds).Timor Sea Petroleum Geoscience, Proceedings of the Timor Sea Symposium, Darwin, Northern Territory, 19-20 June 2003.Northern Territory Geological Survey, Special Publication, 1, 143-154.

Barrett A G, Hinde A L and Kennard JM.2004.Undiscovered resource assessment methodologies and application to the Bonaparte Basin.In: Ellis G K, Baillie P W and Munson T J (eds).Timor Sea Petroleum Geoscience, Proceedings of the Timor Sea Symposium, Darwin, 19-20 June 2003.Northern Territory Geological Survey, Special Publication, 1, 353-372.

Barrett A G, Hinde A L, Kennard J M.2004.Undiscovered resource assessment methodologies and application to the Bonaparte Basin.In: Ellis G K, Baillie P W, Munson T J (ed).Timor Sea Petroleum Geoscience. Proceedings of the Timor Sea Symposium, Darwin, Northern Territory, 19-20 June, 2003.Northern Territory Geological Survey, Special Publication 1.

Beere G M and Mory A J.1986.Revised stratigraphic nomenclature of the onshore Bonaparte and Ord Basins, Western Australia.Western Australia Geological Survey Record, 1986/5, 15.

Bishop D J and O'brien G W.1998.A multi-disciplinary approach to definition and characterisation of carbonate shoals, shallow gas accumulations and related complex near-surface sedimentary structures in the Timor Sea. The APPEA Journal, 38 (1), 93-114.

Bishop M G.1999.Total Petroleum Systems of the Northwest Shelf, Australia: The Dingo-Mungaroo/Barrow and the Locker-Mungaroo/Barrow.US Geological Survey Open File Report 99-50E.

Blevin J E, Struckmeyer H I M, Cathro D L, Totterdell J M, Boreham C J, Romine K K, Loutit T S, Sayers J.1998. Tectonostratigraphic framework and petroleum systems of the Browse Basin, North West Shelf.In: Purcell P G, Purcell R R (ed).The Sedimentary Basins of Western Australia 2: Proceedings of the Petroleum Exploration Society of Australia Symposium, Perth, WA, 1998, 369-395.

Blevin J E, Boreham C J, Summons R E, Struckmeyer H I M and Loutit T S, 1998.An effective Lower Cretaceous petroleum system on the North West Shelf: evidence from the Browse Basin.In: Purcell P G and Purcell R R (eds).The Sedimentary Basins of Western Australia 2: Proceedings of the Petroleum Exploration Society of Australia Symposium, Perth, 1998, 397-420.

Boreham C J, Hope J M and Hartung-Kagi B.2001.Understanding source, distribution and preservation of Australian natural gas: a geochemical perspective.The APPEA Journal, 41 (1), 523-547.

Botten P R and Wulff K.1990.Exploration potential of the Timor Gap Zone of Cooperation.The APEA Journal, 30 (1), 53-68.

Bourget J, Ainsworth R B, Backe G & Keep M.2012.Tectonic evolution of the northern Bonaparte Basin: impact on continental shelf architecture and sediment distribution during the Pleistocene.Australian Journal of Earth Sciences, 59, 877-897.

Bourget J, Nanson R, Ainsworth R B, Courgeon S, Jorry, S J & Al-Anzi H.2013.Seismic stratigraphy of a Plio-Quaternary intra-shelf basin (Bonaparte Shelf, NW Australia).West Australian Basins Symposium, Perth, WA 18.

Bradshaw J, Sayers J, Bradshaw M, Kneale R, Ford C, Spencer L and Lisk M, 1998.Palaeogeography and its impact on the petroleum systems of the North West Shelf, Australia.In: Purcell, P.G.and Purcell, R.R. (eds), The Sedimentary Basins of Western Australia 2: Proceedings of the Petroleum Exploration Society of Australia Symposium, Perth, 1998, pp.95-121.

Bradshaw M T.1993.Australian petroleum systems.PESA Journal, No.21, 43-53.

Bradshaw M T, Bradshaw J, Murray A P, Needham D J, Spencer L, Summons R E, Wilmot J and Winn S.1994. Petroleum systems in west Australian basins.In: Purcell P G and Purcell R R (eds).The Sedimentary Basins of Western Australia, Proceedings of the Petroleum Exploration Society of Australia Symposium, Perth, 1994, 93-118.

Bradshaw M T, Edwards D, Bradshaw J, Foster C, Loutit T, Mcconachie B, Moore A, Murray A P and Summons R E.1997.Australian and Eastern Indonesian petroleum systems.In: Howes, J.V.C.and Noble, R.A. (eds), Proceedings of the Conference on Petroleum Systems of SE Asia and Australasia, Indonesian

Petroleum Association, Jakarta, May 1997, 141–153.

Bradshaw M T, Yeates A N, Beynon R M, Brakel A T, Langford R P, Totterdell J M and Yeund M.1988. Palaeogeographic evolution of the North West Shelf region.In: Purcell P G and Purcell R R（eds）.The North West Shelf, Australia, Proceedings of the Petroleum Exploration Society of Australia Symposium, Perth, 1988, 29–54.

Brooks D M, Goody A K, O'reilly J B and Mccarty K L.1996.Discovery and petroleum geology of the Bayu–Undan gas–condensate field: Timor Gap Zone of Cooperation, Area A.Proceedings of the Indonesian Petroleum Association, Twenty–fifth Silver Anniversary Convention, Jakarta, October 1996, 25（1）, 131–145.

Brooks D M, Goody A K, O'reilly J B and Mccarty K L.1996.Bayu/Undan gas–condensate discovery: western Timor Gap Zone of Cooperation, Area A.The APPEA Journal, 36（1）, 142–160.

Bruce R.2015.Paleozoic Basins of Western Australia: Conventional Plays Abound.In International Conference & Exhibition.

Chen G, Hill K C and Hoffman N.2002.3D structural analysis of hydrocarbon migration in the Vulcan Sub–basin, Timor Sea.In: Keep, M.and Moss, S.J.（eds）, The Sedimentary Basins of Western Australia 3: Proceedings of the Petroleum Exploration Society of Australia Symposium, Perth, WA, 377–388.

Colwell J B and Kennard J M.1996.Petrel Sub–basin Study 1995—1996: Summary Report.Australian Geological Survey Organisation Record, 1996/40, 122.

Dawson D, Grice K, Alexander R and Edwards D.2007.The effect of source and maturity on the stable isotopic compositions of individual hydrocarbons in sediments and crude oils from the Vulcan Sub–basin, Timor Sea, Northern Australia.Organic Geochemistry, 38, 1015–1038.

Department of Foreign Affairs and Trade.2003.［Web page］Timor Sea Treaty between the Government of East Timor and the Government of Australia（Dili, 20 May 2002）entry into force: 2 April 2003.http: //www.austlii.edu.au/au/other/dfat/treaties/2003/13.html（last accessed 20 December 2014）.

Department of Mines and Petroleum, Petroleum Division.2011a—［Web page］Petroleum in Western Australia, April 2011.http: //www.dmp.wa.gov.au/documents/PWA_April_2011.pdf（last accessed 20 December 2014）.

Department of Mines and Petroleum, Petroleum Division.2011b—［Web page］Petroleum in Western Australia, September 2011.http: //www.dmp.wa.gov.au/documents/111352_PWA_September_2011.pdf（last accessed 20 December 2014）.

Department of Mines and Petroleum, Petroleum Division.2012a—［Web page］Petroleum in Western Australia, May 2012.http: //www.dmp.wa.gov.au/Documents/Petroleum/PD–RES–PUB–122D.pdf（last accessed 20 December 2014）.

Department of Mines and Petroleum, Petroleum Division.2012b—［Web page］Petroleum in Western Australia, September 2012.http: //www.dmp.wa.gov.au/Documents/Petroleum/PD–RES–PUB–123D.pdf（last accessed 20 December 2014）.

Department of Resources, Minerals and Energy Group.2012—［Web page］Energy NT 2011 Energy Activities for the Northern Territory, Australia.Northern Territory Government, Darwin, May 2012, 25pp.http: //www.nt.gov.au/d/Minerals_Energy/Content/File/pdf/Petroleum Summaries/2011_EnergyNT.pdf（last accessed 20 December 2014）.

De Ruig M J, Trupp M, Bishop D J, Kuek D and Castillo D A.2000.Fault architecture and the mechanics of fault reactivation in the Nancar Trough/Laminaria area of the Timor Sea, northern Australia.The APPEA Journal,

40（1），174–193.

Drillsearch Energy Limited.2007—［Web page］Marina 1–Gas/condensate discovery ASX Release 8 October 2007.http：//www.drillsearch.com.au/sites/default/files/batch/4e65e00423c7e/ASX_Marina_1_Update_v4_8–10–07.pdf（last accessed 20 December 2014）.

Durrant J M，France R E，Dauzacker M V and Nilsen T.1990.The southern Bonaparte Gulf Basin：new plays.The APEA Journal，30（1），52–67.

Earl K L.2004.The Petroleum Systems of the Bonaparte Basin.Geoscience Australia GEOCAT 61365.https：//www.ga.gov.au/products/servlet/controller?event=GEOCAT_DETAILS&catno=61365（last accessed 20 December 2014）.

Edgerley D W and Crist R P.1974.Salt and diapiric anomalies in the southern Bonaparte Basin.The APEA Journal，14（1），84–94.

Edwards D S，Summons R E，Kennard J M，Nicoll R S，Bradshaw J，Bradshaw M，Foster C B，O'brien G W and Zumberge J E.1997.Geochemical characterisation of Palaeozoic petroleum systems in north western Australia.The APPEA Journal，37（1），351–379.

Edwards D S，Kennard J M，Preston J C，Summons R E，Boreham C J and Zumberge J E.2000.Bonaparte Basin：geochemical characteristics of hydrocarbon families and petroleum systems.AGSO Research Newsletter，December，14–19.

Edwards D S，Preston J C，Kennard J M，Boreham C J，Van Aarssen B G K，Summons R E and Zumberge J E.2004. Geochemical characteristics of hydrocarbons from the Vulcan Sub–basin，western Bonaparte Basin，Australia. In：Ellis G K，Baillie P W and Munson T J（eds）.Timor Sea Petroleum Geoscience，Proceedings of the Timor Sea Symposium，Darwin，19–20 June 2003.Northern Territory Geological Survey，Special Publication 1，169–201.

Edwards D S and Zumberge J E.2005.The Oils of Western Australia Ⅱ.Regional Petroleum Geochemistry and Correlation of Crude Oils and Condensates from Western Australia and Papua New Guinea.Geoscience Australia，Canberra and GeoMark Research Ltd，Houston.https：//www.ga.gov.au/products/servlet/controller?event=GEOCAT_DETAILS&catno=37512（last accessed 20 December 2014）.

Edwards D S，Boreham C J，Zumberge J E，Hope J M，Kennard J M and Summons R E.2006.Hydrocarbon families of the Australian North West Shelf：a regional synthesis of the bulk，molecular and isotopic composition of oils and gases.2006 AAPG International Conference and Exhibition，5–8 November，Perth，Australia，Abstract.

Edwards D S，Boreham C J，Chen J，Grosjean E，Mory A J，Sohn J and Zumberge J E.2013.Stable Carbon and Hydrogen Isotope Compositions of Paleozoic Marine Crude Oils from the Canning Basin：Comparison with Other West Australian Crude Oils.In Proceedings，West Australian Basins Symposium.Petroleum Exploration Society of Australia，2013，1–32.

Ellis G K，Baillie P W and Munson T J（eds）.2004.Timor Sea Petroleum Geoscience，Proceedings of the Timor Sea Symposium，Darwin，19–20 June 2003.Northern Territory Geological Survey，Special Publication 1.

Etheridge M A and O'brien G W.1994.Structural and tectonic evolution of the Western Australian margin basin system.PESA Journal，No.22，45–63.

Frankowicz E，McClay K R.2010.ional fault segmentation and linkages，Bonaparte Basin，outer North West Shelf，Australia.AAPG Bulletin，94（7）：977–1010.

Falvey D A.1974.Delopment of continental margins in plate tectonic theory.Australian Petroleum Exploration Association Journal, 14（1）: 95-106.

Fujii T, O'brien G W, Tingate P and Chen G.2004.Using 2D and 3D basin modelling to investigate controls on hydrocarbon migration and accumulation in the Vulcan Sub-basin, Timor Sea, northwestern Australia.The APPEA Journal, 44（1）, 93-122.

George S C, Greenwood P F, Logan G A, Quezada R A, Pang L S K, Lisk M, Krieger F W and Eadington P J.1997. Comparison of palaeo oil charges with currently reservoired hydrocarbons using molecular and isotopic analyses of oil-bearing fluid inclusions: Jabiru Oil Field, Timor Sea.The APPEA Journal, 37（1）, 490-503.

George S C, Lisk M, Eadington P J and Quezada R A.1998.Geochemistry of a Palaeo-oil column, Octavius 2, Vulcan Sub-basin.In: P.G.Purcell and R.R.Purcell（eds）, The Sedimentary Basins of Western Australia 2, Proceedings of the Petroleum Exploration Society of Australia Symposium, Perth, 195-210.

George S C, Lisk M, Eadington P J and Quezada R A.2002.Evidence for an early, marine-sourced oil charge to the Bayu gas-condensate field, Timor Sea.In: Keep M and Moss S J（eds）.2002, The Sedimentary Basins of Western Australia 3: Proceedings of the Petroleum Exploration Society of Australia Symposium, Perth, WA, 465-474.

George S C, Volk H, Ruble T E and Brincat M P.2002.Evidence for a new oil family in the Nancar Trough area, Timor Sea.The APPEA Journal, 42（1）, 387-404.

George S C, Ahmed M, Lie K and Volk H.2004.The analysis of oil trapped during secondary migration.Organic Geochemistry, 35（11-12）, 1489-1511.

George S C, Lisk M and Eadington P J.2004.Fluid inclusion evidence for an early, marine-sourced oil charge prior to gas-condensate migration, Bayu-1, Timor Sea, Australia.Marine and Petroleum Geology, 21（9）, 1107-1128.

George S C, Ruble T E, Volk H, Lisk M, Brincat M P, Dutkiewicz A and Ahmed M.2004.Comparing the geochemical composition of fluid inclusion and crude oils from wells on the Laminaria High, Timor Sea.In: Ellis G K, Baillie P W and Munson T J（eds）.Timor Sea Petroleum Geoscience, Proceedings of the Timor Sea Symposium, Darwin, Northern Territory, 19-20 June 2003, Northern Territory Geological Survey, Special Publication 1, 203-230.

Gorter J D.1998.Revised Upper Permian stratigraphy of the Bonaparte Basin.In: Purcell P G, Purcell R R（ed）. The Sedimentary Basins of Western Australia 2: Proceedings of the Petroleum Exploration Society of Australia Symposium, Perth, WA, 1-10.

Gorter J D and Hartung-Kagi B.1998.Hydrous pyrolysis of samples from Bayu-1, Zone of Co-operation, Bonaparte Basin, Australia: relevance to the potential misidentification of source rock facies in cap rocks and interbedded reservoir shales.PESA Journal, No.26, 82-96.

Gorter J D, Mckirdy D M, Jones P J and Playford G.2004.Reappraisal of the Early Carboniferous Milligans Formation source rocks system in the southern Bonaparte Basin, northwestern Australia.In: Ellis G K, Baillie P W and Munson T J（eds）.Timor Sea Petroleum Geoscience.Proceedings of the Timor Sea Symposium, Darwin, 19-20 June 2003.Northern Territory Geological Survey, Special Publication 1, 231-255.

Gorter J D, Jones P J, Nicoll R S and Golding C J.2005.A reappraisal of the Carboniferous stratigraphy and the petroleum potential of the southeastern Bonaparte Basin（Petrel Sub-basin）, northwestern Australia.The APPEA Journal, 45（1）, 275-296.

Gorter J D.2006.Fluvial deposits of the Lower Kulshill Group（Late Carboniferous）of the southeastern Bonaparte Basin，Western Australia.2006 AAPG International Conference and Exhibition，5–8 November，Perth，Australia，Abstract.

Gorter J D.2006.Ground truthing published stratigraphic and geochemical information for petroleum exploration programs：an example from the Early Carboniferous of the southeastern Bonaparte Basin，Australia.2006 AAPG International Conference and Exhibition，5–8 November，Perth，Australia，Abstract.

Gorter J D，Poynter S E，Bayford S W and Cudullo A.2008.Glacially influenced petroleum plays in the Kulshill Group（Late Carboniferous–Early Permian）of the southeastern Bonaparte Basin，Western Australia.The APPEA Journal，48（1），69–113.

Gorter J D，Nicoll R S，Metcalfe I，Willink R J and Ferdinando D.2009.The Permian–Triassic boundary in western Australia：evidence from the Bonaparte and northern Perth basins：exploration implications.The APPEA Journal，49（1），311–336.

Gorter J D and Mckirdy D M.2013.Early Carboniferous Petroleum Source Rocks of the Southeastern Bonaparte Basin，Australia.In：Keep M and Moss S J（eds）.The Sedimentary Basins of Western Australia IV：Proceedings of the Petroleum Exploration Society of Australia Symposium，Perth，WA.

Grosjean E，Jablonski D，Chen J，Sohn J，Jinadasa N，Palatty P and Nicholson C.2015.Geochemical results from the north Browse semi–regional seabed sampling survey：evidence for an extension of the Lower Cretaceous petroleum system to the northern Browse Basin.AOGC2014：the 18th Australian Organic Geochemistry Conference，30 November–2 December 2014，Adelaide，South Australia.

Gunn P J.1988.Bonaparte Basin：evolution and structural framework.In：Purcell，P.G.and Purcell，R.R.（eds），The North West Shelf Australia，Proceedings of Petroleum Exploration Society of Australia Symposium，Perth，275–285.

Gunn P J and Ly K C.1989.The petroleum prospectivity of the Joseph Bonaparte Gulf area，northwestern Australia.The APEA Journal，29（1），509–526.

Halse J W，Hayes J D.1971.The geological and structural framework of the offshore Kimberley Block（Browse basin）area，Western Australia.Australian Petroleum Exploration Association Journal，11（1）：64–70.

Heyward A，Pinceratto E & Smith L.1997.Big Bank Shoals of the Timor Sea：an environmental resource atlas. Melbourne，Victoria 3001，Australia：BHP Petroleum.

Heyward A，Cordelia M，Radford B & Colquhoun J.2010.Monitoring program for the Montara Well Release Timor Sea：Final report on the nature of Barracouta and Vulcan Shoals.Environmental Study S5.Copyright：PTTEP Australasia（Ashmore Cartier）Pty.Ltd：Australian Institute of Marine Science for PTTEP Australasia（Ashmore Cartier）Pty.Ltd.

Heyward A，Speed C，Meekan M，Cappo M，Case M，Colquhoun J，Fisher R，Meeuwig J & Radford B.2013. Montara：Barracouta East，Goeree and Vulcan Shoals Survey 2013.Report prepared by the Australian Institute of Marine Science for PTTEP Australasia（Ashmore Cartier）Pty.Ltd.in accordance with Contract No.2013/1153. Perth：Australian Institute of Marine Science.

Harris P T & Hughes M G.2012.Predicted benthic disturbance regimes on the Australian continental shelf：a modelling approach.Marine Ecology Progress Series，449，13–25.

Henzell S and Cooper S.2015.2014 PESA production and development review.APPEA Journal 55，177–187.

Hocking R M，Mory A J and Williams I R.1994.An atlas of Neoproterozoic and Phanerozoic basins of Western

Australia.In：Purcell，P.G.and Purcell，R.R.（eds），The Sedimentary Basins of Western Australia，Proceedings of the Petroleum Exploration Society of Australia Symposium，Perth，21–43.

Jablonski D.1997.Recent advances in the sequence stratigraphy of the Triassic to Lower Cretaceous sucession in the North Carnarvon Basin.Journal Australian Petroleum Production and Exploration Association，37（1），429–454.Australian Petroleum Exploration Association，Sydney，N.S.W.Australia.

Jefferies P J.1988.Geochemistry of the Turtle oil accumulation，offshore southern Bonaparte Basin.In：Purcell P G，Purcell R R（ed）.The North West Shelf，Australia，Proceedings Petroleum Exploration Society Australia Symposium，563–569.

Johns D R and Despland P G.2014.2013 PESA industry review：exploration.The APPEA Journal，54，431–450.

Kennard J M，Colwell J B，Edwards D S and Nicloo R S.1998.［Web page］Geoscience Australia Northern Bonaparte Basin Biozonation and Stratigraphy，1998，Chart 15.http：//www.ga.gov.au/corporate_data/24222/Northern_Bonaparte_Basin1994.pdf（last accessed 20 December 2014）.

Kennard J M，Deighton I，Edwards D S，Colwell J B，O'brien G W and Boreham C J.1999.Thermal history modelling and transient heat pulses：new insights into hydrocarbon expulsion and 'hot flushes' in the Vulcan Sub–basin，Timor Sea.The APPEA Journal，39（1），177–207.

Kennard J M，Edwards D S，Boreham C J，Gorter J D，King M R，Ruble T E and Lisk M.2000.Evidence for a Permian petroleum system in the Timor Sea，Northwestern Australia.AAPG International Conference and Exhibition，Bali，15–18 October，Abstracts，p.A45.

Kennard J M，Deighton I，Edwards D S，Boreham C J，Barrett A G.2002.Subsidence and thermal historymodelling：New insights into hydrocarbon expulsion from multiple petroleum systems in the Petrel Sub–basin，Bonaparte Basin.

Keep M，Powell C M and Baillie P W.1998.Neogene deformation of the North West Shelf，Australia.In：Purcell P G and Purcell R R（eds）.The Sedimentary Basins of Western Australia 2，Proceedings of the Petroleum Exploration Society of Australia Symposium，Perth，81–91.

Keep M，Clough M and Langhi L.2002.Neogene tectonic and structural evolution of the Timor Sea region，NW Australia.In：Keep M and Moss S J（eds）.The Sedimentary Basins of Western Australia 3：Proceedings of the Petroleum Exploration Society of Australia Symposium，Perth，WA，341–353.

Kelman A P，Edwards D S，Kennard J M，Laurie J R，Lepoidevin S，Lewis B，Mantle D J and Nicoll R S.2014.［Web page］Bonaparte Basin Biozonation and Stratigraphy，Chart 34，Geoscience Australia.https：//www.ga.gov.au/products/servlet/controller?event=GEOCAT_DETAILS&catno=76687（last accessed 20 December 2014）.

Kingston D R，Dishroom C P & Williams P A.1983.Global basin classification scheme.American Association of Petroleum Geologists Bulletin，67，2175–2193.

Kivior T，Kaldi J G and Lang S C.2002.Seal Potential in Cretaceous and Late Jurassic rocks of the Vulcan Sub–basin，North West Shelf Australia.The APPEA Journal，42（1），203–224.

Kraus G P and Parker K A.1979.Geochemical evaluation of petroleum source rocks in the Bonaparte Gulf–Timor Sea region，Northwestern Australia.AAPG Bulletin，63（11），2021–2041.

Kopsen E.2002.Historical perspective of hydrobarbon volumes in the Westralian Superbasin：Where are the next billion barrels?//Keep M，Moss S.The sedimentary basins of Western Australia 3，Perth，WA：Petroleum Exploration Society of Australia，3–13.

Korsch R J，Totterdell J M.1996.Mesozoic deformational events in eastern Australia and their impact on onshore sedimentary basins.Mesozoic Geology of the Eastern Australia Plate Conference, Brisbane, September 1996, Extended Abstracts 43, 308–318.Geological Society of Australia, Brisbane.

Kovack G E, Dewhurst M D, Raven M, Kaldi J G, 2004.The influence of composition diagenesis and compaction on seal capacity in the Muderong Shale, Carnarvon Basin.Journal Australian Petroleum Production and Exploration Association, 201–220.

Labutis V R, Ruddock A D and Calcraft A P.1998.Stratigraphy of the southern Sahul Platform.The APPEA Journal, 38（1）, 115–136.

Langhi L and Borel G D.2008.Reverse structures in accommodation zone and early compartmentalisation of extensional system, Laminaria High（NW shelf, Australia）.Marine and Petroleum Geology, 25, 791–803.

Langhi L, Ciftci N B & Borel G D.2011.Impact of lithospheric flexure on the evolution of shallow faults in the Timor foreland system.Marine Geology, 284, 40–54.

Lawrence S H F, Thompson M, Rankin A P C, Alexander J C, Bishop D J, and Boterhoven B A.2014.new structural analysis of the Browse Basin, Australian North West Margin.The APPEA Journal, 54（1）, 1–10.

Laws R A and Kraus G P.1974.The regional geology of the Bonaparte Gulf, Timor Sea area.The APEA Journal, 14（1）, 77–84.

Lisk M, Eadington P.1994.Oil migration in the Cartier Trough, Vulcan Sub–basin.In: Purcell P G, Purcell R R（ed）.The Sedimentary Basins of Western Australia: Proceedings of Petroleum Exploration Society of Australia Symposium, Perth, WA, 1994, 301–312.

Lee R J and Gunn P J.1988.Bonaparte Basin.In: Petroleum in Australia: The First Century.Australian Petroleum Exploration Association, 252–269.

Lemon N M and Barnes C R.1997.Salt migration and subtle structures: modelling of the Petrel Sub–basin, northwest Australia.The APPEA Journal, 37（1）, 245–258.

Leonard A A, Vear A, Panting A L, de Ruig M J, Dunne J C and Lewis K A.2004.Blacktip–1 gas discovery: an AVO success in the southern Bonaparte basin, Western Australia.In: Ellis G K, Baillie P W and Munson T J（eds）.Timor Sea Petroleum Geoscience, Proceedings of the Timor Sea Symposium, Darwin, 19–20 June 2003.Northern Territory Geological Survey, Special Publication 1, 25–35.

Longley I M, Buessenschuett C, Clydsdale L, Cubitt C J, Davis R C, Johnson M K, Marshall N M, Murray A P, Somerville R, Spry T B, Thompson N B, 2002.The North West Shelf of Australia–a Woodside perspective.In: Keep, M., Moss, S.J.（ed）, The Sedimentary Basins of Western Australia 3: Proceedings of the Petroleum Exploration Society of Australia Symposium, Perth, WA, 27–88.

Louis J P & Radok J R M.1975.Propagation of tidal waves in the Joseph Bonaparte Gulf.Journal of Geophysical Research, 80, 1689–1690.

Loutit T S, Summons R E, Bradshaw M T and Bradshaw J.1996.Petroleum systems of the North West Shelf, Australia–how many are there? In: Establishing Indonesia's Sustainable Growth in the Energy Industry: Proceedings of the Indonesian Petroleum Association's Twenty–fifth Silver Anniversary Convention,Jakarta,8–10 October, 1996, 437–452.

MacDaniel R P.1988.Jabiru oilfield.In: Purcell, P.G., Purcell, R.R.（ed）, The North West Shelf, Australia, Proceedings Petroleum Exploration Society Australia Symposium, 439–440.

MacDaniel R P.1988.The geological evolution and hydrocarbon potential of the western Timor Sea region.In: Petroleum in Australia: The First Century.Australian Petroleum Exploration Association, 270–284.

Magoon L B and Dow W G.1994.The Petroleum System.In：Magoon，L.B.and Dow，W.G.（eds），The Petroleum System-From Source to Trap.AAPG Memoir 60，3-24.

Matthews J.2015.Reservoir quality controls for the Sandpiper Sandstones（Upper Jurassic），Bonaparte Basin，Offshore Australia：Pre-drill predictions and post-mortem.In International Conference & Exhibition.

Maung T U，Cadman S，Blevin J，West B B，Passmore V L.1992.Regional geophysical study of the Browse Basin，offshore northwestern Australia.Bulletin American Association of Petroleum Geologists，76（7），1116.American Association of Petroleum Geologists，Tulsa，OK，United States.

Maxwell A J，Vincent L W and Woods E P.2004.The Audacious discovery，Timor Sea，and the role of pre-stack depth migration seismic processing.In：Ellis G K，Baillie P W and Munson T J（eds）.Timor Sea Petroleum Geoscience，Proceedings of the Timor Sea Symposium，Darwin，Northern Territory，19-20 June 2003，Northern Territory Geological Survey，Special Publication 1，53-65.

Mccaffrey R.1988.Active tectonics of the eastern Sunda and Banda Arcs.Journal of Geophysical Research，93（B12），15，163-182.

Mcconachie B，Bradshaw M，Edgecombe S，Foster C，Bradshaw J，Evans D，Nicoll B and Jones P.1995.Australian Petroleum Systems Petrel Sub-basin Module.Australian Geological Survey Organisation Record，1995/07，561.

Mcconachie B A，Bradshaw M T and Bradshaw J.1996.Petroleum systems of the Petrel Sub-basin-an integrated approach to basin analysis and identification of hydrocarbon exploration opportunities.The APPEA Journal，36（1），248-268.

Mollan R G，Craig R W，Lofting M J W.1969.Geological framework of the continental shelf off northwest Australia.Australian Petroleum Exploration Association Journal，9（11）：49-59.

Mory A J.1988.Regional geology of the offshore Bonaparte Basin.In：Purcell，P.G.and Purcell，R.R.（eds），The North West Shelf Australia，Proceedings of Petroleum Exploration Society of Australia Symposium，Perth，1988，287-309.

Mory，A J and Beere G M.1988.Geology of the onshore Bonaparte and Ord Basins.Geological Survey of Western Australia Bulletin，134，183.

Mory A J.1991.Geology of the Offshore Bonaparte Basin，Northwestern Australia.Geological Survey of Western Australia Report，29，50.

O'brien G W.1993.Some ideas on the rifting history of the Timor Sea from the integration of deep crustal seismic and other data.PESA Journal，No.21，95-113.

O'brien G W，Etheridge M A，Willcox J B，Morse M，Symonds P，Norman C and Needham D J.1993.The structural architecture of the Timor Sea，north-western Australia：implications for basin development and hydrocarbon exploration.The APEA Journal，33（1），258-278.

O'brien G W and Woods E P.1995.Hydrocarbon-related diagenetic zones（HRDZs）in the Vulcan Sub-basin，Timor Sea：recognition and exploration implications.The APEA Journal，35（1），220-252.

O'brien G W，Higgins R，Symonds P，Quaife P，Colwell J and Blevin J.1996.Basement control on the development of extensional systems in Australia's Timor Sea：an example of hybrid hard linked/soft linked faulting? The APPEA Journal，36（1），161-201.

O'brien G W，Lisk M，Duddy I R，Hamilton J，Woods P and Cowley R.1999.Plate convergence，foreland development and fault reactivation：primary controls on brine migration，thermal histories and trap breach in the

Timor Sea，Australia.Marine and Petroleum Geology，16，533–560.

O'brien G W，Glenn K，Lawrence G，Williams A K，Webster M，Burns S and Cowley R.2002.Influence of hydrocarbon migration and seepage on benthic communities in the Timor Sea，Australia.The APPEA Journal，42（1），225–239.

O'brien G W，Cowley R，Lawrence G，Williams A K，Edwards D and Burns S.2003.Margin to prospect scale controls on fluid flow within the Mesozoic and Tertiary sequences，offshore Bonaparte and northern Browse Basins，north–western Australia.In：Ellis G K，Baillie P W and Munson T J（eds）.Timor Sea Petroleum Geoscience：Proceedings of the Timor Sea Symposium，Darwin，Northern Territory，19–20 June 2003. Northern Territory Geological Survey，Special Publication，1，1–26.

Munson T J.2014.Petroleum geology and prospectivity of the onshore Northern Territory，2014；a new report from NTGS.Geological Survey Record，23–29，Annual geoscience exploration seminar（AGES）2014；record of abstracts.

Newell N A.1999.Water washing in the northern Bonaparte Basin.The APPEA Journal，39（1），227–247.

Nichol S，Howard F J F，KOOL J，Stowar M，Bouchet P，Radke L，Siwabessy J，Przeslawski R，Picard K，Alvarez de Glasby B，Colquhoun J，Letessier T & Heyward A.2013.Oceanic Shoals Commenwealth Marine Reserve（Timor Sea）Biodiversity Survey：GA0339/SOL5650 Post–survey report.Geoscience Australia Record. Canberra：Geoscience Australia.

Nicholas W A，Nichol S L，Howard F J F，Picard K，Dulfer H，Radke L C，Carroll A G，Tran M & Siwabessy P J W.2014.Pockmark development in the Petrel Sub–basin，Timor Sea，Northern Australia：Seabed habitat mapping in support of CO_2 storage assessments.Continental Shelf Research，83，129–142.

Nicholas W A，Carroll A，Picard K，Radke L，Siwabessy J，Chen J，Howard F J F，Dulfer H，Tran M，Consoli C，Przeslawski R，Li J & Jones L E A.2015.Seabed environments，shallow sub–surface geology and connectivity，Petrel Sub–basin，Bonaparte Basin，Timor Sea：Interpretative report from marine survey GA0335/SOL5463. Geoscience Australia，Canberra，ACT：Geoscience Australia.

Partington M，Aurisch K，Clark W，Newlands I，Phelps S，Senycia P，Siffleet P B，Walker T.2003.The hydrocarbon potential of exploration permits WA–299–P and WA–300–P，Carnarvon Basin：A case study. Journal Australian Petroleum Production and Exploration Association，43，339–359.

Pattillo J and Nicholis P J.1990.A tectonostratigraphic framework for the Vulcan Graben，Timor Sea region.The APEA Journal，30（1），27–51.

Peresson H，Woods E P and Fink P.2004.Fault architecture along the southeastern margin of the Cartier Trough，Vulcan Sub–basin，North West Shelf，Australia；implications for hydrocarbon exploration.In：Ellis G K，Baillie P W and Munson T J（eds）.Timor Sea Petroleum Geoscience，Proceedings of the Timor Sea Symposium，Darwin，Northern Territory，19–20 June 2003，Northern Territory Geological Survey，Special Publication 1，156–167.

Porter–Smith R，Harris P T，Andersen O B，Coleman R，Greenslade D & Jenkins C J.2004.Classification of the Australian continental shelf based on predicted sediment threshold exceedance from tidal currents and swell waves.Marine Geology，211，1–20.

Powell D E.1976.ological evolution of the continental margin off northwest Australia.Australian Petroleum Exploration Association Journal，16（1）：13–23.

Preston J C and Edwards D S.2000.The petroleum geochemistry of oils and source rocks from the northern Bonaparte

Basin, offshore northern Australia.The APPEA Journal, 40（1）, 257–282.

Pryer L, Bleuin J, Nelson G, Sanchez G, Lee J D, Cathro D, Graham, and Horn B.2014.Structural architecture and basin evaluation of the North West Shelf.The APPEA Journal extended abstracts, 6–9 April 2014.

Pryer L L, Shi Z, Sanchez G, Romine K, and Novianti I.2015.Crustal Structure of the Bonaparte Basin：Evidence From Deep Seismic Data and Gravity Models.In International Conference & Exhibition.

Przeslawski R, Daniell J, And Erson T J, Barrie V, Heap A D, Hughes M, Li J, Potter A, Radke L, Siwabessy J, Tran M, Whiteway T & Nichol S.2011.Seabed habitats and hazards of the Joseph Bonaparte Gulf and Timor Sea, northern Australia.Canberra：Geoscience Australia.

Robinson P H, Stead H S, O'reilly J B and Guppy N K.1994.Meanders to fans：a sequence stratigraphic approach to Upper Jurassic–Early Cretaceous sedimentation in the Sahul Syncline, north Bonaparte Basin.In：Purcell, P.G.and Purcell, R.R.（eds）, The Sedimentary Basins of Western Australia, Proceedings of the Petroleum Exploration Society of Australia Symposium, Perth, 223–242.

Robinson P, Mcinerney K, 2004.Permo–Triassic reservoir fairways of the Petrel Sub–basin, Timor Sea.In：Ellis G K, Baillie P W and Munson T J（editors）.Timor Sea Petroleum Geoscience.Proceedings of the Timor Sea Symposium, Darwin, 19–20 June 2003.Northern Territory Geological Survey, Special Publication 1, 295–312.

Sclblorskl J P, Mlcenko M and Lockhart D Recent Discoveries in the Pyrenees Member, Exmouth Sub–basin：A New Oil Play Fariway, APPEA, 2005.

Saqab M M and Bourget J.2015.Structural style in a young flexure–induced oblique extensional system, north–western Bonaparte Basin, Australia.Journal of Structural Geology, 77, 239–259.

Saqab M M & Bourget J.2015.Controls on the distribution and growth of isolated carbonate build–ups in the Timor Sea（NW Australia）during the Quaternary.Marine and Petroleum Geology, 62, 123–143.

Seebeck H, Tenthorey E, Consoli C, and Nicol A.2015.Polygonal faulting and seal integrity in the Bonaparte Basin, Australia.Marine and Petroleum Geology, 60, 120–135.

Sheng He.2002.Mike Middleto Heat flow and thermal maturity modelling in the Northern Carnarvon Basin, North West Shelf, Australia, Marine and Petroleum Geology 19.1073–1088.

Shuster M W, Eaton S, Wakefield L L and Kloosterman H J.1998.Neogene tectonics, greater Timor Sea, offshore Australia：implications for trap risk.The APPEA Journal, 38（1）, 351–379.

Sibley D, Herkenhoff F, Criddle D, and McLerie M.1999, Reducing resource uncertainty using seismic amplitude analysis on the Southern Rankin Trend, northwest Australia：Australian Petroleum Production and Exploration Association Journal, v.39, p.128–147.

Simon G, Ellis G and Bond A.2010.The Kitan Oil Discovery, Timor Sea, Joint Petroleum Development Area, Timor Leste and Australia.In：2010 AAPG Annual Convention Unmasking the Potential of Exploration & Production, April 11–14, 2010, New Orleans, Louisiana, #90104.http：//www.searchanddiscovery.com/abstracts/pdf/2010/annual/abstracts/ndx_simon.pdf（last accessed 20 December 2014）.

Siwabessy J, Tran M, Huang Z, Nichol S.& Atkinson, I.2015.Mapping and classification of Darwin Harbour seabed.Geoscience Australia Record.Canberra, ACT, Australia：Geoscience Australia.

Sprintall J, Potemra J T, Hautala S L, Bray N A & Pandoe W W.2003.Temperature and salinity variability in the exit passages of the Indonesian Throughflow.Deep Sea Research II, 50, 2183–2204.

Spry T B, Ward I.1997.The Gwydion discovery：a new play fairway in the Browse Basin.Journal Australian

Petroleum Production and Exploration Association, 37 (1), 87–104.Australian Petroleum Exploration Association, Sydney, N.S.W.Australia.

Stein A, Myers K, Lewis C, Cruse T, Winstanley S.1998.Basement control and geoseismic definition of the Cornea discovery, Browse Basin, Western Australia.In: Purcell P G, Purcell R R (ed).The Sedimentary Basins of Western Australia 2: Proceedings of the Petroleum Exploration Society of Australia Symposium, Perth, WA, 1998, 421–431.

Taylor D P.2006.Predicting new plays in the Carboniferous: Milligans Formation, Bonaparte Basin.2006 AAPG International Conference and Exhibition, 5–8 November, Perth, Australia, Abstract.

Thomas G P, Lennane M R, Glass F et.al.2004.Breathing new life into the eastern Dampier sub-basin: an intergrated review based on geophysical, stratigraphic and basin modeling evaluation.APPEA.

Tindale K, Newell N A, Keall J M, Smith N.1998.Structural evolution and charge history of the Exmouth Subbasin, Northern Carnarvon Basin, Western Australia.In: Purcell P G, Purcell R R (ed).The Sedimentary Basins of Western Australia 2: Proceedings of the Petroleum Exploration Society of Australia Symposium, Perth, WA, 1998.

Van Aarssen B G K, Alexander R, and Kagi R I.1996.The origin of Barrow sub-basin crude oils: a geochemical correlation using land-plant biomarkers: Australian Petroleum Production and Exploration Association Journal, 36, 465–476.

Van Aarssen B G K, Alexander R and Kagi R I.1998.Higher plant biomarkers on the North West Shelf: application in stratigraphic correlation and palaeoclimate reconstruction.In: Purcell, P.G.and Purcell R.R. (eds), The Sedimentary Basins of Western Australia 2, Proceedings of the Petroleum Exploration Society of Australia Symposium, Perth, 1998, 123–128.

Veevers J J, Cotterill D.1978.Western margin of Australia—evolution of a rifted arch system.Geological Society of America Bulletin, 89: 337–355.

Veevers J J.1988.Morphotectonics of Australia's Northwestern margin-a review.In: Purcell P G and Purcell R R (eds).The North West Shelf Australia, Proceedings of Petroleum Exploration Society of Australia Symposium, Perth, 1988, 19–27.

West B G, and Miyazaki S.1994.Evans Shoal Area.Bureau of Resource Sciences, Petroleum Prospectivity Bulletin and Data Package.

West B G and Passmore V L.1994—Hydrocarbon potential of the Bathurst Island Group, Northeast Bonaparte Basin: implications for future exploration.The APEA Journal, 34 (1), 626–643.

Whibley M and Jacobsen T.1990.Exploration in the northern Bonaparte Basin, Timor Sea-WA-199-P.The APEA Journal, 30 (1), 7–25.

Whittam D B, Norvick M S and Mcintyre C L.1996.Mesozoic and Cainozoic tectonic stratigraphy of western ZOCA and adjacent areas.The APPEA Journal, 36 (1), 209–231.

Wienberg C, Westphal H, Kwoll E & Hebbeln D.2010.An isolated carbonate knoll in the Timor Sea (Sahul Shelf, NW Australia): facies zonation and sediment composition.Facies, 56, 179–193.

Willis I.1988.Results of Exploration, Browse Basin, North West Shelf, Western Australia.In: Purcell P G, Purcell R R (ed).The North West Shelf, Australia, Proceedings Petroleum Exploration Society Australia Symposium, 259–272.

Woods E P.1992.Vulcan Sub-basin fault styles-implications for hydrocarbon migration and entrapment.The APEA

Journal，32（1），138–158.

Woods E P.1994.A salt–related detachment model for the development of the Vulcan Sub–basin.In：Purcell P G and Purcell R R（eds）.The Sedimentary Basins of Western Australia，Proceedings of the Petroleum Exploration Society of Australia Symposium，Perth，1994，260–274.

Woods E P.2004.Twenty years of Vulcan Sub–basin exploration since Jabiru–what lessons have been learnt? In：Ellis G K，Baillie P W and Munson T J（eds）.Timor Sea Petroleum Geoscience.Proceedings of the Timor Sea Symposium，Darwin，19–20 June 2003.Northern Territory Geological Survey，Special Publication 1，83–97.

Woods E P and Maxwell A J.2004.The significance of the Tenacious oil discovery，Vulcan Sub–basin，Australia. In：Ellis G K，Baillie P W and Munson T J（eds）.Timor Sea Petroleum Geoscience.Proceedings of the Timor Sea Symposium，Darwin，19–20 June 2003.Northern Territory Geological Survey，Special Publication 1，471–482.